上海合作组织环境保护研究丛书

上海合作组织成员国环境保护研究

STUDY ON ENVIRONMENTAL PROTECTION OF SCO MEMBER STATES

中国-上海合作组织环境保护合作中心 编著

社会科学文献出版社
SOCIAL SCIENCES ACADEMIC PRESS (CHINA)

前　　言

上海合作组织（以下简称上合组织）自成立之初，就将环境保护作为重要合作领域之一。虽然上合组织内环保合作整体处于起步阶段，但区域内的环境问题，特别是各国经济快速发展带来的生态恶化现象，越来越受到各成员国的重视。

中国作为上合组织的积极推动者和主要成员，希望在坚持“上海精神”原则，推动地区经济平稳增长的同时，维护地区可持续发展。积极推进上合组织框架下的环境保护合作，其目的是改善和保护本地区人类生存的生态环境，促进地区经济、社会环境的全面均衡发展，不断提高各国人民的生活水平，改善生活条件。中国从自身出发推动上合组织环保合作，一是符合中国环保国际立场和利益；二是维护我国负责任大国形象；三是改善我国西部发展环境；四是推动中国环保科技发展；五是促进中国环保产品和服务的国际贸易。

2013 年，中国成立了“中国 - 上海合作组织环境保护合作中心”，这为我国全面开展上合组织下的环境保护合作，服务我国周边外交工作提供了重要支撑和保障。

本书的作者们对上合组织成员国的环境状况进行了调研，结合上合组织环保合作面临的机遇和挑战，对中国参与上合组织环保合作的形势进行了分析。

为务实开展上合组织环保合作，建议选择的优先合作领域如下：一是环保政策的对话与协调，涉及环保立法、环保标准、环保数据资料等；二是开展大气、水、固体废弃物污染防治等方面的交流与合作，提高区域污染防治能力，减轻区域环境压力；三是生态保护、监测和生态系统修复、示范等领域的合作研究，以交流最佳实践结果；四是环保技术交流和产业合作，如开展环保技术信息与经验交流，促进环境无害化技术开发和应用，推动环境标志与清洁生产，建立环境产品和服务市场；五是加强环保能力建设，如建立环保信息共享平台、加强环境管理人员交流、推动公众环保意识的提高、加强环境保护合作研究、提高本地区环境保护科研水平等。

本书分为上下两篇。上篇分析了上海合作组织发展历程、发展现状、成员国国内形势、综合环境问题。下篇是对上合组织 5 个成员国（哈萨克斯坦、吉尔吉斯斯坦、俄罗斯、塔吉克斯坦、乌兹别克斯坦）环境概况及国际环保合作的阐述。第一章从上合组织的发展、合作现状及合作趋势几个方面整体介绍了上合组织的概况；第二章主要针对上合组织区域特征及综合环境问题进行分析；第三章从上合组织环境保护合作进程开始，总结了各成员国的环境关注和立场，对中亚现有国际合作机制进行了回顾；第四章到第八章分别从国家概况、环境状况、环境管理及环保国际合作 4 个方面对上合组织 5 个成员国的相关情况进行了详细介绍。

本书由中国－上海合作组织环境保护合作中心国冬梅、张立、王玉娟、谢静、郑军、陈超，中国社科院俄罗斯东欧中亚研究所张宁，中国科学院新疆生态与地理研究所陈亚宁、马建新、张小云、吴淼、王丽贤共同编著完成。具体分工情况如下：上篇，第一章由国冬梅、张立、张宁负责撰写；第二章由陈亚宁、马建新、张小云、吴淼、王丽贤负责撰写；第三章由国冬梅、张立、王玉娟、陈亚宁、马建新、张小云、吴淼、王丽贤等负责撰写；下篇，第四章由程路连、王玉娟负责撰写；第五章由陈超负责撰写；第六章由谢静负责撰写；第七章由陈亚宁、马建新、张小云、吴淼、王丽贤负责撰写；第八章由郑军负责撰写。全书由国冬梅统稿，张立、王玉娟等做了文字、图表等的修改编辑工作，中国－上海合作组织环境保护合作中心刘婷、尚会君、刘妍妮、张玉麟、周子立等为本书稿的完成提供了支持和保障工作。

本研究由中国环境保护部提供资金支持，并得到了中国社科院俄罗斯东欧中亚研究所、中国科学院新疆生态与地理研究所等单位的大力支持，在此深表感谢。

上合组织环保合作还在不断深入，殷切希望本书的出版能引起相关人士对该研究领域的更大关注和支持，若能起到抛砖引玉的作用，作者深感欣慰。鉴于上合组织环保合作不断拓宽和深入，仍有许多工作有待深化和扩展，加之作者的知识和能力有限，书中难免有不妥之处，敬请不吝赐教。

作　者

2014 年 11 月于北京

CONTENTS 目录

上篇 上海合作组织环境保护合作形势

下篇 上海合作组织成员国环境概况

上　篇

上海合作组织环境保护合作形势

第一章
上海合作组织概况

上海合作组织（Shanghai Cooperation Organization）是哈萨克斯坦共和国、中华人民共和国、吉尔吉斯斯坦共和国、俄罗斯联邦、塔吉克斯坦共和国、乌兹别克斯坦共和国于2001年6月15日在中国上海宣布成立的永久性政府间国际组织。上合组织是第一个在中国境内宣布成立、第一个以中国城市命名的国际合作组织，更是一个最高层次的区域合作组织。该组织每年举行一次成员国元首正式会晤，定期举行政府首脑会晤、部门领导人会晤、常设和临时专家工作组讨论，并轮流在各成员国举行。

根据《上海合作组织宪章》和《上海合作组织成立宣言》，上合组织的宗旨是：加强成员国之间的相互信任与睦邻友好；发展成员国在政治、经济、科技、文化、教育、能源、交通、环保及其他领域的有效合作；维护和保障地区和平、安全与稳定；推动建立民主、公正、合理的国际政治、经济新秩序。

第一节　上海合作组织基本情况

1　上海合作组织发展历程

1.1　双边合作阶段

1991年底苏联解体，当时加盟的15个共和国成为独立主权国家，中国有了西部的新邻居，原有的中苏历史遗留问题转变为中国与多国双边关系的重要问题，由此引发的中、俄、哈、吉、塔5个国家间的边境谈判成为“上海五国”机制的起源。在1992年中国同俄、哈、吉、塔全部建立正式外交关系后，俄、哈、吉、塔开始与中国就边境地区相互削减武装力量、在军事领域加强信任等问题进行联合谈判。

1.2 “上海五国”阶段

在苏联解体后，中国与俄、哈、吉、塔的谈判模式逐渐发展成为“上海五国”机制。1996 年 4 月，中、俄、哈、吉、塔五国在上海签订了《关于在边境地区加强军事领域信息的协定》（以下简称《上海协定》），接着又于 1997 年在莫斯科签署了《关于在边境地区相互裁减军事力量的协定》。此后，元首的这种年度会议形式被固定下来，轮流在五国举行，这也标志着“上海五国”机制的诞生。“上海五国”机制的诞生，对世界和平与稳定产生了积极而深远的影响，它彻底改变了冷战时期遗留下来的军事对峙，从此五国开始了对不同于冷战思维的新安全合作模式的探索，这也成为上合组织的雏形。

1996～2000 年，“上海五国”元首会议共召开了五次会议，在维护边境安全与稳定、打击“三股势力”等方面重点开展合作，对维护地区和平起到了至关重要的作用，同时也对上合组织的成立奠定了基础。“上海五国”成立的目的是解决苏联解体后中国同其他四国的边界问题，然而，随着该机制工作重点逐渐从解决邻国间的边界问题转到地区安全合作上来，许多具体的合作事宜越来越多地涉及五国以外的其他国家。同时，鉴于“上海五国”在安全领域的合作日见成效，五国以外的国家，特别是乌兹别克斯坦越来越表现出参与“上海五国”机制的兴趣和愿望。1998 年乌兹别克斯坦提出加入上海五国机制的要求。基于机制目标的不断扩大以及考虑到乌兹别克斯坦与其他中亚国家相邻的地理位置，其在中亚地区的安全稳定方面具有重要的意义，五国同意乌兹别克斯坦加入该合作机制。2001 年，六国元首会晤时正式通过了《中俄哈吉塔乌联合声明》，接受乌兹别克斯坦以平等身份加入“上海五国”，最终乌兹别克斯坦也成为上合组织的创始成员国之一。

1.3 “上海合作组织”成立和“上合多国”阶段

2001 年 6 月 15 日，哈萨克斯坦共和国、中华人民共和国、吉尔吉斯斯坦共和国、俄罗斯联邦、塔吉克斯坦共和国、乌兹别克斯坦共和国六国元首在中国上海共同发表了《上海合作组织成立宣言》，一致决定将“上海五国”机制提升为一个永久性政府间的国际组织——由此宣告了上合组织的成立。该组织是一个高层次和高水平的区域性组织，各成员国在地理位置上相邻，疆域广阔，横跨欧亚两大洲，总面积达 3000 多万平方公里，约占欧亚地区大陆的 3/5。成员国人口总数约为 14.89 亿人，约占世界总人口的 1/4，是欧亚地区最大的地区性合作组织。

上合组织成立到目前的发展历程，大致可以分为三个时期。

（一）上海合作组织致力于机制化建设的初创期

从2001年6月组织成立到2004年6月塔什干峰会前夕，可以说是上合组织致力于机制化建设的初创期。在这期间，上合组织6个成员国从加强睦邻互信和互利友好、维护地区稳定、谋求共同发展的愿望出发，积极实践新安全观，签署了一系列法律文件，建立了本组织常设机构，启动了多领域磋商机制，在打击“三股势力”及跨国犯罪活动等方面为本组织的安全及其他领域的合作逐步建立了比较完善的结构体系和法律基础。

初创期，在组织机制化建设的同时，安全领域的合作被确定为上合组织的首要合作方向与重点工作，初创期在安全领域的一系列工作为此后上合组织非传统安全领域的合作打下了坚实稳健的基础。

（二）上海合作组织从“初创期”过渡到“稳定发展期”

从2004年上合组织成员国元首塔什干峰会到2006年六国元首再聚上海，实现了由上合组织致力于机制化建设向务实合作稳定发展的顺利过渡。此后上合组织在前一阶段的基础上，进入一个“团结更加巩固、合作更加务实、行动更加有效”的时期。

在上合组织的过渡期，上合组织国家虽然主要开展的合作是强化打击“三股势力”，举办联合反恐军事演习和遏制跨国毒品犯罪，但在2004年塔什干峰会上，胡锦涛主席讲话强调，“上海合作组织已经进入新的发展时期，从现在起，组织应该将工作重点转到扩大和深化各领域的合作上来。要本着务实精神，确立具体目标，采取有效措施，把巨大的合作潜力转变为现实的合作成果，给成员国人民带来切实的利益，这是上海合作组织持续健康发展的必由之路”。自此，上合组织全面开启了能源国际合作，并促使国家间的能源关系从冷战后的“零和博弈”模式逐渐向“相互依赖和合作”的模式转换。上合组织成员国对于能源合作和对话的愿望日益剧增，各成员国之间形成了既竞争又协调的国际能源战略格局，并将能源合作作为上合组织的非传统安全合作与经济合作的契合点，深化了上合组织成员国之间的政治互信和经济互赖。

上合组织在此过渡期，鉴于中亚生态环境问题已成为制约该地区可持续发展的重要障碍，特别是中亚各国高度重视生态环境问题，把它提高到国家安全的层次，上合组织提出推进地区生态环境合作治理，把中亚水资源和生态环境问题视作上合组织促进各成员国在重大国际和地区问题相互支持和密切合作的重要使命。

（三）上海合作组织深化合作领域，全面发展阶段

上合组织成立之初围绕政治、安全领域开展合作。随着世界形势和中亚地区稳定局势的改变，上合组织开始意识到并加强了在除上述两个领域外其他非传统领域的合作，特别是加强成员国间的区域经济合作、能源合作和人文领域的合作，以适应新时代的变化和要求。

在区域经济合作领域，早在2001年9月，上合组织六国总理签署了《上海合作组织成员国政府间关于区域经济合作的基本目标和方向及启动贸易和投资便利化进程的备忘录》，标志着上合组织区域经济合作的正式启动。2003年5月莫斯科峰会期间，六国政府首脑签署了《上海合作组织多边经贸合作纲要》，标志着上合组织区域经济合作开始步入机制化轨道。2004年六方代表批准了《〈多边经贸合作纲要〉落实措施计划》，确定了多边经贸合作的优先领域，涵盖了能源、交通、电信等基础设施建设的120多个项目。2006年，中国倡议并推出了多方参与、共同受益、互联互通的大型网络性项目，重点推动成员国之间的公路网、电力网和电信网的建设。为促进成员国之间的经贸合作，推进贸易投资便利化进程，推动具体项目的实施，在上合组织框架内搭建了经贸部长会议、高官委员会会议等定期会晤机制，成立了银联体和实业家委员会。此外，还成立了海关、质检、电子商务、促进投资与发展过境潜力、能源、信息和电信七个重点合作领域的专业工作组。

在人文合作领域，早在2002年，《上海合作组织宪章》就指出今后在科技、教育、卫生、文化、体育及旅游领域将进行相互协作，至今，人文领域的合作已成为上合组织成员国合作的第四大重要领域。2005年7月，上合组织六个成员国的文化部长签署了“上海合作组织成员国2005至2006年多边文化合作计划”。同年9月，上合组织召开了成员国首次环保专家会议，正式启动了环保合作。此后10月，六成员国政府又签署了《上海合作组织成员国政府间救灾互助协定》，翻开了上合组织人文领域合作的新篇章。2006年至今，上合组织在人文领域开展全方位的合作，并得到进一步深化，司法、教育、文化、环保等多领域的合作增进了各国人民之间的相互理解和尊重，为推进上合组织的全方位合作创造了重要的前提，也进一步增强了上合组织的凝聚力，扩大了该组织的国际影响力。

总之，目前上合组织框架内合作的主要领域包括四个方面：政治领域

合作，维护地区和平，加强地区安全与信任；安全领域合作，共同打击恐怖主义，就裁军和军控问题进行协商；区域经济合作领域，支持和鼓励各种形式的区域经济合作；人文领域合作，保障合理利用自然资源，扩大科技、教育、卫生、文化、体育、环保及旅游的相互协作。

1.4 上海合作组织成员发展

从上合组织自身要求来看，随着上合组织的成功运行，周边国家感受到该组织带给成员国的切实利益，尤其在安全和经济方面，因此提出加入上合组织的请求。考虑到其他国家和上合组织自身发展的需求，2004 年，在上合组织塔什干峰会上批准了《上海合作组织观察员条例》。蒙古在此次峰会上被赋予观察员国地位，印度、巴基斯坦、伊朗在 2005 年阿斯塔纳峰会上获得观察员国地位。2008 年六国元首在塔吉克斯坦首都杜尚别通过《上海合作组织对话伙伴条例》，为上合组织加强与有关国家合作制定了规范性文件。2009 年斯里兰卡和白俄罗斯获得对话伙伴国地位。2010 年 6 月，上合组织成员国领导人在乌兹别克斯坦首都塔什干批准了《上海合作组织接受新成员条例》和《上海合作组织程序规则》等重要文件，标志着组织机制建设全面走向成熟。2012 年 6 月 6 ~ 7 日，在北京峰会上，上合组织继续扩容，成员国决定吸收阿富汗为观察员国，土耳其为对话伙伴国。至此，上合组织已经涵盖 14 个国家，除 6 个成员国外，还有 5 个观察员国，即阿富汗、印度、伊朗、蒙古和巴基斯坦，3 个对话伙伴，即白俄罗斯、土耳其和斯里兰卡。新一轮扩员使得上合组织覆盖的面积不断增大、开展多领域合作的空间得到扩展，组织的国际威望和影响力进一步提升。

2 上海合作组织基本情况

2.1 成员

截至 2013 年底，与上合组织息息相关的国家主要分为四类。

其一，6 个成员国，即中华人民共和国、俄罗斯联邦、哈萨克斯坦共和国、塔吉克斯坦共和国、吉尔吉斯共和国、乌兹别克斯坦共和国，其中前 5 个国家为原“上海五国”会晤机制成员国（见表 1 - 1）。

其二，5 个观察员国[①]，包括阿富汗、印度、伊朗、蒙古、巴基

---

① 指那些尚未加入上合组织，但因希望加入或与上合组织有较大的领域合作而正在接受组织相关考察的国家。

斯坦。

其三，3个对话伙伴国，即白俄罗斯、土耳其、斯里兰卡。

其四，经常参与上合组织峰会的轮值主席国客人，包括独立国家联合体（独联体）、土库曼斯坦、东南亚国家联盟。

表1－1　中国与其他成员国双边关系统计

国别	建交时间	外交关系类型	环境保护合作领域
中俄	1949年10月2日	战略协作伙伴关系	大气污染与酸雨防治水体保护（包括跨界水）、海洋环境保护、自然生态环境与物种多样性保护、环境监测、环保信息交流与宣传、政策制定与实施、清洁生产工艺与技术、废物处置与利用
中哈	1992年1月3日	全面战略伙伴关系	跨界河流测评、水污染防治、自然生态环境与物种多样性保护、消除环境威胁
中乌	1992年1月2日	友好合作伙伴关系	水污染及大气污染检测技术；环境科学技术的研究、教育与培训宣传；自然保护区管理和物种多样性保护；清洁生产工艺与技术；废物处置及利用；自然资源和环境保护法律、法规、政策和标准制定
中塔	1992年1月4日	睦邻友好合作伙伴关系	环境监测及影响评价；环境科学技术研究；生态和生物多样性保护；危险废物及放射性废物管理，包括防止非法跨境转移；制定环境标准，包括工业生产和产品的环境标准；制定环境保护政策、法律、法规，包括有关的经济手段和财政机制；共同协调在全球环境问题上的立场
中吉	1992年1月5日	睦邻友好合作伙伴关系	暂无

2.2　会徽

上合组织会徽呈圆形，主体是中国、哈萨克斯坦、吉尔吉斯斯坦、俄罗斯、塔吉克斯坦和乌兹别克斯坦6个成员国的版图，左右环抱的橄榄枝和两条飘带象征成员国为地区和世界和平与发展所起的积极推动作用，并寓意上合组织广阔的合作领域和巨大的发展前景。会徽上部和下部分别用中文、俄文标注“上海合作组织”字样。会徽选用绿色和蓝色，象征该组织和平、友谊、进步、发展的宗旨（见图1－1）。

图1-1 上合组织会徽

2.3 宗旨与原则

2001年6月15日通过的《上海合作组织成立宣言》和2002年6月7日通过的《上海合作组织宪章》对该组织的宗旨与原则进行了详细规定。

上合组织的宗旨和任务：

- 加强成员国相互信任与睦邻友好；
- 维护和加强地区和平、安全与稳定，共同打击恐怖主义、分裂主义和极端主义、毒品走私、非法贩运武器和其他跨国犯罪；
- 开展经贸、环保、文化、科技、教育、能源、交通、金融等领域的合作，促进地区经济、社会、文化的全面均衡发展，不断提高成员国人民的生活水平；
- 推动建立民主、公正、合理的国际政治经济新秩序。

上海合作组织遵循的主要原则：

- 恪守《联合国家共同宣言》的宗旨和原则；
- 相互尊重独立、主权和领土完整，互不干涉内政，互不使用或威胁使用武力，所有成员国一律平等；
- 平等互利，通过相互协商解决所有问题；
- 奉行不结盟、不针对其他国家和组织及对外开放原则。

总而言之，上合组织的宗旨与原则集中表现为以“互信、互利、平等、协商、尊重多样文明、谋求共同发展”为核心的“上海精神”。

2.4 组织结构

（一）常设和非常设机构

上合组织成立后的常设机构有两个，分别是设在北京的秘书处和设在乌兹别克斯坦首都塔什干的地区反恐机构。

秘书处是上合组织常设行政与管理机构（见图1－2），2004年1月在北京成立。其主要职能是：为上合组织活动提供组织、技术保障；参与上合组织各机构文件的研究和落实；就编制上合组织年度预算提出建议。秘书长由元首会议任命，由各成员国按国名的俄文字母顺序轮流担任，任期3年，不得连任（见表1－2）。

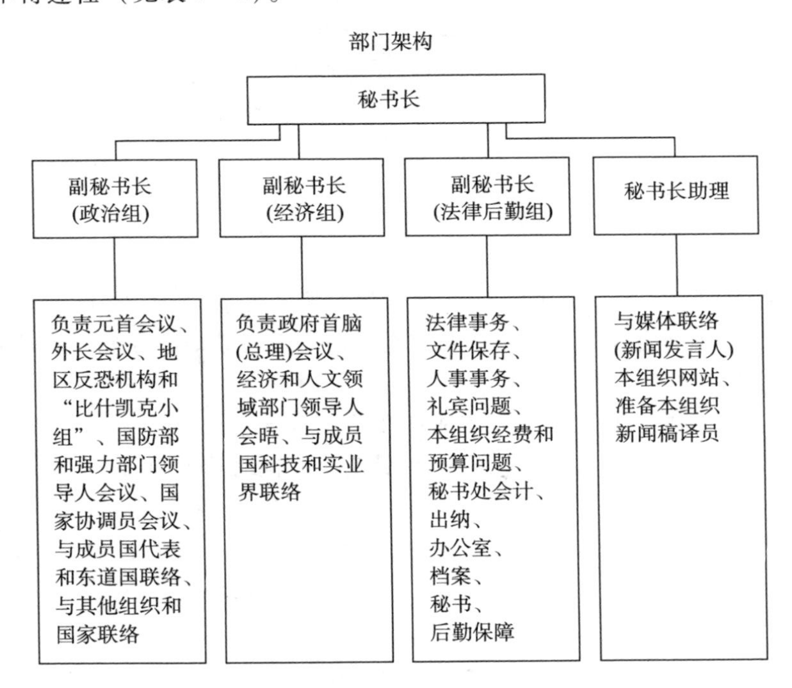

图1－2　秘书处部门结构

表1－2　历任秘书长基本信息

项目	第一任	第二任	第三任	第四任
姓名	张德广	博拉特·努尔加利耶夫	穆拉特别克·伊马纳利耶夫	德米特里·费奥多罗维奇·梅津采夫
国籍	中国	哈萨克斯坦	吉尔吉斯斯坦	俄罗斯
就职时间	2004年1月15日	2007年1月1日	2010年1月1日	2013年1月1日

地区反恐怖机构是上合组织另一个常设机构，2004年6月正式启动。关于成立地区反恐机构的协定是2002年6月在上海合作组织圣彼得堡峰会上签署的。该机构主要任务和职能包括：准备有关打击恐怖主义、分裂主

义和极端主义的建议和意见；协助成员国打击“三股势力”；收集、分析并向成员国提供有关“三股势力”的信息；建立关于“三股势力”的组织、成员、活动等信息的资料库；协助准备和举行反恐演习；协助对“三股势力”的活动进行侦查并对相关嫌疑人员采取措施；参与打击“三股势力”相关法律文件的起草；协助培训反恐专家及相关人员；开展反恐学术交流；与其他国际组织如联合国等开展反恐合作。该机构具有独立的法人地位，拥有签订协议、开设银行账户、拥有动产和不动产等权利。地区反恐怖机构由理事会和执行委员会组成。理事会由成员国主管机关领导人组成，是反恐机构的决策和领导机关。执行委员会是常设执行机关，编制30人。最高行政官员为执行委员会主任，由元首会议任命，任期3年（见表1－3）。

表1－3 历任执委会主任基本信息

项目	第一任	第二任	第三任	第四任
姓名	卡西莫夫	苏班诺夫·梅尔扎坎·乌苏尔卡诺维奇	朱曼别科夫	张新枫
国籍	乌兹别克斯坦	吉尔吉斯斯坦	哈萨克斯坦	中国
就职时间	2004年1月	2007年1月	2010年1月	2013年1月

上合组织的非常设机构（可以称为上合组织的会议机制）可划分为四个层次（见图1－3）：

- 元首理事会；
- 政府首脑（总理）理事会；
- 各部门领导人会议机制：外交部长、总检察长、国防部长、经贸部长、交通部长、文化部长等部门领导人会议；
- 国家协调员理事会。

元首理事会是上合组织的最高决策机构，每年举行一次会议，通常由成员国按国名俄文字母顺序轮流举办。举行例行会议的国家为本组织主席国。此会议负责研究、确定上合组织合作与活动的战略、优先领域和基本方向，通过重要文件，就组织内所有重大问题做出决定和指示。上合组织迄今共举行了13次元首会议，分别于2001年6月在上海、2002年6月在圣彼得堡、2003年5月在莫斯科、2004年6月在塔什干、2005年7月在阿斯塔纳、2006年6月在上海、2007年8月在比什凯克、2008年8月在杜尚别、2009年6月在叶卡捷琳堡、2010年6月在塔什干、2011年在阿斯塔纳、2012年6月在北京、2013年9月在比什凯克举行。

政府首脑理事会每年举行一次例会，重点研究组织框架内多边合作的战略与优先方向，解决经济合作等领域的原则和迫切问题，并批准组织年度预算。

各部门领导人理事会由各成员国不同领域主管部门的领导人组成，以会议的形式开展工作。其职能包括：为元首会议和政府首脑（总理）会议准备关于在上合组织宪章规定的有关领域开展合作的建议；组织、落实元首会议和政府首脑（总理）会议有关建立和发展上合组织框架内各领域合作的决议；制定有关领域合作的计划和项目；协调和监督上述计划和项目的实施，确保成员国相关部门之间进行切实合作；促进经验和信息的交流，以解决发展合作的具体和长远问题；协调成员国有关非政府机构建立互利合作；就具体问题与上合组织秘书处相互协作，并在自身职权范围内，与除元首会议和政府首脑（总理）会议之外的上合组织其他机构相互协作。

现在上合组织在国家政府系统、安全系统、立法系统和司法系统已经形成了18个部门的领导人会议机制，主要包括议长会议、最高法院院长会议、总检察长会议、审计部门领导人会议、外交部长会议、国防部长会议、公安内务部长会议、紧急救灾部门领导人会议、安全会议秘书会议、文化部长会议、卫生部长会议、教育部长会议、科技部长会议、经贸部长会议、农业部长会议、交通部长会议、财政部长和央行行长会议、边防部门领导人会议（见图1－3）。其中外交部长会议是部门领导人会议机制中非常重要的一个部门，其成员为各成员国的外交部长，以会议的形式开展工作。其主要职能包括：研究上合组织的当前活动问题；保障上合组织各机构决议的总协调和落实；提请元首会议和政府首脑（总理）会议审议关于完善和发展上合组织框架内的各方面合作，以及改善上合组织各机构活动的建议，包括在上合组织框架内缔结有关的多边条约问题；以上合组织的名义就国际问题发表声明；提请元首会议审议关于上合组织吸收新成员、终止新成员资格和开除成员的建议；提请元首会议审议关于上合组织与其他国际组织和国家相互协作，包括提供对话伙伴国或观察员国地位的建议；提请元首会议批准上合组织秘书长、副秘书长人选；研究上合组织成员国外交部相互协作的问题。外交部长会议主席可以代表上合组织开展对外交往；安全会议秘书会议为上合组织框架内安全领域合作的协调和磋商机制，以会议的形式开展工作，由成员国的安全会议秘书组成，中国该职由职能相当的高级官员出任（主要是公安部的领导），其主要任务是分析判断安全形势，确定安全领域的合作方向；协调成员国的安全合作，向元首理事会提出合作建议等。

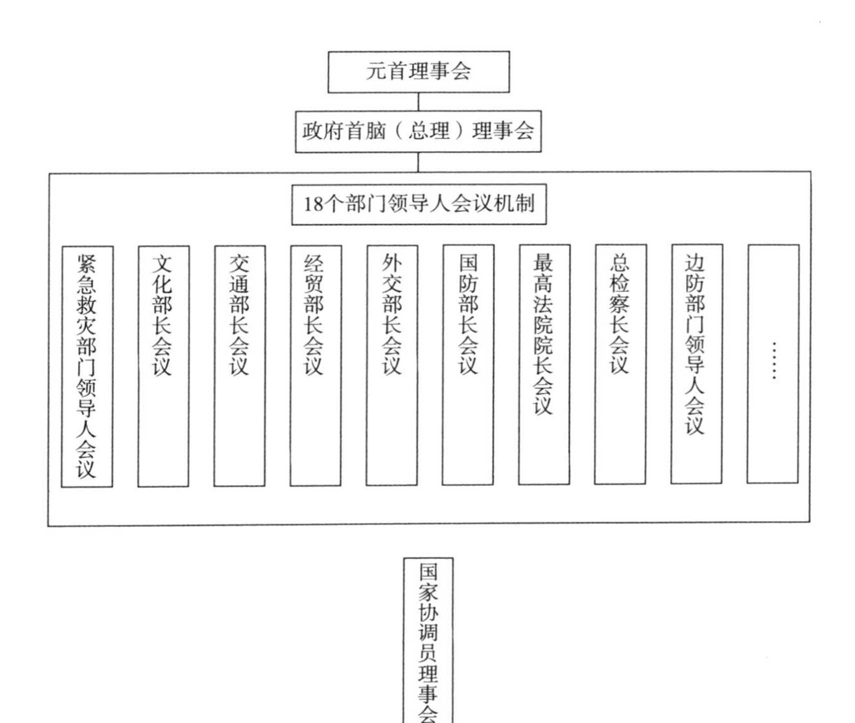

图 1-3 上海合作组织会议机制

在立法系统，有成员国议长会议机制，由成员国的议会负责人参加，是上合组织成员国在立法领域的交流合作机制。其主要职能有三个：一是及时批准并督促各成员国政府认真落实达成的有关协议，为上合组织的交流与合作提供有力的法律保障；二是根据上合组织的需要，及时修改国内相应的法律和有关规定，为各领域的合作创造良好的法治环境；三是发挥议会作为民意代表机构的优势（如联系广泛、人才荟萃、信息密集等），为区域经贸合作献计献策，为国家、地方和企业间的合作牵线搭桥、提供服务。

在司法系统，有总检察长会议和最高法院院长会议两个会议机制。总检察长会议由成员国检察机关的负责人组成，每年一次，轮流在各成员国举行。其主要职能是：为落实上合组织打击“三股势力”、跨国犯罪、非法移民等有关安全合作的决议加强司法合作；促进成员国在司法领域的合作交流，建立信息交流机制；加强司法协助，比如在涉境外案件的调查取证、缉捕和引渡罪犯、涉案款物移送等领域，发展成员国边境地区检察机关的直接合作机制；培训检察人员等。最高法院院长会议由各成员国的最高法院院长参加，是成员国在司法审判领域的交流合作机制。目前其职能主要集中在解决法律争议和落实已签署的司法文件两个方面：一是根据本国的安排，落实《上海合作组织宪章》、《打击恐怖主义、分裂主义和极端主义上海公约》和已批准的《联合国打击跨国有组织犯罪公约》、《联合国反腐败公约》及其他有关法律文件规定，促进成员国之间在安全等领域的经常性司法合作与协调，并按照已批准的有关条约或在个案互惠的基础上，加强在引渡、遣返、调查取证以及犯罪资产的查封、扣押、冻结、返还等方面的合作；二是根据本国的安排，落实本国所参加的解决刑事、民商事、执行等法律争议的国际公约及其他相关法律文件规定，并按照已批准的有关国际条约或在个案互惠的基础上，进一步加强在法院裁判、仲裁裁决承认和执行方面的合作。

国家协调员理事会是上合组织的基层协调机制，主管日常活动的协调和管理。理事会会议每年至少举行 3 次。理事会主席由元首会议例会举办国的国家协调员担任，经外交部长会议主席授权，可对外代表组织。

（二）民间机构

为了扩大合作范围，调动民间积极性，上合组织组建了 3 个民间合作机构，即实业家委员会、银行联合体和上海合作组织论坛，分别代表工商实业界、金融界和科研智囊界。这 3 个机构密切合作，积极帮助上合组织落实各项决议，扩大了该组织的影响力。

（1）实业家委员会

实业家委员会于 2006 年 6 月 15 日正式宣布成立，主要目的是让民间了解上合组织的决议和发展动向，同时让上合组织了解民间的意见和想法；充分调动民间力量，使其广泛参与上合组织的经济活动，为执行《上海合作组织成员国多边经贸合作纲要》及《〈上海合作组织成员国多边经贸合作纲要〉落实措施计划》提供有效协助。除能源、交通、电信、银行信贷、农业等领域外，实业家委员会还很关注上合组织成员国在教育、科技、卫生等人文领域的合作。

（2）银行联合体

银行联合体于 2005 年 11 月 16 日成立，由各成员国指定的开发性或商业性银行组成。目前的 6 个成员均是上合组织成员国政府指定的金融机构，即中国国家开发银行、哈萨克斯坦开发银行、吉尔吉斯斯坦结算储蓄公司、俄罗斯对外经济银行、塔吉克斯坦国民银行、乌兹别克斯坦国家对外经济银行。成立银联体的目的，是要对上合组织各成员国政府支持的项目建立一个能够提供融资及相关金融服务的良好机制，以金融合作取代过去的财政和捐赠的方式，扩大融资渠道，以便合理有效地利用各国资源，促进各成员国经济和社会顺利发展。

（3）上海合作组织论坛

上海合作组织论坛于2006年5月22日成立，是成员国建立的一个多边学术机制和非政府专家咨询机构，由各成员国具有上合组织国家研究中心地位的权威研究机构组成。目前，各国家研究中心分别是哈萨克斯坦当代国际政治研究所（原为哈总统战略研究所）、中国国际问题研究所、吉尔吉斯斯坦总统战略分析与评估研究所（曾先后为：吉尔吉斯斯坦科学院、吉尔吉斯斯坦总统战略研究所）、俄罗斯莫斯科国际关系学院、塔吉克斯坦总统战略研究所和乌兹别克斯坦总统战略研究所。上合组织论坛的领导机构是“论坛协调委员会”，由各成员国的国家中心负责人组成，主席由论坛例行会议主办国的国家中心负责人担任，以协商一致方式通过决议。论坛每年至少举行一次，可接受上合组织常设机构的委托，对该组织框架内的迫切问题进行调研，举行学术会议、圆桌会议及其他活动。

2.5 职能

根据《上海合作组织成立宣言》，上合组织鼓励各成员国在政治、经贸、科技、文化、教育、能源、交通、环保及其他领域的有效合作。作为一个年轻的地区性国际组织，上合组织的职能具有多样性，其中，维护稳定和促进发展是各成员国的共同目标，因此，安全领域和经济领域的合作成为上合组织最为重要的两个职能。

（一）安全职能

安全合作是上合组织框架内多边合作的重要领域，以组织内的政治合作与对外交往为基础。在大力解决边界问题，巩固成员国政治互信和睦邻友好的前提下，上合组织不仅重点打击恐怖主义、分裂主义和极端主义“三股势力”，还要应对突发性灾难以及贩毒、武器走私等非传统安全领域的威胁。与此同时，它还在反恐领域开展对外合作，派代表参加联合国反恐委员会组织的活动。上合组织与东盟和独联体签署的合作文件均规定要在反恐领域开展合作。作为以维护地区和平为宗旨的国际组织，上合组织对化解地区矛盾、预防地区冲突责无旁贷。

（二）经济职能

上合组织在地区安全合作领域中开创的局面为实现经济合作提供了广

阔的舞台。而各成员国产业结构上的差异性和国内市场间的互补性，也为在上合组织框架下实现有效的经济合作提供了可能。如此一来，促进经济合作就成为上海合作组织的另一个重要职能，合作涵盖贸易投资、海关、金融、税收、交通、能源、农业、科技、电信、环保、卫生、教育等领域，且到目前为止收效显著。该职能不仅有助于促进区域经济共同和协调发展，提高成员国人民生活水平，而且有助于加速建立公正合理的国际经济新秩序，最终还能通过经济合作，发展友好关系，增进参与国政府间乃至民间的广泛合作，从而推动各国在人文等其他领域的相互交流、协同发展、共同进步。

第二节　上海合作组织合作现状

1　上海合作组织的主要成就

上合组织成立之初就面临着复杂的国际环境背景：政治方面，美国和西方国家大力推行“新干涉主义”，鼓吹“人权高于主权”，以保护人道和人权为由，加以武力威胁，绕开联合国，在全世界贯彻西方制度，塑造对其有利的冷战后国际秩序；经济方面，当今世界经济刚刚从东南亚金融危机和俄罗斯金融危机中恢复，各国均面临着发展经济、改善民生的重任，因而加强区域合作就成为今后各国的主要政策取向；安全方面，上合组织成员国均面临“三股势力”威胁的非传统安全局势和美国加强亚洲安全对中俄形成战略压力的传统安全局势。

但上合组织在其发展的十多年时间里，紧紧抓住成员国最关切的问题，将稳定和发展作为第一要务，努力维护区域政权和社会稳定、主权独立、经济发展和民生改善，提高各成员国对组织的认同。它以自己的实际行动，回应了西方模式，实践了“上海精神”的新安全观（大小国家一律平等、结伴而不结盟）和新经济合作观（互利双赢、尊重多样文明），利用集体联合的力量，抵御了西方的干涉，无论是从内部机制建设还是从外部国际影响力来看，上合组织均取得了长足的进展。

1.1　上海合作组织的成绩

十多年来，上合组织的任务目标基本实现：各成员国都重视并有意愿发展上合组织，保证了该组织在“上海精神”的实践中运作正常、运转顺利，这是对国际法和国际关系合作模式的成功实践；它有效地维护了地区政治稳定、促进了地区经济发展、遏制了恐怖主义的蔓延，成为所有成员国在阐述本国对外政策时必然提及的合作对象，是所有成员国开展对外合作、落实对外政策时依靠的重要国际力量之一，是成员国维护自身安全的屏障和发展的平台之一。

迄今为止，欧亚地区没有任何一个区域国际合作机制可以取代上合组织的功能，即可以同时与中国和俄罗斯两个大国（邻国）沟通合作，既能确保自身周边安全，又能获得经济援助与合作利益的国际合作机制。同时作为以中国城市命名的国际组织，作为国际社会公认的被中国主导的国际组织，上合组织的发展，关系到中国的国际地位和名声。上合组织取得今天的成就，无疑是中国的荣誉之一。对于中国来说，上合组织机制有效维护了西部和北部的安全稳定，并在此基础上获得经济发展，中国与中亚国家和俄罗斯的投资贸易均有显著增长。到2012年底，中国与上合组织其他成员国贸易额达1237亿美元，中国对其他成员国直接投资达87亿美元。跨境石油天然气管线、公路、铁路、通信等一批重大合作项目相继建成，能源矿产、加工制造、商贸物流、农业等领域合作深入推进，金融合作成效显著。

1.2 上海合作组织的运行特点

上合组织经过十多年的发展，重点围绕其组织的任务和目标来运行并发展，在合作机制、合作形式和合作领域上形成了自己固有的特点，主要集中在以下3个方面。

（一）合作机制总体仍呈“大会议、小机构”的特点

从上合组织会议机制来看，组织下部门领导人会议增多，除国家元首和政府总理会议外，上合组织现已形成18个部门领导人会议机制。

从机构设置来看，上合组织的机构设置与行政层级和专业领域相对应。按专业领域，实行国家元首会议和政府首脑会议（国家级）、部门领导人会议（部长级）、高官委员会会议（司局级）和专业或专家小组（处级）四级结构，这样既有决策机构，又有落实执行机构，既便于在各领域和各层次协调一致，又便于贯彻和执行上级决议。由于各成员国政体不同，机构设置不同，各机构的职能也不尽一致，往往会出现“合作盲区”现象，在一定程度上影响合作范围的拓展。由于各部门只能在本部门职权范围内活动，所以成员国在商榷合作协议时，常常因某个条款超越本部门职权而难以达成协议。比如中国没有国家安全委员会这个机关，也没有安全会议秘书这个职位，只能由公安部代表出席安全会议秘书会议。再比如，俄罗斯自然资源和生态部的职能几乎涵盖中国的国土资源部、水利部和环境保护

部的职能，如果该部同中国环保部合作，通常只能局限在环境保护领域。

（二）合作内容愈加丰富

上合组织的合作领域不仅从成立之初的“两个车轮”（安全与经济）扩展成“四个车轮”（政治、安全、经济和人文），而且各领域内的合作内容也日益深化拓展，现已形成多主体（官方与民间）、多层次（中央与地方）、多领域（法律协调、实体项目、人力资源等）、多种方式（多边与双边相结合、部分与整体相结合、集体行动与个别行动相结合）的合作氛围（见表1－4）。

表1－4　上海合作组织各阶段的合作内容

时间	合作内容
1996年前	边界问题
1996～1997年	安全领域：裁减边境地区的军事力量以及加强军事领域相互信任
1998～2001年	安全领域：打击三股势力 经济领域：提出经贸、投资、能源等若干重点合作领域
2001年后	政治领域：合作的目的是加强成员国间的友好合作关系，例如，加强各级别领导人的互访与交流，增加政治互信；加强在国际事务中的协调与相互支持等 安全领域：合作的目的是维护地区的安全与稳定，例如，制定维护区域安全与稳定的相关法律文件及措施，打击“三股势力”和有组织犯罪；举行联合反恐军事演习、联合执法、情报交流；开展应对紧急事态或突发事件的合作机制、司法协助、人员培训等 经济领域：合作的目标是深化区域经济一体化进程，例如，经济技术；贸易投资便利化，制定多边经贸合作纲要；建立实业家委员会和发展基金；人员培训；开展与国际组织，特别是国际金融组织的合作等 人文领域：合作的目的是加强成员国官方和民间的友好往来，例如，举办文化艺术节、传媒、教育、卫生、环保合作等

从合作主体看，近年来，除官方各领域增多外，民间参与的热情不断高涨。比如各国智囊机构积极建言献策，企业积极寻求投资合作机会，一些国际组织（世界银行、亚洲开发银行、联合国经济和社会理事会、联合国开发计划署等）也经常被邀请共同参与项目等。

从合作层次看，除中央各部门合作外，近年来，地方，尤其是边境地区合作不断加强，已形成边境地区领导人会议机制，边境贸易额增长迅速。

（三）合作方式更加多元化

从合作方式看，上合组织坚持多边与双边相结合，兼顾效率与公平原则，只要是上合组织成员国参与的项目，只要有利于上合组织成员国发展的项目，上合组织均予支持。在开展项目时，根据成员能力和意愿，允许集体行动和个别行动相结合，并不强求所有成员必须一致参加上合组织所有项目。

从融资机制看，当前上合组织主要有5个融资来源：成员国的优惠贷款、上市融资、本币结算和货币互换；上合组织非正式机构——银联体；正在筹建过程中的发展基金（或专门账户和开发银行）；其他国际组织；民间融资。未来，这5个领域均会有巨大的发展空间。

1.3 上海合作组织人文领域合作现状

上合组织成立十多年来，在政治、安全、经济和人文领域都取得了很大进展。

在政治领域，各成员国已签署了《上海合作组织成员国长期睦邻友好合作条约》，为区域政治稳定和互信奠定了法律基础。组织内各成员国在共同关心的地区和国际问题上，政治立场基本一致，多次发表共同看法，成为国际社会的重要声音。

在安全领域，各成员国除在边境地区军事领域相互信任和相互裁减军事力量外，联合军演已成常态，反恐、禁毒等非传统安全合作进展顺利。同时中国加强了与各成员国的安全合作，并已与其他5个成员国签署了双边民事和刑事司法互助条约、引渡条约等司法协助协议。

在经济领域，成员国从贸易投资便利化起步，大力推进海关、商品检验检疫、电子商务、投资促进、交通运输、通信及人力资源培训等领域的合作，为创造区域内公开、透明及可预见的贸易与投资环境做了大量工作，取得了一定成效。《上海合作组织成员国多边经贸合作纲要》的签署，使组织内经济合作逐渐务实深入。

一直以来，安全和经济合作的“两个轮子”是上合组织向前发展的主要模式，并取得了重大的成就。由于文化在人类世界的融合和凝聚上会起到至关重要的作用，所以上合组织自成立之初，就提出在人文领域将开展合作，同时各国领导人也已经认识到，人文合作在巩固“上海精神”方面发挥的桥梁和纽带作用。特别是2004年以后，中国国家主席胡锦涛在塔什干、阿斯塔纳峰会上，多次强调人文合作，使之成为今后上合峰会的重要议题之一。目前上合组织人文领域的合作主要集中体现在文化、紧急救灾、教育、卫生和环保等方面。

（一）文化合作

目前上合组织在文化合作方面，已建立各成员国文化部长会议、成员国艺术节、“孩子笔下的童话”儿童绘画巡回展等合作机制。

文化部长会议每年一次，起初由成员国自愿承办，2002 年首次文化部长会议后，2005 起改为每年轮流在成员国举办，2012 年起由上合峰会轮值主席国举办。迄今为止，上合组织已举行 9 次文化部长会议，第九次会晤于 2012 年 6 月 6 日在北京举行。

上合组织成员国艺术节源于 2004 年 6 月，为配合上合元首塔什干峰会，由乌兹别克斯坦文化体育部主办，受到了各方的好评。于是成员国文化部长在 2005 年第二次会晤期间达成共识，在峰会期间举办上合成员国艺术节，由轮值主席国承办，以配合元首峰会，营造气氛。

“孩子笔下的童话”儿童绘画巡回展体现了不同地域文化背景下的孩子在与童话故事心灵沟通的过程中，对不同民族文化的理解和对真、善、美的认识。该绘画巡回展先从成员国儿童绘画作品中精选若干作品，然后在各成员国轮流展出。虽然没有明确规定，但成员国间通过协商，已经形成轮流举办的惯例。

（二）紧急救灾合作

在这一合作方面，目前主要的运行机制是紧急救灾部门领导人会议，紧急救灾中心仍处于商讨进程中。另外，成员国边境地区领导人会议的主要议题也是有关边境地区紧急救灾合作的内容。

中国努力推动上合组织成员国政府间救灾协作。2008 年 9 月，中方在乌鲁木齐主办了上合组织成员国边境地区领导人首次会议。会议就开展成员国边境地区救灾合作，推动建立边境地区联合救灾行动机制，以及开展有关信息交流、人员培训等问题达成共识。

（三）教育合作

目前已建立了教育部长会议、上海合作组织大学、“教育无国界”教育周和大学校长论坛等合作机制。

教育部长会议每两年举行一次，由成员国轮流举行。首次教育部长会议于 2006 年 10 月 18 日在北京举行。第三次会议于 2010 年 9 月 23 日在俄罗斯新西伯利亚市举行。

上海合作组织大学是由各成员国指定的高校组成，按照统一的教学大纲和教学计划组织教学工作，学生毕业后颁发各成员国均认可的上海合作组织大学文凭。目前参与上海合作组织大学项目的院校共 62 所，其中，俄 16 所、中 15 所、哈 13 所、塔 10 所、吉 8 所。

“教育无国界”教育周和大学校长论坛一般同时举行，由成员国教育部门的官员、大学校长和一些社会团体的代表参加，目的是相互交流意见、扩大学术交流、增进了解和友谊、推动上合组织空间内的联合教育项目和计划。另外孔子学院在上合组织成员国的建立，也是上合组织开展教育合作的重要内容，对于相关成员国了解中华文化传统具有重大的意义。

（四）卫生合作

目前已建立了卫生部长会议机制。

2010 年 11 月 18 日首届卫生部长会议在哈萨克斯坦首都阿斯塔纳举行，会议通过了《上海合作组织成员国卫生专家工作组工作条例》，批准了《上海合作组织成员国卫生领域重点合作计划》。《上海合作组织成员国政府间卫生合作协定》原计划提交第二次卫生部长会议签署，但受 2012 年俄罗斯机构改革影响而推迟。

（五）环保合作

环保合作是《上海合作组织成立宣言》和《上海合作组织宪章》中规定的重要领域之一。随着上合组织各成员国经济的快速发展和人类活动的加剧，地区环境污染和破坏加重，加上上合组织特别是中亚国家所处地区生态环境相对恶劣，该地区已成为世界上生态环境恶化最为严重的地区之一。各成员国越来越重视上合组织框架下的环保合作，以此摆脱环境污染和破坏带来的巨大损失。在上合组织下开展环保合作，最初是在 2003 年俄罗斯的倡议下开展的。2005 年召开了六国首届环境部长会议，同时各国成立了政府工作小组，先后举行了 5 次环保专家会议，商讨上合框架下的环保合作问题，重点磋商《上海合作组织环境保护合作构想草案》。2012 年上合峰会前，各国之间进行了双边会谈，发表了涉及环保合作的双边声明或宣言，例如，《中俄联合声明》提到“开展国际合作，利用创新技术走可持续增长的道路，实现人与自然和谐共存”，《中哈联合声明》提到“双方将遵循互利和照顾对方利益的原则，继续完善法律基础，致力于公平合理利用中哈跨界水资源并保护其生态环境”。2012 年 12 月 5 日在吉尔吉斯斯坦比什凯克上合组织成员国总理第十一次会议上联合公报再次提出：“必须继续为进一步加强上合组织框架内环保领域合作而共同开展工作。”中国领导人在此次会上提出：“成立‘中国－上海合作组织环境保护合作中心’，中方愿依托该中心同成员国开展环保政策研究和技术交流、生态恢复与生物多样性保护合作，协助制定本组织环保合作战略，加强环保能力建设。”2014 年 3 月 11～13 日，上合组织第十六次环保专家会在上合组织秘书处召开，就《上海合作组织环境保护合作构想草案》进行磋商讨论，并签署了会议纪要。这些都表明各成员国间开展环保合作的决心，环保合作将作为上合组织框架下的新合作领域的润滑剂并促进其他领域的深入合作。

2 上海合作组织面临的主要困难

2001 年成立上合组织的直接原因是继承和提升“上海五国”的合作成果，将“上海五国”的边界划分和边境安全合作扩展到成员国政治、经济、安全和人文等各领域。经过十多年发展，当前上合组织发展的内部和外部环境均已发生较大改变，并面临着新的发展机遇和挑战。与 2001 年成立时相比，当前区域合作环境中未变和变化的因素还在直接影响着上合组织内的合作。其中未变的因素主要是：上合成员国同样肩负维护主权独立和政权安全的重任；同样需要借助区域合作来发展国内经济和改善民生；同样面临来自阿富汗的安全威胁。改变的因素有：大国在中亚的合作与竞争格局已基本定型；成员国间发展差距拉大，对上合组织的具体需求也存在差异。这些因素是未来上合组织需改进和调整的基础，也是今后上合组织框架下合作面临的主要困难。

2.1 地区力量格局存在合作与竞争

从地区力量格局看，中、俄、美、欧是左右欧亚大陆格局的最主要力量，其合作与竞争可对地区的稳定与发展产生重要影响。经过多年实践，当前在中亚地区，中、俄、美、欧各自主导的区域国际合作机制格局已经形成，从东西南北四个方向主导中亚地区的发展，其战略目标的差异主要体现在区域一体化合作方向上。

向东主要来自中国，中国主要借助上合组织，同中亚国家发展合作，促进西部稳定和发展。

向北主要来自俄罗斯，俄罗斯将中亚看作自己的“南大门”和传统势力范围，主要借助欧亚经济共同体（经济和人文领域）和集体安全条约组织（政治与安全领域）的力量，将中亚国家纳入自己主导的区域合作机制。

向南主要来自美国，美国主要通过积极推进“新丝绸之路”战略发展中亚和南亚的一体化，同时，加大在中亚的军事存在和影响，如通过设立军事基地，发展北约“合作伙伴关系”等削弱中亚国家对中、俄的依赖，并在中亚打入楔子，对中、俄形成战略压力，遏制中、俄发展。

向西主要来自欧盟，欧盟为确保能源安全，实现能源来源多元化，降低对俄罗斯的油气依赖，积极帮助中亚国家依照欧盟标准进行政治经济改革，还帮助中亚国家建设跨里海、经高加索和土耳其通往中南欧的油气管道（绕过俄罗斯）。

2.2 成员国实力决定了组织下的合作需求

上合组织下的合作主要在各成员国间开展，但成员国的实力决定了上合组织合作的需求，且随着实力的变化而变化。主要体现在以下几个方面。

（一）中国依靠上合组织维护周边稳定

中国2020年前的对外政策总目标是“维护战略机遇期”，为国内发展创造良好的外部环境。但自2010年中国GDP超过日本成为世界第二大经济体、综合实力有较大提升以来，中国的周边环境日益严峻，维护周边稳定的战略压力加大。一方面，外界对中国的警惕和戒备加重，美国和周边国家开始联手制衡中国；另一方面，中国同周边国家的领土和资源纠纷加剧，东部和南部的热点问题（朝鲜半岛、钓鱼岛、南海群岛、缅甸克钦问题、中印边界等）此起彼伏。在此环境下，中国就很需要西部和北部的稳定，否则将面临四面受敌的艰难境况，尤其需要俄罗斯和中亚国家的支持。

同时，上合组织是国际上第一个以中国城市命名的国际组织，是展示中国国际地位和形象的重要平台，也是唯一一个由中国主导的，与独联体国家开展国际合作的机制，其稳定发展对于保障中国西部和北部的稳定和发展具有重要意义。

（二）俄罗斯依靠上合组织推进“欧亚联盟”

自普京2000年执政以来，“梅普组合”总体上获得了俄罗斯民众的认可，政局总体稳定，经济持续发展，国家综合实力迅速恢复，俄在独联体，尤其是中亚地区的影响力借此迅速提高，俄主导的欧亚经济共同体和集体安全组织框架内的一体化合作加速。2010年俄、白、哈三国成立关税联盟，2012年提升为统一经济空间（关税同盟+货币同盟），并计划于2015年前发展成“欧亚联盟”（至少统一经济政策）。俄罗斯欲借助欧亚经济共同体和集体安全条约组织等区域合作机制，主导中亚乃至独联体一体化，在中亚地区大力推进“欧亚联盟”理念。

（三）哈萨克斯坦谋求在上合组织发挥更大影响力

近几年国际油气等大宗商品价格的高涨，使哈萨克斯坦（以下部分叙述简称哈）受益匪浅，哈经济总量不断扩大，GDP总值从2001年的221亿美元增加到2012年的2000亿美元，同期人均GDP从1500美元提高到1.3万美元，已进入世界前50强国家行列，未来目标是2050年前进入世界前30强行列。伴随国家实力显著增强，哈已成为中亚国家的领头羊和发展榜样，欲谋求提高自己在中亚地区和突厥语地区的影响力，希望在上合组织和区域一体化进程中有更多的发言权。

另外，哈积极贯彻“大国平衡”战略，但其深知自己实力再强也无法同俄、中两国竞争，于是始终同俄、美、中、欧盟等保持友好合作，借助大国力量平衡来维护自身安全与稳定。在区域经济一体化方面，哈决定优先同俄罗斯和白俄罗斯发展统一经济空间，实现内部取消关境，对外统一关税，实行统一的海关规则等，而且有关统一货币的谈判也正在进行。

（四）吉尔吉斯斯坦、塔吉克斯坦加大对上合组织的依赖

吉尔吉斯斯坦和塔吉克斯坦受政局动荡（吉尔吉斯斯坦曾分别于2005年和2010年发生政权暴力更迭，塔吉克斯坦于1993～1998年爆发内战）以及能源等资源紧张影响，至今经济落后，民众生活水平低，对外资和外债的依赖程度大（两国各约40%的财政依靠外债）。为发展经济，吉塔两国对外资几乎“来者不拒”，对上合组织框架内的各项合作均感兴趣，也是中国贷款项目的主要承接者。同时，吉塔两国经济贸易（尤其是粮食、能源、劳动力移民等）主要受俄罗斯、哈萨克斯坦、俄白哈三国统一经济空间的影响，目前吉塔两国均已申请加入俄白哈三国统一经济空间，并希望尽快加入俄白哈三国关税同盟（统一经济空间），这意味着两国已选择独联体地区一体化优先，也加重了吉塔两国对大国（尤其是俄罗斯）的依赖。

（五）乌兹别克斯坦积极改善与西方的关系

上合组织框架内，特别是在中亚地区，乌兹别克斯坦与周边国家的水资源纠纷加大，与独联体和中亚一体化机制渐行渐远，甚至有被中亚国家边缘化的趋势。乌兹别克斯坦始终将本国独立与主权视为最高国家利益。近年来，乌兹别克斯坦外交战略总体亲西方，希望借助美国和北约力量维护本国安全，打击恐怖主义，遏制俄罗斯的影响。其先后于2008年和2012年退出俄罗斯主导的欧亚经济共同体和集体安全条约组织，这与哈、吉、塔积极参与这两个组织活动的态度形成鲜明对比，导致其在上合组织内的态度始终捉摸不定。

2.3 组织内合作领域遭遇瓶颈，深化难度加大

上合组织自成立后，各成员国在政治、安全和经济领域开展了大量务实的合作。随着上合组织的不断发展壮大，组织内不断谋求多领域、多渠道的合作。经过十多年的发展，组织内早期比较容易解决的问题已得到解决，但在一些领域的具体问题上，还存在发展瓶颈，需要从理论和具体操作上加以解决。同时中亚国家独立20多年来，在各自政治、经济、安全等领域面临重大的变革，这些因素决定了今后上合组织进一步深化合作领域的难度不断加大。

（一）政治领域

在上合组织框架下，各成员国间的政治互信基础较好，各国对于政体、国体、国际热点问题的看法基本相同或接近。中国和俄罗斯已完成了国家政权的稳定交接，但上合组织内，中亚国家仍面临着领导人能否长期执政的问题，面临着进行更合适本国国情的政治和经济改革等重任，面临着国内各利益集团重新洗牌和竞争等诸多问题。

从目前来看，无论是现有执政者继续长期执政还是出现新领导人，中亚国家的国内政局都存在不稳定因素，未来国家政策也面临变数。截至2013年，哈萨克斯坦总统纳扎尔巴耶夫和乌兹别克斯坦总统卡里莫夫已连续执政22年，塔吉克斯坦总统拉赫蒙自1994年当选总统后已连续执政19年。吉尔吉斯斯坦政体2010年变为“议会－总统制”后，现仍处于磨合期。依照正常宪法程序，塔吉克斯坦于2013年、乌兹别克斯坦于2014年、哈萨克斯坦将于2016年、吉尔吉斯斯坦将于2017年举行新一届总统和议会选举。

而与此同时，美国等西方国家利用发展中国家遭受国际金融危机而陷入经济困难和社会问题增多之际，大力鼓动和推行西方民主，支持所谓“民主革命”。在中亚地区，西方支持的非政府组织以提倡反腐败和反专制为旗号积极活动，客观上造成民众对政府的不满情绪不断加重。

所以从政治领域的合作来看，当前和未来一段时间内如何支持成员国政权稳定，反对以暴力革命方式实现政权更迭是上合组织需要合作解决的关键问题，这也是维护成员国和地区稳定的重要前提。

（二）经济领域

2008年金融危机后，上合组织成员国均面临经济社会发展和经济结构转型的双重重任。抵抗通胀、维护宏观经济稳定、提高居民收入、缩小地区发展差距、努力吸引外资、保证粮食安全和水资源安全等，将是各成员国长期面临的难题。当前，受发达国家经济恢复缓慢、外部世界总需求下降的影响，各成员国均出现经济增速放缓现象。如何保增长和抗通胀成为上合组织各成员国急需解决的问题。

但是各成员国不同的保增长措施可能产生不同的效果，从而成为阻碍上合组织合作发展的障碍。比如处于咸海流域上游的塔吉克斯坦和吉尔吉斯斯坦希望优先开发本国的水利资源，遭到下游乌兹别克斯坦的强烈反对。哈萨克斯坦从2009年开始大力推进非资源领域的经济发展（主要是加工业），但因基础薄弱和市场狭小而推进缓慢。乌兹别克斯坦下大力气改善民生，却始终被高通胀和货币贬值困扰。实践证明，扩大成员国和整个地区的内需，以及合理配置上合组织多国间的需求结构，将上合组织成员国对西方欧美世界的依赖转化为各国间的需求，将是解决上述难题的方法之一。

（三）安全领域

一直以来，上合组织成员国的安全威胁主要来自非传统安全，如“三股势力”、信息安全、有组织犯罪等，传统安全威胁几乎不存在。尽管个别成员国间（包括正式成员、观察员和对话伙伴国）存在领土边界争议等热点问题，但由此引发冲突和战争的可能性不大。当前和未来一段时间内，如何应对美国撤军后的阿富汗局势以及美在中亚加大军事存在等问题将成为未来上合组织安全合作的重要内容。

一方面，阿富汗局势可能对上合组织存在较大影响：一是若局势失控，宗教极端思想和恐怖主义可能强化并向周边扩散，刺激甚至资助上合组织成员国境内的三股势力发展，进而影响成员国安全稳定；二是毒品问题可能失控并扩大化，俄罗斯和中国的消费能力越来越强，未来可能成为阿富汗毒品的主要消费市场；三是中亚国家向南发展的主要通道受阻，中亚和南亚间的交通、通信、能源等基础设施难以形成网络化；四是巴基斯坦北部地区的局势可能继续恶化；五是中亚国家缺乏有效应对手段和力量，需外部大国的帮助，美国等西方国家必然利用中亚国家的需求，来提升其在中亚的影响力。

另一方面，在2001年“9·11”事件后，美国发动阿富汗战争，美国在中亚的军事存在也逐渐加强。阿富汗战争结束后，美国和北约计划2014年从阿富汗全面撤军，并希望趁机将原驻阿富汗的军事力量转往中亚，以军事援助、联合军演、建立军事基地或反恐培训中心等形式，继续保持甚至加强在中亚的军事存在，遏制中俄。

2.4　上合组织的合作重点在成员国，但面临扩员压力

上合组织有正式成员国、观察员国和对话伙伴国。但成立至今，组织的合作重点地区始终是中亚，各领域合作项目也主要围绕中亚国家开展。由此导致外界对于上合组织形成两种印象：一是上合组织是中俄协调在中亚利益的机制之一。尽管中俄同是上合组织成员国，但两国合作主要通过两国间的战略合作伙伴机制解决，两国在中亚地区的合作与竞争则在上合组织框架内解决。二是上合组织是中国与中亚合作的多边合作机制。这种印象的形成主要是因为该组织的项目投资主要依靠中国。由于俄罗斯与中亚国家建立了欧亚经济共同体和集体安全条约组织，即使不借助上合组织也可以同中亚国家合作，而中国与中亚国家合作的多边机制只有上合组织一个。

从是否需要明确地理边界问题上看，上合组织的合作存在较大压力，主要体现在：一是是否应吸收蒙古和土库曼斯坦两国加入，将中国、中亚和俄罗斯连成一片，让上合组织名副其实地成为中、俄、中亚国家间的合作机制；二是是否应吸收印度、巴基斯坦和伊朗加入，使上合组织成为俄罗斯和中亚国家与南亚合作的新通道，让中俄印三边合作更加机制化；三是是否应吸收白俄罗斯为正式成员，使上合组织、欧亚经济共同体、集体安全条约组织完全合并融合为一体；四是上合组织内的合作项目是否可以吸收观察员和对话伙伴国参加；五是上合组织内合作是否可以涉及亚太地区事务，比如类似东盟与中、日、韩“10+3”，开展上合组织与东盟、日本、韩国的对话合作。

上合组织于2010年6月11日通过了《上海合作组织接收新成员条例》，但截至目前仍未出台具体细则，2012年北京峰会签署的《上海合作组织中期发展战略》也承诺：“继续落实上合组织开放性原则，以接纳承诺遵守《上海合作组织宪章》宗旨和原则及本组织的其他国际条约法律文件的本地区其他国家为成员国。在协商一致原则基础上，商谈接纳具体候选国为新成员国问题以及接纳的法律、财务和行政条件。”扩员问题成为每年峰会的热点，但各方存在分歧，主要是俄罗斯出于战略考虑，希望接纳印度为正式成员国，中亚国家对此持“无所谓”态度，中国则希望暂不接纳新会员，集中精力深化现有合作。所以上合组织框架下合作范围的确定，可能是今后上合组织开展合作首要解决的问题。

2.5 合作资金需求增加，融资难度较大

上合组织的发展不仅需要各国政治上的互信和支持，同时需要大量的资金支持发展。据统计，仅上合组织内签订的《多边经贸合作纲要落实措施计划》规定的项目就需要100亿美元以上。2012年6月通过的《上海合作组织中期发展战略》确定的未来经济合作方向之一是“在上合组织框架内实施具体经济和投资项目，建立有效的融资支持机制；吸收上合组织实业家委员会和上合组织银联体参与合作项目的研究、论证、筛选和实施，包括支持中小企业（私人企业）发展，提出融资支持建议”。所以上合组织的资金和融资保障机制是上合组织今后发展的保障。

同时，组织内未来经济合作的发展，可能导致在合作项目和资金方面的竞争愈加激烈，融资难度加大。一方面，各成员国都面临抗经济衰退和改善民生的重任，国内建设资金需求量大，投资人对项目的选择以及出借人对借款条件的规定越加严格，甚至苛刻。另一方面，盈利前景相对较好的能源等资源项目已基本开发完毕，成员国对国际合作的要求增多（如环保、技术含量、劳动力移民等），未来利润较理想的项目竞争将非常激烈，合作成本大幅提高。

第三节　上海合作组织未来合作趋势

1　上海合作组织成员国形势分析

经过独立后的发展，俄罗斯和中亚国家已形成各自的发展特色。尽管各国具体利益需求千差万别，但加强区域合作、维护地区稳定、促进地区发展、加大民众交流的愿望始终如一。各国均将上合组织视为重要的多边国际合作机制，并写入各自的对外政策构想文件中。

在经历 2008 ~ 2009 年国际金融危机和 2011 ~ 2012 年西亚北非地区的“阿拉伯之春”革命后，欧亚地区形势总体稳定：政治上未发生剧烈的政局变动，经济上均保持较高的增速，安全上虽然恐怖行为仍时有出现，但均在当局控制范围内，未造成重大的人员伤亡和财产损失。与此同时，该地区也存在不稳定因素：政治方面，政权交接班制度仍不稳定，部分中亚国家面临接班人问题，俄罗斯的“普梅组合”也遭受质疑；经济方面，受世界主要经济体增速放缓和需求萎缩影响，俄罗斯和中亚国家的外部需求减少，国内通胀压力加大，经济继续高速增长的难度加大；安全方面，美国和北约 2014 年从阿富汗撤军后，未来阿富汗走向不明朗，可能会刺激中亚国家的恐怖和极端势力发展，另外，美国调整全球军力布局，希望驻留中亚，让大国竞争趋向复杂化。

1.1　哈萨克斯坦国内形势

哈萨克斯坦（以下部分叙述简称哈）将改善民生、发展非资源领域经济、缩小贫富差距和地区差距、削弱和铲除不稳定根源作为 2020 年前的头等大事。2012 年 1 月 27 日，总统纳扎尔巴耶夫在议会上下两院联席会议上，发表 2012 年国情咨文《社会经济现代化——哈萨克斯坦发展的主要领域》，提出“经济发展”与“民众福利保障”是国家现代化的根本问题，是下一阶段的主要任务；今后十年（2020 年前）的主要工作是集中精力，重点解决 10 个问题，即就业；保障住宅；地区发展；提高国家机关对居民的服务水平，发展电子政府，简化行政程序；挖掘人才潜力，提高干部素质；

司法和护法机构现代化；提高哈萨克斯坦的人力资本；完善养老社会保障体系；继续工业创新计划；发展农业经济。2012 年 12 月 24 日，纳扎尔巴耶夫提出《2050 年前战略》，目标是 2050 年前将哈发展成世界最具竞争力前 30 强国家。

（一）政治形势

哈萨克斯坦在独立后 20 多年时间里，国内政权控制力较强，可以掌控国内局势，特别是继 2011 年 4 月总统选举和 2012 年 1 月议会下院选举后，哈萨克斯坦已完成新一轮政权交接任务。新政府更加关注民生，不断提高民众生活水平，因此民众对国家现状总体上比较满意，但对政治的关注热情不高。纳扎尔巴耶夫总统在哈萨克斯坦的地位和影响无人能敌，反对派势单力薄，影响局限在阿拉木图市等个别地区，无力挑战现政权。

从外部国家环境来看，中亚国家被大国包围，吉尔吉斯斯坦 2005 年 3 月的颜色革命和 2010 年 4 月的动荡，以及西亚北非的“阿拉伯之春”革命证明，大国（尤其是俄罗斯和美国）是影响中亚国家内政稳定的重要外部因素。哈萨克斯坦与大国关系良好，现政权获得美、俄、欧、中等所有大国的认可和支持，而且在 2012 年 6 月上合组织元首峰会的联合公报中，已明确表示绝不允许中亚地区局势失控。所以，政治上维护中亚地区，特别是哈萨克斯坦的政局稳定，是周边国家和大国的共识，哈萨克斯坦内政的外部影响风险较低。

虽然哈政治形势保持基本稳定，但哈国内在政权交叠、局部社会不稳定和外部势力的干扰等方面还存在不确定的因素，可能影响今后哈国内的政治形势。主要表现在以下方面。

（1）有关总统纳扎尔巴耶夫身体健康和未来总统接班人的话题始终是未解之谜。依照宪法，纳扎尔巴耶夫的本届总统任期到 2016 年结束。各界分析，纳扎尔巴耶夫已连续担任总统 22 年，无论从健康和年龄，还是宪政民主和西方压力，或是“阿拉伯之春”革命的影响等角度考虑，他在本届任期结束后都不会选择继续执政，而是在此之前选好接班人并确定接班方式。

2012 年 9 月，纳扎尔巴耶夫总统签署系列人事任免令，决定总理马西莫夫转任总统办公厅主任，由第一副总理阿赫梅托夫接任总理；总统办公厅主任穆辛转任国家预算执行情况审计和监督委员会主席，委员会原主席转任议会上院议员；将年初因西部扎纳奥津石油工人骚乱而撤职的曼吉斯套州长库舍尔巴耶夫任命为政府副总理，哈各界几乎一致认为，此次政府改组意在为权力交接（下任总统）做铺垫。

哈总统接班人的影响在于：一方面，在接班人和接班方式确定下来之前，各派政治力量（包括境外势力）可能会明争暗斗，打击对手，揭黑爆料，导致政府人事变动，迫使总统更换部分人事任命，甚至重新调整人事布局，或者制造社会不稳定事件。比如流亡海外的总统大女婿阿利耶夫支持西部石油工人制造的2011年12月扎纳奥津骚乱，2012年3月27日流亡英国的阿布利亚佐夫支持“前进党”成员企图在阿拉木图制造爆炸事件等。到目前为止，尽管接班人问题已被国内外各方广泛提及并加以讨论，纳扎尔巴耶夫仍未明确表态。一旦纳扎尔巴耶夫出现因健康原因无法执政的突发性事件，各方政治势力有可能展开激烈角逐。另一方面，未来新领导人的治国理念和对外政策如何，是否会调整现有政策，尤其是他的对华态度和对华政策等，都是未知数。

（2）社会不稳定因素仍然存在，并可能在一定条件下在局部地区发酵爆发。比如因领导人长期执政造成的政治利益分配不公、制度欠缺造成的贪污腐败、经济快速发展造成的贫富差距和地区差距、人口增长造成的就业难和住房难，以及恐怖和极端势力逐渐发展壮大等诸多长期积累的问题，不可能在短时间内解决，还可能在个别地区因个体事件处理不当而引发游行、示威或骚乱。

（3）哈萨克斯坦的国内外反政府势力内外勾结从未停止，大国在幕后协调，寻找自己的代理人，不排除未来总统选举中以选举不公正为由否定选举结果，掀起政治动荡的可能性。另外，恐怖和极端分子活动逐渐猖獗，在这些恶势力从事破坏活动的同时，反对派和部分社会团体可能借题发挥，批评政府腐败无能，干扰正常的政治生活。

（二）经济形势

2008年国际金融危机爆发以来，哈萨克斯坦政府通过扩大开支等刺激政策，推进基础设施和工业项目，提高民生待遇和解决就业等方式，确保了经济稳定。哈经济经过2009年短暂下滑后很快返回发展快车道，2010年GDP增长率为7%，2011年为7.5%。近年来，哈经济形势总体稳定并保持快速发展的势头，各项经济发展规划稳步推进，效果逐步显现，主要宏观经济指标基本控制在政府预想范围内。2012年哈GDP总值达30.0725万亿坚戈（合2017亿美元），人均GDP达1.2万美元，GDP增幅为5%，低于年初6%~8%的预期目标。增幅下降的主要原因是农业减产和出口盈余减弱，外部国际市场需求萎缩，尤其是作为哈主要出口产品的矿产品降幅较大。经济增长主要依靠商贸、交通和通信等服务产业拉动；通胀率为6%，低于年初6%～8%的预期，主要得益于政府采取的物价调控措施，如限制粮食和成品油价格、打击不正当竞争等；年均失业率为5.3%，主要得益于国家积极落实促进就业和打击非法移民等政策；对外贸易总额为1368.25亿美元，其中出口922.85亿美元，进口445.39亿美元。尽管外贸总额同比增长9.8%，但进口增幅（20.2%）大大超过出口增幅（5.3%）。截至2012年底，工业创新计划（779项，总投资11.1万亿坚戈，建设期间可增加22万个临时就业岗位，运营后可创造18万个长期岗位）已落实537项（总投资2.1万亿坚戈，新增5.7万个就业岗位），2013年再落实136个项目（投资1.1万亿坚戈，新增2.3万个就业岗位）。已运营投产的项目共创造1.5万亿坚戈产值（其中2012年9130亿坚戈），使哈能够生产本国先前不能生产的商品并掌握相关技术，如海上用管材、塑钢材料、节能灯、药片、复合矿物饲料等。国家基金规模达到584亿美元，外汇储备269亿美元。

另外，未来哈的油气产量和出口有望大幅增长，如哈属里海地区的卡沙干油气田即将投产，届时哈石油产量将大幅增加（2017年有望达到1亿吨，2020年达到1.5亿吨），而且，哈境内联系东部和西部的石油管道和天然气管道将建成联网，早先分割的管道体系将形成统一整体，届时哈油气出口将更加多元化，出口量将保持增长态势。

哈为了保证本国经济稳定增长，国家确定了2015年前的经济政策基本原则。

（1）确保宏观经济稳定。争取本国GDP实际增长率实现6%～7%，通胀率控制在8%以下。若再遇国际经济危机威胁国内经济安全，政府和央行将继续实行反危机措施，采取刺激政策，如加大国家投入、增加流动性、限制资本流出等。2013～2015年度预算案分别按照北海布伦特国际原油价格每桶60美元、90美元和120美元制定三套方案，并决定在高油价时加大储蓄力度，待油价下跌时刺激经济。

（2）优化财政收支和控制赤字。继续实行反周期预算财政，降低外部不稳定因素对经济的负面影响。在经济快速增长时，控制预算开支规模，防止经济过热；在经济下滑时，刺激国内需求。每年用于教育、医疗、社会保障和住房的财政预算约占财政开支的60%；财政赤字占GDP比重2011年为1.5%，2012年为3.1%（2030亿坚戈），2013年为2.1%，预计2014年为1.8%，2015年为1.5%。

（3）保证金融稳定，加强信贷管理，保证货币流通顺畅但不增加通胀压力。如处理坏账、保证本币坚戈稳定、提高储蓄、控制货币量等。增加贷款主要依靠发行短期债券、吸引储蓄和调整利率三种方法。维护本币坚戈的汇率稳定，防止剧烈波动，通过外汇市场交易活动，保证本币汇率灵活性，极端形势下可采取限制资本流出等措施。

（4）发展非资源领域经济（加工业、服务业和高新产业，减少对原材料产业的依赖）。

（5）保障民生（提高工资和社会保障、发展社会事业、促进就业等）。增加就业的途径包括帮助公民自主择业和创业、打击非法移民、推进工业创新项目、增加社会项目等（如新建或修复文化设施、地方道路、住房、福利设施）。

（6）重视地方发展（区域平衡发展），打造增长极，尤其是阿斯塔纳、阿拉木图、希姆肯特、阿克套和阿克纠宾（现称阿克托别）5个大城市。

（7）改善国家管理。如吸引投资、促进中小企业发展、减税、减少审批和许可证等。

（8）继续统一经济空间的一体化进程。解决本国市场狭小难题，为工农业产品寻找出路。

哈虽然就发展本国经济制定了上述基本原则，但在国际市场、金融风险和加快俄经济一体化等方面仍面临许多不稳定因素，具体如下。

（1）国际市场需求萎缩。2000年以来，采掘业是哈支柱产业，每年都约占出口总额的70%以上，占工业产值的60%以上，占财政收入的40%以上。哈油气、铀、煤炭、铜、铁等大宗商品的主要出口市场是欧洲（目前2/3的出口石油市场是欧洲）、俄罗斯和中国，而这些地区都实行紧缩政策，消费低迷，使得哈出口和财政增支面临压力。

（2）金融稳定仍面临风险。银行不良资产比例仍然较高。哈央行已决定商业银行不良资产的比重2013年不得高于20%，2014年1月1日起不得高于15%。另外，哈商业银行的资产总量偏小，自有资产的贷款规模不能满足经济发展需求，从欧美市场的拆借量大，若欧美资金紧张，则哈银行可能陷入流动性紧张。

（3）与俄经济一体化面临瓶颈。本来，哈加入俄白哈三国统一经济空间的目的是解决本国市场小的难题，为本国加工业发展创造更多销售市场，但现实却是从俄罗斯和白俄罗斯两国的进口增加，出口减少，哈不但未能扩大在俄罗斯和白俄罗斯的市场，反而面临本国市场被“侵占”的风险。对于一体化的得失，哈国内至今争论不已。

（三）安全形势

哈萨克斯坦在2011年版《军事学说》中认为，哈当前面临的内部安全威胁主要有三个方面：一是极端势力、民族主义势力和分裂势力，威胁哈国内稳定，希望借助军事手段改变国家宪政体制；二是非法武装力量的建立及活动；三是武器、弹药、爆炸物以及其他危险品的非法扩散，可能被用于恐怖袭击、破坏活动以及其他非法行为。

2010年以来，哈境内多次发生自杀性爆炸、武装劫狱、监狱暴动、袭击国家强力部门等行为。哈萨克斯坦国家安全委员会认为，哈境内反恐形势比较严峻，因此政府高度重视反恐工作，态度坚决、措施有力、内紧外松、思想改造和经济发展双管齐下，对恐怖主义和极端势力始终保持高压态势。2011年和2012年，哈安全机构共制止35起恐怖犯罪活动，摧毁42个极端组织，但仍发生了18起恐怖活动，而且其中7起有极端分子使用爆炸物。同时，美国于2011年7月21日将哈列入“遭受恐怖威胁国家”名单，意味着哈公民以后进出美国时将遭受更严格的审查。尽管哈2010年恐怖案件增多，但哈境内的恐怖和极端势力尚处于分散和力量较弱阶段，无足够实力开展大规模袭击行为；政府具备足够的手段和实力进行控制，大部分恐怖和极端活动都能得到及时和有效的处置；恐怖和极端行为未造成严重社会恐慌，国内秩序总体稳定，民众也总体感觉安全。总体上，哈萨克斯坦的安全形势仍处于国家强力部门掌控中，恐怖和极端组织至多加重政府的反恐任务，但不会对哈社会造成极大破坏，也不会威胁现政权稳定。

除了国内安全威胁外，哈也受到外部安全的威胁，主要包括：一是地区内部分国家形势不稳定，有爆发军事冲突的可能；二是距离军事冲突策源地较近；三是一些外国或军事集团可能为了自身利益，利用先进的信息技术和心理战技术干涉哈国内政；四是一些军事政治集团或联盟为扩大自身影响力而牺牲哈军事安全利益；五是国际恐怖组织和极端组织的活动（包括信息恐怖组织），以及哈周边地区的宗教极端组织发展壮大；六是一些国家实施制造大规模杀伤性武器计划，以及大规模杀伤性武器的技术、设备及组件的非法扩散等。

（四）对外关系形势

哈萨克斯坦是内陆国，周边大国林立，从独立之日起就坚持“积极、实用、平衡”的基本原则，其对外政策分为三个层次：一是“优先方向”，包括俄罗斯、中国、美国、欧盟以及中亚等独联体国家；二是“发展伙伴关系”，包括日本、印度、南亚和东南亚国家、中东国家、拉美国家；三是

“多边合作”，争取在重要国际机制中发挥作用，包括欧亚经济共同体、集体安全条约组织、上海合作组织、亚信会议、突厥语国家元首会议、欧安组织、伊斯兰会议组织等。多年来，哈与周边国家和大国均能保持良好合作关系，周边环境相对稳定，国际地位，尤其是在中亚和独联体地区的影响力不断上升。

在地缘形势变化过程中，哈萨克斯坦并非被动应对，而是积极主动地参与，利用一切有利条件发展国内经济，提高国际影响力。除参与区域合作机制活动外，还通过积极承办国际会议，广交朋友，并向国际社会表达自己的主张和想法。比如举办阿斯塔纳经济论坛、世界与传统宗教领袖大会、亚洲相互协作与信任措施会议，承办欧安组织峰会、上海合作组织元首峰会、欧亚经济共同体峰会、集体安全条约组织峰会、突厥语国家元首会议、伊斯兰合作组织会议，参加世界核安全大会等。从具体对外关系上看，哈一方面推动主要国际合作项目的进展，一方面加强与美俄的关系。

（1）哈萨克斯坦推动的主要国际合作项目和理念

- “新丝绸之路”国际合作。2012 年 5 月 22 日，纳扎尔巴耶夫总统在外国投资者理事会第 25 次全体会议上宣布开始实施“哈萨克斯坦—新丝绸之路”项目，旨在发展哈萨克斯坦的过境潜力，将哈打造成联系欧亚的物流中心。

- “G-Global 精神”。2012 年 5 月 23 日，纳扎尔巴耶夫总统在第五届阿斯塔纳经济论坛上阐述他关于人类和世界发展的思想，提出“纳扎尔巴耶夫总精神”，即：要改革，不要革命；平等协商；宽容与互信；公开与透明；多极化。

- “核燃料库”（即储存低纯度浓缩铀的“国际仓库”）。目的是利用铀矿生产大国地位，支持核不扩散，取悦于美国及西方国家。早在 2009 年 4 月 6 日哈总统纳扎尔巴耶夫会见到访的伊朗总统内贾德时便表示，希望在哈建立核燃料储备库，2012 年，哈政府就此问题继续与国际原子能机构展开接触。国际原子能机构初步同意提供 1.5 亿美元，在哈建造一座 60 吨规模的核燃料库，但目前选址未定。

- 组织伊朗核问题六方会谈（伊朗同 6 个国际调停成员：俄罗斯、中国、美国、法国、英国和德国）。新一轮会谈的第一次会议于 2013 年 2 月 26 日在阿拉木图举行。

- 2017 年“未来能源”专业世界博览会，将于 2017 年 6 月 10 日 ~9 月 10 日在哈首都阿斯塔纳举行。预计将接待游客 500 万人次。

（2）密切美俄关系

2012 年 2 月 1 日哈外交部长卡济哈诺夫访美期间，两国决定在双边政治磋商机制基础上成立“战略伙伴关系委员会”，将对话内容扩大到阿富汗问题、人权与民主、核不扩散、能源和经贸等更大范围。美国国务院将哈定位为“美在中亚的最重要战略伙伴”。

哈萨克斯坦同俄罗斯、白俄罗斯三国关税联盟于 2012 年 1 月 1 日起升格为“统一经济空间”。与此同时，哈已将“优先发展同俄罗斯一体化”作为既定国策，未来可能会更亲俄。经济上，俄、白、哈三国计划在 2015 年建成“欧亚联盟”，使用统一的货币；安全上，集体安全条约组织的快速反应部队和中亚军群建设正稳步推进。俄罗斯在哈萨克斯坦乃至整个中亚地区的影响力正逐步巩固和加强。其对中国的影响在于，未来哈可能提高同中国的合作要价。比如 2012 年哈萨克斯坦、俄罗斯和白俄罗斯根据关税联盟协议相互取消劳动力配额限制，对方劳工可自由进入本国市场，但对中国的劳务签证却更加严格。

哈虽然在 3 个层次开展对外关系，并积极参与和推进重要国际合作，密切美俄关系，力图在区域机制和国际社会上发出重要声音，但未来哈仍可能面临以下主要外交难题。

（1）2014 年美国和北约从阿富汗撤军后，同中亚国家和阿富汗的关系。届时阿富汗局势会走向何方，对地区产生何种影响，该如何应对，是哈萨克斯坦政府非常关注的事情。

（2）一体化方向选择。美俄争夺中亚愈演愈烈。当前，俄罗斯抓紧推进独联体地区的经济和安全一体化进程，从关税同盟到统一经济空间，加大对中亚国家向北的吸引力。而美国则努力将中亚国家向南吸引，利用“新丝绸之路”计划和从阿富汗撤军时机，加大在中亚的存在，帮助中亚和南亚国家加快一体化，满足中亚国家通往印度洋，从而实现对外通道多元化的愿望。俄美两国在中亚的战略争夺可能会演化成在哈的代理人斗争，甚至影响哈对外战略方向。

1.2 吉尔吉斯斯坦国内形势

吉尔吉斯斯坦（以下部分叙述简称吉）曾制定若干国家发展战略文件，如 2001 年阿卡耶夫总统颁布《2010 年前国家综合发展战略》、2007 年巴基耶夫总统颁布《2007～2010 年国家发展战略》、2011 年巴巴诺夫政府颁布《2012～2014 年国家中期发展纲要》。当前指导吉国家整体发展规划的文件是 2013 年 1 月 14 日通过的《2013～2017 年国家可持续发展战略》。总体上，尽管独立后吉在不同时期出台不同的发展战略，但各战略的内容格式、目标任务、实现手段和落实措施等大体相同，一脉相承。但受国内外局势变化影响，各战略的大部分内容都未能有效贯彻落实。阿塔姆巴耶夫制定的任期内战略能否实现，将主要取决于他能否稳定住国内政局，使国家能集中精力搞建设，而不是权力斗争。

《2013～2017 年国家可持续发展战略》是阿塔姆巴耶夫在其总统任期内（2011～2017 年）指导国家发展和政府工作的总计划和路线图，目标是加强国家建设，为未来发展打下坚实的基础。其中，一是完善国家机制，发展民主、自由、法制、宪政、廉洁、高效的国家制度和管理措施，改革司法，加强护法，建立综合安全体系，巩固族际和谐与宗教宽容团结；二是发展社会经济，利用现有资源，创造有利于经济发展的国内外环境，重点是减轻税负增加就业、减少失业，增加产品附加值，发展教育、医疗、文化体育、社会保障等。

（一）政治形势

独立后至今，吉尔吉斯斯坦的政局以 2002 年 3 月南部地区的“阿克瑟流血事件”为分水岭。此前（1991～2001 年，即独立后前十年）国内政局总体稳定，阿卡耶夫总统基本上能够掌控局势，此后（2002～2012 年，即独立后第二个十年）进入政治动荡期，各派政治力量活跃且难以相互制衡，总统、总理和议会三方相互争权，多次出现暴力革命、局部骚乱和政权非正常更迭，影响最大的是 2005 年的“颜色革命”（阿卡耶夫政权被推翻）和 2010 年的“四月革命”（巴基耶夫政权被推翻）。

从政体角度看，以 2010 年 6 月 27 日通过的新宪法为界，吉政治发展大体分为两个阶段：之前是总统制，之后是“议会－总统制”，即总统由全民直选，只能担任一届，任期 6 年，政府总理由议会多数党推举，政府内阁成员由总理提名，议会批准（负责国防和国家安全事务的政府成员及其副职由总统任命），非内阁各成员和地方行政负责人由总理任免。

当前吉国内政局的主要特点体现为以下几个方面。

- 现存政体尚需实践检验和磨合。2010 年 10 月议会选举和 2011 年 11 月阿塔姆巴耶夫当选总统后，可谓“议会－总统制”政体在吉尔吉斯斯坦的第一次实践。新议会在 2 年时间里因执政联盟变化而换了四届政府，这在一定程度上说明，该政体究竟是否真正适合吉国情，总统、议会和总理三者就某些具体问题如何划分权力，各政党之间如何协调合作等现实问题，仍待考察。

• 政党注册门槛低，政党数量总体上不断增多，党争频繁。规范《政党法》，减少政党数量和扩大单个政党规模，是未来吉政党制度发展和国内政局稳定的关键。吉大部分政党是为参加议会选举而在选举前夕组建的，其生存和发展主要依靠领袖的个人魅力，党纲认同率低，政党规模通常都不大，而且各党都承认真正参与本党活动的积极分子很少。据吉司法部资料，正式登记注册的政党（截至当年 1 月 1 日）1992 年有 2 个，1995 年有 19 个，2001 年有 32 个，2012 年有 163 个，2013 年有 181 个，另外还有众多从事与政治有关活动的社会团体。相对于人口不足 600 万人的国家来说，吉政党数量非常多。本届议会中（2010 年选举产生），只有 5 个政党得票率跨过 5% 的门槛，即故乡党、社会民主党、尊严党、共和国党和祖国党。

• 社会整合难度较大。吉南北之间被山脉阻隔，南方靠近费尔干纳盆地，地势相对平坦，农业比较发达，宗教观念相对浓厚；而北方受地形和气候影响，以畜牧业为主，游牧生活使其宗教观念相对薄弱。由此，南北差异大是引发国内各利益集团和政治势力之间产生矛盾的主要因素之一。如果再加上部族差异、民族差异（主要是南部地区的吉尔吉斯族和乌兹别克族之间）、城乡差异和行业差异，使得社会整合是历届吉执政当局都必须面对的艰巨任务。

• 政权安全受大国影响大。吉国家弱小，国内利益集团数量多，力量分散，容易被分化瓦解和被大国利用，国内稳定和发展离不开大国的支持，虽然大国不能保证吉的稳定和发展，却具备足够的实力和手段让吉不稳定。2005 年“颜色革命”导致阿卡耶夫总统下台，西方非政府组织在“颜色革命”过程中发挥了巨大的推波助澜作用（宣传阿卡耶夫家族腐败、长期执政等）。2010 年“四月革命”导致巴基耶夫下台，这很大程度上也是他“得罪”俄罗斯，遭俄“伺机报复”的结果［2009 年吉本已答应俄罗斯将美军赶出玛纳斯军事基地（位于比什凯克机场），换取俄罗斯 20 亿美元巨额援助和贷款，之后却违背承诺，以“国际中转中心”的名义允许美军继续使用玛纳斯军事基地］。

（二）经济形势

2012 年吉受库姆托尔金矿大幅减产（产值下降 46%）和农业因干旱歉收的影响，整体经济增长放缓。2012 年国内 GDP 总值为 3043.5 亿索姆（约合 64.2 亿美元），同比下降 0.9%，未达到吉政府年初预测增长 7.5% 的水平，若不计库姆托尔金矿产值，则 GDP 总值同比增长 5%。人均 GDP 为 54402 索姆（约合 1148 美元）；居民平均月收入不足 80 美元，职工月平均工资为10566索姆（约合225美元），收入低于最低生活保障线（菜篮子法）的人口占全国总人口的38.6%；城镇登记失业人数为6.04万人，同比减少1.2%；通货膨胀率为7.5%（12月份同比），价格上涨主要由果蔬及酒精类饮品涨价带动；财政赤字为215亿索姆（合4.58亿美元），占GDP的比重为7%。政府外债总额为31亿美元，占GDP的比重为47.7%。对外贸易总额为72.68亿美元（同比增长11.8%），其中出口19亿美元（同比下降15.5%），进口53.74亿美元（同比增长26.1%）。

（1）吉经济的主要特点

• 库姆托尔金矿对吉经济发展影响大，也是吉国内政治斗争的关注焦点。黄金是吉最主要产品，库姆托尔金矿是吉最大的纳税企业，2011年共缴税60.66亿索姆，占吉税收总收入的20%。该企业是吉各利益集团眼中的“肥肉”，是反对派指责政府腐败的主要话题，甚至引发政府换届风波。

• 关税收入占财政收入的比重大（约占一半），进出口贸易对吉经济发展影响大。2011年预算税收共计539.77亿索姆（占GDP的28%），其中56%（303.03亿索姆）由国家税务机关征收，44%（236.74亿索姆）由海关征收。据测算（2011年），吉全国总产出仅占总消费的97%，其余3%需要依靠进口和借债弥补。吉主要进口对象国首先是独联体国家，尤其是俄罗斯、哈萨克斯坦和乌兹别克斯坦，这些国家是其能源和粮食产品的最主要来源地。其次是中国，中国是其日用品和家电的最主要来源地。吉最主要出口对象国是瑞士，是吉产黄金的主要销售和加工地。其次是周边国家，包括俄罗斯、哈萨克斯坦、乌兹别克斯坦、塔吉克斯坦、中国、土耳其、阿联酋等。据吉海关2011年统计，奶制品的98%出口到哈萨克斯坦；蔬菜水果的61.5%出口至哈萨克斯坦；棉花的90%出口至俄罗斯；羊毛制品几乎全部出口至中国；服装的95%出口至俄罗斯，5%出口至哈萨克斯坦。

• 因成品油和部分粮食需从国外进口，吉输入性通胀压力大。2006～2011年6年间，吉消费物价水平（与去年同期相比年均）共上涨84.7%，其中食物和非酒精饮料价格约提高1.04倍，含酒精饮料和烟草价格提高约54.6%，非食品价格提高70.8%，服务价格提高91.8%。

• 海外劳动力移民向国内的汇回收入，以及影子经济规模较大。吉很多公民都在国外打工（主要是俄罗斯和哈萨克斯坦），每年都向国内汇回大量外汇，规模与吉当年全国财政收入相当。据吉央行统计，2007年汇回收入规模有10.21亿美元，2008年达14.68亿美元，2011年达18.59亿美元，2012年达16.24亿美元。2011年海外汇回的款项中，94.2%来自俄罗斯、

2.4%来自哈萨克斯坦、2.1%来自美国。另据奥地利经济学家施耐德测算，2000年以来，影子经济约占吉GDP总值的40%左右。影子经济主要通过少报利润、偷税漏税等方式运行。根据国际经验，一国影子经济份额超过40%的话，可能对经济运行安全造成严重影响：一是国家税收减少；二是腐败严重，企业总是希望贿赂官员，达到少缴税等目的；三是影响政府分析评估经济运行状态，导致因判断失误而出台错误的调控政策和发展战略等。

• 赤字规模较大，对外债的依赖也较重。据吉财政部数据，1991～2012年这21年间，除2001年、2005年、2007年和2008年出现财政盈余外，其余年份均为赤字。年度预算赤字规模一般占GDP 5%的水平。2010年“四月革命”后，新政府希望通过加大国家投资，刺激经济发展和改善民生，基本采取扩张性财政政策，弥补赤字的途径主要是发行国债和从国外借款。吉获得外国贷款始终是吉吸引外资的主要形式。据吉国家统计委员会数据，2004～2011年，吉累计吸引外资268.38亿美元，其中外商直接投资42.01亿美元，证券投资0.59亿美元，其他投资（主要是优惠贷款、商业贷款、国际金融组织贷款等）累计218.29亿美元，人道主义援助和捐赠7.50亿美元。截至2011年12月31日，吉外债余额共计48.72亿美元。从外债指标看，2011年外债的负债率（外债/GDP）为82%，高于国际通行的20%警戒线标准，债务率（外债/出口额）为143.8%，高于国际通行的100%警戒线标准，偿债率（偿债额/出口额）为10.9%，低于国际通行的20%警戒线标准。

（2）吉确定的2017年前工作重点

为扩大财政收入，吉政府的主要措施是降低税负（2012年税收占GDP的21.7%），通过降低税率和扩大税基，促进企业发展和影子经济“阳光化”，达到增加经济总量，进而增加财政收入的目的。同时吉政府制定了2017年的经济工作重点：一是保证经济稳定；二是注重区域平衡；三是履行社会责任和义务；四是改善国家管理；五是加强统一经济空间合作。2013年的具体指标为：GDP增长率不低于7%，其中工业不低于17.9%，农业不低于1%，建筑业不低于10.5%，服务业不低于5%；通胀率控制在7%～9%；财政赤字规模不超过GDP总值的5%；国债占GDP的比重不超过国际警戒线；居民收入增长6.2%，全部兑现居民社会保障。同时，确定2013～2017年争取GDP年均增幅达到7%，通胀率年均低于7%，财政赤字占GDP比重年均不超过5%，政府外债占GDP比重年均约40%。

（三）安全形势

吉尔吉斯斯坦有四个邻国：南部是塔吉克斯坦，西部是乌兹别克斯坦，北部是哈萨克斯坦，东部是中国。从目前局势看，吉遭受传统军事安全威胁的可能性极小，美、俄也不会因为驻吉军事基地问题而发动战争。未来威胁主要来自恐怖组织和极端势力、南部吉乌两个民族间的矛盾等非传统安全问题。

（1）国内宗教形势

- 出现若干非本土的（指20世纪60年代以后产生的）外来宗教。其中很多是被外国政府禁止活动的宗教或邪教，他们在吉境内秘密或以社团名义活动。近年，外来宗教在吉青年中发展较快。
- 恐怖组织和极端主义势力不断发展。他们经常在边远贫困地区秘密或以社团名义发展吸收受教育程度较低的青年。目前，吉境内已形成两股恐怖组织和极端主义势力进口路线，第一条从南部的费尔干纳（塔吉克斯坦或乌兹别克斯坦）传入，第二条从北部的哈萨克斯坦南部地区（主要是俄罗斯高加索的恐怖组织和极端势力经哈萨克斯坦）传入。
- 各宗教间的宽容度下降，教派冲突可能性增加。
- 世俗国家对公民的政治教育和宗教对信徒的行为教育之间存在差异。若处理得好，会变成相互促进的稳定因素；若处理不好，可能成为引发冲突的不稳定因素。

总体上，世俗政权仍能牢牢控制国家安全，对宗教恐怖和极端势力采取高压打击措施，使其只能处于地下活动状态，无法抗衡世俗政权。但近年来，吉境内宗教影响呈上升趋势，其主要原因是吉国内各政党纷争不断，民众生活水平低，厌倦世俗政权的政治斗争，转而祈求宗教，希望国泰民安。

（2）国内种族矛盾形势

乌兹别克族是吉尔吉斯斯坦的第二大民族（2011年吉全国总人口555.19万人，其中吉尔吉斯族400.6万人，占72.2%，乌兹别克族79.62万人，占14.3%），主要分布在吉南部费尔干纳谷地，其中约55%在奥什州、32%在贾拉拉巴德州，9%在巴特肯州，主要从事商业和农业。乌兹别克族和吉尔吉斯族大部分时期都能够和平相处，相互通婚，但在极端情况下，也会爆发矛盾冲突。冲突的原因，主要有三种说法：一是乌兹别克族属农耕民族，吉尔吉斯族属游牧民族，由于生活方式的不同，乌兹别克族认为吉尔吉斯族懒惰，吉尔吉斯族认为乌兹别克族人奸猾，两族互相瞧不起，引发民族间矛盾；二是来自对生产和生活资料的竞争，费尔干纳谷地人多地少，吉乌两族在土地、水资源、就业岗位、职务升迁等方面存在生存竞争，吉尔吉斯族认为乌兹别克族抢占了他们的饭碗，占据着效益好、盈利高的行业和岗位；三是苏联时期的中亚国家划界不合理，划界以民族为基础，但在民族交界地区却标准混乱，造成一些民族聚居区被生硬地划到非主体民族国家，为苏联解体后的新独立国家埋下纠纷根由。这些矛盾日积月累，可能在一定条件下爆发，奥什地区就分别在1990年和2010年发生了吉乌两族的冲突和骚乱，造成人员伤亡和财产损失。

（四）对外关系形势

截至2013年初，吉尔吉斯斯坦已与114个国家建立了外交关系，是92个国际组织的正式成员，在首都比什凯克驻有20个国家的外交使馆。2007年1月10日，吉颁布《吉尔吉斯斯坦对外政策构想》（Министерство иностранных дел Кыргызской Республики，以下简称《构想》），详细阐述了吉的对外政策和外交战略。至今，吉对外政策仍总体遵循该构想，未做大的调整。《构想》确定吉对外政策的目标和任务是：维护国家安全和国家利益；为国内发展创造良好的外部环境；维护公民利益；维护和提升吉国际形象和地位；建立以外交部为核心，各机构和团体高效协作的对外政策执行体系。

（1）吉对外政策的三个层次

第一层次是周边战略，即发展同中、哈、乌、塔四个周边国家的友邻合作关系，维护边境安全，发展经济人文，并借助集体安全条约组织、欧亚经济共同体和上海合作组织三大区域国际合作机制，巩固与发展同邻国的多边和双边关系。

第二层次是欧亚地区战略，即发展同地区大国的友好合作关系，包括对中亚地区有较大影响力的俄罗斯等独联体成员国、美国、中国、欧盟（尤其是德国）、日本、印度和土耳其。在此，吉认为俄罗斯是能够对吉发展产生重要影响的大国，维护和提升吉俄关系至关重要。另外，吉重视在欧亚地区比较活跃的区域合作机制，包括集体安全条约组织、欧亚经济共同体、独立国家联合体、上海合作组织、欧洲安全与合作组织、经济合作与发展组织、伊斯兰会议组织等。

第三层次是全球战略，主要是与全球性国际组织和国际金融机构，以及其他国家发展友好合作关系。吉尊重和维护联合国权威，支持安理会等联合国改革，响应《21世纪议程》《联合国千年宣言》等倡议。吉积极发展同全球和地区国际金融机构的友好合作，如国际货币基金组织、世界银行、亚洲开发银行、欧洲复兴开发银行、伊斯兰发展银行等。另外，吉还愿意同八国集团、跨国集团、国际非政府组织等机构开展合作。

（2）吉对外政策的基本原则和三个动向

吉认为自己地处四大文明交汇地（俄罗斯的东正教、阿拉伯文化、伊朗波斯文化和中华文明），一方面有利于寻找更多共同语言开展合作，另一方面也存在合作利益和方式等的冲突。新政体运作以来，吉总统和政府多次重申对外政策坚持“实用主义”和“平衡战略”，虽优先发展对俄关系，但并未因此弱化同地区其他主要力量（美、欧、中等）的关系，不以牺牲与这些主要力量的关系为代价。因此，吉在奉行多元、平衡和实用主义、尊重国际法和国际基本原则、尊重和维护主权以及国家利益至上的原则下，同所有伙伴平等地发展友好合作关系，甚至在开展国际合作时，也允许在部分领域和一定条件下向超国家机构让渡部分主权。

但从整体上看，吉重点发展对外关系的领域明确有以下三个动向。

- 明确总统和总理的外事外交权力划分。2010 年新宪法仅规定“政府负责执行对外政策，总统负责在国际上代表国家，总统需与总理协商后才能签署国际协议”，但未明确对外政策的制定和最终决定权由总统、总理，还是议会掌握。2012 年 6 月 28 日吉通过《国家机构在对外政策领域的相互协作法》，明确规定“总统负责制定和决定国家对外政策，全面领导国家对外工作，经与总理协商和议会有关委员会磋商后确定对外政策构想”，同时规定“总统、政府总理和外交部长有权就国家的对外政策发表正式声明，议长有权就议会间合作问题以及议会权力范围内的问题发表正式声明”。

- 确定优先发展独联体范围内的一体化。吉总统和总理等多次强调：俄是对吉国家发展影响最大的国家；俄罗斯和哈萨克斯坦等独联体国家是吉主要贸易对象和投资来源国，基础设施紧密相连，吉国内关切的能源安全、粮食安全和劳动力移民问题也主要依靠俄、哈等独联体国家解决；吉愿在集体安全条约组织框架内维护国家安全，在欧亚经济共同体框架内促进经济和人文发展，希望加入俄白哈三国统一经济空间。各界一致认为，吉高调宣布 2014 年玛纳斯美军基地租用协议到期后将不再续租，将玛纳斯机场改为纯民用国际机场，其目的主要是解除俄罗斯的担心，与其执行亲俄路线一脉相承。

- 玛纳斯美军基地问题。该基地位于吉首都比什凯克市的玛纳斯国际机场，是 2001 年美国为支持阿富汗美军而设，是吉美合作的重要内容，是维系两国关系的重要纽带，也是俄美中亚角力的主要领域。美国决定 2014 年从阿富汗撤军后，玛纳斯军事基地旋即成为“美国军事力量是否驻留、以何种方式驻留中亚”以及“吉如何落实大国平衡战略”的风向标。

1.3 俄罗斯国内形势

普京在2011年9月24日统一俄罗斯党代表大会被提名为“总统”候选人时，指出俄罗斯的未来战略目标是“经济年增长率保持6% ~7%，任期内使俄罗斯进入世界经济大国前五名”。竞选期间，普京在媒体连续发表七篇竞选文章，详细阐述其内政、外交、军事、经济、民主、社会和民族政策方面的执政纲领。2012年5月7日在宣誓就职总统当天，普京又签署了12项总统令，内容涉及国家经济发展、政府管理效率、民生保障水平、对外关系方针、军事国防建设等诸多方面，确定其未来总统任职期间的国家发展战略的总体目标是：“消除国家发展的一切阻力，完成政治体制、社会保障、公民保护机制以及经济体制的建设，以建立统一、活跃、持续发展而又稳定健全的国家体制，保障国家主权和未来10年的社会繁荣。”

（一）政治形势

2011年第六届国家杜马和2012年总统大选结束后至今，为应对俄罗斯政治形势出现的新变化，提高政府行政效率，普京实施了一系列政治体制改革措施，但国家权力结构未出现实质性变化，俄罗斯政治形势总体稳定。

（1）普京执政基础雄厚，控局能力强

首先，普京的民意支持率依然最高，超过60%，右翼势力（或称自由派）和左翼势力（共产党等）依然无法同其抗衡。其次，普京的执政基础有统一俄罗斯党（以下简称统俄党）和全俄人民阵线的双保险，足以应对选举形势变化。除依靠统俄党外，普京在选举期间组建了“全俄人民阵线”（不是政党，是社会团体）。未来，如果统俄党支持率大幅下滑，全俄人民阵线可在新选举周期之前转变为真正的政党，形成由中右翼统俄党和左翼全俄人民阵线组成的双核政党体系。再次，通过国家杜马制定或修改法律，加强对政治和社会组织的管理，规范反对派的集会游行示威活动，维护社会稳定，如通过《保护儿童免受不良信息危害的网络审查法》，修改《行政法典》《非营利组织法》《叛国罪修正案》《集会、游行、示威法修正案》等，加强了网络管理和监控，限制和打击了政治反对派和非政府组织的违法活动。最后，顺应民意，进行适度政治改革。如修改《政党法》，将组建政党所需的最少法定人数从4万名减少到500人；修改《选举法》，从2012年10月起恢复2004年取消的州长直接选举制；加大反腐力度；等等。

（2）政党格局虽略有变化，但未根本改变

执政的统俄党依然掌控政权，政治形势总体稳定。从2011年新一届国家杜马（议会下院）选举结果看，统俄党得票率为49.54%，获得238席

（比上届减少 77 席），俄罗斯共产党得票率为 19.16%，获得 92 席（比上届增加 35 席），公正俄罗斯党得票率 13.22%，获得 64 席（比上届增加 26 席）。

虽然统俄党在国家杜马选举中席位减少，并且不再超过 2/3 多数，但仍是俄国家杜马第一大党，而且在 2012 年进行的地方选举中，统俄党大获全胜，在全部 83 位地方行政领导人中，74 位来自统俄党，1 位来自俄罗斯共产党，1 位来自自由民主党，7 位为无党派人士。

（3）普京执政团队坚强有力

普京通过总统办公厅和政府两套行政班子，打造执政稳定双保险。2012 年 5 月 21 日通过的梅德韦杰夫政府组成中，新一届政府实现了 75% 前政府官员的大“换血”，还选用部分年轻官员（如信息部长尼基福罗夫是“80 后”），客观上有助于缓解社会各界对“梅普组合”政治弊端的指责。与此同时，普京团队的核心成员基本得以保留，而且把持着政府强力部门，国家行政权力的决策中心完全回归总统，总统办公厅成为政府的“潜在备胎”。

（4）中央对地方的控制依然牢固，中央和地方关系稳定

2012 年 5 月 2 日，梅德韦杰夫签署了恢复直选州长的法令（当年 6 月 1 日起生效）。根据该法令，候选人由政党推举（需要和总统协商），或自我推举（但签名人数和程序需要地方法律规范，若总统认为其渎职或不能解决利益冲突时可解除其职务），无论哪种提名方式，最后都绕不过总统审查这一关。另外，根据该法令，大规模地方直选需在 2015 年后才展开（2014 年 11 个地方行政长官需要选举，2015 年有 28 个，2016 年有 9 个，2017 年有 28 个），普京至少在此之前不需过多考虑地方直选的问题。

（5）从国际环境看，俄罗斯有意愿也有能力确保良好的外部环境

全球经济危机使俄罗斯（以下部分叙述简称俄）遭受危机，也需要吸引西方投资和技术来实现自身的现代化。同样，金融危机也削弱了西方的实力，使其无暇顾及俄在独联体地区的势力增长。欧洲与美国均承认：在独联体问题上需要更多考虑俄罗斯的利益，西方愿意与俄建立密切关系。

俄罗斯尽管政治稳定，但其未来政局存在一定的不确定因素，主要是伴随着社会阶层的结构变化，要求社会变革的呼声增大。当前，俄社会结构有两个显著变化：一是中产阶级崛起。据俄罗斯战略研究中心估计，中产阶级已占俄全国人口的 20% ~30%，在莫斯科占人口的 40%，在其他城市约占 30%，未来还会继续壮大，成为俄罗斯社会的大多数。当前，中产

阶级已开始切实表达自己的诉求，但他们在俄权力机构中仍缺乏自己的代言人；二是独立后新一代人已经成长起来，他们受苏联意识形态影响小，民主自由观念强，富有创造性和责任感，对未来充满希望，法制和权利意识强，具有强烈的事业心。

社会结构的变化带来民意挑战。从 2011 年议会选举和 2012 年总统大选前后的政治抗议运动中可以看出，俄社会出现了 3 个方面的政治诉求：一是反对政治垄断，认为统俄党一党独大的政治格局不符合俄罗斯发展的需求；二是反对普京团队的稳定结构，认为这会导致政治精英的流动性不强，削弱政治参与的广泛度；三是反对政治腐败，认为官僚集权的政治体制对政治生态和创新发展道路都是一种消极的负面因素。“透明国际” 2011 年全球廉政排行榜中，俄居第 143 位。全俄社会舆论研究中心 2012 年的一项反腐败调查显示，75% 的俄民众认为本国腐败程度极高。

（二）经济形势

近些年，俄政府连续出台若干规划国家经济发展的战略文件，主要有 2008 年 11 月 17 日的《2020 年前经济社会长期发展战略构想》、2009 年 12 月 28 日的《远东和贝加尔地区 2025 年前社会经济发展战略》、2011 年 2 月 19 日的《2020 年前创新发展战略》、2012 年 5 月 7 日的《国家长期经济政策》总统令等。这些文件和相关领导人讲话精神一脉相承，总体上可以概括为“在确保经济稳定和发展的前提下调整经济结构”。首先，要确保总量增加，同时维护物价和汇率稳定，不发生剧烈波动；其次，要调整行业经济结构，发展创新型经济或经济现代化，在巩固和增强传统领域（能源、交通、农业、自然资源加工业）全球竞争优势的同时，减少对油气等资源行业的依赖，从能源出口型经济向多元化经济过渡；再次，要调整区域经济结构，开发远东和贝加尔地区，使俄罗斯亚洲部分和欧洲部分平衡发展，同时扩大其国内需求。

《国家长期经济政策》总统令是普京在其新一届总统任期内的经济政策总纲领。其目标是提高经济发展速度、保证经济持续发展、增加公民实际收入、使俄经济达到国际领先的地位。其具体经济指标是：到 2020 年新建和更新 2500 万个高生产率的就业岗位；到 2015 年固定资产投资额占 GDP 的比重达到 25%，到 2018 年增加到 27%；高科技行业在 GDP 中所占比重应比 2011 年增加 30%；劳动生产率应比 2011 年提高 50%；在世界银行“营商环境”排名中的名次从 2011 年的第 120 名上升至 2015 年第 50 位，2018 年上升至第 20 位。

为落实总统令，俄总理梅德韦杰夫2013年1月16日提出本届政府7大首要任务：确保宏观经济稳定发展，即实施强有力并具可预见性的长期预算政策，降低通胀率，提高预算支出使用效率；发展关键领域的基础设施建设；完善和激活劳动市场；改善商业环境，吸引私人长期投资；利用人力资源优势发展卫生和教育事业；促进地区间平衡发展，提高地方吸引劳动力和投资的竞争力；提高俄经济在全球的影响力，适应世贸规则，提高企业的国际化水平，改善出口结构。

2013年1月31日，梅德韦杰夫又在政府扩大会议上宣布2018年前政府工作的10个关键方向：改善经商环境；全球一体化；技术更新；促进消费；发展农业；发展基础设施；每年建设不低于1亿平方米住宅；发展医疗和教育；支持地区发展；完善国家管理。

近年来，俄罗斯经济形势总体稳定并保持发展势头。2012年，俄经济总量已恢复到2008年危机前水平，主要宏观经济指标是：GDP总量为61.1493万亿卢布（约合2万亿美元），占全球GDP总量的3%，位居世界第6位，仅次于美国、中国、印度、日本和德国；经济增速为3.4%，居全球96位；人均GDP为1.77万美元，居世界第71位（全球平均人均GDP为1.25万美元）；全年通胀率为6.6%，略高于年初预定目标，主要是粮食歉收导致食品价格上涨幅度加大；预算收入12.84万亿卢布，同比增长13%（计1.5万亿卢布），预算支出12.87亿卢布，同比下降0.7%，预算赤字为270亿卢布（约合9亿美元），占GDP总值的0.04%，低于年初“0.1%”的预期。从2013年起，政府制定预算所依据的油价基准值将立足于今后5年的油价走势，并逐步将这一基准值的预期拉长至10年，联邦预算赤字最高不应超过GDP总值的1%；居民平均月工资为2.67万卢布，名义增长13.3%，实际增长7.8%；失业人数达105万人，上升4.17%（共计增加4.2万人），上升幅度最大的州区是马加丹、阿斯特拉罕、萨哈林、伏尔加格勒州、北奥塞梯共和国及楚克奇自治区等；外贸总额达到8661亿美元（同比增长2.5%），创历史新高，贸易顺差为1954亿美元（同比下降1.4%），出口额为5307亿美元（同比增长1.6%），其中石油出口1806亿美元，天然气出口633亿美元；外汇储备达到5376亿美元，同比增长7.8%（计390亿美元）；外债余额（截至2012年底）为6240亿美元，同比增长15.4%。其中政府债务447亿美元（同比增长28.9%），央行债务148亿美元（同比增长28%），商业银行债务2084亿美元（同比增长28%）；累计吸引外资总额（截至2012年底）为3624亿美元（其中2012年吸引外资

1546 亿美元)，同比增长 4.4%；卢布兑美元年均汇率为 1 美元 =31.07 卢布，实际汇率上涨 7.4%，名义汇率上涨 2.3%；为降低货币流动性，俄央行 2012 年 9 月 14 日起将基准利率从 8% 提高到 8.25%。

近年来，俄的经济增长主要受益于国际油价的增长，以及居民收入增长刺激了国内消费需求的增加。未来，有利于俄经济继续稳定增长的因素有以下几个方面。

（1）国际油价有望继续保持高位

国际油价在 2008 年国际金融危机期间短暂下跌后，2011 年起又重新恢复高位运行，北海布伦特石油每桶均价 2010 年为 79.62 美元，2011 年为 110.90 美元，2012 年为 111.50 美元。高油价保证俄罗斯财政收入充足，并增加了国家反危机基金，推动其俄经济增长，提高其抵抗经济危机的能力。

（2）军事现代化提供了巨大的国内需求

2011 年 7 月 7 日，俄总理普京宣布：俄政府到 2020 年将投资 20 万亿卢布用于升级和更新军队装备（争取 70% 武器装备换装）。2012 年 3 月 5 日，俄政府通过《2011 ~2020 年国防工业综合体现代化改造专项计划》，拟投资 3 万亿卢布改造军工企业。这两项措施意味着，俄在 2020 年前将投资 23 万亿卢布（约合 7700 亿美元）发展军事和国防事业，并带动基础设施和相关企业发展。

但俄罗斯的经济增长在未来也面临一定的挑战，主要因素有如下几个方面。

（1）外部需求萎缩，俄经济增长出现放缓态势

当前和今后一段时间，全球经济前景不甚明朗，世界主要经济体增速普遍放缓，世界金融市场也不稳定，主要经济体仍执行量化宽松的货币政策，而俄罗斯短期内难以改变其资源出口型经济模式，经济发展对外部依赖仍较大，2008 年以来，能源和原材料工业在俄工业中的占比基本保持在 48% ~52% 的水平，矿产资源（主要为能源）出口在俄出口商品结构中的占比基本保持在 60% ~70% 的水平，油气行业纳税占财政总收入的 30% ~37%。这意味着，一旦世界经济长期不振，可能引发俄境内外资出逃、能源行业产出和收入降低等后果。2012 年以来，俄经济高开低走，增速稳中有降，放缓态势逐渐显现。

（2）入世后的市场开放挑战

虽然从长远看，入世对俄罗斯经济的稳定和可持续发展大有裨益，是其改善国内投资环境，融入世界经济一体化进程，寻求自我发展的必然选

择。但短期内，俄为履行入世承诺，将降低关税和开放市场，其经济将经受国外产品和技术的直接竞争，可能会造成一定的冲击。根据入世协议，俄总体关税水平将从 2011 年的 10% 降至 7.8%，其中农产品总体关税水平从 13.2% 降至 10.8%，工业制成品从 9.5% 降至 7.3%。

（三）安全形势

俄罗斯曾于 2000 年通过《国家安全构想》，之后于 2009 年通过《2020 年前俄联邦国家安全战略》，2010 年颁布新版《军事学说》，2013 年发布《对外政策构想》。这些纲领性文件，对俄罗斯 2020 年前面临的国内外安全威胁进行了分析和判断。俄在安全战略方面主要从以下几个层面上考虑。

（1）维护国内安全

俄罗斯国内，包括边境地区，存在各种安全问题。如南部边境有毒品问题，北高加索地区有恐怖和极端势力、车臣分裂势力、信息安全（网络管理）问题、境内外政治反对派制造事端等。因此，上合组织签署的关于边境地区相互裁减军事力量以及加强军事领域相互信任等措施协议，极大缓解了俄东部军事压力。

（2）维护外部安全缓冲区安全

俄罗斯的周边邻国，包括独联体成员、波罗的海三国、蒙古、中国和朝鲜等。俄一方面要防止独联体成员的离心倾向，如北约东扩（乌克兰和格鲁吉亚要求加入北约）、俄语地位等；另一方面要面对周边国家内部或相互间的问题并维护其安全，如摩尔多瓦的“德左”问题，阿塞拜疆和亚美尼亚的纳卡冲突，阿布哈兹和南奥塞梯独立问题，中亚的水资源纠纷，里海地位和水域划分，朝鲜半岛问题，北极地位，美在东欧部署反导系统，美、日、韩安保条约加大东北亚军事存在等。

（3）在全球层次的地位与形象

主要任务是维护俄罗斯的国际地位和形象，促使国际力量格局和秩序对俄有利等，如支持多极化、维护联合国权威、尊重国际法、气候变化、入世、外太空安全、海外俄胞利益、不容篡改“二战”历史等。

俄认为，就整个国家安全而言，最大的威胁来自美国和北约的传统安全，如北约东扩、美部署反导系统、在亚太增强军事存在等。另外，近年信息安全威胁加大，境内外势力利用网络和传媒从事破坏活动。就局部地区而言，最大的威胁是边境地区的非传统安全，尤其是来自高加索和阿富汗地区的恐怖和极端势力，以及走私、贩毒、非法移民等跨国有组织犯罪。

虽然俄罗斯从国内、周边和全球的三个层面考虑今后自己的安全战略，但当前俄罗斯的安全形势存在总体稳定和面临威胁的双重局面。

稳定局面主要表现在：一是2008年俄格冲突后，独联体国家的离心倾向得到遏制，俄在独联体的影响力上升，北约东扩进程基本停滞，俄西部安全压力减轻；二是车臣问题总体可控，北高加索地区的重大恐怖活动减少。三是集体安全条约组织在中亚地区合作较顺利，俄在中亚的军事基地地位问题均获得圆满解决，俄南部中亚方向的安全环境总体稳定，俄影响力总体加强。由于中亚国家自身防御能力较弱，面对来自阿富汗的压力，均愿意寻求俄罗斯的帮助。

未来可能威胁安全的主要因素有以下几个方面。

（1）阿富汗局势走向

阿富汗是俄南部安全威胁的最大来源地，北高加索地区的恐怖势力和贩毒、走私等有组织犯罪集团大都与阿富汗有联系，甚至在阿富汗接受培训和资金援助。阿富汗局势若失控，则俄境内的毒品问题将更加严重，恐怖和极端势力可能壮大。另外，若阿富汗局势引发周边地区动荡，俄将面临如何帮助中亚国家、如何推动集体安全条约组织和欧亚经济共同体发展等难题。

（2）车臣重建和北高加索地区的反恐任务依然繁重

车臣战争使得该地区的基础设施和生产生活设施遭到极大破坏，重建需要大量经费和较长时间，当地居民面临就业难、生活水平低、战争心理创伤重等难题，为恐怖和极端活动重新滋长提供了土壤和环境。另外，俄境内恐怖活动约90%发生在北高加索地区，尽管近年发生率降低，但该地区的恐怖和极端势力从未彻底根除，仍比较活跃。

（3）网络信息安全管控难度大

伴随信息技术发展，黑客攻击、网络病毒、敌对势力和国内反对派利用网络宣传造势、恐怖和极端组织传播极端思想、网络诈骗、网络色情危害青少年等信息安全问题层出不穷，对社会秩序、政治经济稳定、国家安全等造成威胁。“阿拉伯之春”革命也再次证明信息通信在动员社会群体方面具有巨大的作用。俄人口多、电子终端多，网络和通信管理难度很大。

（4）美国在亚太地区加大军事存在

2012年1月5日，美国总统奥巴马发布防务战略指南《维持美国的全球领导地位：21世纪国防的优先任务》，提出“缩减军费、减少欧洲驻军、增加亚太军事存在、网络战、无人机”等新军事战略原则。俄横跨欧亚，国土面积广阔，边界线漫长，而总兵力只有约120万人。美国在欧洲有北约，在亚洲有美日和美韩联盟，若美国在亚太加强军事力量，将对俄东西两线造成压力，迫使其调整军事部署，加大军事投入。

（四）对外关系形势

根据2012年5月7日《关于落实对外政策的若干措施》总统令和2013年2月16日发布的新版《对外政策构想》，俄罗斯对外政策的总目标是“在务实、开放和全方位原则基础上，在新的多中心国际关系体系日益形成的条件下，确保其国家利益”，即确保国家安全、捍卫和加强主权及领土完整、提高俄罗斯的国际威望、为俄罗斯的现代化创造有利的外部条件、促进建立公正和民主的全球进程、在国际法的基础上集体解决国际问题、构建同邻国的睦邻关系、消除并防止出现紧张局势和冲突。

（1）普京的对外政策

- 坚持独联体成员国是优先方向。优先任务是建立“欧亚经济联盟”、推进集体安全条约组织发展、促进独联体人文、安全和自由贸易区合作。俄认为，俄与独联体成员国不仅拥有共同的历史遗产，还在各领域拥有广泛的一体化潜力，有深化地区合作的基础。

- 重视发展同欧洲大西洋地区国家的关系。俄与这些国家具有相似的文明根源。俄将继续深化同欧盟的“共同空间”合作、同北约发展平等伙伴关系、加强同美国的关系。

- 进一步提升同亚太地区国家的关系，尤其是发展同中国和印度的关系。俄认为，世界发展重心已转往亚太，亚太是未来最充满生机活力的地区；俄希望积极参与亚太地区的一体化进程，借机实施西伯利亚和远东的经济振兴计划，并在亚太地区建立透明和平等的安全与合作体系，维护俄东部安全稳定。

- 维护多极化国际秩序。俄认为自己是世界的重要一极，多极化格局有利于俄在国际力量格局中获得有利地位。发展多极化格局需要维护联合国权威，尊重国际法和国际惯例，反对西方的干涉主义，不容篡改“二战”历史等。

- 借助多边国际合作机制维护国家利益。俄认为，灵活参与多边组织，通过网状外交取代结盟手段，是解决国际问题的方法。为确保世界发展的稳定可控性，需要世界主要国家的集体领导，为此，俄将加强在二十国集团、金砖五国、八国集团、上海合作组织、俄印中三角等框架内的协作，同时利用其他组织和对话平台。

（2）俄对外关系可能面临的挑战

- 独联体成员对俄的戒备心理逐渐加重，担心被俄过分控制，甚至恢复苏联。比如2012年，乌兹别克斯坦一方面宣布不允许他国在境内设立军事基地，一方面退出集体安全条约组织；哈萨克斯坦一方面积极推进俄、白、哈三国统一经济空间建设，一方面又宣传沙皇俄国殖民统治和斯大林对哈萨克斯坦发展造成的伤害；塔吉克斯坦一方面同意延长俄驻塔军事基地期限，一方面又希望美军将其从阿富汗撤出的军力和装备安置在塔国；乌克兰一方面愿意成为欧亚经济共同体观察员国，一方面又同欧盟商定签署联系国协定具体时间表。

- 俄美“既非盟友也非敌人”的关系特征可能长期存在。俄美之间存在三大结构性矛盾，短时间内难以改变，即俄发展道路问题、俄美战略平衡问题、双方在俄周边地区的博弈问题，实质是“霸权守成国”与“新兴崛起国”之间的关系处理问题。此结构性矛盾因素与全球化时代必须相互依赖的现实因素相互影响，造成俄美两国既合作又斗争的关系。比如俄2012年8月入世后，美于当年12月21日取消限制两国贸易的《杰克逊－瓦尼克修正案》，两国经贸关系实现正常化，并有望快速推进。与此同时，俄美又因领养儿童问题发生外交口水战。

1.4 塔吉克斯坦国内形势

塔吉克斯坦（以下部分叙述简称塔）独立后不久便陷入内战，直至1998年签署民族和解协议后才基本实现和平，残余武装分子2001年才被基本消灭，国家工作才开始真正以经济社会建设为中心。为更好地指导规划未来经济社会发展，塔陆续出台了若干发展战略。如《减贫战略文件》[①]，是塔在世界银行指导下，确定本国经济发展和减贫工作的指导文件，其确定了4个基本方向：促进既快又公平的经济增长，发掘劳动力潜力和出口潜力；提供高效且公正的社会服务；对最贫困居民实行专门救济；提高国家安全水平。第一期减贫战略于2002年5月30日发布，规划了2002～2006年工作部署，此后每3年制定一次具体落实措施，包括《2007～2009年减贫战略》和《2010～2012年减贫战略》。

塔于2007年4月3日发布了《2015年前国家发展战略》（以下简称《战略》），这是塔最主要的国家总体发展战略文件。《战略》共涉及三大板

---

① 《减贫战略文件》是世界银行“综合发展框架”确定的新型发展模式成果之一，由低收入国家在世界银行指导下，根据国情而制定其自身的减贫规划。文件以“结果”为导向，注重可以惠及贫困人口的成果，编制后由各个国家主导实施，并鼓励公民社会和民营部门广泛参与。2002年以来，世界银行以《减贫战略文件》为依据，针对低收入国家编制《国别援助战略》以及援助计划。

块：基础领域，主要是国家管理、投资环境、宏观经济政策、私营企业和中小企业发展、区域合作等；生产领域，主要是确保经济发展的物质条件，如粮食安全、基础设施、能源和工业；社会领域，主要是教育、卫生医疗、科技、饮用水安全、社会保障、性别平等、生态和环境保护等。

《战略》的主要经济目标依照 GDP 年均增幅 5%、7%和 9%三种情况制定。到 2015 年，GDP 总值从 2005 年的 72.01 亿索莫尼增长到 117.30 亿索莫尼（增速 5%）、141.66 亿索莫尼（增速 7%）或 166.61 亿索莫尼（增速 9%）；通胀率从 2005 年的 7.1%降到 3% ~5%；财政收入从 2005 年的 13 亿索莫尼增长到 49.61 亿 ~70.46 亿索莫尼；国家外债占 GDP 的比重从 2005 年的 39%降到 53.3% ~36.9%；贫困率（日均收入按购买力平价低于 2.15 美元）从 2003 年的 64%降到 32%。

（一）政治形势

独立后，塔吉克斯坦国家形势分为两个阶段：2000 年以前的内战时期和 2000 年起进入和平发展时期。苏联解体后不久，1992 年 3 月，塔国内世俗政权和主张建立哈里发的伊斯兰派开始内战，战斗断断续续，造成至少 15 万人死亡，产生近百万难民，直至 1997 年 6 月双方才签署《实现和平与民族和解总协定》，启动和解进程，拉赫蒙总统在俄罗斯的帮助下取得最后胜利，伊斯兰反对派被解除武装（残余武装到 2001 年才被基本肃清）。1999 年，塔通过新版宪法，在坚持世俗政体的前提下允许建立宗教性质的政党，塔是中亚五国中唯一承认伊斯兰政党是合法政党的国家。根据新宪法，1999 年选举拉赫蒙为总统（连任），2000 年又选举产生新议会。自此，塔进入和平发展新阶段，政体呈现“强总统、小政府、弱议会”的局面。

目前塔政局的主要特点可以概括为以下几点。

（1）拉赫蒙总统控局能力仍较强。为防止伊斯兰反对派重新做强做大，拉赫蒙总统的主要措施是强化总统权力和权威、启用新干部、控制媒体、打压反对派。经过多年整治，拉赫蒙在塔国内的权威已无人能敌，甚至出现个人崇拜倾向。

2013 年 11 月塔计划举行总统选举，各界一致认为，尽管拉赫蒙至今已实际执政 20 年（宪法规定总统最多连续担任 2 届），但他继续执政毫无悬念。饱受内战之苦后，民众人心思定，宁愿选择领导人长期执政，也不希望国家陷入政治动荡。

（2）总统家族因腐败饱受诟病。长期执政的后果之一，便是总统家人和亲信权力巨大，他们掌握着国家的优良资产和机会，其他人难以分享国家发展的好处。拉赫蒙总统的长子鲁斯塔姆现任塔海关缉私局局长、国家投资与国有资产管理委员会支持中小企业管理局局长、塔青年联盟副主席；大女儿奥佐达2009年10月出任塔副外长；大女婿努拉利耶夫现任财政部副部长。塔近年比较好的私有化项目几乎都有拉赫蒙家族的身影。

（3）社会不满情绪增加。因受中东和北非动乱消极因素的影响，加之国内生活必需品价格上涨，塔民众对政府出现失望情绪，民怨增加，有些地方已出现民众集会示威和抗议活动。政治反对派也利用民众的不满情绪大做文章，针砭时弊，对政府发难。

当前，塔反对派领袖主要是现任上院议长乌拜杜洛耶夫和社会民主党主席佐伊伊罗夫。后者是“库里亚布”家族（主要是一些退休官员）、“首都”家族（商界精英）、“索格特”家族以及一部分在塔吉克斯坦有着自己利益的俄罗斯商人的靠山。此外，与拉赫蒙及其亲属相比，乌拜杜洛耶夫和他身边的人很少出现在轰动性腐败丑闻和强占国内赢利企业的事件中。

（二）经济形势

塔吉克斯坦在中亚五国中是经济水平最差的国家，主要宏观经济指标2012年GDP总值为362亿索莫尼（合76亿美元），按本币计算，实际同比增长7.5%，按美元计算的话，实际同比增长16.4%。人均GDP为4700索莫尼（约合959美元），同比增长17.7%；通货膨胀率为6.4%，低于年初10.5%的预期；外贸总额为51.48亿美元（同比增长15.6%），其中出口13.59亿美元（增长8.2%），进口37.78亿美元（增长18.6%）；逆差24.19亿美元（增长25.4%）。截至2013年1月1日，塔外债总额为21.69亿美元，占GDP的28.5%，其中国家债务19亿美元。据塔移民机构统计，截至2012年底，在俄罗斯的塔籍劳动移民约88万人，年内汇回款项总额为36亿美元，占GDP的48%。金融方面，截至2012年底，塔商业银行存款余额共47亿索莫尼（约合10亿美元），同比增加5.4%，其中本币存款占比30.8%，外币存款占比69.2%；本币平均利率为16%，外币平均利率为13.6%；贷款余额为53亿索莫尼（约合11亿美元），其中本币贷款占比40.2%，外币贷款占比59.8%；本币平均贷款利率为21.4%，外币平均贷款利率为24.5%。为刺激经济发展，增加流动性，2012年内塔央行4次降低基准利率，由2012年初的9.8%降至8月的6.5%；将年均银行间拆借贷款利率从年初的23.8%降到18%。

（1）塔经济形势主要特点

- 能源短缺是塔经济发展和吸引外资的最大障碍，也是影响塔与乌兹别克斯坦关系的最直接原因。而且，塔的能源危机、水资源危机、对外联系危机等诸多难题混杂交织。苏联时期，中亚国家的电力由统一电力体系调剂。苏联解体后，塔境内98%的电力主要依靠水电，现有电站装机容量不足且水电生产季节性强，虽然夏季电力丰富，还有剩余可出口，但每逢冬季都面临电力不足难题，若来自乌兹别克斯坦和土库曼斯坦的天然气和电力供应不足的话，则塔只能实行限电措施，每年约有4～5个月（至少11月至来年3月）限电，最少时期，居民每天只能用电4～5个小时，造成居民生活困难、企业也被迫停产。因经常限电，外国企业对塔投资极少。为解决能源短缺难题，一方面，塔要大力发展水电，但遭到下游国家乌兹别克斯坦的强烈反对；另一方面，在本国冬季水电不足的情况下，电力生产仍需依靠乌兹别克斯坦的天然气，乌常以塔拖欠天然气等款项为由关闭两国边境口岸或切断两国铁路运输（塔与外界联系的铁路全部经过乌国）。

• 经济对铝和棉花的依赖较大。尽管其他商品生产呈增长趋势，但铝和棉花仍是塔支柱产业，二者占GDP总值的比重2011年约70%，2012年约58%，出口比重则超过80%。据测算，塔国家铝业集团年用电量60亿～70亿度，约占全国电力消耗的一半。若该铝厂冬季减少用电的话，即可完全满足居民、社会单位、公用设施等用电（每月约2亿～3亿度）。但限电会影响铝厂生产，给国家经济造成巨大损失，塔政府被迫“两害相权取其轻”，优先保障铝厂生产。

• 居民收入水平低，粮食安全风险较大。2011年，塔全国居民月均收入225.82索莫尼（合49美元），职工平均月工资446.23索莫尼（合97美元），居民月均支出190.31索莫尼（合41美元），其中食品支出占消费总支出的60.3%。贫困率虽呈下降趋势，但仍处高位，2008年为50%，2009年为46.7%，2010年为45%，2011年为41%，2012年为38.3%。2008～2011年，塔小麦等谷物年消费量约180万吨，自给率约65%～75%。粮食和食品进口约占塔进口总值的20%，主要进口的农产品有小麦、面粉、糖、植物油、面食品（如挂面、通心粉、面包、饼干）等本国产能不足的产品。近些年，塔通胀率高主要是进口粮食、食品、成品油等涨价所引起的输入性通胀。

（2）未来几年，塔政府和央行的主要任务

为了解决塔目前的经济困境，塔政府和央行设定了未来几年的主要经济任务，主要包括以下几个方面。

• 扩大能源生产，实现能源独立。除改造和新建水电站外（特别是桑格图津 2 号水电站和罗贡水电站），还要大力发展煤炭等火电站，发展节能技术和产品。

• 大力发展农业，既解决粮食安全，又增加就业。

• 发展交通基础设施，修建连接南北的公路、桥梁和隧道，解除南北交通需绕道第三国的窘境，同时改善同邻国的交通状况，减少对乌兹别克斯坦的依赖。

• 改善民生，发展教育、医疗和社会保障。

• 保证经济稳定发展，控制物价稳定，争取通胀率低于 9%。

• 控制货币规模和发行量，并维护汇率稳定，既保证流动性，又不对本币稳定造成压力，基础货币规模增长不超过 16%，广义货币规模增长不超过 18%。

• 提高国际储备规模和质量，争取净国际储备总量至少增长 15%，外汇储备规模至少增长 17%，改善外汇储备结构，增加日元、卢布、英镑和澳大利亚元的份额。

（三）安全形势

在当前国际环境下，塔与邻国爆发战争或遭受外部军事打击的可能性极小，该国面临的安全问题主要是非传统安全，包括恐怖和极端势力，以及走私贩毒等跨国有组织的犯罪活动，其安全形势呈现以下特点。

（1）传统安全主要依靠俄罗斯及其主导的集体安全条约组织维护。塔自身国防力量薄弱，有国防军 1.5 万人，边防军 1.8 万人，国民卫队 0.5 万人。从 1993 年到 2005 年 6 月 13 日，塔阿（阿富汗）边境防务力量主要依靠俄第 201 摩步师（约 5000 人），该合作协议 2003 年 5 月期满后，俄塔两国于 2004 年 10 月 16 日签订俄在塔设立军事基地的协议，同时将边境防务移交给塔边防军，俄以提供武器装备等形式支付军事基地费用。201 摩步师以基地驻军身份继续驻留，协助塔边防军。另外，俄塔均是集体安全条约组织成员，俄负责成员国的统一防空体系。

2012 年 10 月普京访塔期间，两国签订协议，塔同意俄驻塔军事基地租期（原定 2014 年期满）延长至 2042 年，期满后可延期，次数不限，每次 5 年；俄则对塔移民实施优惠政策（在俄逗留 15 天以内的塔公民可不办理落地签证，劳务签证有效期限由最长 1 年改为最长 3 年），取消出口到塔的成品油出口关税，为塔军队改建提供资金，以及研究俄在塔投资建设水电站的可能性等。

（2）伊斯兰极端势力活动抬头，反恐压力加大。一方面，塔社会出现伊斯兰复兴浪潮，清真寺和宗教学校数量增多，仅 2010 年就新建 364 座清真寺。另一方面，早先被赶出中亚并在阿富汗躲避的、对中亚安全威胁最大的伊斯兰恐怖和极端组织“乌伊运”（乌兹别克斯坦伊斯兰运动）和“伊扎布特”（伊斯兰解放党）在遭到阿富汗国际援助部队严厉打击后，自 2009 年起逐渐回流中亚，致使塔国内乃至整个中亚地区的治安形势再趋紧张。除从事恐怖活动外，极端组织还开展宣传和发展会员活动，利用底层贫民希望改变现状的情绪，描绘哈里发国家的美好前景，鼓吹极端思想。

为防止伊斯兰极端化，塔政府采取“大棒加胡萝卜”政策。“大棒”政策是指采取防范措施和规范传教，同时对恐怖和极端组织加大打击力度，例如，关闭清真寺；召回国外留学的伊斯兰学生并为其安置工作；禁止妇女戴头巾；严密监视、调查和逮捕留胡须的青年男子；颁布《父母责任法》，规定除参加葬礼外，禁止不满 18 岁的青年人参加宗教活动；审查宗教文学作品；严密监控互联网；惩处宗教极端分子等。“胡萝卜”政策有：保护合法宗教组织的合法活动；缓和与反对派的紧张关系，如为已故联合反对派野战指挥官济约耶夫的儿子减刑，并特赦其亲兄弟阿夫萨马德的支持者等。

（3）塔寻求国际合作，尤其是美欧的帮助。2010 年以来，塔阿边境发生多起来自阿富汗的非法武装同塔边防军交火事件，因自身装备和兵力难以应对，同时不希望过多依靠俄罗斯的力量（或者说希望借助西方力量平衡俄罗斯的影响），塔多次请求美国和欧盟予以援助。塔积极参与美军北方运输线，提供机场和陆路通道供美军和北约部队向阿富汗运送物资，还希望美军能够将其准备从阿富汗撤走的军事力量和装备转往塔国。

（4）毒品问题日趋严重。中亚地区的毒品问题严重之处在于，除毒品本身危害以外，贩毒是恐怖和极端组织的重要收入来源，反恐与反毒需结合，另外，贩毒集团腐蚀政府官员，加剧政治腐败。中亚不仅是阿富汗毒品外运的主要通道，而且自身也消费了大量毒品，对中亚的社会稳定造成严重影响。据联合国毒品与犯罪办公室称，每年经过中亚的阿富汗毒品约 90 吨，据阿富汗禁毒部部长称，2012 年吸食阿富汗毒品的中亚人口约 1000 万人。塔是阿富汗毒品在中亚的最大受害国，毒品扩散难以控制，而且塔官员参与贩毒或为毒贩提供保护的情况也越来越严重。

（四）对外关系形势

截至 2013 年初，塔吉克斯坦共获得 147 个国家承认，并同其中的 128 个国家建立了正式外交关系。2002 年 9 月 24 日，塔通过《对外政策构想》，

2013年3月，塔总统拉赫蒙命令政府结合10年来的新情况，重新修订该《构想》，使塔对外政策更加关注能源安全、边界安全、粮食安全、劳动力移民（海外塔公民权益保护）等对经济社会发展有重大影响的事务。

目前塔的对外政策主要目标是维护国家主权和独立，处理好全球化和国家利益间的关系，在承认和尊重国际法及国际关系基本原则的基础上，同所有国家开展友好合作，相互尊重。这决定了塔对外政策的主要任务是打造和平友好、安全稳定的外部环境，首先是同邻国的关系和大国的关系，为确保国内政治稳定和经济发展创造良好的外部条件。

为实现塔的对外政策，塔设立其主要的对外原则，包括开放原则，同所有国家发展友好关系，重视区域国际合作机制，积极参与地区一体化。和平原则，通过协商、相互尊重、互利合作等方式，避免使用武力等非和平方式。维护国家安全主要依靠合作，而不是某个军事政治集团。实用和现实主义原则，一切从国家利益出发，没有意识形态偏见。

总结塔的对外政策，可以看出以下几个特点。

（1）重视同伊朗和阿富汗的关系。中亚五国中，哈萨克斯坦、吉尔吉斯斯坦、乌兹别克斯坦和土库曼斯坦四国属突厥民族，语言和传统习惯等具有突厥特点，也是突厥语国家元首会议成员，而塔吉克斯坦属波斯民族，其语言和传统习惯等与伊朗和阿富汗很接近。这三国在能源（如电网、油气）、交通（如铁路和公路）和水资源等领域合作越来越密切，塔成为伊朗在国际事务中的重要支持者之一，伊朗则是塔经济的重要合作伙伴。

（2）俄罗斯是对塔发展影响最大的国家。俄是塔的安全保障者（俄驻塔军事基地是塔最主要的军事力量）、最大的进出口对象（贸易额每年约占塔外贸总额的1/3）、战略物资的主要提供者（国内成品油消费量的60%）、最大的投资者（投资铝业和水电站等塔经济支柱产业）、海外移民的最大目的地。总之，俄具备足够手段来影响塔国内生活的各个领域。塔已于2012年向俄白哈三国统一经济空间提出加入申请。

（3）安全威胁主要来自南部邻国阿富汗和西部邻国乌兹别克斯坦。阿富汗是塔最大的外部安全威胁，也是影响塔向南发展（通往印度洋和波斯湾）的最大障碍。一是塔国内伊斯兰传统浓厚，境内伊斯兰恐怖和极端组织比较活跃，而这些组织的恐怖分子与阿富汗联系紧密，受塔利班、基地组织、哈卡尼网络等势力影响大。二是全球塔吉克族人口（2010年统计）约有2000万人，其中800万人在阿富汗（主要在北部），640万人在塔境内，跨界民族问题成为阿塔两国的重要话题。20世纪90年代阿富汗内战期间，由乌兹别克族、塔吉克族等阿富汗北部民族组成的“北方联盟”曾被塔利班击败。

乌兹别克斯坦与塔吉克斯坦都曾是苏联成员，解体后，双方将各自国内资源划归自己，使苏联时期形成的统一基础设施和生产供销管理体系遭到破坏，如上下游水资源管理、油气和电力供应、铁路和公路交通等。近些年，两国关系紧张也与此有关，如水资源问题，塔希望在上游兴建大型水电站，解决本国电力短缺问题，乌则担心下游水资源被控制；能源问题方面，乌经常因塔拖欠天然气款项而停止向塔供气，造成塔冬季电力不足，不得不实行限电措施；在交通问题上，乌有时借口恐怖主义威胁或因塔拖欠乌款项而关闭边境铁路口岸，使塔唯一与外界联系的铁路运输中断，使其进出口货物积压而遭受损失。

（4）近年来对美、中等大国的倚重增加。塔既借此平衡俄罗斯的影响，又可吸引更多资金促进国内经济发展。美国积极推动“新丝绸之路”战略，帮助塔向南发展（经阿富汗通往印度洋），提高塔自身的边界自卫和管理能力。中国则为塔提供大量贷款援助，帮助塔改善基础设施。

1.5　乌兹别克斯坦国内形势

独立后，乌兹别克斯坦（以下部分叙述简称乌）在建国“五项原则”指导下（经济优先、国家调控、法律至上、社会保障、循序渐进），坚持分阶段循序渐进地推进经济改革，民众痛苦小，经济也很快止跌回升，并总体上实现稳定发展。与很多国家不同的是，乌政府从未出台全面整体指导国家宏观经济社会发展的中长期战略。乌每年的总体发展规划体现为开展“主题年”活动。主题年意味着国家在当年重视和发展该领域，大量出台相关具体措施，集中解决存在的问题。

从独立后初期到 1996 年，乌兹别克斯坦的主要任务是巩固独立基础、应对经济衰退、稳定国家政局。待国家政治经济形势稳定后，从 1996 年开始实行主题年活动，每年都有一个国家活动主题：1996 年是“埃米尔·帖木儿年”、1997 年是“人类利益年”、1998 年是“家庭年”、1999 年是“妇女年”、2000 年是“健康一代年”、2001 年是“母亲和儿童年”、2002 年是“老一辈利益年”、2003 年是“社区年”、2004 年是“良善和美德年”、2005 年是“健康年”、2006 年是“慈善和医务工作者年”、2007 年是“社会保障年”、2008 年是“青年人年”、2009 年是“农村发展和公用设施年”、2010 年是“代际和谐发展年”、2011 年是“中小企业年”、2012 年是“家庭年”，2013 年是“福利与繁荣年”。

(一) 政治形势

乌兹别克斯坦实行三权分立政体，立法、行政（总统和政府）、司法各自独立，互不隶属。另外，为更好地监督制衡各部门权力，乌现行政权结构中还有中央选举委员、审计院、中央银行、总检察院四个独立机构，它们仅服从法律，独立于任何国家机关、社会团体和公职人员，不隶属于总统、政府、议会和法院，但需向总统或议会汇报工作。但在实际运行过程中，总统权力相对较大，三权之间未能形成真正的相互制衡关系，而是“强总统、弱议会”的威权体制。

从独立至今，乌兹别克斯坦的政治民主化进程从某种程度上讲，主要体现为总统、总理和议会三者间的权力分配斗争，主要表现在三个方面：一是议会的院制改革；二是议员数量和来源变化；三是政府的产生和解散办法。当前乌政局总体特点如下。

(1) 卡里莫夫已经从法律角度完成政体改革，将国体从总统制变为“总统－议会制”，即总统直选，总理由议会多数党推选，但内阁成员、地方行政领导人仍由总理提名，总统任免；总统依然掌握大部分行政实权。从当前形势看，因卡里莫夫个人权威无人能敌，总统担任党主席的人民民主党在乌议会占据绝对多数（甚至整个议会均由总统领导的执政党和亲总统的政党组成，没有反对派）。这些改革的作用和效果现在尚不明显，若未来出现新领导人，则届时新总统和总理、议会之间的关系可能因这些规则而改变，尤其是总统和政府总理间的权力划分可能成为矛盾的焦点。

(2) 反对派遭政府严厉打击，总体上无力对抗卡里莫夫政权。其中世俗反对派在乌国内影响力小，而伊斯兰反对派在国内拥有一定的群众基础，正默默积蓄力量，伺机活动。截至 2013 年初，乌合法注册的政党有 4 个，都属于亲政府党，另有 6 个反对派组织，均未获得合法登记。其中统一党、自由民主党、自由农民党和地主企业家党属于世俗派，主张议会制，反对卡里莫夫独裁；骨干成员大多是流亡海外的民运分子；发展成员主要针对青年；经费主要依靠西方支持，与西方的人权组织联系密切，如欧安组织、自由之家、美国国际共和研究所等。

乌伊运和伊斯兰解放党（又名“伊扎布特”）是两个国际公认的恐怖和极端组织，主张推翻世俗政权，建立伊斯兰哈里发政权，资金主要来源于国际伊斯兰势力的捐赠和毒品走私收入。伊斯兰恐怖和极端组织打着“反腐败”和“兄弟互助”等旗号，在底层民众和偏远地区有一定影响。2014 年美军撤出阿富汗后，若阿富汗极端势力兴起，极可能刺激乌境内的恐怖和极端组织活动。

(3) 某种程度上讲，乌国内政治稳定是靠卡里莫夫个人威望、高压管控和信息封闭获得的，导致各界最担心的情况是卡里莫夫突然去世。乌政坛内，卡里莫夫个人威望至高无上，媒体控制严格，外界对乌官员的信息及其政治运作知之甚少，政局呈现“表面平静，地下暗流涌动；民众不满情绪无从发泄，外界也难以得知”，这对其未来政局走向更是难以把握。

2012 年，乌议会通过决议，将于 2015 年 1 月 19 日举行新一届总统选举。届时，若卡里莫夫健在，他可能选择继续执政，或者选择接班人并安排权力平稳过渡，若在选举前突然去世或病重不能理政，则执政团队内各派势力可能争夺激烈（如掌握强力部门的国安团队和掌握经济社会发展的经济团队之间，来自首都塔什干的团队和来自撒马尔罕、费尔干纳的团队之间等），各种潜在的社会问题也可能借机爆发，导致局势失控。

（二）经济形势

乌兹别克斯坦因经济体系开放度小，受 2008 年国际金融危机的冲击相对较小。2000 ~2012 年，乌经济始终保持高速发展态势。2012 年，乌主要宏观经济指标是：GDP 总值 483 亿美元，增幅 8.2%，其中工业增长 7.7%，农业增长 7%，商业零售增长 13.9%；通胀率 7%；财政赤字占 GDP 比重为 0.4%；多年来，乌始终重视社会发展，每年约 60% 的财政预算都投向社会领域，如教育（34%）、医疗（14.5%）、社会保障等；对外贸易稳定增长，外贸总额 262.87 亿美元（出口 142.6 亿美元，进口 120.3 亿美元），贸易盈余 22.3 亿美元，进出口商品结构和质量继续改善，非原材料商品和制成品出口比重超过 70%；截至 2013 年 1 月 1 日，乌外债累计余额占 GDP 比重 16%。

在现有的经济发展态势下，乌政府又提出 2013 年的主要经济任务是：继续保持经济快速稳定发展，争取 GDP 增长率达到 8%，其中工业 8.4%，农业 6%，固定资产投资 11%，服务 16%，争取服务业占 GDP 比重达到 53%；通胀率 7% ~9%；央行基准利率继续保持 12% 的水平；主要依靠发展高新产业和高附加值产业，包括化工、石化、油气生产、机械制造、金属加工、建材、轻工业、食品工业等；确保农业正常生产；发展经济多元化和现代化；将实施 370 项战略投资项目，总投资预计 130 亿美元（其中 75% 来自本国资金，25% 依靠外资）；优先发展交通和通信基础设施建设；加速落实信息通信和广电技术项目；加大吸引外资；努力增加就业，提高居民收入。

(1) 乌经济发展的特点

• 市场化程度较低，主要产业和企业仍由国家控制。欧洲复兴开发银行的“转轨指数”和美国传统基金会的“经济自由度指数”认为，乌基础设施总体落后，财政和商贸领域改善较多，环境较自由，但货币金融和产权领域改善不多，基本处于不自由甚至受压抑的状态。

• 国家经济对初级产品的生产和出口依赖较大。苏联时期，尽管乌工业能力在中亚地区最强，但总体上它还是一个农业国，农业产值约占 GDP 总值的 1/3，而工业不足 1/4。独立后，由于工业受设备老化、技术落后、缺乏改造资金和销售市场等因素拖累，反而不如采掘业吸收的外资多、更新改造快。尽管乌努力改善产业结构，并从 2006 年开始工业产值超过农业产值，但工业结构仍以资源开发为主，棉花、能源、黑色和有色金属的生产、加工和出口在国民经济中占重要地位。2012 年，油气出口占乌出口总值的 35.3%，棉花占 8.8%，黑色和有色金属占 7.4%。乌大力发展棉花等灌溉农业，水资源消耗量大，既影响咸海的生态环境，又加剧同上游的塔吉克斯坦的水资源矛盾。

• 重视保护“国家经济主权”，区域一体化进程缓慢。乌是“双内陆国”（需至少经过 2 个国家才能到达出海口），企业物流成本大，生产成本也相对较高，本应注重发展区域合作，以便更好地利用国内和国外资源。但实际上，与哈、吉、塔三国相比，乌加入的区域国际合作机制的数量不多，参与程度也相对较低。

可以说，当前和今后一段时间，乌经济领域的主要任务是保障经济稳定增长、稳定物价、稳定币值、改善交通和通信等基础设施、保障粮食安全、发展加工业、吸引外资等。

(2) 经济领域面临的主要问题

• 通胀率始终居高不下，居民收入增长往往被高物价吞噬。据乌国家统计局数据，乌每年通胀率（同比上一年 12 月）基本维持在 6% ~8% 之间。但据 IMF 数据，乌通胀率分别为：2008 年 12.747%，2009 年 14.08%，2010 年 9.38%。很多学者认为，乌实际通胀率可能会达到 35% ~45%，几乎是中亚地区最高。尽管乌央行努力控制货币发行量，即使市场上现金供应不足也极力避免多印钞票，但仍然控制不住物价上涨。究其原因，一是国际大宗原材料产品价格上涨，带动乌出口顺差增加，在一定程度上引起流动性过剩；二是乌不断提高社会保障水平，居民收入增长，在增加国内消费的同时，也加大了企业生产和管理成本；三是出口增多，致使国内部分物资短缺，引发价格上涨，如将米面卖到塔吉克斯坦，将水果卖到俄罗斯等；四是进口商品价格上涨，带动成本增加。也有分析认为，导致乌通货膨胀无法遏制的主要原因是商业环境恶化，特别是中小企业经营环境恶化。荷兰诺德投资集团（Nord FX）指出，商业环境差导致生产和服务成本增加，并最终体现在终端价格上，而且无论怎样提高工资和退休金都赶不上这种价格上涨。

• 2007年至今，本币苏姆不断贬值，且黑市同官价汇率之间的差价较大。乌政府从1996年到2003年一直对本币苏姆执行严格的汇率管制。从2002年7月1日起，乌政府接受货币基金组织建议，分阶段地逐渐放开汇率管制，直至实现自由兑换。2003年10月15日，乌宣布本币苏姆在经常项目下实现自由兑换。此后，本币苏姆兑美元的汇率不断贬值，1美元可兑换苏姆（当年1月1日）：2007年是1240.00苏姆，2008年是1291.23苏姆，2009年是1394.90苏姆，2010年是1513.60苏姆，2011年是1640.55苏姆，2012年是1796.22苏姆，2013年是2625.93苏姆，2014年4月1日为2634.09苏姆。尽管贬值在一定程度上有利于出口，但经济学家认为乌本币苏姆的贬值，主要是本国外汇交易不自由以及民众对本国经济担忧所致，希望用美元保值。另外，乌政府多次打击外汇黑市，但屡禁不绝，收效甚微。为限制黑市交易，乌央行规定，自2012年2月1日起，乌本国公民需在被授权银行的专门兑换处进行外币兑换业务，且外币只能以非现形式汇入公民银行卡中。打入国际银行卡的资金可以用于购买商品和服务，也可以在国外提取现金，用于支付治疗费、学费和其他非商业目的的用途。

（三）安全形势

乌自独立以来，其安全形势主要分为三个阶段。

第一阶段是独立至1998年，这个阶段主要有来自阿富汗的威胁。苏军撤出阿富汗后，阿境内爆发内战，乌支持杜达耶夫（阿富汗的乌兹别克族武装）和“北方联盟”（阿富汗境内由北部的各中亚民族武装联合而成），反对塔利班。1996年塔利班取得全国政权后，阿乌关系始终比较紧张。

第二阶段是1999~2005年，这个阶段乌境内恐怖和极端势力比较活跃。1998年塔吉克斯坦内战正式结束后，原在塔境内作战的部分恐怖和极端分子（大部分是乌兹别克族）便转向乌境内，2001年美发动阿富汗战争后，阿富汗的恐怖和极端势力向乌渗透增多，乌境内外恐怖和极端势力开始活跃，乌国内安全形势开始趋紧。其间，比较重大的恐怖事件有：1999年2月16日发生的“乌兹别克斯坦伊斯兰运动”在塔什干制造了系列恐怖爆炸案；2004 年 3 月 28 日 ~4 月 1 日，在塔什干和布哈拉州发生的系列恐怖爆炸事件；同年 7 月 30 日，又在驻塔什干的美国和以色列使馆外以及乌总检察院大楼休息厅内发生三起自杀式恐怖爆炸事件；2005 年 5 月发生的“安集延”事件。

第三阶段从 2006 年至今，在政府高压打击下，乌境内的恐怖和极端势力遭到严重削弱，开始转入地下。乌国内相对比较稳定安全，几乎未发生重大恐怖袭击事件。截至 2012 年底，乌政府共认定 26 个恐怖组织，其中包括基地组织、阿富汗塔利班运动、乌兹别克斯坦伊斯兰运动、伊斯兰解放党、“东突厥斯坦伊斯兰运动”等。

虽然乌境内相对稳定安全，但中亚地区的未来安全局势可能会对乌造成以下几个方面的安全威胁。

（1）来自阿富汗和塔吉克斯坦的压力。主要是美国和北约从阿富汗撤军后阿富汗前景不明，阿富汗和塔吉克斯坦的恐怖和极端分子，以及贩毒、走私等有组织犯罪集团可能重新活跃，并向乌境内渗透。乌境内外恐怖和极端势力相勾结，打击难度将加大。

（2）来自费尔干纳谷地的压力。费尔干纳谷地地形复杂，四周是高山，中间的平原地区人口稠密，交通却不发达，是个相对封闭、贫穷和落后的地区，民众的伊斯兰信仰较浓厚，容易受到极端思想蛊惑。另外，该谷地横跨乌、吉、塔三国，方便恐怖和极端势力流窜，逃避打击（比如遇到乌政府打击便跑到塔、吉境内），是中亚恐怖和极端势力的主要藏身之所和活动基地。

（四）对外关系形势

截至 2013 年 1 月 1 日，世界上共有 165 个国家承认乌兹别克斯坦是主权独立国家，其中 128 个国家与乌建立了正式外交关系（2000 年以后建交的国家基本是中南美洲和非洲国家）；共有 24 个政府间组织和 13 个非政府组织在乌设立了办事机构；共有 35 个国家在塔什干设有大使馆。

乌兹别克斯坦面临的外部环境与其作为世界上少有的“双内陆国”的地缘环境特点有直接关系，可以按两条线索理解和分析：一是周边形势，包括南部的阿富汗局势、东部塔吉克斯坦的内战和水资源、吉尔吉斯斯坦的政局动荡、北部的哈萨克斯坦迅速崛起、西部的咸海危机日益加重等。二是大国关系，主要是俄、美、欧、中等有影响力的大国在中亚地区力量的消长变化。

从这两条线索看，乌对外政策目标从低到高分为四个层次。

第一层次（最低任务）是确保国家主权、独立、领土完整和政权稳定。

第二层次是维护周边稳定，发展同中亚国家的关系。

第三层次是与中亚地区以外的国家和地区加强合作，特别是发展与俄罗斯、美国、欧盟、中国、土耳其、伊朗、印度、日本、韩国等国家或地区的关系。

第四层次（最高任务）是树立国际地位和形象。

（1）乌的对外政策

• 同世界所有国家全方位发展和巩固平等互利关系。有效利用双边和多边关系，发展和加强一体化进程，在政治、经济、人文、科技及其他各领域开展开放的建设性的国际合作。

• 向国际社会阐述和表达乌兹别克斯坦关于地区和国际政治重要问题的看法和主张。比如关于解决阿富汗问题的国际社会建议、建设连接中亚和西亚的波斯湾运输走廊建议、关于解决中亚水资源和跨界河流问题的建议等。

• 打造稳定周边，促进中亚地区的和平与稳定，将中亚变成持续稳定的安全地区。积极解决中亚地区的政治外交和国际法等相关问题，通过采取预防性外交，及时消除政治、社会经济、民族关系等各种不稳定因素。

• 为国内深化民主改革和推进社会经济现代化发展创造良好的外部环境。努力同世界各国发展经济贸易合作，积极吸引外资和先进技术。

• 向国际社会客观、公正、充分地介绍乌兹别克斯坦。宣传乌兹别克斯坦的对内和对外政策，阐释这些政策的基本内容与主旨。

（2）乌的对外政策的特点

• 极其珍视国家独立，主权和领土完整，其本质是维护现政权稳定。乌内部管制较严，国内一些反对派势力、恐怖和极端势力、美国和其他一些西方国家经常谴责乌政府腐败、独裁、长期执政、压制民主，利用民众不满情绪，对卡里莫夫政权施压，有时还会采取制裁措施（如 2005 年安集延事件），甚至策划推翻卡里莫夫。维护现政权的存在和稳定是乌首要的政治任务，遵守不干涉内政的原则，防止“颜色革命”和“阿拉伯之春”革命成为乌对外合作的一个主要前提和归宿。

• 重视大国关系发展，总体上坚持大国平衡原则。这是促进乌稳定和发展的积极因素。多年来，除俄、美两国外，乌与中国、日本、韩国、印度、土耳其、欧盟成员国等地区大国的关系总体平稳顺利，总是或快或慢地向前发展着。乌既担心俄罗斯的大国沙文主义，不希望俄在乌周边力量强大，也讨厌西方的民主人权压力，因此与俄、美关系有时疏远有时亲近，时常出现“情绪化”，但从总体来看，并不能因此得出乌奉行“反俄”或“亲西方”政策的结论，而是在俄美之间相互借助，以维护自身利益最大化。2014 年美从阿富汗撤军后，乌南部安全形势趋紧（尤其是乌阿边境和乌塔边境地区）。为保卫边界安全，同时防止俄罗斯力量乘虚而入，未来乌与西方关系可能会更亲近。

- 将发展同周边国家的关系（即中亚国家和阿富汗）作为外交的重中之重，把应对中亚邻国的外部威胁作为国家安全战略的主要任务。首先，周边国家是保证乌自身安全并实现走出去，与外界加强联系的必经之路。如果与周边国家关系紧张，会造成对外交往渠道狭窄且复杂的困难局面，比如货物进出口的过境费用较高，物流成本较大等。其次，周边国家是乌抵御或减缓大国影响的缓冲带。正因存在此缓冲带，乌在判断大国影响、定位大国关系、制定大国政策时具有自己的特色。比如俄罗斯与乌不接壤，而与哈萨克斯坦有 7591 公里的漫长边界，因此俄罗斯对哈萨克斯坦的影响远比对乌兹别克斯坦的影响更直观、强烈。与此同时，阿富汗、塔吉克斯坦与乌接壤，与哈不接壤，因此乌兹别克斯坦遭受的宗教极端和恐怖主义威胁以及有组织跨国犯罪的影响远比哈萨克斯坦更强烈。这在一定程度上可以解释为什么在中亚地区哈萨克斯坦与俄罗斯的一体化走得较近，而乌兹别克斯坦对阿富汗重建要求最强烈。

2 未来 10 年合作中的重点问题

根据《上海合作组织成立宣言》和《上海合作组织宪章》，上合组织的合作宗旨是对内“谋求成员国的共同发展”，对外“展示和实践国际合作新模式”。具体包括发展相互信任的友好合作关系；开展各领域合作，谋求共同发展；维护地区的和平与稳定，为国内发展创造良好的外部环境；促进国际关系合理化，推动建立国际政治经济新秩序。这是区域合作的根本目的，也是保证上合组织长久发展的不竭动力。

为保证上合组织实现其宗旨，2012 年 6 月 7 日上合组织北京元首峰会通过了《上海合作组织中期发展战略规划》（以下简称《战略》），为该组织未来 10 年发展做出战略规划。《战略》提出“上合组织今后的优先任务仍然是保障地区安全稳定”，并确定了未来的 7 个基本行动方向，也即今后 10 年的主要任务：共同努力创建民主公正合理的国际政治经济秩序；维护地区安全与稳定；扩大经济合作；开展人文领域合作；开展国际合作；发展上合组织与其他国家及国际组织关系；完善上合组织法律基础和机制。

在新形势下，结合前期合作经验，上合组织在落实战略规划的过程中需注意以下3个问题。

（一）在合作机制和模式方面，坚持“上海精神”

当今世界的区域一体化组织很多，具体的管理与运作机制也多种多样：一是欧盟模式，即通过建立超国家机构来管理区域合作；二是北美自由贸易区模式，即组织化程度低（没有常设机构，依靠会议和协议合作），但机制化程度高（法律体系严密）；三是APEC模式，即奉行开放主义，协议通常不具有约束力，依靠成员“自主自愿”和“量力而行”地履行；四是欧亚经济共同体模式，即在重大问题上实行“协商一致”的原则，但在经济合作时采取按成员国权重分配表决权的方式。

与上述机制模式不同的是，上合组织超越冷战思维，建立一种全新的国际关系模式，其核心是“上海精神”，即“互信、互利、平等、协商、结伴而不结盟和尊重多样文明”。具体体现为：新型安全观，内涵是“相互信任、裁军、合作安全”；新型区域合作观，内涵是“大小国家共同倡导、安全先行、互利协作”；新型国家关系观，特点是“结伴而不结盟”。在具体实践过程中，上合组织合作模式始终坚持四项原则：协商一致；多边与双边相结合；循序渐进，讲求实效；兼顾各国利益。这些原则最早由时任中国国务院总理的朱镕基提出，受到各国欢迎并普遍接受。

“上海精神”的意义在于：它是全球化和一体化深入发展条件下形成的国际关系处理原则，是成员国应对21世纪复杂国际环境的措施，是成员国为建立国际政治经济新秩序而提出的解决方案。它超越了以意识形态为基础的冷战思维，既不是国家中心主义，也不是天下一家的“全球主义”，而是对上述两种观点的扬弃，是全球主义框架下的国家主义，是开放的新地区主义思想。首先，上合组织承认主权国家是国际关系的组成单位，是主要行为体，这一点与霸权主义完全不同。其次，上合组织认为国家间关系应是平等合作，而不是以大欺小，但合作不是结盟，各国都保持各自的独立性和自主选择的权利。最后，上合组织认为人权并不大于主权，不能以人道主义或其他道德标准来变相取代主权原则。各个国家都有自己的现实国情，应由本国国民自己解决。不坚持这个原则，大国就会寻找各种借口来干涉弱国的内政，从而影响弱国的发展。大国不是国际道德的仲裁者，其国家利益也常常使其行为偏离国际公认的道德准则或实行双重道德标准。

理解“上海精神”的意义在于，上合组织合作过程中必须坚持“协商一致”和“不谋求建立超国家机制”的原则。第一，协商一致是当前最适合中国利益的合作原则。当前中国的最大利益是和平与发展，对外政策的目标和任务是确保实现“2020年前的战略机遇期”，需要在平等互利的基础上实现双赢，而不是急于在国际社会中发挥主导作用，过早和过多地承担“大国责任”，更不能引发合作伙伴担心，加剧周边紧张局势。在依照表决权比重的合作机制中，根据权利与义务对等原则，权重大的国家责任和付出也多，还要承担因合作失败而荣誉受损的风险。第二，中亚国家需要遵循协商一致原则。历史经验表明，民族国家的主权意识一旦产生，起初都要经历相当长的权利意识扩张期。中亚国家刚刚独立20年，对独立和主权的要求高于一切。在它们视主权为生命、极力恢复或提高国际地位的情况下，如果不实行平等原则，它们就没有机会公平地参与国际竞争，那样会使自己陷入更加弱势的恶性循环中。中亚国家希望利用多边合作机制中的“协商一致”等运作规则，约束中俄等大国行为，借助集体力量，弥补个体力量薄弱的不足，以更好地维护国家独立和主权。如果大国以大欺小的话，弱小的成员国就会在组织外寻找大国帮助，以求平衡。如果中亚国家因此向西方寻求更多帮助，对中国将十分不利。

与此同时，对“协商一致”原则需正确理解并灵活运用。实践中，“协商一致”被理解为“只要与会人员无人提出反对，就视为以协商一致的方式做出决定”。在确定具体合作项目方面，可采取“多边与双边相结合”及“能者先行”（2 + X）的合作方式，根据各成员国的具体需求和能力，决定是否参加合作项目，不必苛求所有成员一致参加。这并不违反协商一致原则，也无损组织的团结。

（二）在合作方式方面，注重内部机制挖潜

上合组织发展至今已经处于一个“十字路口”，面临是应该继续扩大合作领域和范围，还是应集中精力落实已经签署的合作协议，深化但不扩大合作范围的选择。一方面，扩大合作范围（比如继续增加新的部长会议机制等）可以满足成员国旺盛且广泛的合作需求，增加寻找共性的机会，同时还能分担风险，避免合作只集中于某一领域却进展不大的尴尬局面。但另一方面，扩大合作范围需要加大投入，占用更多部门的人力、经费和时间，还可能出现“各领域都表面热闹，但均无实质进展”的结果。

当前，上合组织合作机制仍呈“大会议，小机构”的特点。为使上合组织能够保持更多的经常性联系，应进一步加深合作，扩大影响。该组织未来机制建设面临的重任之一，便是如何由“会议机制”转向“合作机制”，即如何增加在闭会期间的合作。上合组织只有从自己最擅长的领域入手，继续落实已经制订好的行动计划，才能更好地发挥其职能和作用，然后在此基础上，利用“功能扩溢”，逐渐扩展自己的职能和合作领域，最终实现潜力最大化。2012 年上合组织通过的《上海合作组织中期发展战略规划》，对该组织今后 10 年的基本行动方向及合作内容做出明确规划。根据以往经验，结合中国的需求和自身优势，可在该战略规划的内容中挑选出比较可行的合作内容加以大力推进。

当前要务之一，是在上合组织机制改革创新的同时，努力挖掘现有机制潜力。比如对照《上海合作组织秘书处条例》可知，即使依照现有的规则和权限，秘书处仍有极大的作为空间，组织赋予秘书处的诸多功能都未得到有效执行，如网站建设、信息通报、提出合作建议、合作措施落实计划的监督等。大部分已签署的合作文件在上合秘书处网站和上合经济合作网上至今查不到。

当前要务之二，是继续坚持“多边与双边相结合”的原则。该原则是上合组织的基本原则之一，在十多年实践中虽取得明显效果，但也存在“合作项目基本都是双边，多边项目少”的缺陷，造成双边项目同时承担“国别项目”和“区域项目”的双重角色。这一方面说明上合组织区域合作难度较大，另一方面也说明中国的“与中亚国家的国别战略”和“与上合组织的区域战略”趋同，有时甚至难以区分。因此，区域合作需结合区域现实国情而定，若过分追求多边效果而强行推进，反而容易造成“欲速则不达”。

（三）在合作内容方面，扬长避短

要坚持“实体项目和能力建设为主，制度协调为辅”的基本原则，深入落实既定战略和项目。通常国际组织的合作内容可以分为制度协调、实体项目和能力建设三大部分：制度协调关注法律和规则，是成员国就法律制度和规范进行磋商的行为；实体项目合作是具体的务实项目，如公路建设工程、500kW 高压输变电工程、上海合作组织大学、水质监测、“孩子笔下的童话”儿童绘画巡回展、联合军演等；能力建设的目的是提高成员国机关、企业和公民的思维、分析、判断及自我发展的能力，主要表现为人力资源领域的交流培训、公民参与等。

上合组织宜扬长避短，不必急于推进制度政策协调，而应注重具体的务实项目开发和能力建设。从发展历程看，上合组织已取得的成就大部分属于实体项目和能力建设，在制度协调方面进展较慢，这说明以下问题。

（1）上合组织开展制度协调难度大

除中国外，其他成员国均从苏联加盟共和国中独立而来，所以它们之间的经济和社会联系程度、政策、法律、制度，以及思维方式和解决问题的方法等极其接近。这也是欧亚经济共同体在经济和人文方面的合作深度总体上强于上合组织的主要原因。

近年来，上合组织成员国陆续成为世界贸易组织成员（吉 1997 年、俄 2012 年 8 月、塔 2013 年 1 月），由于成员国的经济贸易规则都参照世界贸易组织，所以彼此会越来越相近，这是促进上合组织未来发展的有利因素之一。

（2）开展务实项目和能力建设是上合组织的长项和优势

从经济上看，独联体 12 个成员经济总量（GDP）仅相当于中国的1/3，对外贸易规模相当于中国的 1/3。2012 年，GDP 总量中国为 8.3 万亿美元（人均 6000 美元），俄罗斯为 2.0067 万亿美元（人均 1.4 万美元），欧亚经济共同体成员国（含俄）为 2.29 万亿美元，独联体为 2.55 万亿美元。对外贸易总额中国为 3.87 万亿美元，俄罗斯为 8372 亿美元，欧亚经济共同体为 1.09 万亿美元，独联体为 1.34 万亿美元。

由于中国市场广大，资金也相对雄厚；实体项目见效快，成员国对互利双赢感受更强烈，更易激发合作兴趣；能力建设有助于加强理解沟通，是制度协调和务实项目合作的基础。

第二章
上海合作组织中亚区域特征及综合环境问题分析

亚洲属于世界上生态环境恶化最为严重的地区之一，而亚洲生态环境恶化最严重的区域又重点分布在中亚地区。脆弱的生态环境加上各国社会经济的发展和人口的激增，中亚区域（特别是上合组织成员国）已经成为全球性生态问题突出的地区之一，已严重影响了中亚各国经济与社会的发展，并引起国际社会的广泛关注。

中亚地区远离海岸，降水少和蒸发量大的地理和气候条件使得该地区的环境相对恶劣，沙漠化现象严重。因各国地理位置不同，区域内主要因高山冰川产生的水资源分布极其不均衡，上游国家地少人稀，却水量充足，下游国家地广人稠，水资源却长期缺乏。水资源分布不均和上下游用水不协调，造就了“咸海生态危机”等国际社会关注的热点环境问题。同时，伴随着世界对环境问题认识的加深，气候变化、生物多样性减少、土地荒漠化、大气污染、水污染等全球性问题也在最近的时期内在中亚地区凸显。但中亚各国的人口压力和发展需求，使得环境保护常常处于国家发展规划的最末端，加上跨界水资源利用的“水战”，使得各国各自为政，区域环境问题逐年恶化。

第一节　上海合作组织中亚区域特征

1　自然地理概况

上合组织成员国包括哈萨克斯坦、中国、吉尔吉斯斯坦、俄罗斯、塔吉克斯坦和乌兹别克斯坦六国。其中，哈萨克斯坦、吉尔吉斯斯坦、塔吉克斯坦、乌兹别克斯坦处于中亚地区（见图 2 - 1）。本章重点介绍中亚四国的政治文化与地理区域概况。

图 2－1　中亚地理位置

上合组织中亚国家所处的区域整体上地形呈现东南高、西北低的态势。塔吉克斯坦帕米尔地区和吉尔吉斯斯坦西部天山地区山势陡峭，海拔在4000～5000米，在哈萨克斯坦西部里海附近卡拉吉耶洼地，有低于海平面132米的最低点，在这东西之间的广阔地区，荒漠、绿洲在海拔200～400米，丘陵、草原在海拔300～500米，而东部山区在海拔1000米左右。中亚地区绵亘着温带最壮观的山地，冰川超过4000条，总面积达11000平方公里。

由于处于欧亚大陆腹地，尤其是东南缘高山阻隔印度洋、太平洋的暖湿气流，该地区气候为典型的温带沙漠、草原的大陆性气候，雨水稀少，极其干燥，一般年降水量在300毫米以下；日光充足，蒸发量大，阿姆河三角洲水面的年蒸发量达1798毫米，是当地降水量的22倍；温度变化剧烈，许多地方白天最高气温与夜晚最低气温之间可相差20～30℃。从哈萨克斯坦最北端到土库曼斯坦最南端，纵跨北纬57度到35度，表现为寒温带经温带向亚热带的过渡，在盛夏七月，除山区外平均气温一般在26～32℃，而在隆冬一月，平均气温由北端的－20℃过渡到南端的2℃。

由于地形特征为东南高西北低，故而河流走向基本为西北走向。水量少，水能小。汛期在春夏季，原因是冰山融化和夏季降雨，而且该地区所有河流都没有通向大洋的出口，河水除了被引走用于灌溉外，或者消失于荒漠，或者注入内陆湖泊。

2 社会经济概况

由于独立前与苏联经济联系密切，中亚各国在独立后出现产业机构单一、不均衡的先天不足，但各国在独立后社会经济均有不同程度的发展。

和周边国家相比，哈萨克斯坦地广人稀，是独联体第二大农业国家。独立后，哈推行了长期、大胆的经济改革，并获得了成功。目前哈萨克斯坦不仅是粮食生产大国，也是粮食出口大国。主要农作物有小麦、玉米、大麦、燕麦、黑麦，南部地区可种植水稻、棉花、烟草、甜菜、葡萄和水果等，主要出口品种为小麦和面粉。哈萨克斯坦是独联体主要的畜牧生产基地之一，包括养牛业、养羊业、养猪业、养马业、养驼业、养禽业、养兽业等部门。工业方面，哈萨克斯坦的燃料工业、金属工业和食品工业占工业的比重较大，是该国的重要支柱产业，其中石油、天然气开采业、黑色金属工业等是该国的优势产业。重工业主要有燃料工业、化学工业、电力工业、机械电子工业、建材工业。轻工业中纺织、缝纫、制鞋、皮革业所占的比重较大。食品工业主要包括肉类工业、制糖业、磨粉碾米业、榨油业、水果蔬菜加工业、盐业、渔业等。

乌兹别克斯坦的种植业比畜牧业在农业中所占比重要高，其中以棉花为主的经济作物产值比重最大，也是乌农业最重要的支柱产业。蔬菜、瓜类作物比重次之，粮食作物比重在乌独立后有所上升。乌兹别克斯坦种植业发展的特点以科学种田较为突出，对耕地的利用和保护也较好，单产面积、机械化和集约化水平在中亚五国中首屈一指。乌兹别克斯坦的畜牧业发展较快，主要在饲养羊、牛、驼、猪、禽、蚕业取得巨大的发展和进步。乌兹别克斯坦的工业重点领域突出，主要是石油、天然气工业和农机制造业。该国重工业主要包括石油天然气工业、机械制造工业、有色金属工业、电力工业、化学工业、建材工业。轻工业主要包括轧棉、纺织、针织、缝纫、皮革、陶瓷等。食品工业主要包括奶制品、肉制品、油脂产品、糖果点心、通心粉制品等。

吉尔吉斯斯坦是个以农牧业为主的国家。吉的马、羊存栏数和羊毛产量在中亚位居第二，棉花、甜菜等经济作物在独联体国家中也颇有名气。畜牧业主要包括养羊业、养牛业、养马业、养猪业和养禽业。尽管吉有数量众多的水体，可吉尔吉斯斯坦的渔业发展却显得比较落后。吉尔吉斯斯坦的电力工业、有色金属工业和食品工业是重要的支柱产业，其中电力工业和有色金属工业等是该国的优势产业。轻工业在吉尔吉斯斯坦经济中一直占据重要地位，是中亚五国中发展最好的，也是中亚五国中唯一将工业结构改革的重点放在该领域的中亚国家，其产值在工业部门中一直占据首位，主要包括纺织和缝纫、制革和制鞋、毛皮加工三大部门。吉轻工业中纺织业是主导产业，主要产品为棉布、棉纱、毛布、无纺布、毛线、地毯和毯制品、长短袜、针织品等。食品工业主要产品有肉类、面包制品、奶制品、乳品、面粉、砂糖、植物油、糖果点心等。

塔吉克斯坦大部分耕地的土壤属灰钙土，腐殖质含量只有1.8%～4.5%，但植物生长所需的碳酸盐含量丰富，只要灌溉有保证，各种农作物都能获得好收成。牧场面积大，分布在不同的海拔高度和地带，因此可以按季节加以利用：冬季利用河谷地区的牧场，夏季利用高山牧场，其他时间利用山前地带的牧场。工业是该国经济的重要组成部分，主要是采矿业、轻工业、建材工业等（以开发当地资源为主）。轻工业是塔吉克斯坦很有发展前景的工业部门之一，轻工产品来自对本国资源（棉花、蚕茧、羊毛与皮革原料）的深加工，主要有棉纱和棉布、地毯制品、医用纱布、缝纫制品、鞋与皮制小百货、手工艺品等。其他工业部门主要从事木材加工、瓷器生产以及手工艺品制作等。

3　区域环境概况

自20世纪40年代尤其是60年代以来，中亚地区人类活动正日益影响和改变着中亚土地利用的结构、布局、方式与强度，由此使中亚生态环境发生着显著变化，部分区域生态环境出现了明显的退化，甚至恶化。从环境保护的角度来看，中亚地区当前主要的环境问题有：水资源短缺和污染、咸海危机、土地退化和荒漠化、大气污染、核污染和固态废物污染等。而水资源问题则成为中亚国家最为焦灼和分歧最大的问题，中亚地区“因水而战”的局面自苏联解体一直持续到现在，始终未能解决，上游国家和下游国家因水的分配、利用，“水费”要价，资源互利和水污染等问题矛盾重重。

从环境要素角度分析，中亚生态环境问题大致可以分为以下五种类型。

（1）水资源短缺和污染

上合组织成员国特别是中亚地区，地处欧亚大陆腹地，地貌形态以沙漠和草原为主，其中沙漠面积超过 100 万平方公里，占总面积的 1/4 以上，是一个水资源严重不足的地区，中亚水系时空分布的不均衡加重了水资源的不足。多年来，由于水资源遭到过度开发且未实施有效的保护，以及经济的快速发展，区域内水资源紧张的势头一直有增无减，水资源成为阻碍上合组织成员国社会经济发展和地区稳定的重要因素之一。水资源短缺主要原因：一是自然原因；二是用水需求加大、现代化管理方法缺乏、灌溉系统和输水管道老化等造成水资源低效使用。

水资源的短缺迫使区域内中亚国家在水资源利用过程中必须重视污水处理再利用，但受国家发展水平及资金所限，中亚国家对环境保护的重视程度多停留在表面，这大概也与国家的发展层面有关，因此回收水很少能经过严格的净化处理，这些水矿物质含量很高，注入下游必然对河流造成很大污染。中亚水资源污染主要来自农业、工业、采矿业与城市及农村的生活垃圾。水资源短缺和污染的另一个重要表现就是咸海危机，其直接影响到周围 3500 万人的生活和健康，近年来咸海地区居民的发病率已呈现急剧上升态势。咸海问题不仅困扰着整个中亚地区，而且已经成为全球性的生态危机。此流域的生态危机在中亚国家造成的严重的后果已越来越多地引起有关国家和国际社会的重视。

（2）大气污染

上合组织的中亚国家由电力、采矿业、石油天然气企业、建筑业、金属冶炼、交通和市政领域等造成的大气污染比较普遍。大多数企业仍然使用的是过时的技术和设备，由于缺乏资金、机器保养情况差，相当多的企业大气污染物排放量大，超过了规定的排放标准。同时很多企业，包括发电站、热力工厂（CHP）和居民一直使用当地利用价值低、含灰分大和含硫高的固体燃料。石油和天然气生产、炼油、化工、机械、建筑等行业也是大气污染的主要来源。除工业大气污染外，交通运输、非法燃烧和沙尘等也是造成该地区大气污染的因素。尽管中亚地域广阔、人口不多、产业分散，但大气污染已在某些地区有所呈现，主要是人口集中的工业城市，空气质量已不再令人满意。

（3）土地退化和生物多样性损失

上合组织内各国土地荒漠化和退化严重，既有自然因素，又有人为因素。中亚地区气候干旱，容易盐碱化，不合理的垦荒、过度放牧、过度引水、居住地和矿区建设等强烈地改变着各国的土地利用结构，造成土地荒漠化严重。土地退化带来严重的生态环境恶化，不仅严重影响了人类的生产和生活，同时也威胁着大自然中的其他物种，在一些地方，特别是咸海地区，生物多样性所受威胁已非常严重，流域内动植物遭到严重破坏，成为“死海”。生态危机等造成的生态环境问题直接使居民生活质量下降，还严重地威胁到人们的生存，也扩大了区域间的经济差异。大量人口的迁出给处于恢复期的国民经济造成很大负担，甚至带来不安定因素。

（4）土壤污染

中亚地区土壤污染主要是工业排放和农业活动中化学肥料施用后的残留造成的。不合理地对土壤施加氮、磷、钾和其他新型肥料，对土壤中的微生物产生了负面影响，使得土壤板结，土质变差；使用有毒化学物质防治病虫害和植物病害，造成土壤中生物活性下降。

（5）核污染

中亚地区的核污染是苏联留给中亚地区的另一份沉重“遗产”。为了同美国争霸，苏联曾经多次试验、制造并拥有大量的核武器，使得哈萨克斯坦的塞米巴拉金斯克核试验场等成为中亚地区严重的核污染区。中亚较为丰富的铀矿曾为苏联制造核武器提供了丰富的资源。苏联在中亚地区大规模的开采和提炼核材料后，采取就地掩埋核废料的方式，使中亚各国成为核污染的重灾区。苏联解体后，对这些尾矿和废料的管理成了很大的麻烦。这是所有中亚国家共同面临的问题，尤其以哈萨克斯坦、塔吉克斯坦和吉尔吉斯斯坦最为突出。

苏联在长达40多年的数百次核试验过程中，对周围的大气环境、土地、水源（包括地下水）、植被、人畜以及其他生物等都造成了巨大的危害。受核污染影响最大的国家——哈萨克斯坦，直到现在尚未消除核污染的影响。长时间的多次核试验至少使附近50万居民的身体健康遭受不同程度的伤害，也使水环境、大气环境和地面生态环境受到严重破坏。目前，哈萨克斯坦的废物管理和放射性废料的掩埋问题依然没有得到解决。

在上述环境问题中，地区环保组织将重点关注乌兹别克斯坦的大气污染、哈萨克斯坦的水污染、吉尔吉斯斯坦的废物管理和塔吉克斯坦的山地生态系统退化等问题。

第二节　上海合作组织中亚区域综合环境问题分析

1　水环境状况

（一）水资源

中亚地处欧亚大陆腹地，属大陆性干燥气候，常年降水稀少且蒸发量大，水资源弥足珍贵。虽然中亚地区水资源总量较丰富，但大部分淡水都以高山冰川和深层地下水等难以开发的形式存在，且分布极不均匀，加上不合理的利用、浪费和污染，致使中亚许多地区严重缺水。此外，全球气候变暖正使冰川以令人震惊的速度融化，在过去 50 年里，中亚冰川贮存的水量估计缩减了 25%，预计在今后 20 年里还会再缩减 25%。从长远看，水资源将进一步短缺。水资源短缺问题将成为中亚国家社会发展的瓶颈。

目前，中亚地区每年人均可利用水资源量为 2800 立方米，远远低于人均 7342 立方米的世界平均水平。其中，乌兹别克斯坦为每人 702 立方米，已远远低于水资源危机的临界线——人均年占有水资源量 1000 立方米。如果以水资源总量折合地表径流深衡量，中亚大部分地区在 300 毫米以下，部分地区在 60 毫米以下，土地以沙漠和草原为主，其中沙漠面积超过 100 万平方公里，占该地区总面积的 1/4 以上，生态耗水巨大，缺水问题严峻。

此外，中亚水资源分布极不均衡，在水资源丰富的上游国家，往往可使用的农业土地面积很少。如在塔吉克斯坦，境内只有 7% 的土地用于耕种，因此农业用水量很低。在水资源缺乏的下游国家，农业土地面积广大，而水资源却很匮乏。在总的水资源方面，根据世界粮农组织网站数据（见表 2－1），哈萨克斯坦水资源最多。但哈萨克斯坦的水资源构成中，湖泊和冰川等不易利用的部分占多数，河流径流量中，本国产流只占约 50% 强，且分布极不平衡。而吉尔吉斯斯坦和塔吉克斯坦由于山地生态系统占优势，降雨较丰富，且为中亚包括阿姆河与锡尔河在内的多条大型河流的发源地，水资源丰富。这样的分布特点直接导致了中亚各成员国之间的用水矛盾。

在该地区，这种水资源分布的极其不均衡和上下游用水的不协调，直接造就了“咸海生态危机”。咸海位于哈萨克斯坦与乌兹别克斯坦交界处，原有面积 6.65 万平方公里，曾是世界第四大内陆湖，水源主要来自阿姆河和锡尔河。咸海在数十年间急剧萎缩（见图 2－2），日趋干涸，水面减少到约 3.2 万平方公里，水位下降 20 米，排名也从昔日的第四位降至第六位。

表 2-1 中亚五国水资源（可更新量）概况

国家	年均降水量（毫米）	地表水（亿立方米）		地下水（亿立方米）	地表与地下水重复部分（亿立方米）	总计（实际）（亿立方米）	人均水资源量（立方米）
		自然	实际				
哈萨克斯坦	250	1276	996	339	260	1075	6633
吉尔吉斯斯坦	533	470	212	137	112	237	4380
塔吉克斯坦	691	947	189	60	30	219	3140
乌兹别克斯坦	206	1117	421	88	20	489	1760

咸海流域的动植物资源遭到了严重破坏，咸海已经成为一片“死海”。湖水水位不断下降，湖体由20世纪70年代的两部分（大小咸海）分裂为2010年的四部分，并出现咸海海水盐化、周边土地荒漠化、渔业凋零、居民生活贫困等问题，产生的盐尘已波及数千公里以外的地区。咸海危机直接影响到周围3500万人的生活和健康，濒临咸海地区居民的发病率急剧上升。咸海问题包括海平面水位下降、阿姆河和锡尔河的水源量减少、裸露面扩大、沙尘暴增多、水质量下降、鱼类锐减，对人类健康的有害影响加大等。这些问题在自然界中开始时变化很小，但累积效应极大，最终导致了严重的环境恶化后果。总结引起咸海生态环境恶化的原因有三：一是棉花种植面积增加，扩大棉花种植增加了对中亚各国灌溉用水的需求，（棉花灌溉需水量大）；二是流入咸海的阿姆河和锡尔河的径流量减少；三是咸海地区环境蠕变，与人类活动有非常紧密的关系，上游地区超量用水导致河水断流、湖面缩小、水库干涸、沙化加剧，又导致气候变暖。气候变化又使蠕变进程加快和程度加深。目前咸海问题不仅困扰着整个中亚地区，而且也是全球性的生态问题。

上合组织各成员国针对水资源短缺问题开展了大量的工作，水资源短缺问题成为国际社会的关注热点。造成中亚水资源“不足”的根源，除了气候、地理、地质地貌等自然因素外，更多的是由包括水资源分布不均、过度开发利用、污染等在内的人类活动所造成的。一方面，天然水资源短缺，造成了普遍的沙漠景观，并且由于水利设施运行效率低下，用于灌溉的土壤渗出水量多，加上区域蒸发量大，水资源损耗十分严重；另一方面，水资源浪费严重，农业灌溉系统老化，水利设施利用效率低下，对于灌溉设施的维护不到位，许多灌溉设施都接近报废，土地盐渍化问题日益突出。随着经济发展和人口增加，农业用水需求加大了河流、湖泊的用水强度，加之不合理、无控制的耗用水资源，大大加重了因缺水造成的各类问题。

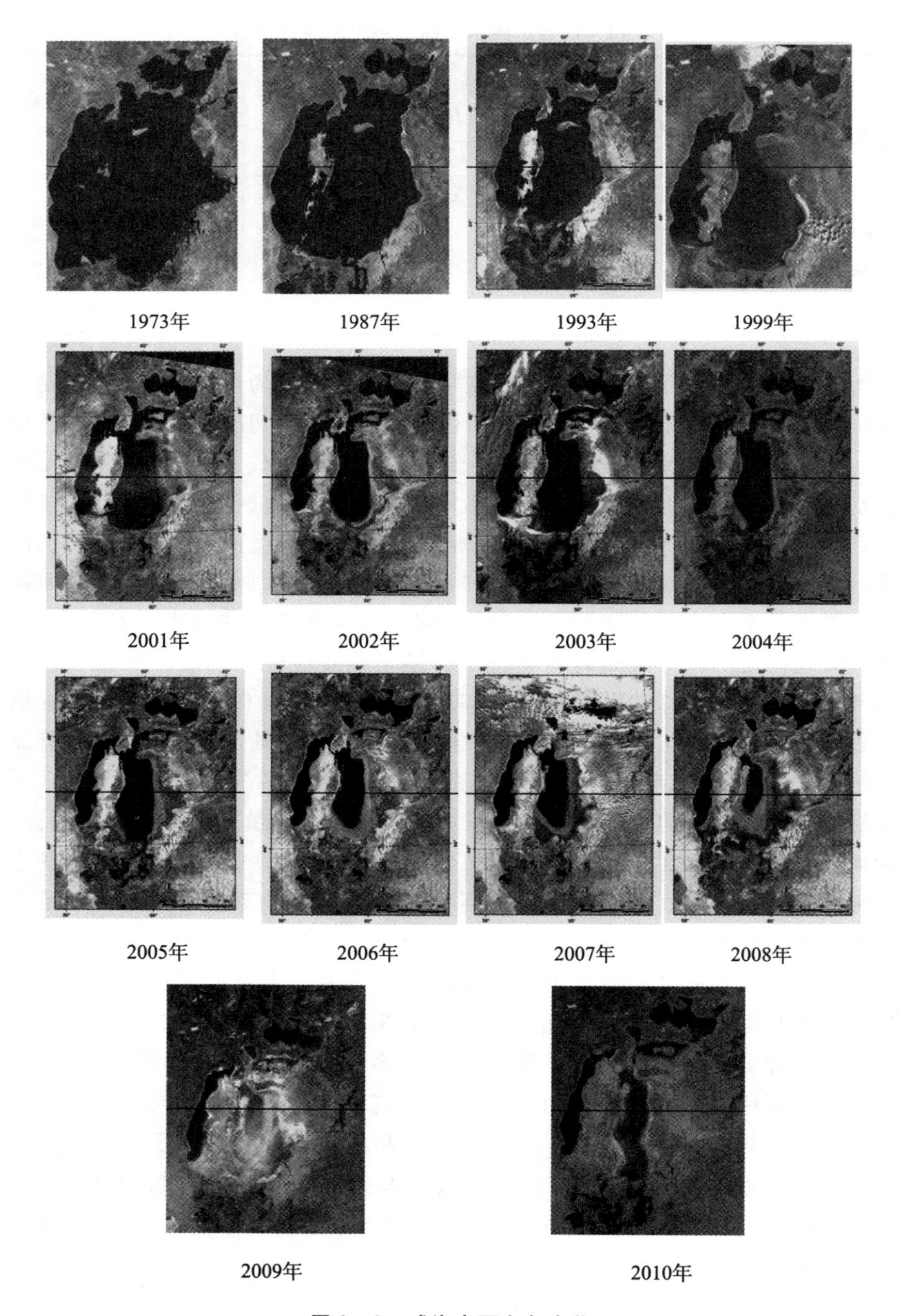

图 2－2　咸海表面多年变化

(二) 水污染

中亚地区除了上述区域本身存在的水资源短缺问题外，水污染问题也很严重，而且在一定程度上加剧了区域水资源短缺问题。

中亚水资源污染主要来自农业、工业、采矿业和城市及农村的生活垃圾，包括硝酸盐、杀虫剂、重金属和碳氢化合物等污染物。其中农业污染主要是因为上合组织区域内中亚国家农业的灌溉方式及化肥、农药的无节制使用，造成严重的水体污染，以牺牲环境为代价的粗放型生产方式致使流域生态不断遭到破坏。工业污染是上合组织区域成员国工业生产和采矿过程中的大量有毒物质被排入河流，或者渗入地下，尤其是工业废弃物铝、镍的排放大大超标，而保护水资源的设施又很有限所导致的。城市及农村生活垃圾污染方面，区域内很多城市和农村的生活、生产废水无处理排放对水的污染也是异常惊人的。每天排放到水里的细菌要比工业发达国家高40~45倍。同时，城乡居民供水设施失修，有的国家只有一半的居民通过供水管道获得生活用水，同时，输水管已经严重损害，城乡居民无法获得卫生饮用水。

俄罗斯、中亚环保机构的资料研究显示，排入阿姆河的污水已占到其流量的35%；每年向锡尔河不断流入含有化合物、金属、石油、化肥和其他污染物的生产与生活污水，流量高达120亿~140亿立方米。巴尔喀什湖每年要接纳约7.7亿立方米的废水以及大量肥料、农药和重金属等污染物，其中污染最严重的水域——别尔迪斯湾的水体中铜的浓度达到最高限度的30~35倍，锌的浓度为最高限度的1.2~2.3倍。研究表明，在中亚被检测的水体中，虽然仅有8%属于重度污染和极重度污染，但25%的水体处在警示区——介于合格与不合格之间，约44%的供水属于中度污染，仅有23%属于清洁或轻度污染。阿姆河与锡尔河流出山区之后，其铜、锌、六价铬的含量超过了极限允许浓度。在乌兹别克斯坦境内的阿姆河流域，70%以上的地区水质对健康有害，10%以上的地区水质极差。

从各个国家来看，据相关调查，哈萨克斯坦地表水污染较为严重，来自农业、工业和采矿业的硝酸盐、杀虫剂、重金属和碳氢化合物等污染物造成乌拉尔河和额尔齐斯河的一些支流水质已达到6级。境内污染较重的有努拉河、乌拉尔河、锡尔河和巴尔喀什湖等（见表2-2、表2-3）。哈地下水属中度污染，有700处水源受到污染，其中241处直接受化学物质影响，比较严重的是阿拉木图州、卡拉干达州和东哈萨克斯坦州，主要表现为矿化和硬化度较高，硫化钠和氯化物含量超标。除了工业和生活用水因素，农业生产也是水体污染的另一重要原因。针对上述情况，为缓解水体污染所带来的严峻挑战，哈萨克斯坦成立了专门的水管理与治理机构，采取了一系列措施减少污水排放并加大了对污水处理的力度，这些措施已取得了一定成效。

表 2-2　巴尔喀什湖主要污染物含量及正常湖水水质标准

单位：毫克/升

污染物名称	含量			正常湖水水质标准含量
	1987 年	1988 年	1989 年	
石油产品	0.000～0.780	0.000～0.320	0.000～0.670	0.05
苯酚	0.000～0.004	0.000～0.000	0.000～0.009	0.001
铜	0.012～0.058	0.017～0.051	0.003～0.048	0.001

表 2-3　锡尔河年均矿化度指标

单位：克/升

观测期	观测段（基线）			
	别卡巴德	沙尔达拉	克孜勒奥尔达	卡扎林斯克
1960～1970 年	0.64～0.97	0.68～0.94	0.70～0.98	0.95～1.01
1971～1980 年	0.97～1.38	0.94～1.55	0.98～1.74	1.01～1.72
1981～1990 年	1.38～1.48	1.55～1.46	1.74～1.69	1.72～1.87（2.26）
1991～1999 年	1.48～1.35	1.46～1.24	1.69～1.33	1.87～1.57

资料来源：Специальная программа ООН，2002.

乌兹别克斯坦水污染主要来自灌溉农业的化肥和有毒农药、畜牧业养殖，以及石油和天然气开采、采矿、化工、火力发电、食品工业和市政废物。乌兹别克斯坦水污染分布具有明显的地带性特征，山区的地表径流和水库污染较轻，水体的矿化度较低；山前地带和开发的旅游休憩区水质有轻微污染，水中含有微量的有机物和矿物质；在河流、湖泊入口的一些人口密集的老灌溉区水体污染也不太严重，农药的含量是基本值的 2～3 倍；在灌溉系统的汇水区，地表水的盐分、矿物质、有机质、重金属、矿物油的含量比正常值高出 3～5 倍，因此农田土壤污染也较为严重；人口高度密集的工业城市以及城市下游广大地区的河流和水库污染严重，重金属浓度比标准值高出 10～15 倍，严重的区域可以达到 40～50 倍。

吉尔吉斯斯坦也存在严重的水体污染。特别是山区石土堆积和尾矿对地表水污染严重，如辐射污染、镉污染和其他重金属的污染（铜、锌和铅)。吉尔吉斯斯坦过去曾是铀原料的主要供应者，因此其水资源还面临着氧化铀和钼辐射污染的现实问题，对周边居民造成了威胁。目前，来自农业、工业和采矿业的硝酸盐、杀虫剂、放射性物质、重金属和碳氢化合物等污染物已经造成了该国地表水的富营养化，并严重威胁当地居民的身体健康。水污染还使该国很多地区的居民无法得到充足、清洁、安全的饮用水，居民健康受到严重威胁。

在塔吉克斯坦工业生产和采矿过程中大量有毒物质被排入河流，或者渗入地下，而保护水源的设施又很有限。过去铀矿开采留下的大约5480万吨废物仍然堆积在塔吉克斯坦北部的采矿点，其中有很多紧邻该国第二大城市胡占德市。另外，工业废物铝、镍的排放量大大超标，也使河流含盐量增加，土壤盐碱化。

2 大气污染状况

(一) 概况

在上合组织中亚地区，大气污染物的主要来源是电力、采矿业、石油天然气企业、建筑业、金属冶炼等工业污染，汽车、燃油等交通污染，非法燃烧、市政建设等人为污染和自然沙尘等。

据对哈萨克斯坦20座主要城市和工业中心的多年监测，该国人均年排放各类化学物质163千克，其中工业较发达的卡拉干达州和巴甫洛达尔州分别达793千克和547千克。哈萨克斯坦的铝、铅、锌、铜，吉尔吉斯斯坦的锑、汞，乌兹别克斯坦的黄金、多金属，塔吉克斯坦的铝等，由于生产工艺落后，产生大量的有害物质，严重污染了空气、土壤和水源。吉大气污染源主要来自能源加工企业、建筑单位、市政、煤炭开采、加工业及部分私营部门，来自动力（能源）生产企业的比重最大，如供热等部门。由于缺乏天然气，大量的私人住宅又再次采用热量低、粉尘大的固体燃料。塔吉克斯坦的空气污染源主要来自采矿、冶金、化工、建筑、机械加工、轻工业和农业，污染物由放射性粉尘、汽车尾气、化学制造的废气排放等组成。乌兹别克斯坦主要的空气浮尘来源是咸海的干涸湖底，风从土地表面携带起大量盐尘，并由西向东移动。

(二) 固定污染源

对于上合组织中亚各国而言，动力生产、建筑业、各类加工业和市政领域构成了大气污染的固定源头。但这些产业在各国工业领域中的比重又存在差别，如在哈萨克斯坦、乌兹别克斯坦和塔吉克斯坦就有所不同。采矿业、有色金属冶炼等产业较发达，而油气开采、石油化工仅在哈萨克斯坦和乌兹别克斯坦占优势，相应地，这些地区的排放比重也较大。近年来，哈萨克斯坦、吉尔吉斯斯坦的污染源排放出现了增加的趋势。

（三）移动污染源

移动污染源多分布于上合组织中亚地区的一些大城市或城市化水平较高的地区。这些地方交通密度高、道路条件差和通勤人数增加导致交通污染越来越严重，如哈萨克斯坦的阿拉木图，乌兹别克斯坦的塔什干、撒马尔罕、布哈拉等。除了公路交通工具外，燃油质量也是造成大气污染的重要因素，油燃烧后产生的物质严重危害了大气。中亚地区国家进口汽车的输入以及超期限使用也是大气污染的重要来源。据专家推测，陈旧车辆排放出的大量有害气体占整个交通污染量的30%～40%。在城市中，交通堵塞也造成了污染物不断增加。

3 固体废物状况

随着人口的增长，城市化和工业化的进程导致了各类废物的产生。在中亚地区（主要指上合组织成员国），固体废物主要包括工业废物、城市废物、农业废物及核辐射废物等。

工业方面，中亚国家绝大多数企业缺乏填埋和回收有害工业残渣的技术及能力，只能随便堆积。虽然引进了一些废物处理技术和二次利用技术，但都没有落到实处。由于缺乏放置不同种类废物的土地资源，很多企业只有将废物在厂区内进行不适当的贮藏，从而造成地表水和地下水的污染；农业方面，棉花种植过程中频繁浇水，使用的矿物化学肥料以及农药杀虫剂等在土壤、植物和水体中大量残留，对环境造成了负面的影响；城市废物方面，由于缺少垃圾处理设施和垃圾填埋场，垃圾的收集、处理、填埋，包括有害工业垃圾的处理，都不符合环境保护的要求，形成了许多不规范的垃圾堆积区域；核辐射方面，苏联时期遗留下来的核废料和实验场地，以及铀矿等放射性物质和有毒物质等通过地表水等扩散，造成辐射污染。

哈萨克斯坦固体废物主要包括工业废料和生活垃圾两大类。其重工业发展迅速，在原料开采、选矿、冶炼过程中都会产生大量的废料，其中不少是有害或有毒的废料，对环境的污染更为严重。而且生活垃圾还没有完成分类处理，生活垃圾的处理方法也比较简单，一般采用的是焚烧或掩埋，造成一定程度的二次污染。

乌兹别克斯坦许多大城市都面临生活垃圾和工业废物污染的问题，其中工业污染主要与化工萃取冶炼有关。而生活垃圾每年的产出量很大，但是目前还没有对城市生活垃圾进行处理的企业，废物掩埋占地 2.2 万公顷，造成了农业和城市建设用地紧张。

吉尔吉斯斯坦固体废物主要包括生活垃圾、产业废物和放射性废物三种。长期以来吉尔吉斯斯坦的居民活动积累了大量的固体生活、生产废物，而且垃圾的数量每年都在增长，填埋场地也在扩大。吉主要有毒废物都集中在伊塞克湖地区和巴特肯地区，而巴特肯地区主要的污染源是海达尔肯水银厂和卡达姆贾锑矿厂。

塔吉克斯坦废物分为工业废物、城市废物和农业废物。工业废物很大一部分来自矿产工业；城市废物的主要来源是食品垃圾、塑料、树叶、废纸等；为了提高土壤的肥力，农民广泛使用各种矿物和有机肥料，这是农业废物的主要来源。同时，山体滑坡、泥石流、洪水、地震、雪崩等自然灾害对矿业和放射性废料的安全造成了巨大的威胁。到目前为止，塔吉克斯坦还没有建造废物处理场和废物焚烧厂，也没有建立城市固体废物收集系统。

4 土壤污染状况

工业排放和农业活动中化学品施用后的残留，以及对土壤不合理地施加氮、磷、钾和其他新型肥料，对土壤中的微生物产生了负面影响。使用有毒化学物质防治病虫害和植物病害，造成土壤中的生物活性下降，使得土壤板结、土质变差。

哈萨克斯坦约有 200 亿吨的工业垃圾，1400 万吨生活垃圾，其中的主要部分都分布在未加限制的场地中。

吉尔吉斯斯坦土壤污染主要来自矿山开采工业的垃圾排放，这些废物中含有对人体有害的重金属。在 49 处（754 公顷）尾矿池中堆积了约 0.75×10^8 立方米的废物。此外，吉尔吉斯斯坦还留存有大量含有有毒物质的废矿堆。

在塔吉克斯坦，1995 年共施加了 1146 吨杀虫剂、3.5 万吨化肥，平均每公顷土地播撒 0.3 ~ 0.8 千克杀虫剂。各种废料每年都在增加，共积蓄了超过 2 亿吨废弃物质，其中部分具有毒性和放射性。目前，还缺乏垃圾处理部门和合格的垃圾场。

乌兹别克斯坦的主要问题是大规模地使用杀虫剂。主要的杀虫剂残留物为含氯物质——DDT 及其代谢物。不过自 1990 年以后，由于经济滑坡和农村所有制的改变，杀虫剂的使用量已大幅减少。

5 核辐射污染状况

在 20 世纪下半叶，中亚地区是沙俄和苏联时期重要的铀矿与稀土矿产区之一。在山区，从 1907 年起就建立了矿场和联合加工厂，进行铀矿、稀土的开采与提炼。长年类似的开采和加工活动在该区域留下了大量带辐射的尾矿，并被堆积于地面上和尾矿池中。

据说尾矿池分布于居民点附近、提水区、跨境河流的滩涂，穿过了中亚几乎所有地区人口稠密的谷地。苏联解体后，大部分的尾矿被遗留下来，且多年无人监管。更为严重的是，许多尾矿池位于地震和滑坡活跃地带、泥石流和山洪频发地区，以及与地下水分布区接近的区段，这对尾矿堆积地区居民的健康和生态状况造成了严重的威胁。

哈萨克斯坦是经济发展最强劲的国家，其铀的生产增长也最快。该国还拥有占世界 20% 的铀矿储量。1993 年进行的研究表明，在哈萨克斯坦三个地区存在 127 处铀矿开采和加工污染点。从 1964 年到 1995 年期间，乌兹别克斯坦一直采用的是传统的铀矿开采方法，唯一的铀矿废物以尾矿池的形式存于纳沃依，在 1995 年过渡到采用地浸方式开采后，其他采用普通方式的矿场才被关闭了。在塔吉克斯坦，经过多年的铀矿开采与加工活动，形成了约 1.7×10^{8} 立方米的脉石和尾矿池，辐射值为 7。据有关部门评估，废料和尾矿池共含有带辐射的废料 5500 万吨。吉尔吉斯斯坦经过长期的类似开采，至今留下了大量的辐射废物，堆积或被置于各地的尾矿池中。由于吉尔吉斯斯坦过去曾是铀原料的主要供应者，因此其水资源还面临着氧化铀和钼辐射污染的现实问题。这些隐患对伊塞克湖及其周边居民造成了威胁。

6 生态环境状况

（一）土地退化

目前，土地退化问题已严重制约了上合组织国家经济与社会的发展。土地退化是中亚地区土地利用和覆被变化的主要形式。在过去三十年中，人口增加、经济发展和区域气候变化带来的压力导致土地退化加剧。

独立以来，上合组织中亚国家原有的经济联系被打破，农业生产体系解体，国家对农业的财政支持骤减，所有这些因素都使得土地结构、土壤肥力改变，农作物产量降低。据估计，中亚地区超过 50% 的灌溉土地由于长期的地表灌溉而受到盐渍化和水涝威胁，因此许多土地不再像以前一样高产。

中亚地区土壤侵蚀和盐渍化比其他地区严重，主要形式为水蚀。中亚地区土壤侵蚀已经影响到地区的经济发展，成为全球性环境问题。灌溉面积增加使盐渍化加剧，农业用地进一步减少。20 世纪 60 年代初，苏联时期，为了提高棉花产量，大幅度增加了灌溉用水量，使阿姆河和锡尔河的可用水量大幅减少。灌溉面积增加还导致因水资源不足而引发的土壤干旱。

中亚国家土地受干旱和荒漠化的影响严重。在吉尔吉斯斯坦遭受侵蚀影响的耕地超过 88%，塔吉克斯坦 97% 的农业用地被侵蚀，在哈萨克斯坦和乌兹别克斯坦，这一数字达到 80%。

上合组织中亚国家的多数土地均不同程度地遭受着荒漠化的影响——植被退化、水风侵蚀、灌溉地盐渍化、机械荒漠化、工业和市政排污导致的土壤污染等。这些因素共同导致土壤功能的变化，即在质量和数量上均呈恶化状态。中亚国家土地退化的主要原因如下：

- 未经必要的整地与改良而实施的新土地利用和开发；
- 在棉花、粮食和其他单一优势作物种植土地上未进行充分的轮作；
- 灌区土地的粗放式利用；
- 灌溉水的低效使用；
- 新节水技术和灌溉设施使用不足；
- 排放未经净化处理的污水，灌溉地和牧场被淹没；
- 灌溉地干管排水网不完善；
- 含毒化学用品和化肥的不合理使用；
- 退化土地的重新整治不足；
- 灌溉水的高矿化度；
- 不遵守牧场轮作制度，砍伐山区的乔灌木；
- 耕地防护林不足；
- 从咸海干涸湖底带来的盐尘影响；
- 防泥石流设施不足。

（二）生物多样性损失

自苏联解体以来，近年来随着土地私有化的进程，上合组织中亚国家许多地区进行着各种形式的资源开发，诸如过度放牧、森林砍伐和水资源的过量使用等，极易造成土壤的侵蚀和盐渍化。在解体初期，整体性的贫困使得政府对环境的管控放松。为了生活，当地居民大肆狩猎，从而使野生动物面临的威胁急剧上升。随着中亚地区河流水量的减少以及湖泊的日益萎缩，附近沼泽地上的天然植被逐渐衰败。生态环境的恶化不仅严重影响了人类的生产和生活，同时也威胁着大自然中的其他物种，生物多样性所受到的威胁已非常严重。

动物与植物物种的多样性及其丰富度取决于所在生态系统的状况。中亚生态系统的破坏会直接导致生物多样性的减少（见表 2－4）。对于中亚野生动植物而言，人类活动的影响多数是负面的。许多生物物种已经消失，如图兰虎于 20 世纪灭绝，猎豹种群也可能已消亡，布哈拉鹿的数量急剧减少，一些本地植物、蝴蝶和其他野生种群已处于濒危状态。生态系统的破坏会直接导致生物多样性的减少，当前灭绝和濒危动植物的数量都在增加，在某些情况下，这一过程变得不可逆。

1978 年哈萨克斯坦政府确定了该国红皮书，该书 1998 年 1 月的数据包括 125 种（或大约 15%）脊椎动物、96 种无脊椎动物和 85 种昆虫（1978 年红皮书包括 87 种珍稀及消失动物物种和亚种）。有 10 种哺乳动物物种和亚种以及 15 种鸟被提到“消失”的类目中。下列哺乳动物和鸟类最具灭绝危险：印度豹、欧洲貂、白鹳、粉鹈鹕、萨克尔猎鹰、游隼等。

吉尔吉斯斯坦由于栖息地的缩减等原因，生物物种的生存受到了威胁。目前该国有 92 种动物和 65 种植物面临消失的威胁，大约占其物种总数的 1%。受威胁最严重的是一些稀有种类，如灰色巨蜥、鹮嘴鹬、雪豹、灰熊的天山亚种，以及一些地方的特有物种。吉尔吉斯斯坦有 68 种动物和 65 种植物被列入该国红皮书。乌兹别克斯坦生物多样性所面临的威胁与其他中亚国家类似，人类活动对河岸森林的影响已导致布哈拉鹿、中亚水獭、野鸡的 6 个地方亚种和其他吐加依林栖息动物数量的减少。因为咸海生态环境的恶化，阿姆河三角洲湿地丧失了大量的生物多样性，疣鼻天鹅、大白鹈鹕、鸬鹚和其他一些鸟类的繁殖栖息地面积减少，咸海的原始鱼类已灭绝，一些软体和甲壳类特有物种已处于濒危状态。塔吉克斯坦有 226 种植物被列为稀有和濒危植物（其中菌类 4 种，苔藓 8 种，被子植物 208 种，裸子植物 1 种，等等）。而塔吉克斯坦的新版红皮书正在编写中，有不少新的物种将被列入。

表 2－4　中亚濒危物种

国别 ＼ 年份	1990	1991	1992	1993	1994	1995	1996	1997	1998	1999	2000	2001	2002	2003	2004	2005	2006	2007	2008	2009	2010
吉尔吉斯斯坦																					
濒危物种占物种总数比例（%）	7.2	9.9	10.4	11	11.7	12.6	13	13.5	14	15.5	16.5	16.5	17.1								
其中：动物																					
植物																					
濒危物种数（种）																					
哺乳动物	13	13	13	14	14	15	15	16	17	17	18	13	13	13	13						
鸟类	20	32	34	36	38	40	42	44	46	48	50	32	32	32	32						
爬行动物	2	3	4	5	6	7	8	9	10	11	12	3	3	3	3						
昆虫	5	10	15	20	30	35	40	45	50	54	58	60	61								
灌木、林木	19	22	30	35	40	45	50	55	60	64	68	65	65	65	65						
塔吉克斯坦																					
濒危物种占物种总数比例（%）																					
其中：动物	1.5	1.5	1.5	1.5	1.5	1.5	1.5	1.5	1.5	1.5	1.5	1.5	1.5	1.5	1.5						
植物	0.6	0.6	0.6	0.6	0.6	0.6	0.6	0.6	0.6	0.6	0.6	0.6	0.6	0.6	0.6						
濒危物种数（种）																					
哺乳动物	42	42	42	42	42	42	42	42	42	42	42	42	42	42	42						
鸟类	37	37	37	37	37	37	37	37	37	37	37	37	37	37	37						
爬行动物	58	58	58	58	58	58	58	58	58	58	58	58	58	58	58						
昆虫	58	58	58	58	58	58	58	58	58	58	58	58	58	58	58						
灌木、林木	27	27	27	27	27	27	27	27	27	27	27	27	28	29	30						

续表

国别 \ 年份	1990	1991	1992	1993	1994	1995	1996	1997	1998	1999	2000	2001	2002	2003	2004	2005	2006	2007	2008	2009	2010
乌兹别克斯坦																					
濒危物种占物种总数比例（%）																					
其中：动物	1.3	1.3	1.3	1.07	1.07	1.07	1.07	1.07	1.07	1.07	1.07	1.35	1.35	1.35	1.35	1.35	1.35	1.35	1.35	1.35	1.35
植物	5.2	5.2	5.2	8	8	8	8	8	8	8	8	8	8	8	8	8	8	8	8	8	8
濒危物种数（种）																					
哺乳动物	17	17	17	17	17	17	17	17	24	24	24	24	24	24	24	24	24	24	24	24	24
鸟类	29	29	29	29	29	29	29	29	47	47	47	47	47	47	47	47	47	47	47	47	47
爬行动物	6	6	6	6	6	6	6	6	16	16	16	16	16	16	16	16	16	16	16	16	16
昆虫	54	54	54	54	54	54	54	54	54	54	54	54	54	54	54	54	54	54	54	54	54
灌木、林木	52	52	52	52	52	52	52	52	52	52	52	52	52	52	52	52	52	52	52	52	52
哈萨克斯坦																					
濒危物种占物种总数比例（%）																					
其中：动物	22	22	22	22	22	22	22	22	22	22	22	22	22	22	22	22	22	22			
植物	4	4	4	4	4	4	4	4	4	4	4	4	4	4	4	4	4	4			
濒危物种数（种）																					
哺乳动物	44	44	44	44	44	44	44	44	44	44	44	44	44	44	44	44	44	44			
鸟类	39	39	39	39	39	39	56	56	56	56	56	56	56	56	56	56	56	56			
爬行动物	13	13	13	13	13	13	13	13	13	13	13	13	13	13	13	13	13	13			
鱼类	16	16	16	16	16	16	16	16	16	16	16	16	16	16	16	16	16	16			
灌木、林木	207	207	207	207	207	207	207	207	207	207	207	207	207	207	207	207	207	207			

资料来源：НИЦ МКУР, 2007.

Портал знаний о водных ресурсах и экологии Центральной Азии, 2013.

第三章
上海合作组织环境保护合作

第一节　上海合作组织环境保护合作进程

上合组织成立之初就将环境保护作为组织内重要的合作领域，并在历年来的各种文件，包括其组织宪章、元首宣言与联合公报、总理联合公报、合作纲要、合作备忘录等中都提及了环境保护与生态恢复问题。上合组织框架内环保合作的具体磋商是在2005年由俄罗斯率先提出倡议的。

2003年根据上合组织宪章，上合组织成员国政府首脑（总理）理事会重申在环保等领域采取措施促进多边合作，制定并实施共同感兴趣的项目。各成员国已就加强在自然资源开发和环境保护领域的合作达成了基本共识，将自然和环境保护合作等多个领域作为六国总理批准的《上海合作组织成员国多边经贸合作纲要》的优先合作方向。我国主张在上合组织框架内的环保合作应在平等互利的基础上，采取多样化的方式加以推进。

2004年塔什干峰会通过了《塔什干宣言》，提出“将环境保护及合理、有效利用水资源问题提上本组织框架内的合作议程，相关部门和科研机构可在年内开始共同制定本组织在该领域的工作战略”等有关内容。同年举行的上合组织成员国政府首脑（总理）理事会，再次讨论了环境保护、维护地区生态平衡、合理有效利用水电资源、防治土地沙漠化及其他环境问题，并就加强在自然资源开发和环境保护领域的合作达成共识。

2005年，为进一步响应《塔什干宣言》，推动上合组织在环境领域的合作，六国环境部门决定召开首届环境部长级会议，促进相互间的理解与对话。2005年9月，各成员国组成政府工作小组，在俄罗斯召开第一次环保专家会议，开始联合制定《上海合作组织环境保护合作构想草案》，确立了由俄方牵头汇总《上海合作组织环境保护合作构想草案》，并在俄罗斯举办第一次上合组织环境部长会议的基调。《上海合作组织环境保护合作构想草案》提出的具体合作内容有：①建立信息交流渠道，加强协调；②提高环境监测水平；③开展环境保护和国际环保合作人才的交流与培训；④采取有效措施，保障生态安全；⑤保护生物多样性，防治土地荒漠化，并减缓其他环境恶化趋势；⑥采取有效措施防治水污染；⑦加大环境保护领域的投资力度；⑧对放射性尾矿聚集场所进行生态恢复，防止其污染环境和损害人体健康；⑨研究在上合组织框架内建立环保产品服务和技术市场的可能性；⑩开展环保科学技术合作；⑪促进各方就参与的多边环境协议履约问题进行交流。

2006 年 11 月上合组织秘书处在北京召开了第二次环保专家会议，由于各方在水资源保护与利用等问题上的分歧较大，会议未取得实质性成果。

2007 年 5 月，第三次环保专家会议继续在北京召开，谈判过程中删除了有关开展环境联合监测、联合预警、建立统一区域环境标准以及水资源一体化管理和跨界水资源利用等表述，构想草案初步达成一致。

2008 年 3 月，第四次环保专家会议在北京召开，乌兹别克斯坦代表在会上全力突出跨界水资源利用、维护下游国家用水权利等敏感问题，坚持水资源合理利用是开展上合组织环保合作的先决条件，谈判陷入僵局，后提交协调员会议审议，乌方仍坚持本国立场，遵照协商一致原则，协调员会议请环保专家会议继续协调。

2008 年 11 月，俄罗斯为了能在其作为上合组织轮值主席国期间取得更多政治成果，在未与其他五国协商的情况下，直接抵上合组织秘书处要求召开第 5 次环保专家会议，要求直接讨论部长会议文件，但未获其他国家同意。会议就构想草案进行了讨论，但由于乌方仍坚持要将跨界水资源利用放入文件，会议最终未达成共识。

由于构想草案谈判迟迟未取得实质性进展，各国立场差异较大，上合组织环保合作陷入停滞阶段，2009～2010 年上合组织未召开环保专家会议。但考虑到在区域内开展环保合作的重要意义，2010 年 11 月召开的政府首脑（总理）理事会指出“将继续商谈本组织相关构想草案”，这标志着上合组织将重启构想草案的谈判工作。

2008 年各成员国在上合组织框架内磋商《上海合作组织环境保护合作构想草案》的同时，召开了上合组织成员国政府首脑（总理）理事会，批准通过了《上海合作组织成员国多边经贸合作纲要》的落实计划，提出了上合框架下利用自然和环境保护领域的具体内容，包括（1）实施“中亚跨境沉积盆地和褶皱层的地质和地壳运动”项目；（2）在环境保护和改善咸海流域生态状况方面扩大和深化合作，建立地质生态监控系统，为进行地质生态绘图制定地质信息系统，建立咸海地区的地质生态监控体系；（3）就建立信息保障网络、通报边境地区的紧急状态提出建议，并为完善上海合作组织成员国专业部门和机构的机制能力举办培训班；（4）在防止跨界河流污染扩大领域开展合作；（5）各方在保障生态安全领域相互协作，包括上海合作组织成员国自然保护部门间就国家环保和合理利用自然方面的政策问题交流信息和经验。

2012年6月6日至7日，上海合作组织在北京召开了第十二次元首峰会。中国积极推动与各方的环境保护合作。在中国与俄罗斯的联合声明中提到“本着睦邻友好、彼此理解、相互信任、平等互利的精神深化两国边境地区的合作，包括对国界线进行联合检查，落实边境地区军事领域相互信任和裁减军事力量的措施，界河航行，对界河进行必要治理，保护环境，促进边境地区协调发展，推进跨境基础设施和边境口岸建设；在环保领域，开展国际合作，利用创新技术走可持续增长的道路，实现人与自然和谐共存”。在中国与哈萨克斯坦的联合宣言中提到：“双方高度评价中哈利用和保护跨界河流联合委员会的工作成效。双方认为，在共同利用中哈跨界河流以及保护水质方面的互利合作对双边关系进一步发展具有重要意义。双方将在《中华人民共和国政府和哈萨克斯坦共和国政府跨界河流水质保护协定》《中华人民共和国政府和哈萨克斯坦共和国政府环境保护合作协定》的基础上，加强对两国跨界河流水质的监测，预防污染。双方愿积极推动落实《中华人民共和国政府和哈萨克斯坦共和国政府跨界河流水量分配技术工作重点实施计划》。双方将遵循互利和照顾对方利益的原则，继续完善法律基础，致力于公平合理地利用中哈跨界河流水资源并保护其生态环境。”中国与乌兹别克斯坦在关于建立战略伙伴关系的联合宣言中提到：“双方将继续在保护和改善环境、合理利用自然资源方面进行合作。”在中国与吉尔吉斯斯坦的联合宣言中提到：“双方将开展环保领域的合作，以采取必要措施防止污染，确保包括跨界水等自然资源保护和合理利用。”

2012年12月5日在吉尔吉斯斯坦比什凯克举行的上海合作组织成员国总理第十一次会议上，中国国务院总理温家宝提出成立“中国－上海合作组织环境保护合作中心”，中方愿依托该中心同成员国开展环保政策研究和技术交流、生态恢复与生物多样性保护合作，协助制定本组织环保合作战略，加强环保能力建设。

2013年9月，中国－上海合作组织环境保护合作中心经中国政府批准在北京成立，旨在落实上合组织领导人会议共识，推动中国与上海合作组织各成员国的环境保护合作与交流，共同应对全球环境挑战，促进区域绿色发展。上合环保中心的成立，是落实我国周边外交工作、共建丝绸之路经济带的重要举措。

2013 年 11 月 29 日召开的上海合作组织成员国总理第十二次会议联合公报提出："必须继续为加强环保合作而共同开展工作。"李克强总理在会议上提出了在上合组织框架下推进环保合作战略的新倡议："各方应共同制定上合组织环境保护合作战略，依托中国－上海合作组织环境保护中心，建立信息共享平台。"

2014 年 3 月 11～13 日，在北京上合秘书处召开了环保专家会第六次会议。会前议题未得到各方确认，分歧较大，议题未纳入会议纪要，议题焦点主要集中在乌方提出的"建立上合组织和国际咸海基金会之间的伙伴关系"问题上，各方分歧较大，本着上合组织协商一致的原则，该议题暂且搁置。在环保范围内各成员国共同磋商了《上海合作组织环境保护合作构想草案》，并保留异议，再次形成了商谈文本，在压力和合作意愿下，各方做出一定让步与妥协，最终签署纪要。

总之，目前上合组织框架下环境领域的合作还处于起步阶段，基本上未开展实质性合作，在领域、资金、机制等方面还不完善，影响了组织内的环境保护合作。总体来看，尽管上合组织环保合作艰难、曲折，但各国政治意愿强烈，环保合作必将成为上合组织的重要议题。

第二节　上海合作组织成员国环境关注和立场分析

上合组织成员国，尤其是处于中亚地区的国家遭受着重大的生态灾难，环境退化和自然资源稀缺成为社会经济问题的原因。中亚环境退化和资源安全问题虽然不是国家间发生暴力冲突的直接原因，却加速了政治和社会危机，并且增加了种族关系的紧张程度。

当前各国根据自身特点和重点环境问题，开展了大量的环境保护工作，并对双边和多边环保国际合作表现出了极大的关注。考虑到上合组织的环境安全和可持续发展，本章针对上合组织中亚地区重点环境问题（水资源优化配置和管理、治理土地退化、控制环境污染、保护生物多样性等方面）分别阐述了各成员国不同的环境关注点和已经开展的工作，并对上合组织成员国环保立场进行解析。

1 上海合作组织中亚国家环境关注

1.1 应对水资源短缺

中亚国家的经济发展和繁荣与水生态系统密切相关，水资源短缺及过度开发利用已造成整个中亚生态环境的恶化，伴随着经济增长和农业生产，一些环境安全问题也不断增加。

中亚各国甚至国际社会对此都表示出极大的关注，长期以来也开展了大量工作，虽然没有切实解决，但是在开源节流、加强水资源管理、加强跨境水资源管理合作等方面也取得了一定的进展，并开展了大量双边、多边等国际合作，共同应对这一区域的水资源问题。各国因为经济发展战略不同，所采取的措施也有所不同，但总体上分为以下几种。

（一）加强开源节流，间接提高水资源量

（1）节水

拯救咸海国际基金会和世界银行最早于1995～1996年在制定咸海流域水资源管理战略的基本原则和有关国家水战略的基本原则时，就已提出节约用水的基本方针，要求咸海地区内所有国家的各个部门，特别是农业灌溉要采取一些与现代技术经济所达到的用水水平相适应的措施。此外，介入咸海拯救计划的其他一些国际机构还提出，节水措施的组织与实施原则上要依靠所有国家。

中亚地区节水的潜力很大，中亚五国特别是哈萨克斯坦、乌兹别克斯坦和土库曼斯坦三国把节水作为国家的长期战略任务，采取的节水措施主要有：工业方面，从耗水大户做起，建立严格的节约用水制度，并监督执行，推广水的重复和循环使用经验；农业方面，大面积采用喷灌、滴灌和膜下灌溉以及在计算机控制下的定时定量供水等。当然，在中亚区域还有其他一些改善节水措施的尝试正在进行之中，但开展实质性和综合性项目的费用极高，对于经济社会发展水平较低的中亚国家来说，自身无法承受灌区改造的高额投入，而且还须面对来自政府和公众团体的反对。

（2）优化作物品种

要从根本上解决水资源短缺的问题，最有效的途径之一，应是改变现有的农业经济发展模式和进行农业结构调整，控制和减少棉花、水稻等高耗水农作物的种植规模，发展能适应该地区气候和水土条件的、有利于生态的、耗水较低的传统农牧业。改种用水少的作物（即将棉花和水稻改种为谷物、大豆、水果和蔬菜）并减少灌溉面积是减少灌溉用水量的有效途径。然而，此类项目在主要灌溉国家（乌兹别克斯坦和土库曼斯坦）受到限制，这些国家仍将棉花作为主要种植作物以赚取外汇，减少灌溉面积在未来（短期到中期）未必能够实现。

（3）进一步开发地下水

在中亚地区，与地表干旱缺水、降水量稀少的情况相反，其地下水的储量非常丰富。尤其是哈萨克斯坦、乌兹别克斯坦和土库曼斯坦三国都储藏有大量的地下水。据有关部门估算，仅哈萨克斯坦的地下水储量就有数万亿立方米。因此，在应对水资源短缺问题上，哈萨克斯坦目前正在实施“引里济咸”工程和“北水南调”工程，中亚国家开始注意到地下水的开发利用。

（二）完善境内水资源管理模式，加强跨境水资源管理合作

中亚国家水资源开发利用过程与社会经济发展紧密相关且受水资源分布影响较大。中亚国家都是典型的灌溉农业国家，农业在国民经济中占很大的比重。由于蒸发量大和灌溉工程效率低下，中亚地区的水资源无效损耗巨大，仅咸海流域每年无效损耗量就超过其流量的1/3，同时水资源不合理开发利用造成区域生态环境恶化。因此有联合国专家认为，有效提高该地区水资源的使用率是中亚各国必须研究的主要课题。中亚各国针对水资源管理也开展了大量工作，例如建立专门的水资源管理机构，制定水资源规划，增强水利设施维修等措施，从水资源管理模式上提高水资源管理水平，提高境内水资源利用率。

除境内农业灌溉用水造成水资源的浪费外，中亚五国水资源中跨境水资源比例较大，各自独立后，从苏联统一管理到各自为政管理体制的转变，导致在水资源管理上存在很大问题，这也是目前水资源局势紧张的主要原因。针对中亚跨境水资源管理问题，中亚各国做出了大量努力，国际社会也不断推动和督促中亚各国区域水资源的开发和合作。中亚国家在改善水资源管理、水利设施维护、健全水资源信息体系、跨境水资源合作等方面也开展了一些工作。

（1）水利设施维护

苏联时期修建的一些水利设施，解体后，成为跨境水利设施，导致在管理、利用上存在许多问题。每一个国家对其境内的大型水利设施及其所存蓄的水资源的所有权问题持有不同意见，在跨境水利工程（特别是输水渠道）的管理上存在大量的问题和矛盾，主要表现为各国都只想着使用，不愿意管理和掏钱维修。

但另外，针对中亚地区跨国河流水资源的调节、合理利用和保护，中亚五国制定和通过了国家间用水协调机构，并签署了相关协定，使一些必不可少的工程得以开工建设，防止了在国际水利分配方面可能产生的冲突，部分解决了远景发展问题。但各国都存在水利设施老化问题，需要进行修复，加上跨境水利设施需要巨大的资金投入，使得经济相对拮据的国家在跨境渠道的维修计划上无法真正落实。如哈萨克斯坦、乌兹别克斯坦两国之间的紧张关系，就是因为双方没有采取一定的措施预防渠道可能发生的危险事故，以及保障国家间共用水利设施的正常运转。要修复哈萨克斯坦境内的水渠需要大量资金，初期修复工程最少也要投入数百万美元。由于缺少资金，乌兹别克斯坦、哈萨克斯坦、土库曼斯坦三国出资维修跨境渠道的计划目前无法落实，乌兹别克斯坦现在已决定减少其境内跨境渠道的供水量。中亚国家之间一些跨境水利设施在维护、管理和使用方面存在的问题也亟待解决。

（2）健全水资源信息体系

关于健全中亚水资源信息体系的举措，主要是联合国欧洲经济委员会（UNECE）开展的支持中亚改善水信息管理的项目，该项目于 2012 年 7 月举办了“加强综合、自适应水资源管理分析”研讨会，目的是在咸海流域开展水数据管理，以及水流和水资源利用的模拟等。该研讨会由世界银行、瑞士开发公司和 UNECE 主办，参会者包括来自阿富汗、哈萨克斯坦、吉尔吉斯斯坦、塔吉克斯坦、土库曼斯坦、乌兹别克斯坦以及一些区域组织和资助方的约 50 名政府代表和专家。对于未来而言，可用数据的融合将成为一个挑战，如公开获取的卫星图与国家和地方数据的融合。此外，如何改善中亚国家间参照数据的交换也是各方关注的焦点。会议还达成共识，决定为咸海流域开发一系列关联模型，以便进行不同层次的分析：咸海流域、个别支流、子流域和国家层面。这些模型应该既服务于短期运作目的，如防洪、分水，也辅助于长期规划，包括经济和社会问题等。与会者还指出应该在制定国家和区域气候变化适应性战略方面开展进一步的分析和模拟，强调信息是否易于理解对于决策者和公众都非常重要，同时有必要为信息管理的区域合作建立统一的法律基础。

（3）区域内国家间合作

中亚各国独立后联合签署共同协议，旨在协同管理中亚五国间水资源的使用和保护，并建立了拯救咸海国际基金组织（IFAS），以及隶属于该组织的中亚国家间水资源协调管理委员会（ICWC）等机构。这在一定程度上延续了苏联中亚国家间的长期协调关系，成功维持了该地区的局势，防止各国之间可能出现的分水冲突。有关国家还分别在 1998 年和 1999 年签订了关于锡尔河流域水能资源利用的多个协定。此外，中国与哈萨克斯坦于 2001 年签订了《中华人民共和国政府和哈萨克斯坦共和国政府关于利用和保护跨界河流的合作协定》，并建立了联委会合作机制；俄罗斯与哈萨克斯坦于 1992 年签订了《哈萨克斯坦共和国和俄罗斯联邦关于共同使用和保护跨境水利工程的国家间协定》。许多国际组织以及西方国家对中亚地区水事务的参与程度较高，援助开展了不少合作项目。

（4）借助上合组织开展跨境水资源合作

在上合组织框架下，中亚水资源问题的解决有相关法律条文作为依据，围绕水资源危机问题，中亚国家也有合作的诚意。就具体的合作方式来看，虽然上合组织成立以来陆续发布的文件并没有对上合组织框架下中亚水资源合作的基本方式做出明确表述，但根据上合组织以往的经验及其他国家相关治理方面的经验，在上合组织框架下展开与水资源相关的法律制度建设、科技合作将会是重点。目前，俄罗斯自然资源与生态部与莫斯科市政府为了制定“上海合作组织成员国在现代政治经济条件下合理利用水资源的构想”，组建了一个联合工作小组，这是保障中亚地区水资源可持续利用任务迈出的实际一步。俄罗斯自然资源部向普京总统递交题为《为确保俄今后的地缘政治和社会经济利益在中亚地区水资源利用领域开展合作的主要方向》的报告，提议在亚洲经济共同体范围内组建水能调节机构（水资源调度公司），以调节跨界水利设施的水资源利用机制。2004 年塔什干峰会元首宣言也提到，有效利用水资源问题已提上本组织框架内的合作议程，并提议相关部门和科研机构可在 2004 年内开始共同制定本组织在该领域的工作战略。这也是在机制化建设初步完成的基础上，使中亚水资源处理由专门跨国机构依据相关法律文本来处理等向更深战略层面迈进的一种暗示。

此外，针对咸海和里海问题，中亚各国和国际社会也开展了大量工作，取得了一定的成效。特别是在咸海地区实施的国际项目、技术性项目和科研项目等取得了一定的成功。然而针对区域合作和公众意识开发的制度性框架的“软性”部分常常不成功。由于各国认识到治理里海问题已经刻不容缓，加强对里海的治理逐渐被提上日程。里海环境保护的区域和国内合作协调机构的建设始于 1998 年，主要是在由全球环境基金（GEF）资助和联合国环境计划署（UNEP）负责组织的里海环境计划（CEP）框架下具体实施的。这要求里海沿岸国家都应对国际社会承担起保持里海生物资源优良状态及种群多样化的责任；积极参与制订切实可行的计划与措施，加强里海水质共同监测方面的合作，建立预警机制及合作机制。同时，各国还应开展里海水体联合监测，在公共水域建立完整的监测监控体系以及应对突发性污染事件的预警和应急监测监控设备，对污染进行严密的监督和控制。同时，针对里海问题，沿岸各国还成立了协调工作组和技术专家组，建立定期会晤机制，开展学术交流和科学研究，开拓环境保护方面更深层次的合作。

1.2 治理土地退化

治理土地退化是中亚国家关注的一个重要问题，也是上合组织的重要任务之一。就今后如何开展治理土地退化方面的合作，中亚国家也在积极参与相关机制和建立伙伴关系，如建立各种水平上的互相依赖关系，制定并实施自然资源可持续管理的国家政策，开展意识教育活动，根据当地实际实施国家与区域行动方案，充分发挥政府、当地社会、土地使用者和资金的作用等，建立荒漠化监控机制，建立环境退化早期预警系统，为可持续的土地利用管理提出建议和对策，提升当地居民和社会团体防治土壤退化和土壤荒漠化的意识，共同治理土地退化等一系列问题。

中亚各国根据本国土地退化情况，实施了相应的治理措施。哈萨克斯坦属干旱缺水地区，沙漠、荒漠和半荒漠占国土面积的90%以上。土地荒漠化的根本原因是干旱缺水，因此，哈萨克斯坦治理土地退化的思路是从解决水资源问题入手，除了“北水南调”和“引里济咸”两大水利工程外，采取的措施还包括人工降雨、增雨，培育种植耐干旱、耐盐碱的植物；乌兹别克斯坦的土地退化主要集中在咸海环境问题所导致的土壤盐碱化，乌兹别克斯坦水管理生态中心着手进行土地和水资源的综合性研究，选取最佳的管理措施，提高农业生产率，开发节水技术，并将其运用到不同的土壤-气候条件下的实践中；塔吉克斯坦试图建立荒漠化监控机制，为可持续的土地利用管理提出建议和对策，扶持农民组织参与决策过程，加强农业基础设施建设，加强生态工程治理等。

1.3 保护生物多样性

上合组织中亚各国对于目前生物多样性丧失所引致的严重威胁给予了极大的关注，采取了积极措施，并在双边合作中加强保护区域生物多样性的内容。

哈萨克斯坦为了治理滥伐盗伐林木和偷猎滥捕动物，采取了积极措施，如严格执行森林法，严格执行动物界保护法和植物界保护法，加强环保教育，以及发展林下产业和护林业务等。吉尔吉斯斯坦为了保护自然物种多样性，建立了国家公园和自然保护区，尽可能覆盖其重要的生态系统和生物地理区域。2006 年吉尔吉斯斯坦总统库尔曼别克·巴基耶夫签署命令，决定对国家林场内生长的特别珍贵树种实行为期 3 年的禁止砍伐、加工和销售措施。吉尔吉斯斯坦南部拥有非常可观的森林资源，为使南部地区走出困境，吉政府和瑞士专家们共同对该地区的阿基特、阿伏罗顿斯和阿克西司等森林的管理进行规划，瑞士有关部门专门就森林经济的发展提供扶持和帮助。塔吉克斯坦针对生物多样性问题建立了保护生物多样性的管理中心，加强对现存保护区的管理并建立新的保护区，建立生物多样性保护监控系统。

此外，中亚各国还在加强生物多样性保护的区域与国际合作上做了大量工作。加大信息宣传力度，建立人事培训系统，提高公众对生物多样性保护决策的参与度，并对民众接受保护环境教育的情况进行评估，同时对资金的利用进行评估、预算和详细记录。公共环境保护组织在环境保护和教育方面也起着重要的作用，各个组织和机构应相互合作，相互支持，共同致力于生物多样性保护工作的开展和完成。

1.4 控制环境污染

（一）水污染

中亚地区在水的问题上，不仅存在水资源短缺的问题，而且由于各国独立后在环境保护和经济发展之间倾向于经济发展，地区水污染的问题也日趋严重。水资源状况的恶化已成为中亚国家社会经济持续发展的现实和潜在阻碍。

中亚各国在水污染防治方面开展了大量工作。哈萨克斯坦积极推进“五国联合治理里海污染”，对参与里海石油勘探开发的企业提出了严格的要求，凡不符合里海环境保护规定的勘探项目，一律不准开展，每年还派人到英国学习北海油田勘探开发中的环境保护经验，以指导里海的石油勘探开发；为了减少工业企业倾倒垃圾对河流的污染，乌兹别克斯坦国家自然保护委员会对每个企业污水的最大允许排放量做了具体的规定，从 1992 年起对超过 MAD 标准的排放进行收费，还于 2000 年 1 月出台了一项关于限量按标准规范排放污水的补偿办法。

（二）大气污染

中亚地区在苏联时期划分为两个经济区，即哈萨克斯坦经济区（包括哈萨克斯坦全境）和中亚经济区（除哈萨克斯坦以外的 4 个中亚共和国）。

两个经济区的有色金属开采和冶炼占有重要地位，如哈萨克斯坦的铝、铅、锌、铜（哈萨克斯坦的黑色冶金也很重要），吉尔吉斯斯坦的锑、汞，乌兹别克斯坦的黄金、多金属，塔吉克斯坦的铝，等等，由于生产工艺落后，产生了大量的有害物质，严重污染了空气、土壤和水源。

近年来，中亚五国都将治理环境污染作为主要任务之一，通过立法治理大气污染。独立前，哈萨克斯坦已制定了《大气环境保护法》。独立后根据新形势进行修订，并将其作为独立国家的新法律颁布实施。2005 年 12 月，哈萨克斯坦实施了新的《环境保护法》，其中就有保护大气环境的内容。该法还特别规定，在哈萨克斯坦投资的企业必须缴纳环保税；如果对环境造成污染或对居民健康造成危害，企业必须给予赔偿。同时，国家将对温室气体的排放和回收进行法律监督和调控。

大气管理和大气质量控制是乌兹别克斯坦环境保护的一个重要部分，其早在 1996 年就制定了大气保护法，主要目的是防止大气污染对环境以及人类造成负面影响。

塔吉克斯坦鼓励工厂安装气体净化系统，并为其提供合适的科技手段以减少有害物质的排放。根据环境条件和污染源的状况，塔吉克斯坦建设了 50～300 米宽度不等的防护绿化带。在交通污染治理方面，对车辆进行尾气排放检查，对于超过排放标准的车辆进行相应的惩罚。电气化的交通设施对于减少污染很有作用。另外，定期对道路洒水使道路保持湿润也是减少灰尘形成的方法之一。

2 上海合作组织成员国环保合作立场

通过前面对上合组织成员国在环境保护方面所做努力的介绍可知，中亚地区各国对各领域都有所关注，但关注的重点是水资源问题。除了跨界水资源合作领域外，上合成员国之间在环境保护的其他方面目前还无太多冲突，如在解决区域生态环境恶化方面。在自然和人为荒漠化日益严重的情况下，土壤的侵蚀和盐碱化、地表水和地下水的减少带来了严峻的自然环境恶化问题，各成员国对这一问题的立场比较一致，都是积极推进，采取各种措施加以治理和改善，同时迫切需要引入其他大国的影响和资金支持，以确保本国环境的可持续性。

因此，本节重点是就上合组织成员国由于水资源分歧在环保合作方面存在的立场差异进行分析。由于哈萨克斯坦和乌兹别克斯坦是下游国家，吉尔吉斯斯坦和塔吉克斯坦是上游国家，在此问题上，我们可将上合组织国家分为3类。

2.1 俄罗斯

俄罗斯的跨界河流问题主要与中国相关，随着中俄环保合作进程不断推进，针对中俄两国在跨界河流问题上的纠纷已建立相应的解决机制，所以俄罗斯目前在这方面诉求不多，这从多次环保专家会上的讨论就可以看出。在对待中亚跨界河流冲突问题上，俄罗斯也是以一贯的“老大哥”口吻提出相关建议，如俄罗斯科学院远东研究所所长米·季塔连科指出“搭建可靠的水资源使用管理系统来改善中亚情况”[①]，俄罗斯联邦研究所副所长弗扎里欣建议“成立中亚区域水资源协会，最终中亚各国签署一份合理利用地区水资源的政府间文件”[②]，这些都是希望中亚国家能自己解决该问题。

由于上合组织是由中国倡导建立的区域合作机制，俄罗斯从自身利益出发，希望上合组织论坛化，尽量削弱上合组织对中亚地区的影响，大力发展由俄罗斯主导的欧亚经济共同体，因此在上合组织框架下俄罗斯往往采取消极应对的跟随者态度。俄罗斯利用中亚各国水资源纠纷来操控中亚各国，随时准备介入中亚水资源问题并平衡各方势力，但其也不希望中亚水资源矛盾激化影响地区一体化，更不希望其他外来势力介入影响其在中亚的地位。

2.2 哈萨克斯坦和乌兹别克斯坦

由于这两国属于中亚跨界河流的下游，在与上游国家水资源的协商中处于较被动的地位。多年来，两国采取了诸多手段来要求权益，如2010年由于修建水电站问题，乌兹别克斯坦曾连续几个月扣留塔吉克斯坦过境货运车皮，双边层面就该问题始终无法取得进展。因此，这两国寄希望于多边或区域层面解决跨界水资源问题，如2009年4月在哈萨克斯坦举行了拯救咸海国际基金会元首会议，虽然会议发表了落实联合国千年发展目标、改善咸海地区社会经济和生态环境、在互谅和互利基础上合理利用和保护中亚地区水资源的联合声明，但由于各方均坚持自身利益，在解决地区水资源利用的具体方法上未取得任何进展。

哈乌两国对上合组织寄予厚望，希望借由这一区域机制解决该问题。

---

① 《上海合作组织与欧亚经济共同体开展合作的可能性与优先方向》，载中国国际问题研究基金会俄罗斯中亚研究中心编《中亚区域合作机制研究》，世界知识出版社，2009。

② 《中亚区域一体化互动关系的问题与前景》，载中国国际问题研究基金会俄罗斯中亚研究中心编《中亚区域合作机制研究》，世界知识出版社，2009。

哈萨克斯坦当代国际政治研究所所长巴穆哈梅德扎诺夫建议“在上合框架内成立专门工作机构解决成员国跨界河流水资源问题，同时启动建立上合发展基金，部分用于解决成员国过境河流用水环境问题”[①]，乌兹别克斯坦总统战略研究所副所长德·库尔班诺夫提出了“在多边合作范围内增加水资源管理措施的问题”[②]，这也是导致上合组织环境合作构想一直未能达成共识的原因，乌兹别克斯坦多次在上合组织环保专家会议上要求将水资源利用写入构想，而这也是中亚上游国家无法接受的条文。

哈萨克斯坦与乌兹别克斯坦之间的矛盾是历史遗留问题，也是影响上合组织合作进程的重要因素。乌兹别克斯坦在沙俄时代和苏联时期是中亚地区的政治、经济和文化中心，是中亚地区的神经中枢。但在苏联解体后，哈萨克斯坦凭借着能源资源优势和更灵活的外交政策，超越了乌兹别克斯坦成为中亚地区的第一大国。两国都有成为地区“领导者”之心，两个国家之间为此也一直存在着公开或暗地的竞争，在多边场合往往一方提出提案，另一方会毫不考虑地拒绝，这就必然会影响多边或区域合作的进展。

2.3 吉尔吉斯斯坦和塔吉克斯坦

吉塔两国在该问题上属于有利方，但又属于经济规模较小的国家，所以他们一方面希望借助大国力量修建水电站，同时又希望某些问题在双边层面得以解决，从而处于一种比较矛盾的状态。但有一点可以肯定，在水资源的使用权利上，两国应不会简单或轻易地让步。

第三节 中亚现有国际合作机制及其对环境保护合作的影响

中亚国家的主要任务之一，就是在维护主权与独立的同时，融入国际社会和扩大国际影响。为此，中亚国家根据自身国情特点，选择多元化发展战略，积极开展对外合作，既利用区域合作实现自己的发展目标，也利用“多边制衡”最大限度地维护本国的独立和主权。实践证明，众多的国际合作机制确实为中亚国家的发展创造了较好的外部条件。

当前，中亚地区的国际合作机制大大小小有 20 多个。按发起人或主导

---

① 《中亚地区经济领域多边合作机制的现状与前景》，载中国国际问题研究基金会俄罗斯中亚研究中心编《中亚区域合作机制研究》，世界知识出版社，2009。

② 《中亚区域合作机制的现状与前景》，载中国国际问题研究基金会俄罗斯中亚研究中心编《中亚区域合作机制研究》，世界知识出版社，2009。

者划分，基本上可以分为4类。

一是由独联体成员国发起建立的独联体区域内的合作，主要有独联体、集体安全条约组织、欧亚经济共同体。

二是由周边大国主导的合作，如上海合作组织、欧洲安全与合作组织（以下简称欧安组织）、伊斯兰合作组织、中西亚经济合作组织、突厥语国家元首会议、北约和平伙伴关系合作计划、与欧盟的伙伴关系合作计划、美国的“大中亚计划”和“新丝绸之路”计划等。

三是由联合国和国际金融组织主导的合作，如亚洲开发银行发起的“中亚区域合作机制”、联合国经济和社会理事会（以下简称经社会）发起的“中亚经济专门计划”等。

四是由中亚国家自身主导的合作，如哈萨克斯坦的亚信会议、世界和传统宗教领袖大会等。

从合作内容看，现有的国际合作机制以经济和安全合作为主，如反恐、对外贸易、交通等，而诸如环保、教育、卫生等人文领域虽然也有涉及，但不是重点。其原因一是合作机制初创时期，首先要解决的是成员的“生存”问题，然后才是“改善”问题；二是对反恐、交通、外贸等领域成员国兴趣高，合作容易入手，效果也较明显，相比之下，人文合作费时费力，见效慢。

1 欧亚经济共同体和集体安全条约组织

当前，俄罗斯在独联体地区主导的合作机制主要有“欧亚经济共同体”和“集体安全条约组织”，前者注重经济和人文合作，后者注重防务和安全合作。同时，俄罗斯、白俄罗斯和哈萨克斯坦三国组成的“统一经济空间”（2012年前称“关税联盟”）可以视作欧亚经济共同体框架内“能者先行”的产物。

1.1 欧亚经济共同体

欧亚经济共同体成立于2000年10月10日，2003年12月9日获得联合国观察员地位。该组织现有5个成员国：哈萨克斯坦、吉尔吉斯斯坦、塔吉克斯坦、俄罗斯和白俄罗斯，另外还有摩尔多瓦、乌克兰和亚美尼亚3个观察员国，组织的秘书处设在莫斯科和阿拉木图。

从其产生的过程看，可以说欧亚经济共同体是独联体“运转不灵”的产物。1991年底苏联解体，独联体成立，在独联体下，各成员国由于利益不同，形成“议多行少”的局面。1996年3月，哈萨克斯坦、俄罗斯和白俄罗斯三国成立了“关税联盟”（Таможенный союз），同年吉尔吉斯斯坦加入，1999 年 4 月塔吉克斯坦加入。关税联盟在五国范围内统一贸易制度，取消关税和进出口商品数量限制，对组织外第三国实施统一的关税和非关税措施。为进一步加强关税联盟成员国间的合作，克服该机制的弊端，2000 年 10 月 10 日，俄、白、哈、吉、塔五国总统在哈萨克斯坦首都阿斯塔纳举行会晤，决定将“关税联盟”更名为“欧亚经济共同体”，旨在建立统一的经济空间，实现经济一体化，关税联盟期间签署的所有协议只要与欧亚经济共同体的基本原则和精神不冲突就继续有效。2005 年 10 月 6 日，欧亚经济共同体与中亚合作组织合并，同时吸收乌兹别克斯坦加入（于 2006 年 2 月 25 日正式成为会员国）。但乌兹别克斯坦因嫌该组织缺乏效率，于 2008 年 11 月 12 日向欧亚经济共同体秘书处提交正式退出照会，同时宣布今后将重点发展同成员国的双边关系。

现在欧亚经济共同体的主要机构有跨国委员会、一体化委员会、跨国议会大会、共同体法院、欧亚发展银行。

- 跨国委员会是最高机构，由成员国国家元首和政府首脑组成，负责审议基本原则问题，确定一体化的发展战略、方向和前景。
- 一体化委员会是常设机构，由各成员国政府副总理组成，至少每 3 个月举行一次会议。一体化委员会秘书处由秘书长领导，负责组织和后勤保障。秘书长是共同体的最高行政官员，任期 3 年。
- 跨国议会大会是议会合作机构，审议有关协调各缔约方国内法律的问题，使其与组织框架内签订的条约相一致。
- 共同体法院由各成员国代表组成，每个成员国的代表不得超过 2 名。法官由跨国议会大会根据跨国委员会的提名任命，任期 6 年，主要职责是审议纠纷，解释决议和条约。
- 欧亚发展银行是为欧亚经济共同体框架内合作项目提供融资的机构，注册资本 15 亿美元（俄罗斯 10 亿美元，哈萨克斯坦 5 亿美元），总部设在阿拉木图市。

为了避免独联体只议不决的弊端，欧亚经济共同体参照欧盟模式，实行两种表决机制：在最高机构跨国委员会中实行“协商一致”原则，而在执行机构一体化委员会中采用“按成员国认缴会费的比例计算表决权”的原则，其中俄罗斯占 40%，白俄罗斯和哈萨克斯坦各占 20%，吉尔吉斯斯坦和塔吉克斯坦各占 10%。

1.2 俄白哈三国关税联盟

乌兹别克斯坦退出欧亚经济共同体后，其一体化步伐快速推进。早在

2006 年 8 月 15 ~ 17 日，欧亚经济共同体成员国元首便在索契召开会议，讨论建立关税联盟和共同能源市场等问题。2009 年 11 月 27 日，俄罗斯、白俄罗斯、哈萨克斯坦三国元首在明斯克签署包括《关税联盟海关法典》在内的 9 个文件，决定从 2010 年 1 月 1 日起对外实行统一税率（部分商品有过渡期），2010 年 7 月 1 日起取消俄罗斯与白俄罗斯间的关境，2011 年 7 月 1 日起取消俄哈间的关境。

俄白哈三国关税联盟的统一进口税率以俄罗斯税率为蓝本，总体水平比关税联盟启动前的俄罗斯税率水平约低 1%，与白俄罗斯的税率水平大体相同，比哈萨克斯坦的税率水平约高一倍，因此需要俄罗斯调整约 18% 的商品税率（其中上调约 350 种，下调约 1500 种）；白俄罗斯上调约 6.7% 的商品税率，哈萨克斯坦上调约 32% 的商品税率（涉及 5000 多种）。为保护本国企业利益，哈萨克斯坦要求分阶段实现统一税率接轨，对药品、塑料及其制品、医疗器械、铁路机车、客货车厢等 400 多种商品实施 1 ~ 4 年过渡期；凡用于租赁业务进口的机械设备免关税；凡外商投资项下进口的机械设备和原辅料免关税。2010 年 3 月 25 日，俄白哈关税联盟委员会通过决议：从 2010 年 9 月 1 日起按照俄 87.97%、哈 7.33%、白 4.7% 的比例分配全部进口税收。

俄白哈三国关税联盟的最高领导机构是成员国元首组成的“跨国委员会”，下设常设协调机构“关税联盟委员会”，负责处理有关联盟运作事务，如制定外贸商品目录、进出口税率、税率优惠和配额政策，研究和实施非关税调节措施等。“关税联盟委员会”的决议具有超主权性质，效力大于成员国国内法律。如有异议，可提交跨国委员会解决。跨国委员会实行协商一致原则，关税联盟委员会实行多数表决制，俄白哈三国在委员会中的表决权比重分别为 56%、22% 和 22%，一般情况实行简单多数表决，但调整“敏感商品”进口税率时遵循 2/3 多数票原则。

关税联盟启动后，俄白哈三国开始探讨建立“统一经济空间”（关税联盟 + 货币联盟）。2010 年 11 月 20 日，三国总理在圣彼得堡签署《协调宏观经济政策协议》《竞争统一原则和规则协议》《抵制第三国非法劳动移民合作协议》等若干协议。12 月 9 日，三国元首在莫斯科签署《宏观经济政策协议》《货币政策原则协议》《金融市场资本自由流通协议》等文件。至此，建立统一经济空间的法律基础（17 份文件）全部形成。三国元首发表联合声明，决定从 2012 年 1 月 1 日起全面启动俄白哈三国“统一经济空间”。

2011 年 10 月 3 日，普京在俄罗斯《消息报》发表《欧亚新的一体化计划：未来诞生于今天》一文，提出建立“欧亚联盟”（Eurasian Union）的设想，即参照欧盟模式，建立超国家机构，协调经济政策，发展区域经济一体化合作，但不是恢复苏联。普京的倡议得到白俄罗斯总统卢卡申科和哈萨克斯坦总统纳扎尔巴耶夫的积极回应。10月25日，纳扎尔巴耶夫在《消息报》发表《欧亚联盟：从理念走向未来》一文，详细阐述他对欧亚联盟的看法和想法。11月18日，俄白哈三国元首在莫斯科签署协议，同意在2015年1月1日前草签“欧亚经济联盟”协议。

当前，中亚国家讨论最多的话题是成立“欧亚联盟”究竟仅仅是为经济合作，还是试图恢复苏联，独联体学者参照欧盟模式，将该地区的经济一体化进程由浅入深分为4个层次：一是自由贸易区；二是关税联盟；三是统一经济空间，即关税联盟+货币联盟（统一货币）；四是经济联盟，即统一成员国的经济政策，如海关、货币、财政等。如果接下来再进一步统一对外政策、内务和司法、军事安全等，则可能会发展成统一的联邦或邦联国家。俄罗斯总统普京和哈萨克斯坦总统纳扎尔巴耶夫多次强调：欧亚联盟仅是欧亚地区的经济联盟，重在促进区域经济和人文合作，无意将其发展成“苏联”。但各界依然担心俄罗斯“利用经济噱头，实现控制实质”，即先从经济和人文等较易领域入手，逐渐深化密切合作关系，待其他成员对俄依赖达到一定程度后，再想摆脱就会很难。

俄罗斯当前具备推进“欧亚联盟”建设的诸多手段和有利条件。从独联体成员看，受自身地理条件、基础设施、俄语使用、本国的俄罗斯族人、执政团队的个人信息（喜好、特长、财产、污点等）、周边国际环境等因素影响，大部分独联体国家至今未能摆脱对俄罗斯的“依赖”，尤其在粮食和能源等战略物资、对外贸易、劳动力移民等方面。大部分独联体成员落后的商品和服务无法在国际市场竞争，只能在俄罗斯找到市场。因此，近些年，“与俄罗斯合作可能给本国带来更多发展机遇”的呼声在部分独联体国家逐渐走强，吉尔吉斯斯坦和塔吉克斯坦两国议会于2011年便授权政府就加入俄白哈“统一经济空间”开展谈判。

俄罗斯媒体普遍认为，普京总统将在其新任期内通过至少3个手段提升俄罗斯在欧亚地区的影响力：一是劳动力移民，俄罗斯放松或收紧移民管理，都会对其他独联体国家的在俄打工人员造成影响，进而影响这些独联体国家的经济发展和社会稳定；二是加强国防和军事合作，通过提供优惠的军事装备、军事技术、人员培训、统一防务力量等，保障独联体国家的军事和国防安全；三是利用交通、通信等基础设施和广阔市场空间吸引其他独联体国家密切同俄罗斯的经济合作，进一步巩固经济联系。

1.3 集体安全条约组织

1992 年 5 月 15 日，独联体国家首脑在乌兹别克斯坦首都塔什干会晤时，俄罗斯、亚美尼亚、哈萨克斯坦、乌兹别克斯坦、塔吉克斯坦和吉尔吉斯斯坦 6 个国家签署了《集体安全条约》。1993 年，格鲁吉亚、阿塞拜疆和白俄罗斯加入。条约于 1994 年 4 月 20 日正式生效，有效期 5 年，并于 1995 年 11 月 1 日在联合国登记。1999 年，阿塞拜疆、格鲁吉亚和乌兹别克斯坦三国宣布退出。2006 年，乌兹别克斯坦最高会议参议院（上院）批准了有关乌重返集体安全条约组织的法律草案。2012 年，乌兹别克斯坦正式退出集体安全条约组织。2002 年 5 月 14 日，独联体集体安全条约理事会会议通过决议，将“独联体集体安全条约”升格为“独联体集体安全条约组织”，10 月 7 日通过该组织章程及其法律地位的协议。2004 年 12 月 2 日该组织成为联合国大会观察员。

《集体安全条约》第四条规定：“根据联合国宪章第 51 条关于行使集体防御权利的规定，如果该条约的某个成员国遭受侵略，则视为对该组织所有成员国的侵略。其他成员国应立即向被侵略的成员国提供一切必要的援助，包括军事援助、资金援助和其他物资援助。当成员国的安全、领土完整和主权面临威胁时，该组织应立即启动共同磋商机制，协调各成员国立场，并采取措施消除此威胁。”集体安全条约组织的宗旨是建立集体防御空间，提高联合作战能力，防止并协调成员国内部及独联体地区内武装冲突，包括打击国际恐怖主义和跨国有组织犯罪活动、组建联合部队和联合司令部、举行联合军演、开展军技合作、培养军事人才、维持和平和边境安全等。

集体安全条约组织的机构主要有：集体安全理事会、安全会议秘书理事会、外长理事会、国防部长理事会、参谋长理事会、联合参谋部、秘书处。集体安全理事会由成员国元首组成，是组织的最高机关，负责审核组织的原则性问题。安全会议秘书理事会、外长理事会、国防部长理事会和参谋长理事会分别由成员国的安全会议秘书、外长、国防部长和参谋长组成，分别负责本部门的合作事项。秘书处是常设的组织行政工作机关，联合参谋部是常设的作战指挥机关。

在独联体集体安全条约框架下，成员国先后签署了《建立统一防空体系、导弹袭击预警系统和宇宙空间控制系统条约》《集体安全构想》《集体安全条约构想实施计划和各签约国深化军事合作的基本方向》《共同战略条例》《成立联合反恐中心》《集体安全力量 2001 ~2005 年行动计划》《军事技术合作基本原则协议》《兵力兵器编成单位地位协议》《保障独联体南部边界协议》《建立中亚集体快速反应力量等协议》等。

目前，集体安全条约组织已经组建了“俄罗斯—亚美尼亚”和“俄罗斯—白俄罗斯”两个军群，并且正在着手组建中亚军群。另外，在中亚地区还有“集体安全条约组织快速反应部队”，由 10 个营组成（俄、塔各 3 个营，哈、吉各 2 个营）。这支快速反应部队也是未来中亚军群的核心力量。此外，该组织成员国国防军和边防军每年都举行“边界”等军演，主要针对反恐、边界安全和联合防空等。

在当前情况下，集体安全条约组织（以下简称集安组织）呈现出以下几个特点。

一是合作性质属于“集体安全”，弱于北约的“军事同盟”，但高于上合组织的“合作安全”。与合作安全相比，集体安全的机制化程度更高，与军事同盟相比，集体安全不针对第三国，没有明确的假想敌。集安组织实行开放原则，所有赞同该组织宗旨和原则的国家都可以加入。组织也不针对第三国，加入该组织不影响各成员国参加的其他国际条约所规定的权利和义务，但成员国有义务不得签署与集安条约相抵触的国际协议。

二是集安组织已完成从单一的传统安全向传统安全与非传统安全相结合的“综合职能”转型。传统安全主要表现在军技、军工、培训、武装力量统一指挥和协调、统一防空、边境安全、联合军演等方面，非传统安全主要表现在反恐、打击有组织犯罪、国际维和、紧急救灾、信息安全等方面。另外，集安组织在政治协调方面发挥了较大作用，成员国经常就地区和国际形势交换意见，并发表统一意见。

三是俄罗斯在集安组织中发挥绝对主导作用。俄罗斯是该组织的活动经费、物资和人员的主要提供者和保障者。为使集安组织成员的武器装备能够保持备战状态，维护成员团结以及俄罗斯的主导地位，俄罗斯在武器装备、军事技术和人员培训方面给予其他成员国“国民待遇”。即装备和技术以俄国内价格供应，而对非成员国则视情况而定，通常均高于成员国；对其他成员国军事人员给予免费或优惠价格培训（学费免除，食宿自理），俄罗斯与其他成员国一起制订统一的军事培训教材和统一的培训计划，并在各成员国认可的军校内使用。这些军校遍及各成员国，其中俄罗斯 45 所，白俄罗斯 6 所，哈萨克斯坦 3 所，乌兹别克斯坦 2 所，亚美尼亚、吉尔吉斯斯坦和塔吉克斯坦各 1 所。

四是集安组织始终将阿富汗和中亚视为重点防御方向，使该组织成为保障俄南部安全的屏障。预计 2014 年美国和北约从阿富汗撤军后，集安组织将在中亚地区安全和稳定方面发挥更大作用。

美军撤出后，中亚地区将面临三种威胁：一是来自阿富汗的压力，如边境安全、阿富汗境内的中亚民族同胞安全、三股势力和毒品扩散、因军事等物资采购减少而带来的经济下降等；二是西方可能将注意力从阿富汗转向中亚，更加重视该地区的民主和人权问题，如选举、领导人更替、政治经济改革等；三是美国有更多精力推动中亚和南亚一体化，加快中亚国家通往印度洋的南向通道建设，削弱对中、俄的依赖。

2 欧盟的“合作伙伴关系”战略

苏联解体后，欧洲的地缘政治环境得到极大改善，为了巩固和消化这一结果，增强在世界的影响力，实现周边地区的稳定与安全，欧洲联盟（以下简称欧盟，1995 年前为“欧洲共同体”，简称欧共体）重新调整其全球战略，加大对外援助力度，同时积极寻求建立“合作伙伴关系”。在发展伙伴关系过程中，又在联盟之外针对欧盟的周边邻国逐渐建立“东扩成员国”关系和“睦邻关系”。俄罗斯和中亚国家既不是欧盟的扩员候选国，也不是邻国，双方的关系基础是“伙伴关系”。

2.1 欧盟与俄罗斯的“合作伙伴关系”

（一）塔西斯计划

欧盟对俄罗斯和中亚国家的合作战略起始于“塔西斯计划”。1990 年 12 月 14 ~ 15 日，在罗马召开的欧共体理事会会议决定向苏联提供援助，以支持其社会稳定和体制改革。1991 年 7 月 15 日，欧共体理事会通过第 2157/91 号决议，决定正式实施此项计划，苏联解体后这项计划被称为“对独联体国家的技术援助计划”（TACIS），又称“塔西斯计划”①。援助的对象主要是独联体国家，目的是增强独联体国家的独立生存发展能力，合作内容包括维护地区安全与稳定；支持行政体制和经济体制改革，改善制度和法制环境，提高政府工作效率；发展经济，支持基础设施建设和私营部门发展，减少贫困，提高生活质量；评估转轨的社会后果并尽可能减少转轨痛苦；发展区域合作，既包括成员国间的一体化合作，也包括成员国同

---

① 塔西斯计划的援助对象共有 13 个：12 个独联体成员国（亚美尼亚、阿塞拜疆、白俄罗斯、格鲁吉亚、哈萨克斯坦、吉尔吉斯斯坦、摩尔多瓦、俄罗斯联邦、塔吉克斯坦、土库曼斯坦、乌克兰以及乌兹别克斯坦）。蒙古于 1993 年初也被列入塔西斯计划的受惠国名单。

欧盟间的合作，解决那些超出一国范畴，需要国家/地区共同致力解决的问题，比如交通和能源等基础设施网络铺设，生态和自然环境保护，边境和海关管理，教育、科技和文化合作等。简而言之，就是希望独联体国家保持社会稳定，同时促进它们按照西方标准进行改革。俄罗斯学者认为，除上述目标外，塔西斯计划还有一个重要目的，即增强独联体国家走向欧洲和国际社会的能力，帮助它们摆脱对俄罗斯的依赖，削弱俄罗斯在独联体的影响，防止俄罗斯重新恢复帝国。

（二）多方面合作

欧盟是俄罗斯最大的贸易伙伴和最主要的外资来源地。俄罗斯是欧盟第三大贸易伙伴和第一大能源供应国。早在1993年12月，俄罗斯和欧盟在布鲁塞尔签署《关于建立伙伴和合作关系的联合政治声明》，1994年6月24日，俄罗斯总统叶利钦与欧盟领导人在希腊科孚岛签署为期10年的《伙伴关系与合作协定》（1997年12月1日正式生效）。该协定的主要内容涉及三大领域：政治对话（每年举行2次首脑定期会晤机制）；货物贸易；营商和投资活动（包括9项：劳动力移民、企业成立和活动、跨境服务、支付和资金、知识产权、经济合作、打击违法犯罪、文化合作、金融合作）。2007年欧俄《伙伴关系与合作协定》期满后，双方决定启动有关签署新版《伙伴关系与合作协定》的谈判，但至今未有结果。主要分歧是：俄罗斯认为欧盟提出的合作条件超过其入世承诺，若答应，等于向所有世贸成员开放，俄罗斯承担不起这种风险，其不能为建立俄欧特殊关系而忽略同其他世贸成员的利益。

2003年5月31日在圣彼得堡举行的第11次欧俄首脑会议提出建立俄欧四个“统一空间计划”（即统一经济空间；统一自由、安全和司法空间；统一外部安全空间；统一科教文空间）。2005年5月10日在莫斯科举行的第15次会议通过关于建立俄欧4个统一空间的一揽子路线图文件。

2.2 欧盟与中亚国家的“合作伙伴关系”

在实施塔西斯计划过程中，欧盟获得了很多经验教训，为进一步深入合作打下良好基础。1999年7月1日，欧盟分别与哈萨克斯坦、吉尔吉斯斯坦、乌兹别克斯坦三国签订了双边的《伙伴关系合作条约》，之后分别于1998年5月和2004年10月11日与土库曼斯坦和塔吉克斯坦签订了《伙伴关系合作条约》（2010年1月1日生效），但与土库曼斯坦的协议至今未获部分欧盟成员国批准，现双方关系文件主要是临时的《贸易及其相关事务协议》（2010年8月1日生效）。《伙伴关系合作条约》通过法律文件的形式，将欧盟与中亚国家的合作纳入法制化和规范化轨道，并确定了欧盟与中亚国家的重要合作领域：欧盟与中亚的政治对话、经济贸易关系、各领域的具体合作项目。同时，条约的签署也表明欧盟与中亚国家间的合作方式逐渐由过去的“需求推动型”向“对话合作型”转变，即随着中亚国家独立自主能力的提高，它们与欧盟合作时也越来越看重平等互利原则，不再像困难时期那样简单地求助。

伴随塔西斯计划的执行以及伙伴关系的确定，欧盟针对东欧、俄罗斯、乌克兰、南高加索和中亚等不同地区的不同特点，逐渐形成了不同的合作与援助战略。关于中亚的战略共通过 2 份，即 2002 年 10 月 30 日通过的《2002 ~ 2006 年中亚区域援助战略》和 2007 年 6 月 22 日通过的《2007 ~ 2013 年中亚区域援助战略》。

欧盟在中亚地区的多边合作项目，主要是解决区域成员共同面临或需要共同解决的问题。主要涉及 7 个领域，分别是：交通，如“欧洲—高加索—亚洲运输走廊”技术援助计划（TRACEKA）；能源，如通往欧洲的跨国油气运输计划（INOGATE）；教育，如高等教育合作计划（TEMPUS）；执法安全，如边境管理、打击跨国有组织犯罪、难民管理等；核安全，如欧盟与哈、乌两国签订了《和平利用核能协议》；环境资源管理，主要致力于水资源治理、大气环保和生物多样性保护；卫生保健，如消灭艾滋病、结核病和疟疾计划。

欧盟与中亚国家的双边合作项目依据各对象国的具体特点，解决欧盟和各对象国最关心的问题，通常涉及 6 个领域：体制改革，目的是支持成员国行政、法律和经济体制改革，提高政府工作效率和透明度，改善贸易和投资环境；宏观财政金融稳定，目的在于减少外债、保持汇率稳定，保证成员国经济稳定发展；人权保护，如支持司法改革、新闻自由、护法机构改革，预防冲突；减贫和提高生活质量，如发展农业、建设网络基础设施，解决转轨过程中的社会问题等，约 60% 的塔西斯计划都直接与此有关；粮食安全，目的在于提高粮食产量和农业竞争力；人道主义援助，目的在于减少自然灾害和国内动乱造成的不利后果；与欧盟的政治对话，目的是促进双方了解，增进友谊。

据欧盟统计，1991 ~ 2006 年末，欧盟向中亚国家提供的各类援助共计 13.86 亿欧元（落实到位 11.32 亿欧元），其中通过塔西斯计划提供了 6.50 亿欧元，人道主义援助 1.93 亿欧元，粮食安全援助 2.34 亿欧元，特别财政援助和塔吉克斯坦国家重建援助 3.08 亿欧元。2007 ~ 2013 年欧盟再向中亚国家提供 7.19 亿欧元的援助，其中 30% ~35% 用于区域多边合作，包括发展交通网络、环保、边境和移民管理、打击有组织犯罪、支持教育和科技等；40% ~45% 用于减少贫困和提高生活质量；20% ~25% 用于政府和经济体制改革等。

3 美国在中亚地区的战略

美国的利益遍布全球。尽管它与中亚国家并不接壤，但为了更好地推行其对外政策，美国仍然关注中亚地区。通常，美国与中亚国家的合作方式有两种，一是通过支持联合国系统的有关机构、国际金融组织和非政府组织，间接同中亚国家开展合作；二是以双边形式给予中亚国家财政援助。美国国务院、国际开发署、农业部、能源部、国防部等政府部门每年都对一些发展中国家提供政府援助。政府援助的主要形式包括提供优惠或无息贷款、无偿援助、人道主义援助等，以后两者居多。

2012 年 1 月 25 日，美国国务院南亚和中亚事务助理国务卿罗伯特（Robert O. Blake）在美国霍普金斯大学“中亚高加索论坛”上发表演讲，阐述当前美国的中亚政策，认为美在中亚的利益主要有：促进中亚国家援助阿富汗；促进民主和尊重人权；打击贩毒和贩卖人口等跨国犯罪；保证能源供应和开发能源潜力；促进经济增长并为美国企业创造更多的合作机会；防止核扩散。在美国看来，上述利益相互间不存在矛盾，而是相互促进的，比如维护安全与扩展人权，美国同中亚各国发展友好合作关系并不影响美国在此发展民主和人权。美国关注中亚五国的政治自由、良治政府、公民社会建设、人权发展等，同时也关注核不扩散、能源、经济发展和教育等事项。

美国认为，发展和巩固与中亚国家关系最好的方式是与这些国家的各个阶层打交道，广泛接触其政府、社会组织、公民。其中之一便是举行双边的年度磋商会，与中亚各国面对面探讨相互关心的问题，比如人权、宗教自由、科技合作、经济发展、防务合作等。美方出席磋商会的代表成员来自国务院、国防部、能源部、商务部、贸易代表办公室等重要部门。年度磋商会是美国与中亚国家发展经贸往来、促进中亚国家公民社会发展的重要途径。

3.1 大中亚计划

2005 年中亚“颜色革命”后，中亚国家对美国等西方国家在中亚地区大力推动民主的行为十分警惕，纷纷倒向俄罗斯寻求合作，特别是当年 7 月乌兹别克斯坦要求美军从其驻在乌国的汉纳巴德空军基地撤出，使美国在中亚的利益受到一定影响。地缘政治变化促使美国重新思考其中亚战略，整合各种可以借助的多边和双边合作资源，开始推行所谓的“大中亚计划”。

2005 年 8 月，美国霍普金斯大学中亚问题专家斯塔尔向美国政府提出“大中亚合作与发展伙伴关系计划”建议，主张美国应以阿富汗为中心发展与包括中亚五国和阿富汗在内的“大中亚”地区各国的伙伴关系，通过推动中亚和南亚在政治、安全、能源、交通等领域的合作，建立一个由亲美的、实行市场经济和世俗政治体制的国家组成的新地缘政治版块，从而实现美国在中亚和南亚地区的战略利益。2006 年初，美国国务院调整内部机构设置，将中亚从欧洲司并入南亚司，并将南亚司改名为“南亚和中亚事务司”。虽然美国国务院对此次中亚战略调整没有正式冠以“大中亚战略”之名，而称其为“一个推动中亚和南亚区域合作的新模式”（a new paradigm），或“中亚和南亚地区一体化倡议”，但外界普遍称其为“大中亚战略”或“大中亚计划”。

大中亚战略主要有 3 个内容：安全合作、商业和能源利益，以及政治和经济改革。三者是一个统一整体，相互促进。美国将同时寻求实现 3 种利益。安全合作就是反恐、防扩散、反毒品走私等；经济合作就是促进中亚和南亚地区一体化，改善交通和能源基础设施；民主与政治改革就是建立并完善西式民主。

3.2 “新丝绸之路”战略

早在 1997 年，美国就曾制定“丝绸之路”战略并获得国会拨款批准，目的是促进中亚和高加索国家的市场经济和民主发展，以便创造良好的营商贸易环境。新的“丝绸之路”战略同样以中亚为基础，只是变成中亚与南亚的区域合作。2009 年奥巴马总统提出美军将于 2014 年全部撤出阿富汗，之后，美政府和智库“战略和国际问题研究所”（Center for Strategic and International Studies）便着手研究“新丝绸之路”战略，应对撤军期间和撤军后的可能局面。

2011 年 10 月 21 ~24 日美国国务卿希拉里在对阿富汗、巴基斯坦、塔吉克斯坦和乌兹别克斯坦 4 国进行穿梭访问期间提出了美国针对南亚和中亚地区，尤其是阿富汗和巴基斯坦的新政策，被称为“新丝绸之路”战略（New Silk Road，以下简称“新丝路”战略）。

“新丝路”战略主要有 3 点内容：斗争、对话、建设。“斗争”即继续加强反恐安全合作，维护地区稳定，尤其是打击阿巴边界地区的“哈卡尼网络”组织。“对话”即增信释疑，加强协调和沟通，争取成员间的一致立场。“建设”即加强区域一体化，特别是阿富汗的经济发展。

与之前执行的“大中亚”战略相比，“新丝路”战略表现出新形势下美国对南亚和中亚地区政策的部分调整。从某种程度上说，“大中亚”战略的难点在中亚，防止中亚国家“亲俄反美”，而“新丝路”战略的难点在南亚，特别是美巴两国在反恐方面的相互信任问题。“大中亚”是为了让中亚国家“南下”脱离俄罗斯，“新丝路”则是为了尽快缓解阿富汗和巴基斯坦的安全局势，解决美军撤离阿富汗的退路问题，并为今后在南亚和中亚地区保持影响力（甚至长期驻留）寻找合适的理由。“大中亚”解决阿富汗重建的主要方法是加大外部援助，而“新丝路”则强调发挥阿富汗自身潜力，尤其是开发自然资源和加大贸易出口，通过区域贸易协定和国内减税等方法降低生产和交易成本，提高企业和商人的积极性。

3.3 美国国际开发署的援助

美国除了推行上述战略外，还通过国际开发署（USAID）对中亚进行援助，援助的主要领域有以下几个方面。

- 民主改革。援助的目的是推行民主价值观，提高民主意识，强化民主机制建设，用制度保障民主。常采用的方式有：支持新闻和言论自由；进行人权研究；支持非政府组织活动；人员培训，赴美留学，召开研讨会；监督选举；反腐败等。

- 社会改革。援助的目的是提高民众的健康水平和生活质量，提高民众的自治能力。常采用的方式有：支持社区建设，支持健康、教育、环保项目等。

- 经济改革。援助的目的是促进市场机制改革；建立与西方接轨的自由贸易体制；维护宏观经济稳定，改善投资环境。常采用的方式有：支持区域一体化合作；发展中小企业；扶持私营部门；促进海关、金融领域的改革；支持入世等。

- 安全和执法。援助的目的是配合美国的全球安全战略，支持阿富汗重建；保障受援国的边界安全，提高独立自主的能力。常采用的方式有：联合打击恐怖主义；防止大规模杀伤性武器的扩散；维护边境安全；打击洗钱、走私和贩毒等有组织犯罪；提高执法装备水平；改革执法体系，提高执法水平等。

- 人道主义援助。主要是食品、药品、医疗设备等实物援助，目的在于帮助受援国应对紧急突发事件。

• 其他。除上述领域外，对外援助还包括一些通过政府机关实现的私人捐赠，其中不乏各国在美侨民进行的捐赠。

从援助的金额和种类来看，几乎每年都是五大部分：促进民主；经济社会改革；安全与执法；人道主义援助；跨部门援助。但各个部分的具体援助额则是根据美国政府对外政策需要而调整的，比如“颜色革命”前，安全与执法领域援助较多，而“颜色革命”后则是经济社会改革方面的援助较多。这种现象同时也说明，美国政府对外政策的总目标和总内容变化不大，始终是民主、经济和安全三大任务，但各个目标之间的排序却因时因地调整，时而经济援助多，时而安全援助多。

4 国际组织主导的国际合作机制

国际组织发起建立一体化机制的目的是更好地实现该组织的宗旨和任务。联合国及其机构开展合作项目主要是为了实现“千年发展目标”。国际金融组织开展各类合作机制的主要目的在于维护成员国的宏观经济稳定，支持其改革计划，消除贫困，促进经济社会发展和稳定。在中亚比较活跃的联合国机构有国际开发计划署（UNDP)、联合国经社理事会、国际粮农组织等；国际金融机构有国际货币基金组织、世界银行、亚洲开发银行、欧洲复兴开发银行和伊斯兰开发银行等。其中联合国经社理事会发起的“联合国中亚经济专门计划”和亚洲开发银行发起的“中亚区域合作机制”影响较大，并已形成制度化。

国际组织发起成立的一体化机制的最大特点是：它的区域战略和各成员国的国别战略是一个整体，彼此相互协调。一般情况下，国际组织的着眼点在于各成员国，其业务主要体现在针对具体成员国的国别战略和规划上，但为了更好地实施国别战略，往往还需要制订区域合作计划，协调区域成员间的合作，使其国别战略成为区域战略的一个有机组成部分。

从实践看，联合国及其机构在欧亚地区的活动偏重制度规则协调和能力建设，以召集研讨会、协调会、提供技术援助方式为主，如改善贸易政策、统计方法、运输规则等。而国际金融机构则偏重务实合作，以实施具体的建设项目为主，如修建公路、电网、改良土壤等。

4.1 联合国经社理事会的“联合国中亚经济专门计划”

“联合国中亚经济专门计划”（The UN Special Programme for the Economies of Central Asia，SPECA，以下简称“计划”）于1998年启动，由联合

国经社理事会下属的欧洲经济委员会和亚太经社委员会两个区域委员会主持，联合国秘书处和联合国驻中亚的各个办事处等机构协助实施。成员除上述几个机构外，还有中亚五国。

为保证合作顺利实施，“计划”建立了合作基金，主要来源于成员国、国际金融组织和其他投资者3个方面，尤其是欧洲复兴开发银行、亚洲开发银行和联合国开发计划署。由于项目资金主要来自欧洲资助，欧盟有很大的发言权，所以该“计划”也在一定程度上成为欧盟扩大其影响、实现其全球战略布局的工具之一。

“计划”下设4个机构：区域咨询委员会、项目工作组、“计划”办事处和实业家委员会。区域咨询委员会是最高管理机构，负责制订和监督计划的执行情况。工作组负责管理、组织、协调和监督各具体领域的合作情况，筹集项目资金，协调发展与计划相关的国家和国际组织的关系。各成员在工作组的代表由各国相关领域的部长级官员担任。现有6个工作组：哈萨克斯坦牵头的“交通和过境运输工作组”；吉尔吉斯斯坦牵头的“水资源和能源工作组”；塔吉克斯坦牵头的“统计工作组”和“贸易工作组”；阿塞拜疆牵头的“发展信息和通信技术工作组”；阿塞拜疆和哈萨克斯坦共同牵头的“性别和经济工作组”。办事处类似秘书处，设在哈萨克斯坦的阿拉木图，负责宣传推广，提供技术和后勤支持，保证各参与方的联络。实业家委员会由成员国和资助国的企业家组成，主要职能是提供咨询建议，促进成员国企业与国际知名企业间的合作。

“计划”的合作原则是“互利、开放、和平”。合作目的是：促进中亚国家之间以及中亚国家同欧洲、亚洲国家间的交流合作，加快其与世界经济的一体化进程；在联合国帮助下，借助区域集体力量解决单个国家难以解决的问题；改善区域经济和环境，提高参与国的国际合作能力与水平；为内陆国家创造出海口条件。合作方式是：首先，选择优先合作领域，并确定牵头国家；其次，制订各领域的具体落实计划，可以涉及一个成员国，也可以是几个，还可以涵盖整个区域。这些优先合作领域都是关系国计民生、对成员国经济社会发展有重要影响的领域。

“计划”的重点合作领域有6个：交通基础设施；改善统计技术，提高对经济社会状况的了解、分析和判断能力；合理并有效地利用能源和水资源，发展环境保护；发展贸易和投资；发展性别平等，提高妇女地位和参与经济社会活动的能力；发展信息通信技术和产业。2010年以来，“计划”的合作重点是发展知识经济，利用创新经济和信息通信技术提高中亚国家的发展水平，具体有五大领域：提高职业素质；创新清洁生态技术，适应气候变化，促进可持续发展；发展科技创新和信息通信技术，提高竞争能力；提高成员国抵抗自然灾害和极端气候灾害，减轻灾害后果的能力；提高成员国抵御经济社会风险的能力，维护经济社会稳定。

4.2 亚洲开发银行的“中亚区域经济合作机制”

亚洲开发银行（以下简称亚行）的宗旨是消除贫困，提高居民生活水平，促进亚洲和太平洋地区的经济发展与合作，特别是协助本地区发展中国家以共同的或个别的方式加速经济发展。从 1996 年开始，亚行就倡议中、哈、乌、吉、塔五国开展区域经济合作，2002 年 3 月又组织五国举行第一次财政部长级会议，决定成立“中亚区域经济合作机制”（Central Asia Regional Economic Cooperation，CAREC），并确定了部长级会议、高官会和行业部门协调委员会三级合作机制。

截至 2013 年初，亚行“中亚区域经济合作机制”共有 8 个成员参与：中国（由新疆维吾尔自治区和内蒙古自治区作为地域代表）、哈萨克斯坦、吉尔吉斯斯坦、乌兹别克斯坦、塔吉克斯坦、阿塞拜疆、蒙古、阿富汗。为该机制提供支持的 6 个多边机构包括：亚洲开发银行、欧洲复兴开发银行、国际货币基金组织、伊斯兰发展银行、联合国开发计划署和世界银行。

“中亚区域经济合作机制”的发展大体分为 3 个阶段：1996～2001 年是提出合作倡议和打基础的阶段，亚行为成员国提供一系列技术援助，开发合作潜力。2002～2005 年是建立信任和达成共识的阶段，主要是树立成员国的合作信心，加强沟通，最终确立“以项目和结果为导向”的制度框架。2006 年至今属战略规划和落实阶段，主要是确定战略方向和重点。

“中亚区域经济合作机制”的目标是“好邻居、好伙伴、好前景”（Good Neighbors，Good Partners，Good Prospects），推动减贫工作，保证区域稳定，促进区域繁荣。目前主要有四大合作领域：人力资源（知识和能力建设）；区域基础设施网络建设（交通、能源、贸易便利化）；贸易、投资和商业发展（投资环境和贸易机会）；区域公共产品（跨边境的环境保护和自然资源管理等问题）。“中亚区域经济合作机制”的合作原则和主要方案有以下几种。

- “结果导向型”。集中开发能够给区域带来实际利益的务实项目，如交通、能源、贸易便利化等。
- 先规划再落实。首先研讨和确定总的发展规划框架（“综合行动计划”和部门“战略和行动计划”)，然后再逐项落实。

- 优先部门项目和普通部门项目“双轨并行”。前者是指交通、能源、贸易和贸易便利化，后者是指除此之外的其他个别问题，如卫生医疗（艾滋病、肺结核、流感的防治和疫情通报）、土地管理（土壤恢复）、自然灾害和气候变化风险管理（水文气象预报、数据分享、预警体系、巨灾保险）等。

2006 年 10 月，CAREC 成员批准《中亚区域经济合作综合行动计划》，确定了 97 个项目，总投资 132 亿美元，重点完成交通、贸易便利化、贸易政策和能源 4 个优先发展领域内的项目。截至 2012 年底，CAREC 各领域合作均取得较好进展。交通运输方面，6 条交通走廊沿线的目标公路和铁路路段的新建和改造修复工程已完工近一半，其余路段将在 2017 年底前完成。能源方面，致力于解决中亚能源供需平衡问题的“中亚区域电力总体规划”已完成，正在进行电力贸易区域调度和监管体制能力开发建设，另外，各国已就制定国家和区域层面水资源管理需求达成初步共识。贸易便利化方面，各成员在改善边境服务、扩大中蒙联合海关监察范围、加强海关官员能力建设、开展区域动植物检验检疫等领域成功开展了合作。贸易政策方面，CAREC 为支持其成员加入世界贸易组织而开展大量能力建设和知识共享活动，还通过完善指标体系，对其成员贸易开放程度进行监测，推动成员继续扩大贸易开放程度。

2011 年 11 月，在阿塞拜疆首都巴库举行的第 10 次成员国部长会议通过了“CAREC 2020：2011 ~2020 年 CAREC 战略框架”，确定了“中亚区域经济合作机制”第二个十年的战略目标和任务，即继续坚持“以行动为指引，以结果为导向”原则，扩大区域贸易和提升竞争力。2012 年 10 月 30 日，在中国武汉举行的第 11 次部长级会议通过了落实“CAREC 2020”战略的“武汉行动计划”，为落实 2020 年前战略做出具体行动方案，同时确定了未来五年的行动重点：一是制定规划，准备和筹措资金，落实交通、能源、贸易便利化和贸易政策等领域的重点项目和合作，同时以 CAREC 学院为依托，提供知识产品，开展能力建设活动；二是 2014 年底前建立 CAREC 实体学院，为 CAREC 机制下的战略、行业和项目相关工作，以及所有 CAREC 机构的能力建设提供分析支持；三是在促进跨境运输便利化方面，采用可操作性强、以结果为导向和以走廊开发为基础的方法，同时考虑本地区现有的类似和已规划的安排。

5　现有合作机制与上合组织的博弈

中亚众多区域一体化机制并存的现象对于上合组织来说，既是机遇又是挑战。只要上合组织选好突破口，能让成员国尽快见到实效的话，那它就一定能保持常青，而不会成为第二个“独联体”。

5.1　机制并存对上合组织形成挑战

中亚地区现有的合作机制众多，从组织内部协调、组织间竞争与合作方面，对上合组织形成了挑战，主要表现为以下几个方面。

第一，这些机制加大了上合组织内部的协调难度。每个成员国都具有多重身份，同时是几个双边或多边协定的成员国。这种复杂性很容易产生许多交织在一起的协定义务及针对问题的不同处理方法，政府越来越需要在相同的政策领域应对不同的规定。比如，吉尔吉斯斯坦既是 WTO 成员，又是欧亚经济共同体成员，当后者提出建立统一经济空间计划时，吉尔吉斯斯坦便面临着如何协调共同体的统一对外关税与其入世议定书中确定的关税义务二者关系的难题。另外，功能重复的机制过多，这会让成员国疲于奔命。为了应付会议，成员国常常把在这个组织达不成一致意见的提案稍作修改后再拿到另一个组织的会议上去讨论，反反复复讨论同一个问题，结果却又大体相同，导致工作效率降低和兴趣丧失。

第二，多个机制间的相互竞争给上合组织增加相当大的压力。成员国一向看重合作效果，哪个机制更有效率，能使其获得更多的利益，就对哪个机制的兴趣更大，信心更强，投入也更多。如果上合组织不能在竞争中取胜，就可能名存实亡。

第三，大国，特别是欧盟、美国、日本等区域外部国家与中亚国家的合作，对上合组织的冲击也较大。它们有雄厚的资金和技术，有相当强的管理和支配国际事务的能力，因此，与它们合作对各成员国都有足够的吸引力。这种吸引力会在一定程度上影响各成员国在组织内的合作，使一些项目难以开展，比较典型的案例就是中俄石油合作因为日本的搅局而出现波折。

5.2　机制并存为上合组织发展提供了新机遇

虽然中亚地区多机制并存的现象对上合组织形成了一定的挑战，但从另外一个角度看，这也给上合组织的发展提供了新的机遇和更大的发展空间，主要表现为以下几个方面。

第一，多个合作机制并存只是增加了上合组织的合作难度，并不会导致其消亡。对于大部分主权国家来说，其对外政策都奉行实用主义和现实主义，都会出于实力、精力、情感以及外交目标等方方面面的考虑，确定出本国的外交优先方向，对不同的国家采取不同的政策，而不会一视同仁地对待所有国家。在全球化的今天，很多国家在开展国际合作时，对区域组织往往有一种“有好处就上，没好处就先挂着，防止将来有好处时没自己份”的心理。见有利可图时就主动些，见没什么进展时也不退出组织，仍然参加组织活动，不过只出工不出力。这种现象，其实也是成员国无奈的选择。

第二，各类合作机制之间可以相互合作。虽然这些国际合作机制各有自己的合作重点和合作方式，但很多合作领域、合作目标和合作方式却一致，比如建立统一的运输体系、加强基础设施建设、消灭贫困、发展经济一体化等。换句话说，这些机制之间的差异并不是出于集团对抗的目的，而是因不同的发起人受自身条件所限而设计出不同的合作方式和内容而已。因此，它们之间不仅存在竞争，而且可以合作，甚至合并。比如 2005 年 10 月 6 日在圣彼得堡举行的中亚合作组织成员国首脑峰会上，俄、哈、吉、塔、乌 5 个与会国家的领导人一致同意将中亚合作组织与欧亚经济共同体两个组织合并。

另外，国际金融机构和联合国机构也是上合组织的重要合作对象，与其合作不仅可以扩大融资渠道，还能增强该组织的国际影响力。比如，中、吉、乌铁路是上合组织交通基础设施合作项目之一，由于它符合亚行中亚区域合作机制的合作目的，因此亚行对其也非常感兴趣。在此项目中，两个合作机制就可紧密配合，由上合组织提供政府支持，由亚行提供资金援助，共同完成建设任务。

第三，中国的参与在一定程度上增强了上合组织的竞争力。中国有广阔的消费市场，也有一定的投资能力，是中亚国家实现对外贸易多元化的重要合作伙伴，可为上合组织提供广阔的合作空间，这是该组织的优势之一。

5.3 独联体框架内合作不会影响中国在上合组织中的作用

尽管独联体框架内某些次区域经济合作组织发展较快，特别是欧亚经济共同体，但并没有证据表明它们会很快形成一个整体，然后再来和中国谈判贸易投资自由化的问题。

一是，中亚国家之间以及它们与俄罗斯之间有很多关键性问题短时间内很难解决。合作初期，由于沿袭了很多苏联时期的联系，所以发展相对较快，但接下来再继续深入的话，就会遇到很多难题，俄白联盟就是很好的案例，两国合作进展远落后于人们的想象。

二是，中国是其他成员国的重要合作伙伴，在上合组织中有不可替代的作用。与中国的合作对它们来说不是可有可无的，很难想象中亚国家会为了与俄罗斯合作而疏远同中国的合作。

6 中亚区域内的国际环境保护合作现状与趋势

在上述组织或国际合作机制下，各种域外力量开展了众多领域的合作或援助，对中亚地区产生了一定的影响。在环境保护领域也有域外力量的参与，且众多纷杂，主要可以分为5类：一是欧亚经济共同体机制下的中亚环保合作；二是欧盟支持下的中亚环保合作；三是美国、日本在中亚的环保合作；四是联合国框架下的环保合作；五是中亚各国开展的区域环保合作。

6.1 欧亚经济共同体框架下中亚地区环保国际合作

为积极谋求区域经济一体化，欧亚经济共同体在24个具体领域开展合作，并在欧亚经济共同体一体化委员会下设24个负责各具体领域的委员会。其中环保合作委员会由各成员国各派2名代表（环保部门负责人）组成。该委员会目前共有9名成员，包括俄罗斯自然资源与生态部副部长、白俄罗斯自然资源与环境保护部部长和第一副部长、哈萨克斯坦环保部部长和副部长、吉尔吉斯斯坦国家环境和森林保护委员会（政府直属）主任和副主任、塔吉克斯坦国家环境保护委员会（政府直属）主席和副主席。

因为环保领域的合作起步较晚，到目前为止，欧亚经济共同体下的合作还处于刚刚起步的阶段。在共同体成立12年后，一体化委员会下设的环保合作委员会（相当于环保部长会议）第一次会议于2012年4月13日在哈萨克斯坦首都阿斯塔纳召开。会议讨论了欧亚经济共同体环保合作方向、环保合作协议草案、建立环保措施研究中心以及当前各国关心的重要环保问题（如油气开采对环境的影响、跨界地区的动物和水生物保护、环保信息交换、经验交流等），选举哈萨克斯坦环保部部长卡帕洛夫为委员会主席，俄罗斯自然资源与生态部副部长吉扎图林为副主席。

截至2013年1月，欧亚经济共同体框架内有关环保合作的文件和协议主要有4份，涉及跨界水资源保护、跨界尾矿生态恢复、生物多样性保护、环境保护和自然资源利用等几个方面。一是哈、吉、塔、土、乌五国于1992年2月18日在阿拉木图签署的政府间《关于在共同利用和保护跨界水资源领域的合作协议》；二是哈、吉、乌三国于1996年4月5日在塔什干签署的政府间《关于在具有跨国影响的尾矿和残渣地区共同开展恢复土质工作的协议》；三是哈、吉、乌三国于1998年3月17日在比什凯克签署的政府间《关于在西天山地区保护生物多样性的合作协议》；四是哈、吉、乌三国于1998年3月17日在比什凯克签署的政府间《关于在环境保护和自然资源合理利用领域的合作协议》。

6.2　欧盟支持下的环保合作

由于中亚位于欧洲的边缘，欧盟的中亚政策实际上是其大周边战略的一环，旨在稳定周边，避免中亚地区被其他大国控制。对于欧盟而言，与中亚地区合作的主要目标是安全和能源。但考虑到俄罗斯在中亚地区的影响力，欧盟还积极与俄罗斯开展“伙伴关系”合作。截至今天，欧盟既没有与中亚国家建立高峰会晤机制，也没有与中亚任何区域组织建立某种机制化联系，其在中亚的影响力还不能与俄罗斯、美国和中国相提并论。德国是欧盟中关注中亚事务最为积极的国家，出于稳定周边以及“在国际舞台上显示欧洲联盟身份”的需要，2007年6月22日，欧盟推出首份由德国起草的全面系统的中亚战略文件《欧盟与中亚：新伙伴战略（2007～2013）》。该战略计划于2007～2013年向中亚各国提供7.5亿欧元的援助资金，其中30%～35%用于区域多边合作，包括发展交通网络、环境保护、边境和移民管理等。2011年欧盟委员会又提出于2011～2013年向中亚各国追加3.21亿欧元的援助计划。这与欧盟1991～2006年累计提供援助资金共13.86亿欧元构成鲜明对比，标志着欧盟准备在中亚地区发挥更大的影响。其中，涉及环保的国家合作项目具体如下。

一是2002年，欧盟在环境领域与中亚五国签署了水资源倡议（EUWI）和森林法及其管理法案（FLEG），以促进中亚国家水资源和森林资源的可持续发展，其中包括对生物多样性、自然和土地资源的保护。此外，中亚国家还参与了由泛欧洲环境合作委员会于1989年制定的欧洲环境保护框架，这一框架旨在把环境治理问题融入东欧、南高加索和中亚国家政治、经济重组进程中。

二是2006年，启动“欧盟—中亚环境对话”。2004～2006年，塔西斯计划向中亚环境项目拨款5000万欧元（此外还向中亚地区3年期计划拨款1000万欧元）用于3个优先进行的环境合作领域：水资源保护、促进生物多样性及可持续利用自然资源、应对气候变化；2008年1月正式启动“国家水利政策对话”机制，首选国家是吉尔吉斯斯坦；2009年11月，在罗马举行第三次欧盟—中亚环境和水高层会议，专门新设了欧盟—中亚水环境管理和气候变化工作组，以便进一步促进环境合作。

三是2007~2013年，欧盟对中亚环境项目的投入达到1620万欧元。其中，1320万欧元用于两期环保项目（见表3-1），另外300万欧元用于能力建设。

表3-1 欧盟的中亚区域环境项目安排

<table>
<tr><th>执行年度</th><th>重点目标</th><th>具体项目</th><th>金额（欧元）</th></tr>
<tr><td rowspan="2">2007~2010年</td><td rowspan="2">提高水资源管理能力</td><td>跨界地下水的可持续利用与管理</td><td>200万</td></tr>
<tr><td>费尔干纳谷地的地下水与地表水综合利用</td><td>200万</td></tr>
<tr><td rowspan="4">2010~2013年</td><td rowspan="4">改善合作机制、提高合作能力</td><td>发展环境和水资源合作平台</td><td rowspan="4">920万</td></tr>
<tr><td>自然资源的可持续利用</td></tr>
<tr><td>水资源综合管理</td></tr>
<tr><td>环境预警合作</td></tr>
</table>

总体上，欧盟与中亚国家的环保合作主要涉及10个领域：水资源治理；里海环境保护；地表水和地下水资源管理；水电站和水利设施建设环境评估等；气候变化；保护生物多样性，落实联合国保护生物多样性公约；森林保护；加强污染防治等环保法律体系建设；提高预防和消除自然灾害对环境影响的能力；环保宣传教育，培养环保社团组织。

欧盟与中亚国家开展环保合作时，通常与联合国、世界银行等国际组织相互配合，如欧盟对中亚国家的环保援助项目便与联合国“千年发展目标”和联合国开发计划署的“环境与安全倡议”项目（The Environment and Security Initiative，ENVSEC）相辅相成。另外，中亚五国在欧盟委员会和联合国开发计划署的帮助下，于2001年共同组建“中亚区域环境中心”，主要职能是开展环保对话、培训和推广先进环保科技、提高公民参与、发展环保组织等。

欧盟在积极参与中亚地区环境保护领域合作的同时，也关注与俄罗斯开展环保合作，借以打消俄罗斯对其的疑虑。欧盟与俄罗斯环保合作的目的是促进双方“环境友好型”可持续发展，通过吸引各方投资改善和促进环境保护。双方重点关注的领域有：能源对环境的影响，能源和自然资源保护等，如油气开采和运输过程的环保、发展清洁能源、履行《京都议定书》责任、核电站安全等；改进环保标准、环境监控和评估标准等问题；污染治理问题，如饮用水安全、水质监测、废水处理、减少大气污染、治理重污染企业、推行“排污者付费”原则等；教育培训，如伏尔加河沿岸生态管理培训等；紧急状态下的环境保护问题，如工业事故处理、化学武器管理等；环保信息体系建设，如贝加尔湖生态预警系统、森林火灾预警系统等。

6.3　美日支持下的环保合作

对于美国而言，中亚是一个利益相关地区，是美国在欧亚大陆上的战略支点。利用中亚既有可能确保美国在欧亚大陆上的既得利益，也可强化美国在世界经济和政治生活中的主导地位。美国在地缘战略目标上力求削弱中亚与俄罗斯的传统联系、整合中亚和南亚并建立起由美国主导的地区新秩序。2011 年以来，美国启动“重返亚洲”的脚步，抛出了“新丝绸之路”计划，开始从经济、科技等软实力上对中亚地区进行全方位的渗透。对于日本而言，能源安全是日本中亚政策中的核心一环，而且加强和中国在中亚地区的油气竞争，遏制中、俄以配合美国的中亚政策也是日本积极发展中亚外交的动因所在。可以说美国和日本的中亚政策有着密不可分的呼应关系。

在中亚地区美国与中亚的环保合作项目通常被列入“社会领域项目”，在美国国际援助署的支持下，目前美国在中亚开展的环保援助项目主要集中在 4 个方面：饮用水安全、核安全及防治生化污染、森林保护和发展公民环保组织。具体开展的一些代表性项目有：①“塔吉克斯坦饮用水安全”（Tajikistan Safe Drinking Water）项目，执行期是 2009～2012 年，项目金额为 500 万美元，计划帮助 10 万边远地区居民改善饮用水质量；②2001 年 10 月 22 日，美国和乌兹别克斯坦两国国防部签署一项合作协议，约定美方出资 600 万美元用于消除复活岛上的放射性污染和清理苏联于 1988 年掩埋在该岛上的数吨炭疽芽孢；③美国环保署 2002 年给中亚区域环境中心提供 22 万美元的捐款，用于实施给非政府性生态联盟的捐助规划；④美国国家援助署和国家林业局于 2010 年帮助中亚五国开展保护生物多样性活动，传授经验和技术，比如自然保护区管理、规范狩猎、减少人为森林火灾、防止过度放牧、应对气候变暖和雪山退化等。

日本对发展中国家的官方发展援助（ODA）是其对中亚援助的最重要组成部分。ODA 分为赠予援助、技术合作和贷款援助三大类。对于中亚国家来说，日本的 ODA 援助占到其独立以来接受外国援助的大部分比例，有的甚至占到一半以上。日本向中亚国家提供 ODA 有 3 个重点领域，即人员培训和制度建设、经济和社会基础设施建设以及缓解现存的社会问题。其中，涉及环保合作的部分项目有：①2002 年 3 月和 5 月，分别以 213 亿日元贷款援助哈萨克斯坦的阿斯塔纳水资源供给和污水处理工程，以 250 亿日元贷款援助乌兹别克斯坦的塔什干火力发电站现代化工程；②2003 年 11 月，以 5.25 亿日元赠予援助哈萨克斯坦的乡村社区水资源供应项目；③2004年 1 月，以 3.99 亿日元赠予援助吉尔吉斯斯坦的农村地区儿童医疗卫生条件改善项目；④在咸海危机问题上实施了由日本全球基础设施基金组织的“中亚咸海项目”。

6.4 国际组织主导的环保合作

国际组织在中亚地区开展环保国际合作不带有政治色彩，真正关心该地区共同面临的区域性环境问题。在中亚地区主导并开展环保合作的主要国际组织有联合国环境规划署（UNEP）、联合国开发计划署（UNDP）、全球环境基金（GEF）等。其中，一些有代表性的环保合作行动如下。

一是 UNEP 于 1997 年 11 月支持由“拯救咸海国际基金会”和吉尔吉斯斯坦—俄罗斯斯拉夫大学共同组织的在吉尔吉斯斯坦首都比什凯克举行的名为“咸海流域环境状况”的国际研讨会。而且，UNEP 提出了“中亚地区生态保护区生物多样性保护的长期发展规划”项目，执行期为 2003 年 4 月至2006 年 6 月，由全球环境基金提供 75 万美元的信托基金，由世界自然基金会（WWF）提供 41 万美元，还有来自世界环境发展中心（CDE）、法兰克福动物学会（FZC）和鸟类保护皇家协会（RSPB）等政府组织的相关资金合计达 640 万美元。该项目旨在创建中亚地区的生态网络系统，将其纳入该地区和各国的可持续发展计划中，提高国家之间的长期协调和合作机制，以保护生物多样性及其可持续利用。

二是 UNDP 于 2003 年 7 月提出支持中亚区域环境行动方案（REAP），并于 2003 年至 2005 年投入 50 万美元用于支持该方案的具体实施，从加强环境管理、促进决策支持、区域环境行动计划的实施能力建设和社会参与 4 个方面设定了目标。

三是亚洲开发银行（ADB）为支持《联合国防治荒漠化公约》和《防治荒漠化分区域行动方案》，于 2004 年协助确定了“中亚国家土地管理倡议”（CACILM）项目，该项目的总目标是通过综合、协调的方式进行可持续的土地管理，实现遏制土地荒漠化、发展农村民生和适应气候变化的目的。2006 ~ 2015 年，总资金规模达 7 亿美元，其中 1 亿美元来自 GEF 融资。

该项目在多国伙伴关系框架指导下，以各自国家规划框架为基础开展工作。一是国家项目活动，集中在 9 个领域：生物多样性保护、保护区管理、综合资源管理、草原管理、农业灌溉土地的可持续管理、森林和林地的管理、土地利用规划能力建设、环境政策的改善和咸海区域环境的恢复。二是多国伙伴关系项目活动，涉及土地的综合管理，包括土地规划，土地管理信息系统的建立以及研究、掌握和使用，并将首先启动以下项目：①哈萨克斯坦草原生态系统管理项目；②吉尔吉斯斯坦 Susamir 山脉综合农业建设、土地改良和山区草场管理；③塔吉克斯坦西南地区乡村建设与防治土地退化和改善土地可持续经营管理地方示范基地；④土库曼斯坦土地综合和可持续管理能力建设和投资项目；⑤乌兹别克斯坦卡拉卡尔帕克和克孜勒库姆沙地改良，维持退化土地生态系统的稳定；⑥CACILM 多国伙伴关系框架和能力建设项目。

CACILM 项目由其成员国和一些国际组织合作执行，具体包括：加拿大国际发展署（CIDA）、德国技术合作公司（GTZ）防治荒漠化公约项目、联合国粮食与农业组织（FAO）、全球环境基金、国际农业开发中心、国际农业发展基金（IFAD）、瑞士发展合作部、联合国开发计划署、联合国环境规划署、世界银行（WB）、伊斯兰开发银行和联合国防治荒漠化公约秘书处。

6.5　中亚国家自身的环保合作

由于自身特殊的地理位置、气候条件和人为原因，中亚地区当前环境问题恶化。为促进地区可持续发展，各国意识到保护环境的重要性，除积极寻求和参与域外组织在该地区的环境保护合作外，各国间也试图开展合作，消除区域环境问题，共同造福各国人民。其中最为典型的就是在欧盟委员会和联合开发计划署的帮助下成立的“中亚区域环境中心”和各国为解决咸海危机成立的“拯救咸海国际基金会”。

（一）中亚区域环境中心

根据 1998 年在丹麦奥胡斯举行的第四届泛欧会议的倡议，中亚五国在欧盟委员会和联合国开发计划署的帮助下，于 2001 年共同组建中亚区域环境中心（以下简称中心）。中心总部设在哈萨克斯坦的阿拉木图，其他四个成员国均设有办事处。

中心的宗旨是从地方、国家和区域层面促进多个领域的环保合作，以更好地解决中亚的环境问题。主要职能是开展环保对话、培训和推广先进环保科技、提高公民参与、发展环保组织等。中心成立时设立了三个主要目标：①在中亚地区建立一个跨部门的环保合作对话平台（包括与捐赠机构之间）；②帮助中亚引进环境管理和可持续发展领域的国际最先进的经验和技术；③提高民众在环境保护和可持续发展中的作用。

中心是一个独立的、非营利性、非政治性的国际组织，组织下的环保合作出于自愿。捐助国主要来自欧盟，包括德国、意大利、挪威、芬兰、瑞士等国家，以及美国、加拿大、日本以及亚洲开发银行、世界自然基金会、欧安组织等42个国家和机构。2007～2009年接受捐款约500万欧元，其中56%来自欧盟的直接拨款，18%来自中亚五国政府，5%来自国际组织，10%来自私人捐赠，其他捐赠占11%。从2007年开始，接受捐助不仅看重资金，更加看重捐助者的项目能力和对项目的贡献。当前，中心已与联合国欧洲经济委员会（UNECE）、亚太经济委员会（UNECAP）、联合国环境规划署、联合国开发计划署、联合国粮农组织、联合国教科文组织（UNESCO）等组织建立了联系，并与中东欧、高加索、俄罗斯、摩尔多瓦的环境中心建立了广泛的合作关系。

2001年成立至今，中心组织参加了一系列区域性和全球性环境会议，如参加“里约20+”峰会、第六届亚太地区环境与发展部长级会议、组织召开中亚次区域可持续发展研讨会、帮助欧盟筹办欧洲环境问题部长级会议等。2007年，中心开始转型，尝试从一个中亚地区环保对话合作中心转向引导和管理具体环境项目的角色，所提项目的内容更加具体和细化（见表3－2）。此外，中心也开始在可再生能源和气候变化方面设立新项目。

表3－2　2007年前后中心项目主要内容对比

2007年前的项目内容	2007年后的项目内容
环境政策	环境管理与环境政策
生态系统管理	跨界水资源倡议、气候变化、可持续能源计划
中亚地区环境教育	中亚地区可持续发展环境教育
环保公众倡议	环保民间团体倡议
环境信息	环境信息和能力建设

（二）拯救咸海国际基金会

中亚水资源纠纷以及由此引发的咸海生态危机，一直是该地区环保合作的重点和难点。中亚五国为此尝试建立跨国磋商机制。

1992年，中亚五国成立了中亚五国合作水资源委员会（ICWC）。

1993年3月，中亚五国（哈萨克斯坦、乌兹别克斯坦、土库曼斯坦、吉尔吉斯斯坦和塔吉克斯坦）首脑在哈萨克斯坦的克孜勒奥尔达市召开咸海问题大会（俄罗斯以观察员身份列席），针对咸海地区的生态危机和社会危机，制定协同行动文件，共同消除咸海悲剧后果。会议签署了《关于合作解决咸海问题及保障咸海地区社会和经济健康发展的协议》，成立了咸海流域问题跨国委员会（ICAS）和拯救咸海国际基金会（IFAS）。基金及其下设各机构均采取“协商一致”原则，对个别事项可采取“备忘录”合作形式。

1997 年，将原有的 ICWC 与 IFAS 合并，成立了新的拯救咸海国际基金会并构建了各级组织机构。IFAS 于 2008 年被联合国大会赋予联合国大会观察员地位。该机构形成了沿用至今的咸海流域水资源管理机构框架，其主要机构设置如下。

- 元首理事会。由中亚五国元首组成，理事会主席每 4 年轮换一届。
- 董事会。共 5 人，由中亚五国各 1 名政府副总理组成。
- 监事会。共 5 人，由中亚五国各 1 名代表组成。
- 执委会。共 10 人，由中亚五国各派 2 名代表组成，下设秘书处及其驻各国分部。
- 水资源跨国委员会（MKBK）。共有 5 名委员，由中亚五国各国水资源主管部门负责人组成。下设 5 个机构：秘书处、锡尔河管理委员会、阿姆河管理委员会、信息科研中心、水文协调中心。
- 可持续发展跨国委员会（MKYP）。共有 15 名委员，由中亚五国每国各派 3 名副部级代表组成，其中环保部门、经济部门和科研部门各 1 名。下设 4 个机构：秘书处、信息科研中心、地区生态中心、地区山地研究中心（2006 年 3 月根据塔、吉倡议建立，机构设在比什凯克）。

目前，IFAS 执委会总部设在阿拉木图，另外在乌兹别克斯坦的努库斯、哈萨克斯坦的克孜勒奥尔达、土库曼斯坦的达绍古兹设有分支机构。可以说，中亚五国是基金创始人，基金活动经费主要来自发起国（每年中亚五国从本年度财政预算中调拨本国 GDP 总值的 1% 作为咸海治理基金），此外还有联合国、国际金融组织、国内外捐赠等。

2006 年 11 月，拯救咸海国际基金会可持续发展跨国委员会在土库曼斯坦首都阿什哈巴德举行例会，通过了《为实现中亚地区可持续发展的环境保护框架路线图》（以下简称《框架路线图》），确定了环境保护和可持续发展领域的主要合作内容：

- 大气和空气质量保护；
- 水资源保护及其可持续利用；
- 保护与合理利用土地资源；
- 废物管理；

- 山地生态保护；
- 保护生物多样性；
- 紧急情况合作；
- 科学技术合作；
- 信息交换与准入（大气、地质、空气、水源、土壤、森林、动植物等）；
- 社会参与；
- 环保政策协调及区域合作行动计划。

IFAS 成立至今，与联合国、世界银行、欧盟等机构和组织开展了一系列的合作项目，并制定了治理咸海的相关政策，由其决定和执行的咸海流域跨界水资源管理战略已经开始取得成效。具体的合作项目如下。

- 在水资源管理方面：吉尔吉斯斯坦楚河流域水资源管理（主要是吉尔吉斯斯坦和哈萨克斯坦跨境河流水污染防治）；
- 在山地生态保护方面：吉尔吉斯斯坦伊塞克湖高山旅游资源开发；
- 在大气环境方面：塔吉克斯坦农业地区的可再生能源利用（主要是减少农作物气体排放）；
- 在保护土壤质量方面：土库曼斯坦湿地保护（保障盐碱地区的牧场肥力）；
- 在保护森林方面：乌兹别克斯坦咸海南部地区的森林恢复。

为落实执行《框架路线图》，拯救咸海国际基金会着重加强“机制、能力、社会参与”三个方面的合作：

- 完善合作机制，主要措施包括建立“地区山地研究中心”、参与和举办“亚太地区次区域环境政策对话会”等。
- 改善和加强各国的环保能力，主要措施是建立“可持续发展和环境保护科研中心”。其任务之一是建立中亚地区的“统一环境评估准则”和“环保信息情报资料库”，如发行《可持续发展》杂志、建立网站和数据库、制定中亚环境地图、发表环保年报等。
- 鼓励公民和社会团体参与，主要措施包括建立“中亚国家青年生态环境合作网络”、举办生态环保与可持续发展论坛等。

但是，由于中亚国家间水资源分配不合理，水资源与能源交换合作协定始终得不到顺利实施，加上各国水管理机构并入农业部门后管理和执行能力明显减弱，综合因素导致目前 IFAS 的工作和协调力度受到一定程度的削弱。

6.6 中亚区域环保合作特征和趋势分析

（一）中亚地区环保国际合作的特征

从环保合作的背景、项目和内容分析，联合国框架下中亚环保国际合作具有如下特征（见表3-3）：①联合国框架下的中亚环保行动不带有政治色彩，并且合作领域侧重关注中亚区域性面临的共同环境问题，如生物多样性保护、荒漠化治理、适应气候变化和中亚次区域环境管理体系建设等方面；②联合国机构主要负责设计和引领中亚地区的环保合作方向，经费通常主要来自联合国各机构、国际金融机构和欧盟成员国的外援资金，且以协作配合方式开发和实施项目；③设置具体项目时通常与已有联合国框架下的公约、计划相互结合，诸如《联合国防治荒漠化公约》《联合国生物多样性公约》等，或者是与中亚地区先期开展的行动计划相互结合，并以3年或5年设立不同的阶段及其成果产出目标。

表3-3 中亚地区环保国际合作的主要特征

合作机制	重点关注领域	合作模式	政治色彩	主要特征
联合国框架	生物多样性保护、气候变化、荒漠化、管理体系建设	多边为主	不带	注重结合（行动的开展与联合国框架下的公约、计划相结合，与多个国际环保机构相结合，与中亚已有项目相结合）
美国	森林减少、核废物、气候变化	单边为主	强	从捍卫本国利益出发，政治渗透意图强烈
日本	水资源供给和污水处理、贫困地区医疗卫生条件	单边为主	强	直接就各国的主要环境问题开展援助，配合美国，有能源上的意图
欧盟	水资源管理、气候变化、自然资源的可持续管理	多边为主	一般	希望通过调节水资源纠纷，促进中亚地区一体化以维护其大周边战略
欧亚经济共同体	跨界水资源利用和保护、跨界尾矿生态恢复、生物多样性保护	双边和多边	一般	刚起步不久，俄罗斯在其中起主导作用
中亚区域环境中心	开展环保对话、环保技术培训推广、提高公众环保参与意识	多边为主	不带	非政治性的区域组织，以促进环保合作与技术交流为主要宗旨

美国在中亚地区的环保国际合作特征如下：①环保合作领域主要关注

森林的减少、核废物安全、环境灾难甚至荒漠化等环境议题；②环保援助一方面基于其全球领袖地位，努力与中亚各国开展环保合作以解决地区的生态环境危机，推动人类的可持续发展，另一方面建立在捍卫本国利益的基础之上，同时附着控制中亚地区、巩固全球地位的企图；③在环保项目的实施问题上，美国倾向于扮演牵头者和推动者的角色，并不愿过多地为项目注资，希望国家/地区承担起更大的责任，鼓励多边发展银行、国外投资者、地方政府、私人部门等积极投资。

日本在中亚地区的环保国际合作特征如下：①日本在中亚的环保合作领域主要是在水资源供给、贫困地区环境条件改善等方面，方式上有提供贷款援助、直接赠款以及派出技术专家等，但直接赠款往往会在执行过程中由于与受赠国的意见不一致而中止；②日本在中亚的环保合作倾向于同中亚各国的单边合作，就各国的主要环境问题开展技术援助和项目支持，对中亚地区的综合环境问题仅做区域性的研究报告。

欧盟在中亚地区的环保国际合作呈以下特征：①欧盟对中亚国家的环保合作倾向于地区性的多边合作，并希望环境保护合作能够帮助促进中亚地区一体化，从而更好地实现欧盟在中亚地区的整体战略利益，但是现实情况是乌兹别克斯坦并不赞成多边合作，这在很大程度上削弱了欧盟的努力；②欧盟与中亚国家签订的战略协定仅仅是双方发展关系的框架性文件，在双方签署文件后，欧盟成员国以及中亚国家的议会通过这些文件往往需要很长一段时间，这些都导致欧盟中亚政策涉及环境保护的文件不能及时得以落实；③认为水资源管理、气候变化、自然资源的可持续管理是中亚地区的关键问题，并希望通过调解水资源纠纷、改善环境等途径改善民生进而促进自身政策目标的实现；④有一些与其自身相联系的导向性目标，如加强中亚与欧盟碳排放交易计划的衔接，推动欧盟国家和中亚区域环境信息系统的建立，提高中亚环境数据对决策者在参与欧盟环境立法中的影响，包括奥胡斯公约及其污染物排放和转移登记议定书等；（5）通常与联合国、世界银行等国际组织相互配合，例如与联合国“千年发展目标”和联合国开发计划署的“环境与安全倡议”相辅相成。但总体来看，欧盟在中亚地区的环保国际合作主要集中在地区合作平台建设和水资源管理上面，自 2007 年推出新战略以来，欧盟在中亚地区的环保合作呈现出越来越积极和务实的一面。

综上所述，中亚地区环保国际合作主要分为 3 类：第一类是联合国和中亚地区的环保合作机构，主要倾向于促进多边环境对话与合作，比较关注区域性的环境问题，如气候变化、区域性的生物多样性保护等；第二类是美国和日本，对中亚的兴趣主要放在能源和安全方面，就中亚各国突出的环境问题直接与各国开展单边合作，环保合作是为长远的经济和地区战略服务的；第三类是以欧盟和欧亚经济共同体为主导的，倾向于跨界水和环境问题的多边合作，以促进区域一体化为愿景。

（二）中亚地区环保国际合作的趋势分析

当前，中亚现有环保合作机制纷繁复杂，出于其特殊的地缘政治和丰富的能源资源，各种机制和力量在中亚地区互相博弈。包括美国、日本、俄罗斯、欧盟、多个金融机构和联合国组织等在内，有60多个大国和国际组织纷纷在此谋篇布局，并且近年来对环保合作的重视程度还在不断攀升。各种力量出于自身的利益和目标在中亚地区从资金到技术上投入各种资源，开展项目所发挥的作用也开始日益显现。

从中亚地区自身情况看，多方参与的环保国际合作局势进一步加大了中亚国家对环保的重视，积极谋求更多的环境利益成为中亚国家的普遍共识——中亚各国已经分别参加了许多重要的全球性多边国际环境公约，也有意愿与包括中国在内的各个国家和地区组织开展环保国际合作。可见，更多域外力量参与到中亚地区环保国际合作进程中将成为未来发展趋势。

从全球尺度看，目前世界多极化和经济全球化趋势正深入发展，国际安全形势总体上趋向缓和，和平、发展、合作、共赢成为时代的潮流。而从发展方式上来讲，绿色发展是当今世界发展的趋势，低碳经济成为各国的发展共识。因此，从环境保护长远发展来看，中亚地区现有各种环保机制和力量合作大于冲突，互助大于竞争，未来中亚地区的环保国际合作将成为该地区国际合作方面的一个重要组成部分。我国要以开放包容、互利共赢的姿态，尽快参与并逐步主导中亚地区环保国际合作。

参考文献

[1] 鲍超：《新疆与中亚邻国水资源开发对城市化和生态环境的影响机理研究》，中国科学院地理科学与资源研究所博士后研究工作报告，2009。
[2] 潮轮：《中亚的未来水危机》，《生态经济》2009年第3期。
[3] 邓铭江：《哈萨克斯坦跨界河流国际合作问题》，《干旱区地理》2012年第3期。
[4] 邓铭江、龙爱华、李湘权等：《中亚五国跨界水资源开发利用与合作及

其问题分析》，《地球科学进展》2010 年第 12 期。
[5] 邓铭江、龙爱华：《中亚各国在咸海流域水资源问题上的冲突与合作》，《冰川冻土》2011 年第 6 期。
[6] 刁莉：《中亚水资源危机临近》，《第一财经日报》，http：//money.163.com/10/0920/09/6H1076PB002534M5.html，2010 年 9 月 20 日。
[7] 高昆：《2009 年上海合作组织救灾合作回顾及展望》，《中国减灾》，2010 年第 11 期。
[8] 顾俊玲：《浅谈里海的生态问题》，《管理观察》2009 年第 6 期。
[9] 关妍、高昆：《中亚国家的灾害管理体制》，《中国减灾》2007 年第 8 期。
[10] 国务院新闻办公室：《中国的减灾行动》，中国网，http：//www.china.com.cn/policy/jzxd/2009 - 05/11/content_17755630.htm，2009 年 5 月 11 日。
[11] 《哈萨克斯坦概况》，《大陆桥视野》2009 年第 9 期。
[12] 胡文俊：《咸海流域水资源利用的区域合作问题分析》，《干旱区地理》2009 年第 6 期。
[13] 李健：《上海合作组织框架下的能源合作》，硕士学位论文，外交学院，2007。
[14] 李立凡、刘锦前：《中亚水资源合作开发及其前景——兼论上海合作组织的深化发展战略》，《外交学院学报》2005 年第 1 期。
[15] 《列国版图：哈萨克斯坦共和国》，立地城，http：//maps.lidicity.com/index.html，2013 年 9 月 18 日。
[16] 《列国版图：吉尔吉斯共和国》，立地城，http：//maps.lidicity.com/index.html，2013 年 9 月 18 日。
[17] 《列国版图：塔吉克斯坦共和国》，立地城，http：//maps.lidicity.com/index.html，2013 年 9 月 18 日。
[18] 《列国版图：土库曼斯坦共和国》，立地城，http：//maps.lidicity.com/index.html，2013 年 9 月 18 日。
[19] 《列国版图：乌兹别克斯坦共和国》，立地城，http：//maps.lidicity.com/index.html，2013 年 9 月 18 日。
[20] 刘爱霞：《中国及中亚地区荒漠化遥感监测研究》，博士学位论文，中国科学院遥感应用研究所，2004。
[21] 刘艳：《塔吉克斯坦的环境状况及其治理措施》，《新疆社会科学》2010 年第 5 期。

[22] 柳青友：《冷战后中亚地区安全问题研究》，硕士学位论文，电子科技大学，2007。

[23] 蒲开夫、王雅静：《中亚地区的生态环境问题及其出路》，《新疆大学学报》（哲学人文社会科学版）2008 年第 1 期。

[24] 秦鹏：《上海合作组织区域环境保护合作机制的构建》，《新疆大学学报》（哲学人文社会科学版）2008 年 1 期。

[25] 释冰：《浅析中亚水资源危机与合作——从新现实主义到新自由主义视角的转换》，《俄罗斯中亚东欧市场》2009 年第 1 期。

[26] 《塔吉克斯坦》，百度百科，http：//baike. baidu. com/view/7570. htm?fromId = 95391，2013 年 9 月 18 日。

[27] 王芳、秦鹏：《中国新疆与中亚地区跨界环境污染问题探究》，《新疆大学学报》（哲学人文社会科学版）2007 年第 2 期。

[28] 王海燕：《中亚五国经济发展的趋势分析》，《新疆社科论坛》2005 年第 4 期。

[29] 王宏军、武术杰：《中亚无核区问题探析》，《俄罗斯中亚东欧研究》2003 年第 6 期。

[30] 吴淼、张小云、罗格平等：《哈萨克斯坦水资源利用》，《干旱区地理》2010 年第 2 期。

[31] 杨建梅：《哈萨克斯坦地理概况》，《中亚信息》2002 年第 3 期。

[32] 杨立信：《塔吉克斯坦萨雷兹堰塞湖治理研究》，《水利水电快报》2008 年第 6 期。

[33] 杨恕、田宝：《中亚地区生态环境问题述评》，《东欧中亚研究》2002 年第 5 期。

[34] 姚留彬：《中亚水资源管理面临的挑战与危险》，《中亚信息》2002 年第 1 期。

[35] 余建华等：《上海合作组织非传统安全研究》，上海社会科学院出版社，2009。

[36] 岳萍：《塔吉克斯坦工业发展简况》，《中亚信息》2007 年第 12 期。

[37] 张丽萍、李学森、阿依丁等：《哈萨克斯坦受损草地生态系统可持续管理模式》，《新疆畜牧业》2013 年第 1 期。

[38] 张渝：《中亚地区水资源问题》，《中亚信息》2005 年第 10 期。

[39] 中华人民共和国驻塔吉克斯坦大使馆经济商务参赞处：《中亚水资源浪费严重》，http：//tj. mofcom. gov. cn/article/jmxw/200604/20060401947154.

shtml。
[40] 周可法、张清、陈曦、孙莉：《中亚干旱区生态环境变化的特点和趋势》，《中国科学 D 辑：地球科学》2006 年第 36 期。
[41] 周敏晖、李巧英：《浅谈 NGO 对解决中国跨境环境问题的作用》，《今日南国》（理论创新版）2009 年第 6 期。
[42] 朱新光、张深远、武斌：《中国与中亚国家的气候环境合作》，《新疆社会科学》2010 年第 4 期。
[43] 朱玉：《开发中亚节水市场扩大对外合作空间》，《中亚信息》2006 年第 4 期。
[44] Orlovsky N.、Orlovsky L.、杨有林等：《20 世纪 60 年代以来中亚地区的盐尘暴》，《中国沙漠》2003 年第 23 期。
[45] Alexander Carius et al., "Addressing Environmental Risks in Central Asia Risks · Policies · Capacities", OSCE, UNEP, UNDP, 2003.
[46] "Appraisal reports on priority ecological problems in Central Asia", Ashgabat: UNEP, 2006.
[47] Chemonics International Inc., "Biodiversity Assessment for Central Asia: Regional Overview", Washington D. C.: USAID, 2001.
[48] "Climate Change and Migration in Asia and the Pacific", Manila: ADB, 2011.
[49] "Computation of long-term annual renewable water resources by country: Kazakhstan", FAO, http://www.fao.org/nr/water/aquastat/data/wrs/readPdf.html? f=WRS_KAZ_en.pdf, 2013-8-1.
[50] "Computation of Long-term Annual Renewable Water Resources by Country: Kyrgyzstan", FAO, http://www.fao.org/nr/water/aquastat/data/wrs/readPdf.html? f=WRS_KGZ_en.pdf, 2013-8-1.
[51] "Computation of Long-term Annual Renewable Water Resources by Country: Tajikistan", FAO, http://www.fao.org/nr/water/aquastat/data/wrs/readPdf.html? f=WRS_TJK_en.pdf, 2013-8-1.
[52] "Computation of Long-term Annual Renewable Water Resources by Country: Turkmenistan", FAO, http://www.fao.org/nr/water/aquastat/data/wrs/readPdf.html? f=WRS_TKM_en.pdf, 2013-8-1.
[53] "Computation of Long-term Annual Renewable Water Resources by Country: Uzbekistan", FAO, http://www.fao.org/nr/water/aquastat/data/

wrs/readPdf. html? f = WRS_UZB_en. pdf, 2013 - 8 - 1.

[54] Demin A. P. , "Present Day Changes in Water Consumption in the Caspian Sea Basin", *Water Resources* 3 (2007).

[55] Jiaguo Qi et al. , *Evered Environmental Problems of Central Asia and their Economic, Social and Security Impacts* (Tashkent: Springer Science, 2008).

[56] Jiaguo Qi et al. , "Addressing Global Change Challenges for Central Asian Socio-ecosystems", *Front Earth Sci* 2 (2012).

[57] "Map of Central Asian and Caucasus", The Nations Online, http: //www. nationsonline. org/oneworld/map/central-asia-map. htm, 2013 - 9 - 24.

[58] "UNECE Supports Improved Management of Water Information in Central Asia", UNECE, http: //www. unece. org/index. php? id = 30327, 2012 - 7 - 10.

[59] А. М. ШАЛИНСКИЙ. ЗАГРЯЗНЕНИЕ ОКРУЖАЮЩЕЙ СРЕДЫ И ЭКОЛОГИЧЕСКАЯ ПОЛИТИКА КАЗАХСТАНА , ЦЕНТР РЕГИОНАЛЬНЫХ И ТРАНСГРАНИЧНЫХ ИССЛЕДОВАНИЙ (ЦРТИ), http: //transbound. narod. ru/annual1/shalinsky. html, 2002.

[60] Деградация земель в Центральной Азии , Портал знаний о водных ресурсах и экологии Центральной Азии, http: //www. cawater-info. net/bk/water_land_resources_use/russian_ver/pdf/15. pdf/, 2012 - 8 - 2.

[61] Диагностический доклад для подготовки региональной стратегии рационального и эффективного использования водных ресурсов Центральной Азии, Специальная программа ООН, http: //www. undp. kz/library_of_publications/files/1115 - 14092. pdf, 2002 - 2.

[62] Ж. Аляхасов, А. Николаенко, И. Петраков. Управление водными ресурсами в Казахстане, ПРООН, Алматы, 2007.

[63] Индикаторы устойчивого развития для стран Центральной Азии, Портал знаний о водных ресурсах и экологии Центральной Азии, http: //www. cawater-info. net/ecoindicators/index. htm/, 2013.

[64] Интегрированная оценка состояния окружающей среды ЦА, МКУР и ПРООН, Ашхабад, 2007.

[65] Казахстан в 2010 году, Агентство Республики Казахстан по статистике, Астана, 2011.

[66] НИЦ МКУР. Интегрированная оценка состояния окружающей среды

ЦА, UNEP, Ашйабад, 2007.

[67] Окружающая среды, вода, и безопасность , "Environment and Security Initiative", http: //www. envsec. org/publications/ENVSEC. % 20Transforming% 20risks% 20into% 20cooperation. % 20The% 20case% 20of% 20CA% 20and% 20SEE _Russian. pdf, 2003.

[68] Программа ООН по окружающей среде Министерство охраны природы Туркменистана. Состояние окружающей среды Туркменистана, UNEP. Ашхабад, 2006.

[69] Сафаров Нейматулло, Хушмухамедов Сухроб, Новикова Татьяна. Четвертый Национальный отчет по сохранению биоразнообразия Республики Таджикистан, GEF and UNDP, Душанбе, 2000.

[70] Уранновые хвостохранилища в ЦА: национальные проблемы, региональные последствия, глобальное решение, Информационные материалы к Бишкекской региональной конференции, Бишкек, 2009.

下　篇

上海合作组织成员国环境概况

第四章
俄罗斯环境概况

俄罗斯是一个国土辽阔、自然资源丰富的大国，也是中国北部最大的邻国。俄罗斯虽然自然资源丰富，但分布不够均匀。人口密度大和工农业发达的西部地区，自然资源相对薄弱；但人口密度稀少的东部地区，自然资源相对丰富，开发程度较低。俄罗斯是重要的工业大国，工业基础雄厚，部门齐全，机械、钢铁、冶金、石油、天然气、煤炭、森林工业及化工等重工业部门突出。但俄罗斯的工业结构不合理，过度依赖原材料工业的状况尚未根本改变。俄罗斯 80% 的矿产资源、能源工业在亚洲部分，制造业集中在欧洲部分。

俄罗斯的农业主要分布在西部的东欧平原和西南部的伏尔加 - 顿河流域。欧洲部分气候良好，有重要的粮食作物和经济作物种植区。亚洲部分除了阿尔泰边疆区适合农业，盛产各种粮食作物以外，其余大部分地区气候寒冷，不适合农作物生长。

俄罗斯的经济结构非常不合理，绝大部分收入来自资源行业，包括石油、天然气、矿石和木材等，经济发展受这类商品价格的波动影响非常大。

俄罗斯 2012 年名义 GDP 共计 62.36 万亿卢布（约合 2 万亿美元，人均 1.4 万美元），排名世界第六。据世界银行购买力平价排名，2012 年俄罗斯以 3.4 万亿美元排名世界第五。

2012 年，俄罗斯对外贸易总额 8372 亿美元，同比增长 1.8%，其中出口 5247.27 亿美元，同比增长 1.6%；进口 3125.67 亿美元，同比增长 2.2%；贸易顺差 2121.60 亿美元，同比增加 0.6%。2012 年俄罗斯出口商品结构未发生明显变化，能源产品在俄罗斯出口中地位进一步强化，在俄罗斯向非独联体国家出口的商品结构中，能源产品所占比重高达 73.0%（2011 年为 72.7%），金属及其制品占 8.3%，化工产品占 5.6%，机械和设备占 3.6%，粮食占 2.8%，木材及纸浆制品占 1.8%。在俄罗斯向独联体国家出口的商品结构中，能源产品所占比重为 55.4%（2011 年为 55.3%），机械和设备占13.3%，金属及其制品占9.3%，化工产品占9.1%，粮食占5.3%，木材及纸浆制品占2.9%。中国连续在2010年、2011年、2012年成为俄罗斯第一大贸易伙伴。2012年俄中贸易总额875亿美元，同比增长5.1%，其中俄罗斯对我国出口357亿美元，同比增长2.0%，从我国进口518亿美元，同比增长7.4%。

俄罗斯是世界上的军事大国，现役军人有100万人，包括陆军、海军、空军、战略火箭兵、空降兵和空天防御兵。根据俄罗斯武装部队改革计划，2017年俄罗斯军队中的合同制士兵预计为42.5万人。

俄罗斯对外政策是反对国际恐怖主义、宗教极端主义和民族分离主义，也反对任何破坏国际稳定、妨碍国际合作的挑衅行为和计划。俄罗斯联邦在国际关系上主张防止包括核武器对抗在内的任何性质的军事对峙。俄罗斯将独联体、欧洲、美国和亚太地区列为其外交的四个优先区域。

俄罗斯与中国的外交、经贸、文化合作关系近几年来有很大的发展，与欧洲、美国和亚太地区的外交政策也有很灵活的变化。俄罗斯在国际组织中是一个负责任的大国，在联合国、世贸组织、APEC、上合组织中都发挥了积极的作用。

俄罗斯自然资源和生态资源丰富，又有辽阔的国土，其国土的森林覆盖率达70%左右，位居世界第一位。大面积的森林为多种动植物提供了良好的栖息地，所以俄罗斯在生态保护和生物多样性方面具有得天独厚的条件。但由于历史原因，俄罗斯环境问题比较多，存在水资源污染、大气环境污染、固体废物产生量大、土壤退化和荒漠化严重、核污染严重等问题。近些年来，俄罗斯非常注意开展环境治理立法和管理工作，加大了环境管理和治理的投资，有了一些初步成果，并且同国际组织合作开展了生物多样性研究和核污染防治等活动。

俄罗斯的环境管理体制建立在苏联的管理体制基础之上。俄罗斯独立以后，已经经历了数次改革，目前已经基本上形成了一整套行之有效的大部制和大环境管理体制。十多年来，俄罗斯形成了包括宪法、环境保护法、专项保护法的一套有别于其他国家的环境管理的法律法规。其中很多内容对中国加强环境保护管理工作都有一定的借鉴意义。

俄罗斯在环境保护方面也是一个负责任的大国。在国际上，俄罗斯积极与世界上和区域内的各国和各国际组织进行广泛的合作。俄罗斯是国际上多项多边环境协议或公约的缔约方，为保护世界环境做出了应有的贡献。

俄罗斯也在中亚地区、东北亚地区组织中积极推进环境和生态保护方面的合作。

第一节　俄罗斯国家概况

1　自然地理

1.1　地理位置

俄罗斯联邦（Российская Федерация）横跨欧亚大陆，东经20°~170°，北纬41°~81°，是世界上国土最辽阔的国家，国土面积1707.54万平方公里，占地球陆地面积的11.4%，居世界第一位。领土包括欧洲的东半部和亚洲的西部，东西最长9000公里，横跨11个时区；南北最宽4000公里，跨越4个气候带，北部领土约36%在北极圈内。

俄罗斯陆地邻国共有14个：西北面有挪威、芬兰；西面有爱沙尼亚、拉脱维亚、立陶宛、波兰、白俄罗斯；西南面是乌克兰；南面有格鲁吉亚、阿塞拜疆、哈萨克斯坦，东南面有中国、蒙古和朝鲜；东面隔海是日本和美国。

俄罗斯拥有漫长的疆界线，边界的东、北部是海疆，西、南部主要是陆界。俄疆界线总长度超过6万公里，其中海疆占2/3，海岸线长4.3万公里，共与12个海相邻：北临北冰洋的巴伦支海、白海、喀拉海、拉普捷夫海、东西伯利亚海和楚科奇海；东濒太平洋的白令海、鄂霍茨克海和日本海；西濒大西洋的波罗的海、黑海和亚速海。中俄边界线长达4300公里。

1.2　地形地貌

俄罗斯国土面积广阔，各种地形地貌均有。境内自北向南为北极荒漠、冷土地带、草原地带、森林冻土地带、森林地带、森林草原地带、草原地带和半荒漠地带，整个地势如梯形排列，从西往东逐渐升高。尽管地形复杂多样，但以平原为主，平原、低地和丘陵占国土总面积的60%，高原和山脉各占20%。平原大部分被森林覆盖，为经济发展提供了丰富的林业资源和陆地野生动植物资源。

俄罗斯地势南高北低，东高西低。欧洲领土大部分为东欧平原，乌拉尔以东为西西伯利亚平原。俄罗斯山脉大部分分布在边缘地区，可分为高加索山带、东部山带和斜交山带。主要山脉有乌拉尔山脉和大高加索山脉。高加索山脉的最高峰厄尔布鲁士峰高达5642米，是欧亚两洲分界线的一部分。

俄罗斯远东地区位于东北亚的东缘，东濒太平洋及其边缘海，西接东西伯利亚，北邻北冰洋楚科奇海，南以黑龙江和乌苏里江为界。本区海岸线漫长，约2.4万公里，除大陆部分外，还包括萨哈林岛（库页岛）和千岛群岛的大部分以及一些小岛屿，南北延伸近4500公里，面积约300万平方公里。远东地区平原面积少，多分布于山间低地和河谷，因为山地往往直逼海岸，所以沿海平原狭窄，面积很小。远东南部平原较多低地，且与山地相间分布，较大平原有杰雅－布列亚平原和兴凯湖沿岸平原等。北部冻土分布较广，南部则流水地貌分布最广。

俄罗斯西部多为辽阔的平原。叶尼塞河以东大多是高原、山脉，叶尼塞河以西主要是平原。以乌拉尔山为界，大约分为东欧平原和西西伯利亚平原两部分。东欧平原面积约400万平方公里，为世界著名平原，绝大部分在俄罗斯境内。西西伯利亚平原地势低平，河网密布。东部山带海拔4750米的克留赤夫火山是欧亚大陆最高的火山。

1.3 气候

俄罗斯国土面积广阔，气候复杂多样，处于多种气候带。由北往南从北寒带到亚热带，从西北端的海洋气候到西伯利亚的大陆性气候再到远东的信风气候。但大多数地区属温带和亚寒带大陆性气候。冬季漫长严寒，夏季短促凉爽，春秋季节甚短。

俄罗斯大部分地区处于北温带，气候多样，以温带大陆性气候为主，但北极圈以北属于寒带气候。西伯利亚地区纬度较高，气候寒冷，冬季漫长，但夏季日照时间长，气温和湿度适宜，利于针叶林生长。

根据大陆性程度的不同，俄罗斯的气候可以叶尼塞河为界分为东西两部分，西部属于温和的大陆性气候，西伯利亚属强烈的大陆性气候，西北部沿海地区具有海洋性气候特征，远东太平洋沿岸则属季风性气候。不同的气候带在夏季温差尤其悬殊。

俄罗斯的年平均降水量为530毫米，山区的降水量相对较多，平原降水量较少。北高加索地区的降水量居全国首位，达2500毫米。从俄罗斯平原到东西伯利亚，年降水量从500～700毫米降到200～300毫米。平原的中部地带，以北纬60°附近降水量为最大，往南降水量逐渐递减。冬季，俄罗斯全境普遍降雪，积雪期和积雪的厚度随纬度的不同而变化。在西伯利亚平原北部，全年约260天积雪。

2 自然资源

2.1 矿产资源

俄罗斯矿产资源丰富，是世界上少有的大部分矿产都能自给的国家之一。铁矿、石油、天然气、铜、森林和水力资源等，均居世界前列。非金属矿藏也极为丰富，石棉、石墨、云母、菱镁矿、刚玉、冰洲石、宝石、金刚石的储量及产量都较大。

（1）燃料资源

俄罗斯是世界能源生产大国，其天然气已探明蕴藏量为47.65万亿立方米，占世界探明储量的27.3%，居世界第一位。石油探明储量109亿吨，占世界探明储量的10%。

煤炭储量约占世界的30%，已探明的储量为2020亿吨（占世界探明储量的12%），仅次于美国（4450亿吨）和中国（2720亿吨）。最大的煤矿位于库兹巴斯。

石油、天然气主要分布在西西伯利亚（以秋明油田为最大）、俄罗斯（伏尔加－乌拉尔油田）、东西伯利亚三大地台型含油盆地，以及萨哈林（库页岛）等地槽型含油盆地。最大的油田有第二巴库和秋明。

（2）金属矿产资源

俄罗斯拥有丰富的金属矿产资源，许多矿种的储量居世界领先地位。俄罗斯是矿产品的生产大国和出口大国，矿业生产是国民经济的支柱产业，矿产品出口是重要的外汇来源之一。

俄罗斯的铁矿石储量约有1000亿吨，占世界总储量的1/3左右，稳居世界第一位。约50%的铁矿资源分布在储量超过10亿吨的大型铁矿床内。俄罗斯其他主要金属矿储量情况为：锰矿石储量1.88亿吨，铬矿石储量5000多万吨，主要集中在4个已探明的铬矿床内；铜矿储量3000万吨，约占世界总储量的10%；铅矿储量920万吨，居世界第三位；锌矿储量4540万吨，占世界总储量的15%，居世界之首；镍储量920万吨，居世界第一位；钴储量35万吨，居世界第三位；铝土矿储量超过4亿吨，但只有50%左右可赢利开采；锡储量约30万吨，与中国和巴西同属储量大国；钨储量42万吨；钼储量36万吨，居世界第三位；铌储量500万吨，排在巴西之后，居世界第二位；黄金已探明储量3500吨，仅次于南非。

（3）非金属矿产资源

俄罗斯储藏有多种多样的非金属矿产，有磷钙土、磷灰石、滑石粉、石棉、云母、钾盐和食盐、硫黄矿、金刚石、琥珀、宝石、半宝石等。建筑材料也分布广泛，有沙石、黏土、石灰石、大理石、花岗岩、水泥原料等。

俄罗斯的钻石储量约占世界储量的1/3。全世界钻石年产量为1亿~1.2亿克拉，而俄罗斯约占26%（价值13亿美元）。此外，在乌拉尔山、阿尔泰山、萨彦岭、外贝加尔以及其他高山区发现有宝石、半宝石，如紫晶、石榴石、水晶、玛瑙、碧石、蛋白石、黑曜石、绿柱石、黄玉、纯绿宝石、蓝宝石、软玉、红榴石、绿松石等。

俄罗斯的建材产地很多，包括：火成岩，如花岗岩、透石膏、闪长岩、玄武岩、暗色岩、辉长岩、辉绿岩、安山岩、玢岩；变质岩，如大理石、片麻岩、石英岩、多石页岩；沉积岩，如砂岩、石灰岩、白云岩、泥灰岩、黏土。

俄罗斯白云母资源在世界上仅次于印度，居第二位；金云母也很丰富，仅次于马达加斯加和巴西，居世界第三位。同时，俄罗斯拥有世界上最大的磷灰石矿、世界上著名的纤维石棉矿、金刚石矿，高岭土和膨润土也拥有较高的品质。

2.2　土地资源

俄罗斯土地资源丰富，其土地面积占世界陆地面积的1/7，人均占有量为11.5公顷，为世界之最。但农业用地（耕地、草原、牧场）仅占全国土地的13%，其余的土地为山地、荒漠、冰川、沼泽、森林和永久冻土（见图4-1）。

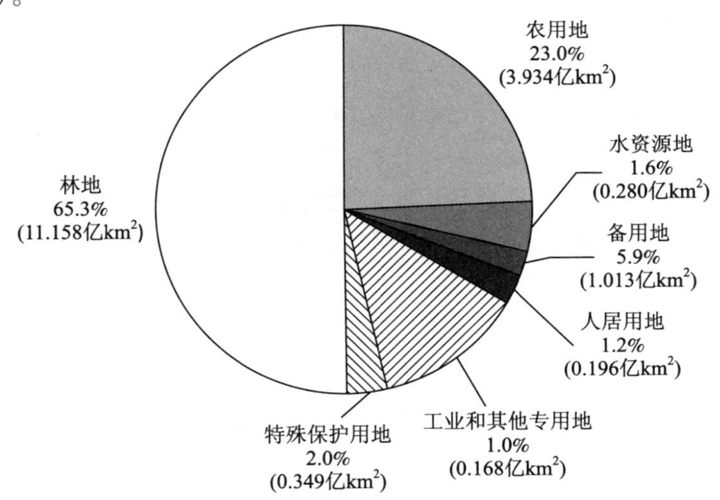

图4-1　2010年初俄罗斯土地资源构成

资料来源：Министерство природных ресурсов и экологии, 2010.

俄罗斯的耕地主要分布在俄欧洲部分、乌拉尔南部以及西伯利亚南部的草原带、森林草原带和森林带的南部边缘。牧场主要分布在俄罗斯平原的东南部、高加索北部山麓和西西伯利亚平原的南部边区。草场主要分布在俄欧洲北部地区，主要是海湾地区草地。

2.3 生物资源

（一）森林资源

俄罗斯是世界上森林面积最大的国家，森林面积占全球总面积的20%以上。俄罗斯联邦森林总量约占陆地国土面积的70%。主要树种有落叶松、松树、云杉、雪松、橡树、山毛榉、桦树和山杨树，它们约占森林植被覆盖地的90%。

（二）草原资源

欧亚大陆有树木稀少而多草的俄罗斯大平原，起于摩尔多瓦最南端，经乌克兰南部、顿巴斯、高加索北部至伏尔加河与卡马河汇流处，包括里海低地北部和哈萨克北部，直至西伯利亚的西南部及阿尔泰山东麓。

由北而南的植被和土壤变化显著。植被以耐旱草类为主。多年生草类有鼠尾草、石竹花、巢菜类植物和欧著草等，泥炭藓中常有地衣，南部有蓝绿色水藻。东欧平原、乌拉山麓和阿尔泰山麓有灌丛。局部高地、河漫滩和草地边缘地带有森林。土壤以黑钙土和栗褐土为主，北部有盐碱土。草原上缺少动物隐藏的条件，多为啮齿动物（如鼠类）。最常见的鸟类是鸨、草原鹰、草原茶隼、百灵科鸣禽（如云雀）等。

由西向东自然景观变化明显。西部（东欧平原）地势平缓，气候相对温和。蒿属植物及草被发育较盛（愈向东愈少），草类以羽毛状草为主，优势树种是阔叶林。动植物种类较多。西伯利亚的草原带地形较复杂，北部是西伯利亚低地，南部有一些低矮、圆顶的孤立山冈。大陆性气候显著。植被与东欧平原类似，但阔叶林较少，森林以白桦林为主，分布零星。砂土和盐碱土的比重较大，尽管有含腐殖质较多的黑钙土，但其土层薄而不稳定。长期以来俄罗斯草原是俄罗斯的谷仓之一，盛产小麦、甜菜、向日葵、玉米和粟等。西部有园艺业和葡萄种植业，还有牛、羊、家禽和马养殖业。西部草原有70%～80%的面积已被开垦，西伯利亚所有宜垦的土地都已垦殖，为防止水土流失，广泛种植防护林带。

（三）动物资源

俄罗斯境内的动物资源有哺乳类动物320种、鸟类789种、爬行类75种、两栖类约30种、淡水鱼类343种、圆口纲脊椎动物9种和海洋鱼类约

1500 种。远东、南西伯利亚和北高加索山区的生物多样性非常高。

俄罗斯拥有大量的狩猎动物资源。在俄罗斯，合法的狩猎目标包括 74 种哺乳类和 114 种鸟类。现在可供狩猎的主要动物约有 40 种，包括野生有蹄类动物、熊、毛皮动物和鸟类。

据俄罗斯联邦自然资源和生态部 2010 年数据，俄罗斯境内有 65.67 万头驼鹿、40.44 万头野猪、84.55 万只狍子、18.72 万只鹿、93.95 万只野生驯鹿，18.30 万只棕熊、116.38 万只紫貂、62.83 万只海狸，74.29 万只狐狸、330 万只野兔、590 万只松鼠、320 万只松鸡、1070 万只黑琴鸡和 1950 万只花尾榛鸡。

（四）自然保护区

2009 年，俄罗斯联邦自然保护区的总数量达 272 个，总面积达 5600 万公顷（不包括海洋专用水域），其中国家自然禁区 101 个，总面积达 3380 万公顷。国家自然禁区中陆地面积 2720 万公顷，占俄罗斯领域面积的 2.0%，海洋专用禁区 640 万公顷。共有国家公园 40 个，总面积达 770 万公顷，占俄罗斯领土面积的 0.45%。到 2010 年底，俄罗斯共有国家自然保护区 69 个，总面积 1260 万公顷，分别位于 8 个共和国、6 个边疆区、23 个州和 4 个自治区。

（五）远东地区的生态资源

俄罗斯远东地区位于俄罗斯最东部，面积约 620 多万平方公里，占全国的 1/4 多。该地区地处温带、寒温带和寒带气候区域。广袤的远东地区气候差异巨大，植被类型丰富多样，包括山地阔叶林、山地针阔混交林、山地硬木林、山地泰加落叶松和落叶松雪松林、中部泰加落叶松林、稀疏山地落叶松林、山地苔原和稀疏植被、北方泰加落叶松稀疏森林、莎草草甸小山苔原、苔藓地衣和灌木苔原、北极苔原。

据统计，在整个俄罗斯高等植物共有 23505 万种，而在远东地区就有 4050 多种；全世界苔藓植物共有约 2.6 万种，在俄罗斯就有 1554 种，其中分布在远东地区的有 890 种，差不多所有的泥炭藓都分布在远东地区；在俄罗斯统计出的真藓亚纲有 1101 种，其中有 588 种分布在远东地区；在整个俄罗斯水韭纲有 11 种，其中有 8 种在远东地区；全世界木贼门已发现 25 种，而俄罗斯占 3/5，其中在远东地区有 8 种；蕨门在俄罗斯也发现了 242 种，其中远东地区有 74 种；在远东地区被子植物有 3037 种，其中最多的是木兰科植物；远东地区的木本植物超过 335 种，相当于整个俄罗斯植物区系木本植物的一半。

俄罗斯远东地区动物资源极为丰富，无脊椎动物有7万~8万种；脊椎动物有4.5万种左右；脊索动物门包括2个亚门：头索动物亚门和尾索动物亚门；四足动物门由4个纲组成：两栖纲、鸟纲、爬行纲和哺乳纲，其中两栖纲被认为是最古老的物种之一，也是在地球上为数不多的物种，大部分都分布在湿润、温和的地区。在远东地区分布的两栖动物主要包括有尾目和无尾目2个目。远东海域生物资源丰富，总量为2850万吨，其中鱼类资源2300万吨。

2.4 水资源

俄罗斯濒临三大洋（大西洋、北冰洋和太平洋），共计12个海，包括日本海、鄂霍次克海、白令海、波罗的海、黑海、亚速海、巴伦支海、东西伯利亚海、喀拉海、拉普帖夫海、楚科奇海、白海。

俄罗斯境内有300余万条大小河流，280余万个湖泊。河流总长度为960万公里，但占总长度90%以上的河流均是长度不到100公里的小河流，长度超过500公里的大河有254条，超过1000公里的有58条（欧洲部分有18条，西伯利亚和远东有40条）。

俄罗斯欧洲部分的主要河流有伏尔加河、顿河、北德维纳河、乌拉尔河。西伯利亚的主要河流有鄂毕河、勒拿河和叶尼塞河，其中鄂毕河是俄罗斯最长和流域面积最大的河流。远东的主要河流有阿穆尔河（黑龙江），流入太平洋，是远东的主要河运干线，河流上游和中游为中俄界河，下游在俄罗斯境内。

俄罗斯河流平均年径流量（河口处总量）约为4万亿立方米，居世界第二位（在巴西之后），但径流量的分布很不均衡。俄罗斯欧洲部分的人口占俄罗斯总人口的80%，但河流径流量只占8%。河川径流天然变幅较大，枯水年的最小径流量只有多年正常值的20%~40%，而在个别月份河水流量甚至降到多年平均值的10%。

俄罗斯湖泊众多，但分布极不均匀。欧洲部分的西北部和西西伯利亚的湖泊最多，而俄罗斯的森林草原地带几乎没有湖泊。在西北部的湖泊中，最大的是拉多加湖，其次是奥涅加湖。高山湖较多，最有名的湖泊是贝加尔湖、兴凯湖。贝加尔湖是俄罗斯最大的湖，也是世界上最深和蓄水量最大的湖。

3 社会与经济

3.1 人口概况

俄罗斯总人口有1.433亿人（截至2013年1月1日）。人口分布极不均衡，西部发达地区平均每平方公里有 52 ~ 77 人，个别地方达 261 人，而东北部苔原带不到 1 人。

俄境内共有 193 个民族，其中俄罗斯族占 77.7%，其他民族主要有鞑靼、乌克兰、楚瓦什、巴什基尔、白俄罗斯、摩尔多瓦、日耳曼、乌德穆尔特、亚美尼亚、阿瓦尔、马里、哈萨克、奥塞梯、布里亚特、雅库特、卡巴尔达、犹太、科米、列兹根、库梅克、印古什、图瓦等族。高加索地区的民族成分最为复杂，大约有 40 个民族在此生活。

俄语是俄罗斯的官方语言，各共和国有权规定自己的国语，并在该共和国境内与俄语一起使用。

俄罗斯的主要宗教为东正教，其次为伊斯兰教。根据全俄民意研究中心 2012 年的调查结果，50% ~53% 的俄民众信奉东正教，10% 信奉伊斯兰教，信奉天主教和犹太教的各占 1%，0.8% 信奉佛教。

根据 2002 年的数据，俄罗斯从业人员中受过高等和中等教育的人数达到从业人员总数的 87%，受过高等教育的占 11.8%。10 岁以上居民每千人中就有 860 人受过高等或中等教育。在俄罗斯的科技人员中，具有博士学位的有 21949 人，具有副博士学位的有 83962 人。俄罗斯的副博士学位不逊于欧美的博士，因为他们需要进行 3 ~4 年的学位课程学习，并且都要通过严格的考试和论文答辩。俄罗斯科研人员的总数虽然只及美国的 2/3，但是某些领域（如计算机科学领域）的科研人员绝对数量超过美国 30% ~40%。

俄罗斯一直是一个劳务进口数量较大的国家，每年合法引进外国劳务 25 万人左右，约占全国就业人口总数的 0.3%。独联体是俄罗斯劳务移民最主要的进口地区，移民数量几乎占一半，乌克兰是向俄罗斯输出劳务最多的国家，其次是土耳其和中国。绝大部分外来劳动移民在俄罗斯从事简单的体力性工作，专业技术型劳务引进数量较少。

除上述合法引进的劳务以外，俄罗斯联邦移民局估测在俄还有 100 多万的非法外国移民。而俄罗斯劳动部有关专家则认为在俄“非法外国劳动大军”总数为 400 万 ~500 万人。这些非法外国劳务人员主要来自独联体、阿富汗、伊朗、索马里、古巴、埃塞俄比亚、斯里兰卡、孟加拉、越南、朝鲜、中国等国家。

3.2 行政区划

俄罗斯联邦全国共划分为 8 个联邦区：中央联邦区、西北部联邦区、南部联邦区、伏尔加联邦区、乌拉尔联邦区、西伯利亚联邦区、远东联邦区和北高加索联邦区。全国由 83 个联邦主体组成，包括 21 个自治共和国、9

个边疆区、46 个州、2 个联邦直辖市、1 个自治州、4 个民族自治区（见表 4－1）。

表 4－1 俄罗斯行政区划

联邦管区	行政区划
中央联邦区	奥廖尔州；别尔哥罗德州；布良斯克州；弗拉基米尔州；卡卢加州；科斯特罗马州；库尔斯克州；利佩茨克州；莫斯科市；莫斯科州；梁赞州；斯摩棱斯克州；坦波夫州；特维尔州；图拉州；沃罗涅日州；雅罗斯拉夫尔州；伊万诺沃州
南部联邦区	阿迪格共和国；阿斯特拉罕州；伏尔加格勒州；卡尔梅克共和国；克拉斯诺达尔边疆区；罗斯托夫州
西北部联邦区	阿尔汉格尔斯克州；涅涅茨自治区；加里宁格勒州；卡累利阿共和国；科米共和国；摩尔曼斯克州；诺夫哥罗德州；普斯科夫州；圣彼得堡市；彼得格勒州；沃洛格达州
远东联邦区	阿穆尔州；楚科奇自治区；堪察加边疆区；哈巴罗夫斯克边疆区；马加丹州；滨海边疆区；萨哈（雅库特）共和国；萨哈林州；犹太自治州
西伯利亚联邦区	阿尔泰共和国；阿尔泰边疆区；布里亚特共和国；外贝加尔边疆区；哈卡斯共和国；科麦罗沃州；克拉斯诺亚尔斯克边疆区；新西伯利亚州；鄂木斯克州；托木斯克州；图瓦共和国
乌拉尔联邦区	库尔干州；斯维尔德洛夫斯克州；秋明州；汉特－曼西自治区；亚马尔－涅涅茨自治区；车里雅宾斯克州
伏尔加联邦区	巴什科尔托斯坦共和国；楚瓦什共和国；基洛夫州；马里埃尔共和国；莫尔多瓦共和国；下诺夫哥罗德州；奥伦堡州；奔萨州；彼尔姆边疆区；萨马拉州；萨拉托夫州；鞑靼斯坦共和国；乌德穆尔特共和国；乌里扬诺夫斯克州
北高加索联邦区	北奥塞梯－阿兰共和国；车臣共和国；达吉斯坦共和国；卡巴尔达－巴尔卡尔共和国；卡拉恰伊－切尔克斯共和国；斯塔夫罗波尔边疆区；印古什共和国

资料来源：维基百科，2013。

3.3 政治局势

（一）俄罗斯联邦的政体

1993 年 12 月 12 日，俄罗斯经全民公决通过新宪法。新宪法为避免总统和议会再次冲突，扩大了总统权限，规定：俄罗斯是共和制的民主联邦法治国家，俄罗斯联邦保障自身领土的完整和不受侵犯；俄罗斯联邦会议即俄罗斯联邦议会，是俄罗斯联邦的代表和立法机关，联邦会议（федеральное собрание）由联邦委员会（Совет федерации）和国家杜马

(Государственная дума)两院组成；俄罗斯联邦总统是国家元首，是俄罗斯联邦宪法、公民权利和自由的保障。

俄罗斯实行三权分立原则。联邦会议（即议会）代表机关和立法机关，行使立法权；政府实行行政权；俄联邦法院行使司法权。总统是联邦宪法的保障，是公民权利和自由的保证。

（二）俄罗斯总统

俄罗斯总统在国内和国际关系中代表俄罗斯联邦、同联邦会议相应委员会或两院委员会协商后任免俄罗斯驻外国和国际组织的外交代表、接受外国外交代表的国书、签署俄罗斯联邦国际条约、领导制定俄罗斯外交政策。

俄罗斯总统是俄罗斯武装力量统帅，拥有军事方面的权力，包括统率全军、批准军事理论、任免武装力量最高指挥官、领导安全会议、宣布全国或个别地区实行战时状态和紧急状态。

俄罗斯总统对政府和司法系统的关键职务拥有任免权，包括：征得国家杜马同意后任命俄罗斯联邦总理；做出要求俄罗斯联邦政府辞职的决定；根据俄罗斯联邦总理的提议任免联邦政府的副总理和部长；任命俄罗斯联邦宪法法院、最高法院、最高仲裁法院以外的其他联邦法院审判员；向国家杜马提出俄罗斯联邦中央银行行长候选人，提出解除其职务的提案；向联邦委员会提出俄罗斯联邦宪法法院、最高法院、最高仲裁法院审判员候选人。

俄罗斯总统有权召集国家杜马会议，有权依照规定程序解散国家杜马，有权决定国家杜马选举。

俄罗斯总统有权颁布俄罗斯联邦的国家奖励，有权颁发俄罗斯联邦的荣誉称号、最高军衔以及其他专门称号。总统还拥有特赦权。

（三）俄罗斯联邦会议（议会）

俄罗斯联邦会议（议会）由联邦委员会（上院）和国家杜马（下院）组成。

联邦委员会共166名代表（议员），由每个联邦主体的权力代表机关和权力执行机关各1名代表组成。其主要职能是批准联邦法律、联邦主体边界变更、总统关于战争状态和紧急状态的命令，决定境外驻军、总统选举及弹劾、中央同地方关系问题等。

国家杜马共450名代表（议员），自2007年12月第五届国家杜马选举起，按比例代表制原则从各党派中选举产生，规定得票率达到7%的政党有权参与议员席位分配。2009 年，国家杜马选举法再次修订，政党进入杜马的“门槛”没有改变，但规定得票率在 5% ~6% 之间的政党可获 1 个席位，得票率在 6% ~7% 之间的政党可获 2 个席位；杜马代表任期由 4 年延长至 5 年。国家杜马的主要职能是通过联邦法律、宣布大赦、同意总统关于政府首脑的任命等。2011 年 12 月 4 日选举产生的第六届国家杜马，任期至 2016 年，共有 4 个议员团，分别为统一俄罗斯党党团（238 席）、俄罗斯共产党党团（92 席）、公正俄罗斯党党团（64 席）、俄罗斯自由民主党党团（56 席）；共设 30 个委员会。

（四）司法机构

俄罗斯联邦司法机关主要有联邦宪法法院、联邦最高法院、联邦最高仲裁法院及联邦总检察院。联邦委员会根据总统提名任命联邦宪法法院、联邦最高法院、联邦最高仲裁法院法官及联邦总检察长。

（五）俄罗斯的政治

俄罗斯国内政局保持稳定。推进现代化问题成为俄罗斯社会政治生活的主线之一。2000 年 3 月 26 日，普京当选俄罗斯总统后，着力稳定社会政治形势，逐步在全国建立起垂直权力体系，同时多方改造并巩固统一俄罗斯党，使其实力日趋壮大。2003 年底，该党在俄罗斯国家杜马选举中大获全胜，占据杜马 2/3 以上席位。2004 年 3 月 14 日，普京以 71.3% 的得票率连任总统。2008 年 3 月 2 日，梅德韦杰夫当选俄罗斯联邦总统，后任命普京为政府总理。2011 年 12 月 4 日，第六届俄罗斯国家杜马选举顺利举行。统一俄罗斯党、俄罗斯联邦共产党、俄罗斯自由民主党和公正俄罗斯党进入国家杜马。2012 年 3 月 4 日，普京再次当选俄罗斯联邦总统，5 月 7 日宣誓就职，随即提名梅德韦杰夫出任政府总理。2012 年 4 月 4 日，俄罗斯新的“政党法”修正案正式生效。该法简化了政党登记制度，规定满 500 名党员即可申请注册政党。

（六）俄罗斯联邦政府

联邦政府是国家权力最高执行机关。2012 年 5 月 8 日普京签署总统令，任命梅德韦杰夫为政府总理。5 月 21 日，梅德韦杰夫提交的政府结构和人员组成建议获总统普京批准，新政府组成。政府设 1 名总理、1 名第一副总理、6 名副总理和 21 个部。各部为：开放型政府联络部；经济发展部；远东发展部；自然资源与生态部（部长谢尔盖·叶菲莫维奇·东斯科伊）；内务部；司法部；外交部；教育和科学部；工业和贸易部；文化部；体育部；通信和大众传媒部；能源部；民防、紧急情况和消除自然灾害后果部；财政部；卫生部；地区发展部；交通部；劳动和社会保障部；农业部；国防部。

（七）俄罗斯联邦的政党和团体

2007年底举行的第五届国家杜马选举以及2008年春秋两次全国性地方议会选举确定了由“统一俄罗斯党”主导、其他3～5个政党作陪衬的政党格局。2008年，俄罗斯政党整合趋势加强，数量大幅减少。截至2012年4月俄罗斯“政党法”修正案生效前，在俄罗斯司法部获准注册的政党有7个，社会团体有20多万个。截至2012年12月20日，在俄罗斯司法部获准注册的政党已增至51个。

当前俄罗斯主要政党如下。

（1）统一俄罗斯党（Партия " Единая Россия"）

党主席为俄罗斯政府总理梅德韦杰夫，于2012年5月出任。最高委员会主席为格雷兹洛夫，总委员会主席团书记为涅韦罗夫。该党成立于2001年12月1日，由统一党、“祖国运动”和“全俄罗斯运动”合并而成，2008年农业党并入。在全国各级立法机构中，该党党员均占据议员席多数。统一俄罗斯党（以下简称统俄党）在本届国家杜马中有238名代表，占半数以上，在联邦委员会中有121名议员。俄罗斯绝大多数联邦主体行政长官由该党党员或其支持者担任，该党因此被称为“政权党”。

2011年3月，俄罗斯全国83个联邦主体中有74个举行了地方议会和行政机构领导人选举。在争夺最激烈的12个联邦主体议会选举中，统俄党得票率高达68.56%，获得总共547个议席中的375席。在2011年12月举行的第六届国家杜马选举中，统俄党得票率为49.3%，获得238个议席，失去宪法上的多数席位，但仍控制半数以上席位。

（2）俄罗斯联邦共产党（Коммунистическая партия Российской Федерации）

俄罗斯联邦共产党中央委员会主席为久加诺夫。截至2012年1月1日，俄罗斯联邦共产党（以下简称俄共）党员人数为156528人，在国家杜马拥有92名议员。

俄共成立于1990年6月，当时是苏联共产党的一部分。1991年“苏联8·19事件”后，俄共被当局禁止活动，财产被没收。1993年2月，俄共召开第二次代表大会，重建并恢复活动。1995年1月，俄共第三次代表大会通过新党纲，规定俄共主要目标之一是建立人民政权，主张用和平手段进行社会改革。

在2011年12月举行的第六届国家杜马选举中，俄共得票率为19.19%，获得 92 个议席。12 月，俄共正式推举久加诺夫为总统候选人。在 2012 年 3 月举行的总统选举中，久加诺夫得票率为 17.18%，仅次于普京排名第二。

（3）公正俄罗斯党

公正俄罗斯党于 2006 年 10 月 28 日由祖国党、退休者党和生活党合并而成。截至 2011 年 4 月，党员人数为 414304 人。该党主要以俄罗斯祖国党为班底组建，祖国党曾以社会公正和爱国主义为基本理念，自称为“体制内反对派”（системная оппозиция власти）。

公正俄罗斯党（以下简称公俄党）自称是具有社会民主主义取向的左翼政党，主要目标是建立社会伙伴关系，实现社会民主、团结，在人道主义基础上，达到社会公正。2008 年 6 月，公俄党加入社会党国际，成为该组织观察员。9 月，该党宣布同社会公正党和“绿党”合并。

在 2011 年 3 月俄罗斯地方选举中，公俄党获得总共 547 个议席中的 46 席，得票率为 8.41%。在 12 月举行的第六届国家杜马选举中，公俄党得票率为 13.24%，获得 64 个议席。在 2012 年 3 月举行的总统选举中，该党总统候选人米罗诺夫得票率为 3.85%，在五名候选人中排名最后。

（4）俄罗斯自由民主党（Либерально-демократическая партия России）

俄罗斯自由民主党（以下简称自民党）主席是日里诺夫斯基。该党成立于 1989 年 12 月，是苏联实行多党制后成立的第一个政党。截至 2012 年 1 月 1 日，党员人数为 204693 人。该党具有较浓厚的民族主义色彩，并夹带有极端主义成分，形成了较为稳定的选民队伍。自民党对内主张集权，建立单一制国家，对重要部门实行国家垄断；对外主张在苏联时期领土内恢复俄罗斯帝国版图，提出国界“只能外推，不能内缩”；主张加强同东欧的联系以建立斯拉夫国家联盟；推行南下战略，称俄罗斯士兵应“洗靴印度洋”。该党在政治上奉行投机路线，日里诺夫斯基本人经常发表轰动性言论，以吸引民众的注意力。自民党基本支持普京当局在各领域的政策，经常与统俄党议员团合作。

在 2011 年 3 月俄罗斯地方选举中，自民党获得总共 547 个议席中的 33 席，得票率为 6.03%。在 2011 年 12 月举行的第六届国家杜马选举中，自民党得票率为 11.67%，获得 56 个议席。在 2012 年 3 月举行的总统选举中，该党总统候选人日里诺夫斯基得票率为 6.22%，在五名候选人中排名第四。

（5）其他政党

此外俄罗斯还有右翼事业党（Правое дело）、亚博卢民主党（Российская объединенная демократическая партия Яблоко）、俄罗斯爱国

者党（Патриоты России）、俄罗斯共和党（Республисканская партия России）、俄罗斯民主党（Демократическая партия России）等数十个未进入国家杜马的在司法部注册的政党。

3.4 经济概况

（一）经济布局

（1）工业区

俄罗斯工业高度发达，是世界第二科技强国和世界第一军工强国。俄罗斯是矿产资源和能源过剩的国家，是世界最大的矿产、能源生产大国。俄罗斯重工业和军事工业世界首屈一指。俄罗斯是重要的工业大国，工业基础雄厚，部门齐全，机械、钢铁、冶金、石油、天然气、煤炭、森林工业及化工等重工业部门突出。俄罗斯工业结构不合理，民用工业落后状况尚未根本改变。俄罗斯80%的矿产资源、能源工业分布在亚洲部分，制造业集中在欧洲部分。俄罗斯远东地区的重要工业点有伊尔库茨克、伯力和海参崴。

俄罗斯的工业区主要有以下10个。①圣彼得堡工业区。圣彼得堡是俄罗斯最大的工业区，又称中央工业区，以石油化工、造纸造船、航空航天、电子工业为主。②莫斯科工业区，以汽车、飞机、火箭、钢铁、电子工业为主。③新西伯利亚工业区，以煤炭、石油、天然气、钢铁、电力工业为主。④乌拉尔工业区，以钢铁为主，主要为黑色金属、石油、机械、有色金属生产加工区，是俄罗斯最大的冶金工业区。⑤顿巴斯工业区，主要为煤炭生产区。⑥库兹巴斯工业区，主要为煤炭、石油生产加工区。⑦卡拉干达工业区，主要为各种有色金属生产加工区。⑧埃基巴斯图兹工业区，主要为资源生产加工区和石油、煤炭生产加工区。⑨库尔茨克工业，主要为加工工业区。⑩埃斯克－阿钦斯克工业区，主要为能源、资源、加工综合工业区。

俄罗斯食品和纺织工业最发达的地区是圣彼得堡工业区。俄罗斯工业最发达的地区是莫斯科工业区。主要燃料基地有西西伯利亚（秋明）油田、伏尔加－乌拉尔油气田和库兹巴斯煤田。

（2）农业布局

俄罗斯拥有广阔的土地资源，在17亿公顷的国土上，适于发展大农业的土地约有5亿公顷，占国土总面积的近1/3。但目前已利用的农业用地仅为3.93亿公顷，其中耕地占60%，割草地占15%，牧场占25%。这说明农业用地潜力还很大。俄罗斯的气候与土壤条件适于发展综合性大农业，不同农业自然带为发展不同农业部门提供了有利条件。俄罗斯北部低温过湿，南部温度较高，少水，周期性干旱，对农业生产不利。俄罗斯管理体制的弊端和经营管理不善也是造成农业生产长期落后的重要原因。

俄罗斯农场包括各类私有农场和公司农场。50%以上的食品产自平均面积为1英亩的“家庭自留地”，6%产自个体农民私有农场，40%产自由国有农场和集体农场改组的公司农场。

主要农作物有小麦、大麦、玉米、油籽、甜菜等。主要分布在西部的东欧平原和西南部的顿河流域。

俄罗斯欧洲部分气候良好，有重要的粮食作物和经济作物种植区。亚洲部分除了阿尔泰边疆区适合农业，盛产各种粮食作物以外，其余大部分地区气候寒冷，不利于农业生产。

西伯利亚至远东和堪察加南部地区无霜期短，每年生长季节只能种大头菜、土豆、胡萝卜等有限种类的露地蔬菜，以及燕麦、黑麦等不多的粮食作物，并且产量很低。而北部更多的地区由于奇寒，根本不适合农业生产。

俄罗斯的主要农业区如下。①东西伯利亚和远东南部地区。该区是俄罗斯甜菜与亚麻的主要产区，粮食种植以春小麦、黑麦和燕麦为主。畜牧业以乳肉兼用养牛业为主。②南西伯利亚地区。该区包括伏尔加河流域区的东北部、乌拉尔区的南部、西西伯利亚的南部。土壤为肥力较高的黑钙土和栗钙土。是俄罗斯主要的商品粮基地之一，也是俄罗斯主要的畜牧基地之一。③黑海沿岸亚热带地区。该区位于外高加索西部黑海沿岸地区。湿润温暖的气候条件，使其成为茶树、柑橘类（柠檬、桔、甜橙）和油桐树等亚热带作物的主产区。④西北部地区。该区大部分属于非黑土地带，是俄罗斯谷物、奶牛、亚麻、马铃薯的重要产区。⑤西部地区。该区土壤以肥力较高的黑钙土为主，是俄罗斯的主要黑土区，是俄罗斯主要的甜菜、谷物及乳、肉用畜牧业生产基地。

（二）经济结构

俄罗斯是世界经济大国，苏联时期是世界第二经济强国，苏联解体后其经济一度严重衰退。俄罗斯的经济结构非常不合理，绝大部分收入来自资源行业，包括石油、天然气、矿石和木材等，受这类商品价格的波动影响非常大。

2000年之后俄罗斯的经济在大量出售资源的情况下得以迅速发展。2006年俄罗斯的经济总量超过1990年苏联解体前。2007年俄罗斯的国内生产总值（GDP）达到332480亿卢布，位居世界第十位。2011年，GDP达545860亿卢布，人均GDP达381822卢布（见表4-2）。

表 4－2　俄罗斯 2003～2011 年主要社会经济指标（绝对值）

年份	2003	2004	2005	2006	2007	2008	2009	2010	2011
GDP（十亿卢布）	13243	17008	21610	26904	33248	41277	38807	45173	54586
人均 GDP（卢布）	91607	118537	150997	188813	233948	290771	273465	316137	381822
农业生产总值（十亿卢布）	1154.9	1345.2	1380.9	1711.3	1931.6	2461.4	2515.9	2618.5	3451.3
固定资产投资（十亿卢布）	2186	2865	3611	4730	6716	8782	7976	9152	10777
商品零售总值（十亿卢布）	4530	5642	7041	8712	10869	13944	14599	16499	19083
进出口总额（十亿美元）	212.0	280.6	369.2	467.8	577.9	763.7	495.2	649.2	845.2
出口总额（十亿美元）	135.9	183.2	243.8	303.6	354.4	471.8	303.4	400.4	522.0
进口总额（十亿美元）	76.1	97.4	125.4	164.3	223.5	291.9	191.8	248.7	323.2
外贸顺/逆差（十亿美元）	59.8	85.8	118.4	139.3	130.9	180.0	111.6	151.7	198.8
外汇储备（亿美元）*	769	1245	1822	3037	4788	4263	4395	4794	4986
失业人口（万人，年底）	568.3	577.5	526.3	499.9	458.9	479.2	637.3	563.6	502.0
职工月均名义工资（卢布）	5498.5	6739.5	8555	10634	13593	17290	18638	20952	23693
吸引外资（亿美元）	296.99	405.0	536.5	703.0	1209.4	1037.7	819.3	1147.5	1906.4
汇率（1 美元，年底数据）	29.45	27.75	28.78	26.33	24.55	29.38	30.24	30.48	32.20

注：* 俄罗斯联邦中央银行，Федерации，2012。

资料来源：World Bank，2003～2008；Федеральная служба государственной статистики.，2009～2012.

2011 年是俄罗斯经济在世界经济持续低迷的背景下实现快速恢复增长的一年（见表 4－3）。在国际大宗商品价格反弹的刺激下，俄罗斯经济回升较快，财政金融状况明显好转。全年 GDP 同比增长 4.3%；工业同比增长 4.7%；农业增长 22.1%；固定资产投资增长 8.3%；居民实际可支配收入同比增长 1.0%；商品零售贸易额同比增长 7.0%；外贸额同比增长 30.2%。

俄罗斯已经形成了以 9 大工业部门（能源、黑色冶金、化学和石油化工、机器制造和金属加工、木材加工和造纸、建筑和材料、轻工、食品、微生物）为中心的完整的工业体系。无论从经济实力的基础情况来看，还是从工业、科技区域布局来考察，俄罗斯占有苏联工业的绝对优势资源。

在苏联时期，以莫斯科为中心的中央区集中了苏联 1/2 以上的纺织工业和 1/5 的机械工业。以圣彼得堡为中心的西北区是苏联重要的加工工业区，精密机械制造、机电、化学和有色冶金等部门均较发达。北方区木材采伐量、锯木制材量、经济用材运出量和制浆造纸工业产量均居苏联的首位。乌拉尔区的采煤业产量居苏联第二位。

表 4－3 俄罗斯 2003～2011 年主要社会经济指标变化指数

单位：%

年份	2003	2004	2005	2006	2007	2008	2009	2010	2011
实际 GDP	107.3	107.1	106.4	106.8	108.1	105.6	92.1	104.0	104.3
工业生产总值	108.9	108.0	105.1	106.3	106.8	100.6	90.7	108.2	104.7
农业生产总值	101.3	103.0	101.6	103.6	103.3	110.8	101.4	88.7	122.1
固定资产投资	112.5	113.7	110.9	116.7	122.7	109.9	84.3	106.0	108.3
商品零售贸易额	108.8	113.3	112.8	114.1	116.1	113.7	94.9	106.4	107.0
工业品生产价格指数*	112.5	128.8	113.4	110.4	125.1	93.0	113.9	116.7	112.0
农业品生产价格指数*	124.7	117.7	103.0	110.4	130.2	102.5	98.2	123.6	94.9
通货膨胀率**	13.7	10.9	10.9	9.7	11.9	13.3	8.8	8.8	6.1
商品进出口总额	126.0	132.4	131.6	126.7	123.5	132.1	64.9	131.1	130.2
商品出口总额	126.7	134.8	133.1	124.5	116.7	133.1	64.3	132.0	130.4
商品进口总额	124.8	128.0	128.7	131.0	136.0	130.6	65.8	130.0	130.0
商品进出口差额	129.4	143.5	138.0	117.7	94.0	137.5	62.0	135.9	131.1
吸引外资	150.1	136.4	132.5	131.0	170.0	85.8	79.0	140.1	166.1
居民实际可支配收入	111.0	111.0	112.0	113.0	112.0	102.0	103.0	105.0	101.0
实际工资	—	110.6	112.9	113.4	127.8	127.2	107.8	112.4	113.1
失业率	—	—	107.2	106.9	106.1	106.3	108.4	106.8	106.6

注：* 为每年 12 月数值与上一年 12 月数值之比。** OECD Factbook, 2011～2012。

资料来源：World Bank, 2003～2008; Федеральная служба государственной статистики., 2009～2012.

在俄罗斯能源工业中，石油工业是最重要的能源工业部门，天然气工业是一个发展很快的新型能源部门，煤炭生产则一直占重要地位，它是燃料平衡的基础。化学和石油化学工业在十月革命前是俄罗斯工业部门中最薄弱的一环。当认识到化学工业是保证工业物质基础最重要的部门，是推进国民经济工业化的决定性因素之一时，俄罗斯才采取紧急措施来建立和发展这一部门。

俄罗斯发展建筑材料工业的基本方向是：优先发展既能降低金属用量、降低造价和劳动量、减轻建筑物重量，又能提高其保暖程度的建筑材料；扩大高标号、多成分和特种水泥的生产；增加抛光玻璃、强化玻璃和玻璃纤维布以及建筑用瓷器等高效装修材料的生产；进一步研制开发新产品并注意提高传统产品质量。轻工业是俄罗斯最重要的传统工业部门之一。十月革命之前，俄罗斯轻工业就已粗具规模。轻工业的主要部门有纺织工业、皮鞋业、针织业等。俄罗斯的轻工业主要集中在欧洲部分人口稠密的地区。

俄罗斯的农业从 20 世纪 60 年代以来开始实行集约化经营，主要是全盘机械化、电气化、化学化、水利化、科学化和知识化，逐步改变以前的粗放经营方式，使农业生产水平有所提高。俄罗斯农业中的主要产品，如谷物、马铃薯、亚麻、肉乳等，占原苏联的1/2到1/3。近年来农业生产发展水平速度受到动荡局势的影响。

俄罗斯的交通以铁路为主导，西伯利亚的铁路长7416公里，其中6000公里是世界最长的电气化铁路。公路在交通运输中占有重要地位。公路总长71万多公里。以莫斯科为中心，14条公路干线四通八达。海洋运输和内河航运发展都较快。此外还有发达的管道运输。航空运输以客运为主，与80多个国家有航线相通。

2009~2010年，由于受到国际金融风暴和自然灾害的影响，俄罗斯的工农业生产受到了一定的影响。从2011年以后，各行业都有了很大的起色（见表4-4）。

2008年俄罗斯通货膨胀率达到13.3%，2010年通货膨胀率降至8.8%，2011年通货膨胀率降至6.1%，这是俄罗斯通货膨胀率最低的一年。受金融危机的影响，2009年俄罗斯财政收入减少40%，2010~2011年俄罗斯财政预算基本实现平衡，为俄罗斯经济发展打下了较好的基础。

（三）对外经济关系

2008年俄罗斯进出口贸易总额为7637亿美元，2009年进出口贸易总额比2008年减少了2685亿美元，2010年货物贸易进出口额比2008年减少了1145亿美元。

金融危机爆发后，俄罗斯外汇储备大幅度下降，从原来的4788亿美元下降到2009年的4395亿美元，但2010年和2011年外汇储备开始增长，2012年底的外汇储备约为5280亿美元，居世界第三位，仅次于中国和日本。

俄罗斯主要的贸易伙伴分布于五大洲的60多个国家和地区，在欧洲主要的贸易伙伴有英国、德国、匈牙利、意大利、荷兰、波兰、捷克、斯洛伐克、芬兰、法国、瑞士、瑞典；在亚洲主要有印度、塞浦路斯、中国、土耳其、日本；在北美洲主要有美国。

俄罗斯与独联体国家具有传统的贸易关系。由于地缘优势和既往产业链的连接，苏联解体后，俄罗斯与独联体国家依然保持着比较密切的外贸关系，俄罗斯与独联体国家的进出口额大体相当于其进出口总额的10%。

表 4－4　俄罗斯 2005～2011 年主要工农业产品产量

产品名称	2005 年		2006 年		2007 年		2008 年		2009 年		2010 年		2011 年	
	绝对值	同比变化（%）	绝对值	同比变化（%）	绝对值	同比变化（%）	绝对值	同比变化（%）	绝对值	同比变化（%）	绝对值	同比变化（%）	绝对值	同比变化（%）
发电量（亿千瓦时）	9520	102.2	9914	104	10150	102.4	10372	102.2	9920	95.6	10380	104.6	10520	101.3
石油（含伴生气，百万吨）	470	103.0	480	102.1	491	102.3	489.6	99.3	495	101.1	505	102.0	509	100.8
天然气（亿立方米）	6387	100.9	6563	102.8	6510	99.2	6636	101.9	5830	87.9	6510	111.7	6690	102.8
煤炭（百万吨）	298	105.8	309.2	103.8	314	101.6	326.1	103.9	302.2	92.7	323.3	107.1	335.4	103.7
水泥（百万吨）	48.7	106.8	54.7	112.3	59.9	102.2	53.6	89.5	44.3	82.6	50.4	113.8	56.1	111.3
钢材（百万吨）	54.6	101.6	58.2	106.6	59.6	102.4	56.6	95.0	51.9	91.7	57.7	111.2	59.5	103.1
钢管（万吨）	667.3	110.7	787.9	118.1	870.9	110.5	777.8	89.3	620	79.7	920	148.4	1000	108.7
卡车（万辆）	20.42	102	24.4	119.6	28.5	116.8	25.5	89.5	9.3	36.5	15.6	167.7	20.7	132.7
轿车（万辆）	106.8	96.2	117.4	109.9	129.4	100.2	147.0	113.6	60.0	40.8	121.0	201.7	173.7	143.6
化肥（万吨）	1661.9	106.1	1620.7	97.5	1765.5	108.9	1628.6	92.2	1460	89.64	1790	122.6	1880	105.0
造纸（万吨）	196.9	101.7	401.6	101.2	408.4	101.7	398.2	97.5	451.3	113.3	467.5	103.7	467.2	99.9
谷物（万吨）	7800	100.0	7840	100.5	8160	104.1	10820	132.6	9710	89.7	6100	62.6	9420	154.4
甜菜（万吨）	2130	98.6	3000	140.8	2880	96.0	2900	100.7	2490	85.9	2230	89.6	4760	213.5
牛（百万头）	21.6	92.6	21.5	99.5	21.5	100	21.0	97.7	20.7	98.6	20.0	96.6	20.1	100.5
其中：奶牛（百万头）	9.5	92.2	9.4	98.9	9.3	98.9	9.1	97.8	9.0	98.9	8.8	97.8	9.0	102.3
猪（百万头）	13.8	95.1	15.8	114.5	16.3	103.1	16.2	99.4	17.2	106.2	17.2	100	17.3	100.6
羊（百万只）	18.6	107.1	19.0	102.2	21.5	113.1	21.8	101.4	22.0	100.9	21.8	99.1	22.9	105.0
肉（屠宰重，万吨）	499.0	98.1	540	108.2	579.0	107.2	626.8	108.3	671.9	107.2	716.7	106.7	748.1	104.4
肉与肉制品（工业加工，万吨）	182.7	102.9	218.8	119.7	256.1	117.1	285.8	111.6	—	—	—	—	—	—
鱼产品（包括罐头，万吨）	298.9	100.9	289.9	97.0	378.9	130.7	305.5	97.9	336.4	110.1	346.1	102.9	356.7	103.1
奶（万吨）	3110	96.8	3131	100.7	3200	102.2	3240	101.3	3260	100.6	3180	97.5	3170	99.7
蛋（亿个）	371	103.7	379	102.2	382	100.8	381	99.7	394	103.4	406	103.0	410	101.0

资料来源：Федеральная служба государственной статистики，2009～2012.

2008 年按双边贸易额统计的俄罗斯主要贸易伙伴（含独联体国家）排名依次为：德国，673 亿美元（是 2007 年的 127.2%，下同）；荷兰，618 亿美元（132.3%）；中国，559 亿美元（138.6%）；意大利，529 亿美元（146.7%）；乌克兰，398 亿美元（133.7%）；白俄罗斯，342 亿美元（131.1%）；土耳其，338 亿美元（149.0%）；日本，290 亿美元（142.2%）；美国，273 亿美元（153.2%）；波兰，272 亿美元（151.8%）；英国，225 亿美元（134.8%）；芬兰，224 亿美元（142.1%）。

2011 年，在愈演愈烈的国际政治和经济危机中，俄罗斯经济逆势走强，以 GDP4.3% 的增幅位居世界各国前列。高升的原油价格使俄罗斯从中获益多多，不仅推动了外贸规模的进一步扩大，同时也使财政预算扭亏为盈。同时，2011 年俄罗斯加快独联体一体化进程并成功完成入世谈判，为俄罗斯未来经济发展和对外经贸合作奠定了基础。

俄罗斯海关局统计数据显示，2011 年俄罗斯对外贸易总额 8452 亿美元，同比增长 30.2%，其中，出口 5220 亿美元，同比增长 30.4%；进口 3232 亿美元，同比增长 30.0%；实现贸易顺差 1988 亿美元，同比增长 31.1%。

俄罗斯出口呈“总量微跌、均价高涨”态势。俄罗斯作为资源出口型国家，尽管受到 2011 年欧债危机以及世界各国经济复苏乏力的不利影响，但得益于能源价格一路走高，在出口总量减少的同时，出口总值保持快速增长。

从地区看，欧盟仍是俄罗斯最大贸易伙伴，但由于受到欧债危机影响，欧盟在俄罗斯外贸总额中所占比例较 2010 年略有下降，为 48%（2010 年为 49%）。与欧亚经济共同体国家的贸易总额为 646 亿美元，同比增长 32.1%。

中国继续保持俄罗斯第一大贸易伙伴国地位，俄罗斯向中国出口激增。2011 年俄罗斯与主要贸易伙伴国的贸易额均不同程度地增长。中俄贸易达到截至当时的历史最高纪录，为 835 亿美元，同比增长 40.8%。其中俄罗斯向中国出口 352 亿美元，同比增幅高达 73.4%，主要是能源价格上涨所致；自中国进口 483 亿美元，同比增长 23.9%。中俄贸易约占俄罗斯对外贸易的 10.2%，所占比重较 2010 年上升 1 个百分点。

4 军事和外交

4.1 军事

俄罗斯联邦武装力量由管理机关、军团、兵团、部队、军事院校以及后勤部门组成。在组织编制结构上分为陆军、空军、海军3个军种和战略火箭兵、空降兵、空天防御兵3个独立兵种。未编入武装力量的其他军队包括内卫部队、联邦安全总局、联邦警卫总局所属部队、民防部队等。

俄罗斯联邦总统兼俄罗斯联邦武装力量最高统帅，对武装力量和其他军队实施全面领导，并通过国防部长和总参谋长对武装力量实施作战指挥。国防部长通过国防部对联邦武装力量实施直接领导。俄罗斯联邦武装力量总参谋部对武装力量进行作战指挥。

兵员补充实行双轨制，即义务兵役制与合同兵役制相结合。从2008年1月1日起，应征入伍的义务兵服役期缩短至1年。俄罗斯军在军队的职业化方面也做了很多工作，计划未来5年每年招募5万名合同制军人；2017年之前，100万人的武装力量中，将有70万名职业军人；到2020年前，义务制军人人数缩减至14.5万。

4.2 外交

（一）外交政策

近年来俄罗斯对外政策变得比较灵活。灵活的对外政策可以避免冲突，有利于与所有国家探寻共同利益和采取互利的解决办法。

俄罗斯对外政策是反对国际恐怖主义、宗教极端主义和民族分离主义，也反对任何破坏国际稳定、妨碍国际合作的挑衅行为和计划。

俄罗斯在国际关系上主张防止包括核武器对抗在内的任何性质的军事对峙。因此2003年俄罗斯与美国签署并批准了《削减进攻性战略武器条约》。

在八国集团范围内俄罗斯与世界发达国家保持着互利关系，这对国际社会所有国家间的发展、友好及保护全球文化和自然遗产创造了实实在在的机会。

积极参与国际金融和经济结构一体化（例如加入巴黎俱乐部、伦敦俱乐部、亚太经济合作组织以及WTO等）使俄罗斯在国际事务中扮演了新的角色。

俄罗斯对外政策的重点之一是它和独联体国家的关系。在这方面俄罗斯努力争取最大限度地考虑所有独联体国家自主发展的利益，同时也顾及所有独联体国家的民众希望共同解决现实问题的愿望。俄罗斯并没有推卸在苏联版图内和平调解冲突的责任。

俄罗斯对外政策的一个重要方向是发展与欧洲的关系。俄罗斯遵循1999年签署的《欧洲安全宪章》，参与在欧洲大陆建立新的关系体系的工作。作为欧洲安全与合作组织、黑海经济合作组织的成员，俄罗斯积极参与这些组织的活动。

俄罗斯遵守所有欧洲国家努力构建的没有界线、避免集团内部封闭和相互猜疑的共处方式。所以俄罗斯反对北大西洋公约组织向东扩张。1997年俄罗斯和北约签署了《俄罗斯与北约关系、合作和安全基本文件》，在此基础上形成了北约—俄罗斯常设联合委员会（现在名称是 20 国委员会），该委员会的出现增强了双方对维护国际关系稳定的责任感。

俄罗斯和美国的关系发展潜力很大。两国定期的政治接触有利于加强战略上的稳定和全球安全。

俄罗斯也同样重视亚洲地区。加入上合组织是俄罗斯迈出的最重要的一步。此类合作加强了各国在军事和安全领域的相互信任，也促进了政治、经贸和文化领域的合作。参与东南亚国家联盟和东盟论坛的活动也加强了俄罗斯在东南亚地区的合作伙伴关系。

传统上与中东国家的关系在俄罗斯对外政策中占有重要地位。2003 年俄罗斯与美国、联合国和欧盟共同制定了旨在逐步解决巴以冲突的中东和平路线图计划，并提交给了以色列和巴勒斯坦民族权力机构的领导人。俄罗斯认为，联合国安理会应在解决伊拉克和其他冲突中起主要的调解作用。俄罗斯还对阿富汗提供人道主义援助，并参与支援非洲的人道主义活动。

与拉丁美洲国家的关系也是俄罗斯对外政策的重要组成部分。

21 世纪初国际形势呈现尖锐化和复杂化的特征。俄罗斯的目标是巩固在 20 世纪国际事务中所取得的积极成果，这对于俄罗斯实现国内发展，以及在国际事务中取得进一步的成绩打下了坚实的基础。

俄罗斯视中国为最重要和最有经济合作前途的伙伴。首先，近年来，每年俄中高层进行多次交往，增强战略互信，两国战略协作关系不断加深；其次，两国经济合作领域不断拓宽。在经贸合作方面，近年来中俄经贸合作呈现出良好的发展势头；再次，两国人文领域合作不断加强；最后，两国在国际和地区事务中加强协调。

2013 年 2 月，俄罗斯总统普京新修订的《俄罗斯联邦外交政策构想》将是他第三个总统任期内俄罗斯外交政策的纲领性文件。新构想依然将独联体、欧洲、美国、亚太地区列为俄罗斯外交的四个优先区域。

俄罗斯将继续增进与中国平等互信的全面战略协作伙伴关系，积极发展各领域合作。中俄在主要国际政治问题上保持一致的原则立场是维护地区和全球稳定的重要基础之一。在这一前提下，俄罗斯将在多方面发展同中国的外交合作，包括寻找途径应对新挑战和威胁；解决地区和全球性紧迫问题；与联合国安理会的合作；在二十国集团、金砖国家、东亚峰会、上合组织和其他多边合作组织框架下开展合作。

普京指出，俄罗斯外交政策的基本原则没有发生改变。他说："这首先是公开性、可预见性、实用主义、捍卫俄罗斯利益，当然还有不进行任何对立。"

（二）和其他独联体国家的关系

俄罗斯与独联体国家的政治经济关系曾经历了一系列危机，其深刻根源在于俄罗斯主导的一体化进程与外部力量支持的多元化趋势之间存在着激烈的竞争。

俄罗斯为了推进独联体国家经济一体化付出了大量努力，包括12个国家的经济联盟方案，以及更为狭小的区域组织（关税同盟、欧亚经济共同体、四国统一经济空间、俄白国家联盟），但这些努力最终都没有成功。俄罗斯作为独联体贸易中心的地位也曾有所下降。

俄罗斯为了建立自己主导的区域一体化组织，已经关注到独联体现阶段的客观现实，包括国际竞争的加剧和多元化分散化趋势的不可逆转，并逐渐放弃了过去谋求的那种在内容上包罗万象、行动上整体统一的一体化模式，转而追求一种更加现实可行的在内容上有一定限度范围、行动上有先有后的一体化目标。

近年来，由于俄罗斯调整其对独联体国家的政策，与独联体国家的关系有所好转。这项政策也成为俄罗斯外交政策的重要组成部分。

由于历史原因，俄罗斯与独联体各国的贸易占俄对外贸易的很大比例。近年来与独联体各国的贸易，尤其是与关税同盟国的贸易平稳上升。2011年俄罗斯与独联体国家贸易总额为1226亿美元，同比增长34.2%。消除了海关壁垒后，关税同盟成员国之间的贸易额迅速增长，贸易总额为584亿美元，同比增长35.2%。

俄罗斯在独联体有驻军的国家包括乌克兰、塔吉克斯坦、亚美尼亚、摩尔多瓦、吉尔吉斯斯坦、哈萨克斯坦、阿塞拜疆和白俄罗斯。

（三）与中国的关系

（1）中俄边界协定的签署

中俄边界全长4300多公里，分为东、西两段。双方以有关两国边界的条约为基础，根据公认的国际法准则，本着平等协商、互谅互让的精神，经过多年谈判，分别于1991年5月16日、1994年9月3日和2004年10月

14 日签署了《中苏国界东段协定》、《中俄国界西段协定》和《中俄国界东段补充协定》。上述三个协定一起实现了中俄边界线走向的全部确定。

2008 年 10 月 14 日，中国外交部和俄罗斯外交部通过换文确认《中华人民共和国政府和俄罗斯联邦政府关于中俄国界线东段补充叙述议定书》及其附图正式生效。同日，中俄双方在黑瞎子岛举行了“中华人民共和国与俄罗斯联邦国界东段界桩揭幕仪式”。该协定的签署为中俄之间几十年的边界谈判画上了圆满的句号。

（2）中俄世代毗邻而居，传统友谊深厚

在过去的 20 多年里，两国在新形势下秉持睦邻友好精神，不断提升两国关系，成为全面战略协作伙伴。《中俄睦邻友好合作条约》将两国和两国人民“世代友好、永不为敌”的和平思想和“不结盟、不对抗、不针对第三国”的理念以法律形式固定下来，确立了新型的国家关系。

中俄间定期高层会晤机制规格之高、组织之健全、涉及领域之广泛，在中国对外关系中是独一无二的，在大国关系中也是十分罕见的。中俄是世界政治、经济大国并互为最大邻国，中国的发展需要俄罗斯，俄罗斯的发展需要中国，世界的发展需要稳定、友好、繁荣的中俄关系。

中俄关系已成为大国关系的典范，两国友好务实合作在各领域都取得了丰硕成果。

（3）政治合作互信真诚

中俄国家元首、总理和高级官员经常互访，双方就进一步深化全面战略协作伙伴关系达成了共识。中俄以发展彼此关系为本国外交的主要优先方向，推动高层密切接触，坚定支持对方维护主权、安全和发展等核心利益。此外，面对深刻变革调整的世界，双方在国际舞台上密切配合，就叙利亚局势、伊核、朝核问题等重大国际事务积极协调立场，支持国际关系多极化，主张建立更加公正、民主的全球秩序，有力促进了地区和世界的和平与稳定。

（4）经贸合作互利共赢

中俄双方已确定双边贸易额要在 2015 年达到 1000 亿美元、2020 年达到 2000 亿美元的目标。中俄同为新兴经济体，经济规模位居世界前列，发展潜力巨大。两国经济各有优势，在市场、技术、资源、投资、商品等方面互有需求，有利于双方优势互补，互利共赢。中国最近几年一直是俄罗斯的第一大贸易进口国。

（5）人文合作和谐友好

近年来，中俄两国加强人文领域和民间层面的合作交往，相继互办

“国家年”“语言年”等重大双边文化交流活动，进一步增进了两国人民之间的交流与理解，巩固了两国交往的社会基础。

（6）安全合作互助务实

中俄两国军方经常举行联合军事演习。双方一致认为，这种演习进一步增进了两国战略互信，拓展了两军务实交流合作领域，提高了共同应对新威胁和新挑战的能力。

（7）与邻为善，以邻为伴

回顾历史，中俄两国信则两利，合则双赢；展望未来，中国和俄罗斯的发展互为对方机遇，相信两国合作必将不断迈上新台阶。

（四）与其他主要国家的关系

2013 年的《俄罗斯联邦外交政策构想》依然将独联体、欧洲、美国、亚太地区列为俄外交的四个优先区域。

（1）与欧洲的关系

2008 年，俄罗斯提出要致力于建立开放、民主的全欧集体安全与合作体系，增强欧洲委员会和欧安组织的作用，同欧盟建设四大共同空间，同欧洲国家开展务实合作，同北约进行对话与合作。

在 2013 年的新《外交政策构想》中，俄罗斯把欧洲放在俄外交四个优先区域的第二位，希望继续开展俄欧之间的安全合作和经济贸易合作。

（2）与美国的关系

2008 年，俄罗斯曾主张：在近期，俄美双方通过对话寻求共识、弥合分歧，在军控、防扩散和反恐等领域开展合作；在远期，赋予俄美关系牢固的经济基础和控制分歧的能力，使之具有稳定性和可预见性。

2013 年，俄罗斯在其新的《外交政策构想》中提到，愿意继续与美国在军备控制领域开展合作，但也提醒美国在其对外行动中严格遵守联合国宪章等国际法准则，不干涉他国内部事务。

（3）与亚太的关系

2008 年，俄罗斯曾提出要继续发展上合组织，深化同中国和印度的战略伙伴关系，拓展俄、中、印三边外交与经济合作，与日本建立睦邻关系和建设性伙伴关系。此外，俄罗斯将推进同中东、非洲和拉美国家的合作关系。

2013 年，俄罗斯在其新的《外交政策构想》中指出，亚太地区是“发展最快的地缘政治空间”，加强俄罗斯在亚太地区的地位具有重要意义。俄罗斯希望利用自己的地缘政治空间，顺应世界经济政治重心向所处区域的转移，积极参与亚太地区的一体化进程，把握机会实现西伯利亚和远东的经济发展计划，积极参与构建亚太地区透明、公平的安全和合作体系。文件认为有必要推动亚太地区区域合作体系的构建，特别是要加强上合组织在区域和全球事务中的角色，使之在该地区成为有建设性的影响力量。

（五）与联合国和其他国际组织的关系

（1）联合国

俄罗斯是联合国五个常任理事国，参与了联合国的大部分工作，在处理国际事务上发挥着举足轻重的作用。

2013 年普京总统说，俄罗斯将坚持捍卫联合国在国际事务中的中心地位。他表示，俄罗斯一贯支持在国际舞台上营造开放的气氛，并在充分尊重主权、领土完整和平等的基础上，通过政治外交手段解决存在的问题。俄罗斯将继续坚持以国际法为准绳，捍卫联合国的中心地位。他说，俄方作为联合国安理会常任理事国，“深感维护世界和平责任重大”，并将为此与伙伴国采取共同行动。

（2）世界贸易组织

2011 年底，世界贸易组织（以下简称世贸组织或 WTO）第八次部长级会议在日内瓦正式批准俄罗斯加入世贸组织，俄罗斯 18 年入世历程由此画上句号。根据入世协议，俄罗斯总体关税水平从 2011 年的 10% 降至 7.8%。其中，农产品总体关税水平从 13.2% 降至 10.8%，工业制成品总体关税从 9.5% 降至 7.3%。协议生效后，俄罗斯有义务立即对超过 1/3 的进出口税目执行新关税要求，另有 1/4 税目将在 3 年内调整到位。入世协议对俄罗斯一些产品给予较长关税保护期，其中禽肉制品保护期最长，为 8 年；汽车、直升机和民用航空器为 7 年。

入世不仅有助于俄罗斯进一步融入世界经济一体化进程，为俄罗斯经济健康稳定发展提供助力，也将为推动国际贸易发展和建设多边贸易机制创造契机。

俄罗斯加入 WTO 后开始调整其对外贸易政策法规，并开始对入世承诺的关税进行调整，计划在规定期内达到承诺的关税标准。

（3）亚太经济合作组织（APEC）

自 1998 年加入 APEC 以来，俄罗斯缓慢但持续地加强其在 APEC 框架内的活动。俄罗斯与亚太经济体的贸易额只占其贸易额的 20%，而与欧盟的贸易额占到 50%。这种状况由来已久，反映了历史形成的俄罗斯经济关系的优先方向是欧洲，欧洲才是俄罗斯外交政策的主流。虽然不能说俄罗斯的外交和对外经济政策已彻底改变，但它正慢慢变得更加多元化、更加均衡，对亚太地区更积极、更具建设性，这与俄罗斯政府加快发展东部地区经济的努力相吻合。

在保持欧盟作为最重要的经济伙伴的同时，俄罗斯更积极地参与了APEC活动，发展与亚太地区重要经济体的伙伴关系。2012年俄罗斯作为东道主，主办了APEC领导人的非正式峰会，以及相应的各种部长级会议、研讨会和工作性会议，俄罗斯的努力得到了各经济体的赞扬。

（4）上海合作组织（SCO）

俄罗斯积极参加了上合组织的组建，并参与了上合组织有关的各项活动，是上合组织的中坚力量。

（5）经济合作与发展组织（OECD）

俄罗斯从2007年5月开始申请加入OECD，并陆续参加了OECD组织的一些活动，是OECD的候选成员国，但到目前还没有成为OECD的成员国。俄罗斯为加入该组织采取了很多措施，包括使俄罗斯的立法符合OECD组织的标准。俄罗斯已经于2013年初成为OECD核能署的成员国。俄罗斯希望能在最近几年加入OECD。

5 小结

俄罗斯是中国北部最大的一个邻国。俄罗斯的国土辽阔，自然资源丰富，但分布不够均匀。人口密度大和工农业发达的西部地区，自然资源相对薄弱；人口密度稀少的东部地区，自然资源相对丰富，开发程度较低。俄罗斯是重要的工业大国，工业基础雄厚，部门齐全，机械、钢铁、冶金、石油、天然气、煤炭、森林工业及化工等重工业部门突出。俄罗斯工业结构不合理，民用工业落后状况尚未根本改变。俄罗斯80%的矿产资源、能源工业分布在亚洲部分，制造业则集中在欧洲部分。俄罗斯的农业主要分布在西部的东欧平原和西南部的顿河流域。欧洲部分气候良好，有重要的粮食作物和经济作物种植区。亚洲部分除了阿尔泰边疆区适合农业，盛产各种粮食作物以外，其余大部分地区气候寒冷，不利于农业生产。

俄罗斯的经济结构非常不合理，绝大部分收入来自资源行业，包括石油、天然气、矿石和木材等，经济发展受这类商品价格的波动影响非常大。

2000年之后俄罗斯的经济在大量出售资源的情况下得以迅速发展。2006年俄罗斯的经济总量超过1990年苏联解体前。2007年俄罗斯的国内生产总值位居世界第十。2011年在国际大宗商品价格反弹的刺激下，俄罗斯经济回升较快，财政金融状况明显好转：全年 GDP 同比增长 4.3%，工业同比增长 4.7%，农业增长 22.1%。

2011 年俄罗斯对外贸易总额 8452 亿美元，同比增长 30.2%，其中，出口同比增长 30.4%，进口同比增长 30.0%。中国继续保持俄罗斯第一大贸易伙伴国地位，俄罗斯向中国出口也有激增。2011 年俄罗斯与主要贸易伙伴国贸易额均有不同程度的增长。

俄罗斯是世界上的军事大国，现役军人有 100 万，包括有陆军、海军、空军、战略火箭兵、空降兵和空天防御兵。在部分独联体国家有驻军。

俄罗斯对外政策是反对国际恐怖主义、宗教极端主义和民族分离主义，也反对任何破坏国际稳定、妨碍国际合作的挑衅行为和计划。俄罗斯在国际关系上主张防止包括核武器对抗在内的任何性质的军事对峙。俄罗斯将独联体、欧洲、美国和亚太地区列为其外交的四个优先区域。

俄罗斯与中国的外交、经贸、文化合作关系近几年来有很大的发展，与欧洲、美国和亚太地区的外交政策也有很灵活的变化。俄罗斯在国际组织中是一个负责任的大国，在联合国、世贸组织、APEC、上合组织中都发挥了积极的作用。

第二节 环境状况

1 水环境

1.1 水资源概况

俄罗斯河流平均年径流量，在河口处的总量约为 4 万亿立方米，居世界第二位，但径流量分布很不均衡。俄罗斯欧洲部分的人口占俄罗斯人口总数的 80%，但河流径流量只有 8%。河川枯水年的最小径流量只有多年正常值的 20% ~40%，而在个别月份河水流量甚至降到多年平均值的 10%。

为满足生产用水和居民用水需要，俄罗斯靠水库来完成河川径流调节，水库的总有效库容为 3500 亿立方米。这些库容中的一半都集中在伏尔加 - 卡马河梯级水电站水库中和安加拉 - 叶尼塞河梯级水电站水库中。居民供水的大部分水源是水库。

最近 15 年俄罗斯的灌溉面积减少了 30%，从 620 万公顷减少到 450 万公顷，实际灌溉面积约为 200 万公顷。

俄罗斯东部的主要水域如下。

（一）叶尼塞河流域

叶尼塞河是俄罗斯第一大河，水量、水能资源均居首位。该河有 2 条源流，即大叶尼塞河和小叶尼塞河。两河于克孜勒附近汇合后称叶尼塞河。叶尼塞河干流从南向北流，最后注入喀拉海的叶尼塞湾。流域面积 260.5 万平方公里，总落差 1578 米，平均比降 0.41m/公里，河口多年平均径流量 6255 亿立方米，平均年输沙量 124 万吨。小叶尼塞河发源于唐努乌拉山脉，大叶尼塞河发源于东萨彦岭的喀拉·布鲁克湖。

该河共有大小支流约 2 万条，总长 8.8 万公里，主要支流分布在右岸。

（二）勒拿河流域

勒拿河起源于中西伯利亚高原以南的贝加尔山脉海拔 1640 米处，距离贝加尔湖仅 20 公里。该河从东南西伯利亚沿贝加尔湖西岸耸立的大山之中的源头流往位于北冰洋拉普捷夫海滨的三角洲河口，全长 4400 公里。流域面积约 249 万平方公里。

勒拿河 95% 以上的流水来自融雪和降雨，其余的多来自地下水。夏季洪水滔滔，有时还会出现暴洪，以及冬季的流量很小，是该河流域的特征。在河流冻结到底时，河水可以出现完全断流。春汛水位较高，夏季多洪水。河水径流补给以冰雪融水为主，雨水次之。河水径流量春汛最大，伏汛次之，冬季流量最小。结冰期长达 8 个月（9 月末至翌年 6 月初）。春汛期的流冰常阻塞河床，使河流水位上升，造成灾害。该河口年平均流量为 16400 立方米/秒，最大流量超过 118923 立方米/秒，最小流量低至 1104 立方米/秒，年总流量接近 417 立方公里。

（三）鄂毕河流域

鄂毕河位于西伯利亚西部，是俄罗斯乃至世界的著名长河，按流量是俄罗斯第三大河，仅次于叶尼塞河和勒拿河。鄂毕河由卡通河与比亚河汇流而成，自东南向西北再转向北流，纵贯西伯利亚，最后注入北冰洋喀拉海鄂毕湾。河长 4315 公里（从卡通河源头算起），流域面积 299 万平方公里。河口多年平均流量 12300 立方米/秒，实测最大流量 43800 立方米/秒，实测最小流量 1650 立方米/秒；年平均径流量 3850 亿立方米。含沙量沿程呈递减趋势（160～40 克/立方米），年平均输沙量 5000 万吨。

（四）阿穆尔河流域

阿穆尔河是一条国际河流，流经蒙古国、中国和俄罗斯三国。在中国称为黑龙江，发源于额尔古纳河，是中国北方民族的母亲河，也是中俄两国的大界河。流经中国最大的冻土带，有近半年的冰霜期。

阿穆尔河有南北两源。南源为额尔古纳河，由海拉尔河和克鲁伦河汇流而成。其中海拉尔河发源于中国内蒙古自治区大兴安岭西麓，河流全长626公里，流域面积4.91万平方公里；克鲁伦河发源于蒙古国肯特山脉东坡，南流折向东流，河流全长1264公里。至满洲里市东南两河相汇后始称额尔古纳河。北源为俄罗斯境内的石勒喀河，全长1592公里，石勒喀河上游称鄂嫩河，发源于蒙古肯特山脉东侧。南北两源在中国黑龙江省漠河以西的洛古河附近汇合后称黑龙江。沿途接纳左岸的结雅河、布列亚河和右岸的呼玛河、逊河、松花江、乌苏里江等支流，在俄罗斯的尼古拉耶夫斯克（庙街）注入鞑靼海峡。

以额尔古纳河为河源计算，阿穆尔河全长4444公里。流域面积185.5万平方公里，居世界第10位。其中中国境内89.11万平方公里，占全流域的48%。黑龙江干流全长2820公里，自然落差460米。阿穆尔河水量丰沛，乌苏里江汇合口以上年平均流量8600立方米/秒，入海口多年平均流量10800立方米/秒，年径流量3408亿立方米。黑龙江（阿穆尔河）流域河网密布，支流、湖泊众多，大小支流10000多条，湖泊60000多个。右岸（中国一侧）较大的支流有松花江、乌苏里江、呼玛河、逊河；左岸（俄罗斯一侧）较大支流有结雅河、布列亚河、阿姆贡河。流域内的主要湖泊有呼伦湖、贝尔湖、镜泊湖、长白山天池、兴凯湖、五大连池、博隆湖、乌德利湖、奥列利湖和基齐湖等。

（五）里海

里海是个内陆湖，位于中亚西部，海域狭长，南北长有1200公里，东西宽度平均320公里，湖岸线长7000公里，湖面总面积超过37万平方公里。

里海的水面低于外洋海面28米，湖水平均深度约180米。里海的湖底深度不同，北浅南深，湖底自北向南倾斜，最大深度可达1025米，有伏尔加河、乌拉尔河、库拉河、捷列克河等130多条河流注入。1940~1970年，平均每年流入的淡水量达286.4立方公里，其中伏尔加、乌拉尔和捷列克河约占90%以上。

据统计，里海每年的进水总量为338.2立方公里，而每年的耗水量则为361.3立方公里，湖水水面必然会逐步下降。因为水分大量蒸发，盐分逐年积累，湖水也越来越咸。

（六）贝加尔湖

贝加尔湖呈新月形，长636公里，宽79公里，面积31494平方公里，是亚洲第一大淡水湖，也是世界第七大湖，属于构造湖，流域面积560000平方公里，有多达336条河流注入，其中最大的河为色楞格河，而其外流河为叶尼塞河的支流安加拉河，其出水口位于西南侧，往北流入北极海。湖面每年1月至4月结冰。

贝加尔湖是世界最深的湖泊，据2008年7月29日测量，最深处为1580米，平均深度758米，湖面海拔456米，最深处湖床海拔-1181米，因深度深，其蓄水量达23600立方公里，占全球淡水河、湖总水量的20%。

1.2 水环境问题

俄罗斯在水资源利用及保护方面还存在着许多问题。

（一）水体污染严重

俄罗斯河流污染严重，河流中的铜、铁浓度早已超过最大容许值。目前，俄罗斯著名的大河，如伏尔加河、顿河、库班河、鄂毕河、叶尼塞河、勒拿河、伯朝拉河及阿穆尔河（黑龙江）等，经过有关机构评估已经受到“污染”，而这些河流的支流，如奥卡河、卡马河、托米河、额尔齐斯河、托博尔河、米阿斯河、伊谢季河和图拉河等已经“污染程度很重”。其中，鲁德纳亚河污染最为严重，其原因主要是采矿业废水未经处理直接排入该河。贝加尔湖由于受到水力发电、森林砍伐、农业移民和造纸工厂的影响，生态环境业已受到严重破坏。贝加尔湖海豹体内的PCB、DDT浓度非常高，比北极海以及里海海豹的还高。该湖内海豹的大量憋死，主要是纸浆工厂排出的化学物质所致。另外，一些小的河流，尤其是工业区、农业生产活动区以及大规模进行别墅建设的地方河流，也不同程度地受到了污染。

在俄罗斯的许多地方，地表水是生活饮用水和满足其他经济活动用水需要的基本来源，但是地表水的污染十分严重，并且已经殃及地下水，导致地下水水质下降。俄罗斯约40%的污水排放到饮用水源和鱼塘，造成大多数饮用水和鱼塘水质不符合卫生和渔业标准。由于缺少理想的饮用水净化设备和市政水管道，约一半的居民饮用水不符合饮用水卫生标准。

据2005年俄罗斯政府部门在“世界水日”之前公布的数据，俄罗斯饮用水的卫生状况不容乐观。俄罗斯30%的地表水在卫生化学方面不符合标准，25%的地表水细菌含量超标。俄罗斯有些河流中酚含量超过最大允许浓度的7~8倍，含氯有机杀虫剂、氨氮和亚硝态氮的含量超过最大允许浓度的10~16倍，锌、铜和铅离子的含量超过最大允许浓度的10倍，而石油产品的含量超过最大允许浓度的上百倍到上千倍。受饮用水卫生状况影响，俄罗斯居民每年患肠道感染等疾病的人数众多。

2007年11月11日，俄罗斯南部刻赤海峡的高加索港附近海域，5艘俄籍船只因风暴天气失事，1000多吨重油泄漏，造成非常严重的环境灾难。环保组织称，恢复刻赤海峡的生态环境可能需要10年时间，有毒物质将会影响鱼类、鸟类与海洋哺乳动物的生存。

以莫斯科市地区的调查为例，莫斯科地区水利设施生态状况恶化的主要原因是：大气、土壤、动物群、植物、地下水的高度污染；工业企业和公共生活未经净化的污水集中排放，污染了蓄水池和河流；从居民区流出的雨水，在农田和畜牧场地混进了地表水和排水；居民区饮用水供水系统处于不良状态；没有遵守农业企业粪便利用工艺；在河流两岸和蓄水池周围建有大量生活建筑；没有限制地开发利用河流两岸和水域水利设施；河流通航造成的石油产品污染；对水利设施缺少应有的生态监控系统。

供水水源水质恶化常常与土地被破坏和不遵守水法有关。在饮用水供水水源保护区聚集有工业污水、畜牧业加工业、有毒化工产品储存库和粪便等。有时未与专门的代表机构协调，就在水保护区域内修建房屋、建筑物、公共设施，并给别墅和避暑地划拨土地。

2009年俄罗斯官员表示，俄罗斯水资源现状不容乐观，目前约有1100万居民无法获得干净的饮用水。有检测显示，俄罗斯约有20%的家庭未接入供水系统，存在卫生安全隐患。60%的污水由公共市政企业产生，这些污水约有90%未达到正常排放标准。此外，俄罗斯在水资源发展领域投入不足，水利基础设施老化严重。

2010年俄罗斯排入地表水体的废水量与2009年相比增加了0.4%，达479.21亿立方米。在这种情况下，排入地表水体的废水增加了2.4%——达162.39亿立方米（废水排放总量的33.9%）。

2010年，在俄罗斯有6206个地段的地下水受到污染，其中与工业污染相关的有2260个，占总数的36%；与农业活动相关的有975个，占总数的16%；与市政事业相关的有796个，占总数的13%；有444个站点设在不合格的违规开采天然水水域的地方，占7%；677个地段同时受到工业、市政和农业活动的影响，占11%；1054个地段没有安装地下水污染监控装置，占17%。主要污染地下水源物质是氮化合物、矿物油、硫酸盐、氯化物、重金属（铜、锌、铅、镉、钴、镍、汞、锑）和酚类物质。

里海、黑海、日本海、涅瓦湾、摩尔曼斯克港口水域的污染也都有所加重。

（二）工业排污量大，治理率低

2007年，全俄罗斯排污总量为150亿立方米左右，其中工业占70%；

河川径流总量为42700亿立方米，没有受污染的径流量约占10%。

近年来，一些化学、生物制造企业经常造成突发性污染事件，如硫等污染物大量排入河流。另外，矿藏开发对水环境造成的污染也很严重。一些矿场堆渣高度达100米以上，一旦发生坍塌，就会造成严重污染。

俄罗斯境内因矿藏开发形成的弃土堆渣有数百亿立方米。对矿渣的处理办法一般是修建尾矿坝和挖深坑堆埋等。以往拦尾矿坝用当地材料和废渣修建，洪水或地震时易发生泄漏。水洗选矿也是矿产资源开发的另一个主要污水排放源。俄罗斯2004～2010年污染水排放和治理基本情况详见表5－5。

表4－5 俄罗斯联邦废水排放和治理情况

单位：亿立方米

项目＼年份	2004	2005	2006	2007	2008	2009	2010
废水排放量	—	794.72	792.73	799.85	802.72	—	764.97
排放到水体中的废水量	185.34	177.27	174.89	171.76	171.19	159.0	165.0
利用的淡水	615.37	613.35	621.53	625.06	629.21	—	579.72
输送损失	—	—	—	—	77.59	—	75.28
回收利用的水量	1349.54	1354.63	1425.97	1443.86	1435.04	—	—
淡水节约（%）	79.0	79.0	79.2	79.2	78.6	—	—
排放到地表水的总量	—	508.94	513.87	514.22	520.78	—	479.21
污染废水	185.35	177.27	174.89	171.76	171.20	—	162.39
未治理的废水	39.23	—	—	—	35.40	—	—
达标的水	305.91	309.77	318.00	321.99	330.07	—	296.80
澄清的水	22.04	21.90	20.99	20.47	19.51	—	20.02

资料来源：Министерство природных ресурсов и экологии Российской Федерации, 2004～2011.

（三）流域管理不集中

俄罗斯尽管在苏联时期就已比较重视水资源管理，并提出了流域管理机构设置问题，但进展很慢。到目前为止，一些大的河流仍是多家机构分散管理，如鄂毕河由性质不同的3家单位分管，伏尔加河的管理单位多达5家，没有一个全流域统一管理的单位。

（四）水资源设施老化

俄罗斯在水资源发展领域投入不足，水利基础设施老化严重，这些问题使俄罗斯淡水资源的开发利用面临困境。

（五）污水没有得到有效的治理

有调查显示，俄罗斯约有20%的家庭未接入供水系统，存在卫生安全隐患。60%的污水由公共市政企业产生，这些污水约有90%未达到正常排放标准。

（六）对地表水和地下水的开采与利用缺乏深入的研究

最重要和紧迫的问题包括以下几点。

（1）研究地表径流的季节性和长期变化规律，以及在周期性开采地下水的过程中，地表水和地下水的相互作用。

（2）了解原始资料，确定研究方法，如模拟天然和受扰动条件下的年径流量，评价地下水允许开采量，分析环境限制因素和管理条例等。

（3）分析和验证在不同自然条件下地表水和地下水相互作用的数学模型是否有效。

（4）发展合理的地下水分配方法和实施策略，确保减少的地下水量和环境需求的抽水量能周期性得到补给。

（5）建立水域的模拟模型，通过水库调节地表径流，明确表达水资源的管理原则，在这些水域，可以通过加大地下水的开采量来补充地表径流的不足。由于缺乏经验，需要通过天然水体的数据来检验这些方法，也就是说，需要考虑真实的自然条件和人为作用。

1.3 治理措施

俄罗斯为加强水资源的管理，促进经济发展，采取了以下措施。

（一）建立水资源保护和管理法规

1996年，俄罗斯颁布了《俄罗斯联邦水法典》之后，陆续出台了一些相关的法律法规。法律规定，必须优先保护人类的生活和健康，必须给人类生存以良好的生态保证。由于所有的水管理问题不可能一下都解决，所以俄罗斯当前的水政策主要放在研究和论证水资源管理的战略性目标和过渡期目标上。战略目标主要由整个社会的用水利益所决定，达到这一目标后，许多与水有关的难题也会迎刃而解。

俄罗斯水管理战略目标主要包括以下几方面：在保证可持续用水的基础上，为人民和经济建设部门提供可靠的优质用水；恢复并保持水源地（江、河、湖、库以及地下含水层等）的生态安全，保证水资源的蕴藏量及质量；保护人民生活和经济部门的生产免受不良水质的危害和影响等。

俄罗斯近几年来陆续制定了不同阶段的水战略。例如，2009年8月俄罗斯政府通过了《俄罗斯2020年前水资源战略》，确定了2020年前水资源发展战略目标和基本方向，该项目的实施将提高俄罗斯居民生活水平，增加农业产量。

（二）确定水资源管理方针与战略目标

为了保证水资源的合理开发利用，俄罗斯还陆续出台了一些调整水管理关系的法律法规，制定了可持续水资源的管理方针与战略目标，其目的是要建立一整套旨在鼓励和促进水资源安全有效使用的完整机制，以保护生态环境，减少用水对生态产生的破坏作用，具体可归纳为以下几点：恢复并保持水源地（江、河、湖、库以及地下含水层等）的生态安全，保证水资源的蕴藏量及质量，积极与危害水源的现象进行斗争；在保证可持续用水的基础上，保护人民群众的生活和工业生产免受不良水质的危害和影响；提高人民生活用水和经济建设部门用水的可靠性和安全性，使饮用水和经济建设用水的水质达到所规定的相应标准；在强行规定用水定额，为河川保留必要的生态蓄水量的基础上，稳定自然水源的数量和质量，减少对水体的有害影响。

（三）确定水资源管理政策

水的自然循环利用不仅可以保证水资源的可持续性，也可以对流域的生态起到调节和平衡作用。因此，为了保证用水的合理性和稳定性，全面解决各种供水问题，俄罗斯政府从流域统一的水管理体系立场出发，制定了水资源管理政策，以达到水资源的可持续性和生态安全，获取最大的实际效益。具体表现在以下几个方面：限制或规定用水额度以及污水的最大允许排放量，不论所排污水的危害程度如何，都要将其减至最低程度；在选择建筑物的设计参数和施工工艺时，不论河流状况如何，都应该采用最新科学技术；在选择水利工程方案时要全力注意降低用水风险；由于当今的水利工程设施规模宏大，建设投资额度高，水源使用者（包括排污者）要为水利工程建设支付费用；采用能够节约水资源或减少耗水的现代化工艺设备，改造并重新装备工矿企业；在生产用水、技术供水和补充循环消耗方面，最大限度地利用非传统水源，如雨水、工业与生活废水等；通过完善循环供水系统或采用全封闭循环供水等措施，改造用水单位的设施，以减少对自然水源的取用量。

（四）确定地方水资源规划基本原则

俄罗斯政府要求地方政府依据国家水政策的基本原则，制定出各个流域 15 ~ 20 年的水管理目标和规划，并分若干阶段实施。这些政策旨在降低直到停止排污，恢复自然水源的水质，进而提出有关径流量、流量、水位等特定要求的目标和规划，不仅对用水者提出了技术用水量的要求，而且为建立流域水管理体系的经济－数学模型，确定流域水管理体系的发展参数提供了保障。此外，俄罗斯政府还要求各级政府在各自的目标与规划基础上，再制订出各流域阶段性和年度性的具体计划。为此，俄罗斯各州及边疆区所处的各个流域纷纷出台相关法规，制定了水资源管理的专项规划。

（五）建立了联邦、流域、地区三级水资源管理体系

俄罗斯水利委员会执行水资源管理政策，落实水资源管理战略目标。该委员会是俄罗斯的水管理机构，主管水利事业，包括水资源的利用和保护、水利工程建设与修复，以及协调水利各方面活动和流域水资源管理的中央执行机构。水利委员会的任务包括制定和实施国家水政策（包括统一的水利科技政策），供水、防洪、水利工程的建设和运行管理，监督水法的执行情况，有关水利管理方面的经济和法律机制的运用，开展国际水合作等。

俄罗斯各流域的水管理机构作为联邦水管理机构的一部分，被赋予某些权利，其职责是维护地区用水利益和协调国家与地区之间的利益关系，在流域水资源利用和保护工作中维护国家的利益。

俄罗斯还设立了专门为有关部门提供水利信息，从事水资源综合开发利用的科研机构，这些科研机构的主要任务是为俄罗斯各流域的水环境保护与水污染治理提供科学依据。

（六）建立水域研究机构，确定治理方向

全俄水资源综合利用与保护研究总院专门成立了河流和水库生态恢复（保护）研究室、水文生态研究室、水库保护研究室等，从不同领域研究水环境及其治理对策，对不同的具体问题采取不同的水环境改善措施和办法。如对于湖泊、水库的水质问题来说，人类活动的影响是主要的，这是由于生活用水往往不经处理就排入湖泊、河流，由此造成水污染。对水体造成的污染不仅有直接的还有间接的，后者甚至比前者更为严重，如融雪将地面人类活动聚集的污染物带到河流之中等。

（七）建立用水许可证制度

俄罗斯主要通过发放用水许可证对水资源进行分配和管理。任何用水主体在用水之前，都必须先取得用水许可证，否则是非法的。

（八）信息系统的建设

俄罗斯建立了全俄水资源信息数据库，包括水建筑物及其运行状况、存在问题、是否为病险库等都可在此数据库中进行查询。部分州还设有专

门的数据显示系统。

（九）水价制定

1999年俄罗斯制定了水价暂行管理办法。水价主要考虑的是水资源成本，包括两个方面：一是供水建筑物建设、保护及运行等各种成本；二是国家税收。2002年前征收的水资源税有60%入国库，其余40%归于地方政府；2002年后水资源税全部上缴中央财政。在制定水价时，不同河流和地方都是有差别的。

（十）开展水环境评价

对于水源地、水库水质状况的预测要考虑影响因素的未来变化。对水库水质的分析还要考虑水库运用方式的影响因素。在俄罗斯，设计水库的同时要预测未来水生物和水化学的变化状况，要进行水环境评价。

（十一）推行清洁水项目

俄罗斯有关部门已制定“清洁水”国家项目并计划于2009年12月提交政府审议。该项目初步计划在2010年启动，政府每年为实施这一项目投资150亿卢布（1美元约合28卢布）。据悉，该项目旨在通过引入水处理创新机制改善饮用水质量，提高供水服务水平。据专家估计，提高居民饮用水质量，可以显著改善俄罗斯居民的卫生状况。

总之，俄罗斯政府制定的一系列旨在保护、开发和利用水资源的政策法规和实施的措施都以保护生态环境、合理利用水资源为目的，强调生态利益与经济利益的相互关系，注重人类的生存环境与生存条件，规定在水资源开发利用时，要优先考虑保护人类的生存与健康，保证饮用水及生活用水的安全，防治水源污染等，任何由于某种违犯以上法律法规的行为而导致个人遭受的损失都应该得到赔偿。同时，俄罗斯的各级地方政府也都根据水资源的不同用途，以及各种经济活动的不同阶段，对水资源的开发、利用与保护制定了相应的法律要求，以确保水资源的合理开发和有效利用。

2 大气环境

2.1 大气环境状况

（一）俄罗斯的大气环境标准和大气环境监测

俄罗斯制定了大气污染物最大允许浓度标准，其中常见的有18种（见表4－6）。表4－7列出了俄罗斯的主要污染物最大允许浓度标准与其他国家和国际组织标准的比较。

表 4-6　俄罗斯联邦空气中污染物最大允许浓度

物质	危害*	20 分钟居住区最大允许浓度（毫克/立方米）**	居住区该物质日均最大允许浓度（毫克/立方米）***
一氧化碳	4	5	3
二氧化氮	2	0.2	0.04
一氧化氮	3	0.4	0.06
甲烷	—	50	—
二氧化硫	3	0.5	0.05
氨	4	0.2	0.04
硫化氢	2	0.008	—
臭氧	1	0.16	0.03
甲醛	2	0.035	0.003
苯酚	2	0.01	0.003
苯	2	0.3	0.1
甲苯	3	0.6	—
二甲苯	3	0.3	—
苯乙烯	2	0.04	0.002
乙苯	3	0.02	—
萘	4	0.003	—
悬浮物质	3	0.5	0.15

注：*一种特征指标，说明空气中污染物质对人类的危害程度。分为 4 级，1——极其危险；2——高度危险；3——危险；4——中度危险。

** 该标准解释为这一浓度在人吸入 20～30 分钟内不会引起人体不良反应。

*** 该标准解释为这一浓度在不确定的长时期（数年）内吸入不会直接或间接造成对人体的危害。

资料来源：Нормативы загрязнения атмосферного воздуха, 2001.

联邦水文气象和环境监测管理局负责环境监测、数据处理和分析、每年环境状况回顾的准备以及生态状况变化的预报。俄罗斯国家环境监测系统分为城市监测和背景监测。城市大气质量观测网由位于俄罗斯所有城市和地区中心的二百多个监测站构成。

（二）城市大气污染严重

俄罗斯有关权威部门的监测结果显示，俄罗斯的 185 个城市和工业区的大气污染指数超标，大多数城市和居民点的空气早已经不符合卫生保健标准。

表 4－7　俄罗斯主要污染物最大允许浓度与欧盟、美国和世界卫生组织的环境空气质量标准

单位：毫克/立方米

污染物	平均时间	俄罗斯	WHO	美国	欧盟
一氧化碳	15min	—	100	—	—
	30min	5	60	—	—
	1h	—	30	40	—
	8h	—	10	10	10
	24h	3	—	—	—
二氧化氮	30min	0.2	—	—	—
	1h	—	0.2	—	0.2 每年不得超过 18 次
	24h	0.04	—	—	0.125 每年不得超过 3 次
	年均	—	0.04	0.1	0.04
臭氧	30min	0.16	—	—	—
	1h	—	—	0.235	—
	8h	—	0.12	0.157	—
	24h	0.03	—	—	—
二氧化硫	10min	—	0.5	—	—
	30min	0.5	—	—	—
	1h	—	—	—	0.350 每年不得超过 24 次
	24h	0.05	0.125	0.365	0.125 每年不得超过 3 次
	年均	—	0.05	0.08	0.02
PM10	30min	—	—	—	—
	24h	—	—	0.15	0.05 每年不得超过 3 次
	年均	—	0.05	0.08	0.02
苯	30min	0.3	—	—	—
	24h	0.01	—	—	—
	年均	—	—	—	0.005
	终生不超过	—	6×10^{-6} （微克/立方米）*	—	—

注：* 在 WHO 和欧盟指令的建议之下，针对长期和短期的影响，俄罗斯建立了苯的更严格的空气质量标准。

1999年俄罗斯经济好转，生产出现增长，与此同时，工业企业、热电站和国有地方电站的污染物排放量相应增多。俄罗斯联邦气象环境监督局的定期调查显示，1999～2003年大气污染物不断攀升，2003年俄罗斯排出的污染物总量为3530万吨，比2002年增加70万吨。在定期监测的253个城市中，有145个城市的大气污染物处于较高水平。2006年5月该局宣布，俄罗斯大城市空气污染水平依然超标。监测站针对监测对象的性质，分为工业固定源和移动源监测站。2008年，在俄罗斯248座城市的699个监测站点进行了空气质量监测，其中包括俄罗斯联邦水文气象和环境监测管理局在223座城市的625个监测站点完成的常规监测。

据俄罗斯自然资源部新闻管理局报道，在空气污染严重的城市中，综合空气污染指数（API）在2008年均等于或高于14，涉及居住1120万居民的30座城市。

其中有3个城市低于2007年的水平。观测表明，各城市的空气质量仍然不能令人满意：

- 136个城市的空气污染水平高或很高；
- 在居住1220万人口的34个城市中，观察到不洁物浓度高于最高允许浓度的10倍。

极高水平的空气污染确定来源如下：冶金企业的排放涉及9个城市；石油化工、石油和天然气生产涉及6个城市；燃料能源部门的企业和机动车的排放。

在莫斯科，100%的人生活在空气污染高或非常高水平的条件下；而在圣彼得堡，这一数字是98%；在堪察加地区、新西伯利亚斯克、鄂木斯克和奥伦堡地区这一数字为75%或更多。

2008年，在生活着6540万人口的207座城市中，观察到大气中一种或多种污染物质的年均浓度超过了最高允许浓度。这类城市的数量比2007年增加了4个。在巴什科尔托斯坦共和国，克拉斯诺亚尔斯克、外贝加尔和滨海边疆区，彼得格勒州、摩尔曼斯克州、新西伯利亚州、奥伦堡州、罗斯托夫州、萨马拉州、萨哈林州和斯维尔德洛夫斯克州，汉特－曼西自治区地区，大气污染物质达到最高允许浓度的5～7倍，莫斯科州达到9倍，伊尔库茨克州达到13倍。

2008年在俄罗斯所有观测的城市中，空气受到苯并（a）芘的污染，这是由燃料燃烧排放到大气中的。几乎在所有的城市中，这种不洁物质的年均浓度均超过最高允许浓度。

截至2010年，城市综合空气污染指数年均等于或高于14的城市已经达到36座。其详细情况见表4－8。

表4－8 2010年空气污染水平最高的俄罗斯城市及污染物质次序

城市	所在地区	造成大气高污染水平的物质先后次序
亚速市	罗斯托夫州	二氧化氮、苯并（a）芘、甲醛
阿钦斯克	克拉斯诺亚尔斯克边疆区	固体悬浮物、二氧化氮、苯并（a）芘、甲醛
巴尔瑙尔市	阿尔泰边疆区	甲醛、苯并（a）芘、二氧化氮、悬浮物
别洛雅尔斯基市	汉特－曼西自治区	甲醛
布拉戈维申斯克市	阿穆尔州	苯并（a）芘、甲醛
布拉茨克市	伊尔库茨克州	固体悬浮物、二氧化氮、苯并（a）芘、甲醛、氟化氢
伏尔加格勒	伏尔加格勒州	苯并（a）芘、苯酚、甲醛、氟化氢
伏尔加斯基	伏尔加格勒州	二氧化氮、氨、苯并（a）芘、甲醛
捷尔任斯克	下诺夫哥罗德州	固体悬浮物、氨、苯并（a）芘、苯酚、甲醛
叶卡捷琳堡	斯维尔德洛夫斯克地区	二氧化氮、氨、苯并（a）芘、甲醛
济马市	伊尔库茨克州	二氧化氮、苯并（a）芘、甲醛
伊尔库茨克市	伊尔库茨克州	固体悬浮物、二氧化氮、苯并（a）芘、烟尘、甲醛
克拉斯诺亚尔斯克	克拉斯诺亚尔斯克边疆区	固体悬浮物、二氧化氮、苯并（a）芘、甲醛
库尔干	库尔干州	苯并（a）芘、烟尘、甲醛
克孜勒市	图瓦共和国	固体悬浮物、苯并（a）芘、烟尘、甲醛
列索西比尔斯克市	克拉斯诺亚尔斯克边疆区	固体悬浮物、苯并（a）芘、苯酚、甲醛
马格尼托哥尔斯克市	车里雅宾斯克州	固体悬浮物、二氧化氮、苯并（a）芘、甲醛
米努辛斯克市	克拉斯诺亚尔斯克边疆区	苯并（a）芘、甲醛
莫斯科		二氧化氮、苯并（a）芘、苯酚、甲醛
卡马河畔切尔尼市	鞑靼斯坦共和国	苯并（a）芘、苯酚、甲醛
涅留恩格里市	雅库特共和国	固体悬浮物、二氧化氮、苯并（a）芘、甲醛
下卡姆斯克	鞑靼斯坦共和国	固体悬浮物、苯并（a）芘、甲醛
下塔吉尔市	斯维尔德洛夫斯克州	氨、苯并（a）芘、甲醛、
新库兹涅茨克市	克麦罗沃州	固体悬浮物、二氧化氮、苯并（a）芘、甲醛、氟化氢
新切尔卡斯克	罗斯托夫州	固体悬浮物、苯并（a）芘、苯酚、甲醛、一氧化碳

续表

城市	所在地区	造成大气高污染水平的物质先后次序
诺里尔斯克市	克拉斯诺亚尔斯克边疆区	排放的二氧化硫和二氧化氮
顿河畔罗斯托夫	罗斯托夫州	固体悬浮物、二氧化氮、苯并（a）芘、苯酚、甲醛
色楞金斯克市	布里亚特共和国	固体悬浮物、二氧化氮、苯并（a）芘、苯酚、甲醛
索利卡姆斯克	彼尔姆边疆区	氨、苯并（a）芘、甲醛
斯塔夫罗波尔	斯塔夫罗波尔边疆区	苯并（a）芘、甲醛
斯捷尔利塔马克	巴什科尔托斯坦共和国	二氧化氮、苯并（a）芘、甲醛
特维尔	特维尔州	固体悬浮物、苯并（a）芘、甲醛
乌苏里斯克市	滨海边疆区	固体悬浮物、二氧化氮、苯并（a）芘
切尔诺戈尔斯克市	哈卡斯共和国	苯并（a）芘、甲醛
赤塔市	外贝加尔边疆区	固体悬浮物、二氧化氮、苯并（a）芘、甲醛、
南萨哈林斯克市	萨哈林州	固体悬浮物、二氧化氮、苯并（a）芘、烟尘、甲醛

资料来源：Министерство природных ресурсов и экологии Российской Федерации，2010.

表4－8中所列的36个城市中居住着2340万人口。在诺里尔斯克，二氧化硫污染排放达到很高的水平，超过190万吨/年。几乎表中所有城市都有非常高浓度的苯并（a）芘和甲醛排放；其中19座城市中，二氧化氮、固体悬浮物浓度很高；8座城市的苯酚的排放浓度超高。

（三）大气污染物的来源

俄罗斯国内大气污染的原因主要是冶金、化工、石化建筑、能源等能够产生大量废气的企业经营活动活跃；其次是发达的运输体系中有大量汽车尾气超标排放。这两方面导致了空气中的污染物日益增多，如固体悬浮物、氧化硫、氮、碳、碳氢化合物、硫醇、苯酚、氯化氢、氟化氢、甲醛、二硫化碳、氨、汽车尾气、苯并（a）芘、铅以及其他有机和无机物质。

（四）工业生产设备陈旧

俄罗斯的大多数工厂企业设备老化，缺少现代化的污染控制装置，造成大量有毒物质和废气的排放。

（五）跨境污染问题严重

这类问题会影响到俄罗斯的外交政策利益。例如，东北亚地区的沙尘暴问题对地区环境带来严重影响。发生在苏联时期现位于乌克兰境内的切尔诺贝利核反应堆事故造成的放射性污染，在未来的70年里仍将危害俄罗斯15个州和200多万人口。乌克兰、波兰、德国产生的含硫和含氨氧化物废物对俄罗斯的环境造成了严重污染，俄罗斯欧洲领土边界每年排入超过数万吨含硫氧化物废物，往往比俄罗斯本土产生的还要多。

据俄罗斯自然资源与生态部2008年的报告称，2006年仅在俄罗斯的欧洲部分，来自爱沙尼亚、拉脱维亚、立陶宛、土耳其、白俄罗斯、波兰、乌克兰、格鲁吉亚、阿塞拜疆和哈萨克斯坦等国的含硫氧化物的总沉降量达到51.7万吨，占该地硫氧化物总沉降量的43%；来自乌克兰、波兰、德国、英国、芬兰、爱沙尼亚、拉脱维亚、立陶宛等国的氮氧化物的沉降达34.3万吨，占该地氮氧化物总沉降量的43%；来自哈萨克斯坦、乌克兰、波兰、白俄罗斯、格鲁吉亚、阿塞拜疆和波罗的海三国的氨沉降量达36.7万吨，占该地氨总沉降量的53%；来自波兰、拉脱维亚、乌克兰、白俄罗斯、爱沙尼亚、立陶宛等国的苯并（a）芘沉降量达18.7吨，占该地苯并（a）芘总沉降量的68%；来自乌克兰、土耳其、波兰、哈萨克斯坦、美国、加拿大等国的二噁英和呋喃的沉降量占该地二噁英和呋喃总沉降量的39%；来自乌克兰、波兰、土耳其、爱沙尼亚、格鲁吉亚、阿塞拜疆等国的铅沉降量达270吨，占当地铅总沉降量的16%；来自波兰、乌克兰、哈萨克斯坦、土耳其和波罗的海三国的镉排放量达44吨，占当地近镉排放总量的60%；来自乌克兰、哈萨克斯坦、波兰、土耳其、格鲁吉亚、阿塞拜疆和波罗的海三国的汞沉降量达10吨，占当地汞总沉降量的46%。

2004~2010年，俄罗斯大气污染物排放情况详见表4-9。

表4-9 俄罗斯联邦大气污染物排放情况

项目＼年份	2004	2005	2006	2007	2008	2009	2010
固定源向大气排放的污染物量（万吨）	2049.13	2042.54	2056.84	2063.69	2010.33	1900.0	1920.0
公路运输污染物排放量（万吨）	—	—	1515.49	1621.42	1437.84	—	—
固体物质（万吨）	285.57	280.20	284.28	274.34	270.42	—	—
气液态物质（万吨）	1763.56	1762.33	1773.73	1789.35	1739.9	—	—
二氧化硫（万吨）	476.84	467.50	476.47	457.31	453.41	—	—
一氧化碳（万吨）	677.44	652.12	633.83	644.84	609.15	—	—
一氧化氮（万吨）	162.83	166.68	170.31	173.28	181.66	—	—
烃类（万吨）	278.68	286.81	282.66	299.24	321.75	—	—

续表

项目＼年份	2004	2005	2006	2007	2008	2009	2010
挥发性有机化合物（万吨）	144.82	165.06	186.31	190.86	153.21	—	—
捕集和处置（%）	73.3	74.2	74.8	74.8	75.0	—	—

资料来源：Министерство природных ресурсов и экологии Российской Федерации, 2004～2010.

2.2 治理措施

（一）大气保护法

俄罗斯独立后，对苏联的《大气保护法》进行了修改，并于1999年5月4日正式颁布了新的《俄罗斯联邦大气保护法》。该法主要内容包括相关的基本概念；大气保护法在俄罗斯联邦的法律地位；国家在保护大气中的管理职能；国家机关和地方机构在保护大气领域中的权力和职权；国家保护大气的规划和措施以及相关拨款；大气质量标准和有害影响的额定标准；向大气排放有害或污染物质的限额；有害或污染物质和污染源的国家登记；排污许可（证）的发放；对经济活动的要求；对固定污染源和移动污染源的管理；生产和消费中废物处理时的管理要求；保护居民健康和生活的措施；跨境大气污染问题；污染源的清点；大气监测；为保护大气，国家、生产和社会的监督；国家监察员的权利与义务；排污收费；公民、法人和社会团体在保护大气中的权利；违反法规时的责任；遭受大气环境污染、健康伤害、财产损害时应获的补偿；保护大气的国际合作等。该法奠定了保护大气的法律基础。

（二）总统令

2008年6月4日俄罗斯总统发布了第889号总统令，明确要求采取一系列有利于俄罗斯经济发展的提高能源和生态效率的措施。该指令的主要条款提到要在能源、建筑、住房－市政设施、交通运输范围内提高能源和生态效率，同时要建立更加严格的空气质量标准。

（三）执行更加严格的汽车尾气排放标准

专家们认为，俄罗斯城市空气污染的主要源头是汽车运输。逐渐实行能改善汽车尾气清洁度的欧洲标准可降低汽车运输的城市空气污染度。根据现行法律，俄罗斯实行的是欧洲II号标准，应该考虑使俄罗斯绝大多数汽车都实行欧洲排放标准，但要经过10～15年才可能实行这样的标准。

（四）治理大气污染的投资

近些年，俄罗斯已经加大了对环境保护的投资。2008年国家与企业为保护大气投资了2754223.2万卢布，是2007年的10703%。足见当时俄罗斯治理大气污染的决心和力度。但随后几年的投资有所下降。到2010年大气保护的投资已经下降到2612731.8万卢布，较2008年下降了5.14%。

3 固体废物

3.1 固体废物问题

（一）城市垃圾

俄罗斯媒体披露的统计数据显示，每一位莫斯科市民一年要制造出500千克的生活垃圾。这样，莫斯科市一年要有550万吨生活垃圾。但莫斯科市内目前仍然正常工作的垃圾处理厂每年只能处理莫斯科全部生活垃圾的15%，其余85%的垃圾就直接堆放在莫斯科市郊的37个露天垃圾场上。该报道称，近20年来，莫斯科根本没有修建新的垃圾处理厂。照此趋势发展下去，到2012～2013年，莫斯科市郊所有的露天垃圾厂将全部被堆满，莫斯科将被垃圾包围。

据业内人士透露，苏联解体后，莫斯科市几乎没有过垃圾外运情况，垃圾就像小山一样堆放在街道和广场上。直到1997年，莫斯科市政府为庆祝建城850周年而处理本市的垃圾问题，将垃圾从街上运走，露天垃圾场才全力开始工作，并开始建造现代化的垃圾焚烧厂。但这并没有让莫斯科彻底摆脱垃圾的围困。近几年，莫斯科市人口增长和工业生产能力的快速提高又导致了莫斯科市垃圾数量开始呈几何级递增。如果说10年前莫斯科市制造的垃圾为1000万～1500万吨的话，那么现在已经达到了2000万～2500万吨。而且工业垃圾比生活垃圾要多出许多，两者的比例为17：8。

2008年，莫斯科市政府终于下决心拨出资金，从空中对首都的生态环保情况进行航拍，以搞清楚其目前的“尊容”如何。结果让莫斯科市政府高层大惊失色。莫斯科市环保部门在两个月内出动米-8直升机数架次，耗费了长达数公里的胶卷对莫斯科进行航拍。冲洗胶卷显示，目前，在莫斯科市区和市郊竟有大大小小、合法的和非法的露天垃圾场140个之多！其中最大的12个垃圾场占地面积为16公顷。若要把这些垃圾堆清除干净，即使每天出动数十台运送垃圾的车辆，也要用若干年时间才能最后完成。尤其糟糕的是，位于铁路沿线、城郊电动火车道沿线和城郊仓库附近的垃圾场成年都在燃烧，散发着令人作呕的气味。

俄罗斯的很多大城市都存在着类似的问题。

2010年俄罗斯市政垃圾的产生量已经有明显的下降，是上一年的58%。

（二）工业废物

俄罗斯的工业废物产生量从 2002 年以来逐年上升，但 2008 年的产生量比 2007 年略有下降。其回收利用率也有所下降（见表 4－10）。

表 4－10　2002～2008 年俄罗斯工业废物产生和回收利用的信息

项目 \ 年份	2002	2004	2006	2007	2008
全年产生量（亿吨）	20.349	26.349	35.194	38.993	38.177
回收利用率（%）	59.7	43.3	39.7	57.9	50.5

资料来源：Министерство природных ресурсов и экологии Российской Федерации, 2008.

其中，5 类废物的产生量也有逐年增加的趋势，其产生量占总产生量的比例也最大，回收利用率也相对较大（见表 4－11）。

表 4－11　2002～2008 年俄罗斯 5 类工业废物产生和回收利用的信息

项目 \ 年份	2002	2004	2006	2007	2008
全年产生量（亿吨）	18.270	24.917	33.794	36.116	36.960
回收利用率（%）	54.5	42.7	38.5	59.6	50.5
占总生产量的比例（%）	89.78	94.56	96.02	92.62	96.81

资料来源：Министерство природных ресурсов и экологии Российской Федерации, 2008.

俄罗斯的废物按危害等级分为 1 类（极其危险性）、2 类（高度危险）、3 类（中度危险）、4 类（低危险）、5 类（几乎无危险）。

低级的废物再利用和处置方式浪费了大面积土地，历年积累的废物通常是堆积在企业现场。截至 2008 年底，企业堆放废物的土地上已经堆放了 284 亿吨废物。

工业固体废料的不断增加是现代工业的主要问题之一。俄罗斯电力工业的灰渣废物占到废物总量的 40%。在滨海边疆区达到 7000 万吨以上，其中 1850 万吨堆放在符拉迪沃斯托克热电厂的灰渣堆放场上。像这样的灰渣堆放场有数千个以上。

2010 年与 2009 年相比工业废物的产生增加了 6.6%。当年产生的所有类型废料总数的 90% 以上都是“矿业开采”产生的，如往年一样，66% 的废物产生于能源开采和采石业，其中很多都是煤矸石。

3.2　治理措施

（一）有关固体废物管理的立法和实施

俄罗斯联邦1998年颁布了《生产与消费废物法》，其中涉及废物管理立法的目的与政策目标、管理体制、预防措施、监管手段和措施、实施与保障机制等。

但俄罗斯从2005年起完全取消了《生态与自然资源》专项纲要中的《废物》子纲要，使本可以在该子纲要框架内能够解决的某些废物的回收利用问题搁置下来。

（二）固体废物的资源化

俄罗斯的各种废物作为二次资源广泛用于各工业部门。但由于废物的资源价值、对生态环境污染的性质和具体的经济条件不同，各种废物的回收加工规模和加工程度有很大差异。尤其是废物的经济条件决定了废物在生产中利用的盈亏。例如，俄罗斯对各种废金属、高质量的聚合废物、纺织废物、废纸等易于回收和加工的废物利用较好，而对多成分的复杂废物及受到污染的各种废物的加工，其中包括混杂的和受到污染的石油废品、报废轮胎、层压纸废包装以及净化设施的沉淀物和泥渣、电镀泥等的利用则较差。

俄罗斯对废物作为再生原料的利用率平均只有1/3，要比发达国家低40%～50%。此外，其固体生活废物（垃圾）的处理率平均不超过4%～5%，对火力发电厂灰渣、磷石膏、废轮胎、废塑料、净化设施的沉淀物和猪粪、禽粪的处理利用较差。这种情况造成了双重后果：一方面，工业损失了大量原料和燃料-动力资源；另一方面，未被利用的废物在环境中积存得越来越多。俄罗斯每年积存的废物占生成量的60%～70%，即20亿～25亿吨。

截至目前，俄罗斯在废物回收利用领域制定的国家调控新方法尚不完善，还不能确保二次资源利用事业的有效发展。

（三）金属废物的出售

俄罗斯的废旧金属蕴藏量极其丰富，苏联解体后工业政策的调整导致产生了大量的废旧金属、大量废弃的工厂、军事装备等，这些都在以极低的价格出售。

俄罗斯因其大量的工业废金属而被中国、日本等国视为世界上最大的废金属资源库。中国、日本等每年都从俄罗斯大量进口废金属，但这些废金属中有相当一部分是含放射性物质的。

近年来，俄罗斯国内的一些研究机构也研究出了很多利用废金属的新技术。

4 土壤污染

4.1 土壤环境概况

（一）土壤使用和分配情况

在俄罗斯人口超过100万的所有城市中，几乎所有的土壤和土地的污染程度都属于“高”或“很高”；在人口超过50万的城市中，至少有60%城市的土地属于生态环境严峻地区。对城市土壤和土地造成污染的主要是重金属（如铜、铅、镍、镉、钴、锰、汞和铬等）、石油产品、多环芳香族化合物等。

2010～2011年初，俄罗斯土地种类分配情况详见表4－12。

表4－12 俄罗斯联邦土地种类分配情况

编号	土地类型	2010年初（百万公顷）	2011年初（百万公顷）	2010年与2009年对比（%）	变化情况（%）
1	农用地	400.0	393.4	－6.6	－1.68
2	人居用地	19.5	19.6	＋0.1	＋0.51
2.1	城市人居用地	8.0	8.0	—	—
2.2	村镇人居用地	11.5	11.6	＋0.1	＋0.86
3	工业和其他专用地	16.7	16.8	＋0.1	＋0.60
4	特别保护用地	34.8	34.9	＋0.1	＋0.29
5	林业资源土地	1108.5	1115.8	＋7.3	＋0.65
6	水源地	28.0	28.0	—	—
7	备用地	102.3	101.3	－1.0	－0.99
俄罗斯联邦土地总面积		1709.8	1709.8	—	—

资料来源：Министерство природных ресурсов и экологии Российской Федерации，2010～2011。

（二）土壤侵害状况

2000年以前，俄罗斯南方一些重要产粮区的耕地和牧场荒漠化现象日趋严重。据当时俄罗斯《独立报》透露，俄罗斯遭受沙漠侵害的土地面积正在以每年40万～50万公顷的速度增长，每年约有77万公顷的水浇地出现盐碱化，而遭到破坏的植被面积则达到7000万公顷，俄罗斯联邦每五年就要丧失700万公顷的农业用地，其中200万公顷是可耕地。2000年有1亿～1.2亿公顷的农业用地处在荒漠化的边缘。全国有30个地区属于荒漠化或潜在荒漠化之列。

土地荒漠化给俄罗斯经济造成了巨大的损失。据专家估计，俄罗斯每年因土地资源恶化造成的损失达4000万~5000万美元，因农业用地荒漠化造成的总损失每年约有10亿美元。由于荒漠化地区水质下降、空气中含尘量增加，使得当地居民患消化、泌尿和上呼吸道系统癌症的人数在不断增长。日益恶化的生存环境也使这些地区的人口出生率下降，死亡率上升，从而导致了当局难以遏制的移民浪潮，某些地区有变成真正的不毛之地、无人之地的危险。

俄罗斯国家有关机构的数据显示，全国的土壤植被出现日益退化的趋势，有43%的耕地腐殖质含量下降，在非黑土地区土壤退化的比例达到45%。可耕地面积减少的主要原因在于能产型的土地未被合理利用，同时还有其他不良因素的影响，如水和风的侵蚀、变成沼泽等，并且被放射性物质污染的土地面积也在增加。

据俄罗斯国家2000年的统计，0.35亿公顷的农业耕地土壤含水量过多，或成为沼泽，有近0.163亿公顷的土地盐渍化，约0.95亿公顷的土地腐殖质含量太低。此外，在适合农耕的土地中，有1.1亿多公顷面临风蚀和侵蚀危险，其中已经风蚀和侵蚀的约有0.51亿公顷。俄罗斯已经荒漠化或蕴藏着潜在危险的土地总面积达0.5亿公顷。在农业用地中，至少有0.014亿公顷受到重金属盐污染，其中24万公顷受到高危险物质污染。

4.2　土壤环境问题

（一）土地状况恶化

经对俄罗斯国家土地监测和环境状况监测系统的其他数据分析，联邦所有主体土地状况的恶化实际上将持续下去。土地侵蚀、风蚀、沼泽化、盐渍化、荒漠化以及地下水上升造成的水浸现象明显加量，灌木、矮丛树和其他类型的农业用地增长过快，导致农业用地的肥力损失或被转变为其他经济用途。

农用地面积的17.8%遭受了水的侵蚀，风蚀地达8.4%，土壤过湿和浸水地占12.3%，盐渍化和盐碱地占20.1%。土地荒漠化已经波及了俄罗斯联邦27个主体的1亿多公顷的土地。

土壤侵蚀是减少耕地生产力的主要因素之一。侵蚀过程波及北部非黑钙土地区耕地的5%~20%，中央地区的10%~20%，南部地区的40%。大面积农田受到荒漠化的影响或位于荒漠化地带附近。所有这些过程都发生在这样一类地区，那里居住着该地区将近一半的人口并生产着超过70%的农产品。在卡尔梅克形成了欧洲第一个人为的荒漠地带，而且这种贫瘠土地的面积在不断地扩大。

(二) 土壤污染严重

工业生产带来的土壤污染严重，尤其是重金属污染，造成土地产量明显下降。在北部边疆地区，多目标和大规模工业的土地开发，造成了严重的污染、垃圾的堆积、土地破坏和面积递减。

(三) 矿业开发对地表植被和土地破坏严重

矿产开采对土地的破坏与开采量成正相关关系。黑色和有色金属、煤炭等的开采对生态环境产生了负面影响。主要进行露天开采的库兹涅茨煤矿、东西伯利亚和远东煤矿对土地的破坏较为严重。

(四) 农药化肥的过度使用带来土壤污染

据自然资源和生态部的国家报告，2008 年对 3.8 万公顷土地进行的调查中发现大约有 4.2% 被污染土地的农药含量超过了最高允许浓度。俄罗斯 12 个地区发现了受污染的土地。4% 的调查面积（3.5 万公顷）观察到了滴滴涕（DDT）的污染，调查面积 6415 公顷的 1.3% 受到氟乐灵的污染。土壤中还发现了除草剂 2，4-D、三嗪除草剂、有机磷杀虫剂、拟除虫菊、多氯联苯的污染。

2010 年与以前一样，俄罗斯共登记有 900 多种农药化学品，具代表性的有化学品及其混合物和生物制剂。其中 240 种是有活性成分的化学杀虫除莠剂。在现代管理系统条件下，化学杀虫除莠剂的使用虽然有注册信息，但不幸的是，没有提供完整的农药在环境中负荷量的信息。2010 年，最广泛使用的除草剂有 2，4-D、草甘膦、甲磺隆、麦草畏、MTSPA（宽叶除草剂），精恶唑禾草灵、扑草净、氟乐灵、трифлусульфурон-метил（一种用于甜菜幼苗的除草剂）、精异苯甲草胺；杀虫剂有乐果、马拉硫磷和氯氰菊酯；杀菌剂有 планриз（一种常用的拌种剂）、戊唑醇（立克莠）、代森锰锌、丙环唑。2010 年，化学杀虫除莠剂的残留量调查面积达 3.28 万公顷（2009 年是 3.43 万公顷），调查受污染的土地遍布俄罗斯的 11 个联邦主体。

4.3 治理措施

俄罗斯没有专门的土壤污染防治立法，俄罗斯保护土壤的立法建立在其他法规之上，在俄罗斯联邦环境保护法、俄罗斯土地法典、俄罗斯联邦大气保护法、俄罗斯联邦水法典、俄罗斯居民卫生安全防疫法、俄罗斯联邦关于安全使用化学杀虫除莠剂和农业化学制品法中有一些相关规定。

为了保护人类健康和环境，评价土壤状况时规定了对土壤有害化学物质的最高允许浓度标准，预先规定了周围环境的质量标准，目的是确定环境允许的定额，保障居民的生态安全和遗传基因，在保证正常进行农业活动的情况下，合理利用和再生自然资源。

公民和法人安全使用化学杀虫除莠剂和农业化学制剂必须经过国家专门机关的许可，并且要遵守联邦法律。俄罗斯政府的权力机关规定了使用某种制剂的方法，以及安全使用这种制剂需要考虑的卫生和生态状况、植物对农业化学制剂的需要、土壤肥力和本地区的动物等。遵守使用这些制剂的操作规程和规则才能安全使用，并且降低这些物质对人类和环境产生的不良影响。同时，制剂的使用方法和污染状况信息要按规定向公众公布。

为了更有效地管理俄罗斯联邦的土地资源，该国计划制定综合的土壤保护措施以及私有者和用户合理利用土地的经济刺激方法，并建立非常必要的保护土地面积、局部系统化和可比性的土地资源数据。近些年来，俄罗斯开展了一些研究土地利用情况的工作，其中包括土壤调查、地理植物学调查和其他调查。

5 核污染

5.1 核辐射状况

苏联在其境内 52 个试验场曾进行了 715 次核试验。由于地球表面大气的运动，核试验的尘埃在风的作用下进行垂直和平行扩散，从而对生态环境造成污染。

目前，俄罗斯有 10 座核动力发电站，配备 10 座核反应堆，其中有些核反应堆是第一代压力管式石墨慢化沸水（RBMK）反应堆，类似于乌克兰切尔诺贝利的核反应堆。欧盟认为 RBMK 反应堆的设计存在功能性缺陷，因为这种反应堆没有预防事故的穹形外壳，一旦出现事故将会对环境造成大规模辐射污染。近年来，虽然核电站的维修工作有所改进，但俄罗斯的核电站仍持续发生事故，这使得俄罗斯必须时刻警惕切尔诺贝利悲剧的再次发生。

放射性污染已经使俄罗斯的一些地区遭到巨大的环境破坏。20 世纪 70 年代，在俄罗斯境内进行了约 120 次旨在解决国民问题的地下核爆炸。这些爆炸产生的后果是辐射物对地下水产生影响并传播得很远，有时会到达地表。在切尔亚宾斯克、马亚克工业中心附近的卡拉恰伊湖是核工业过去忽视环境保护的一个佐证，该地区现在被视为地球上受污染最严重的地方之一。据报道，卡拉恰伊湖里有 1.2 亿居里的放射性废料，其中包括锶 -90 和铯 -137，含量比 1986 年 4 月乌克兰切尔诺贝利核电站第 4 组反应堆发生爆炸时释放出来的总量多 7 倍。马亚克工业中心周围地区 50 多年来受到钚的生产、加工和储存所产生的放射物质的污染。

因核事故和核试验引起的放射性污染也十分严重。20 世纪 90 年代俄罗斯发生了两次鲜为人知的核事故，其规模可与切尔诺贝利灾难相比。马雅克放射化工厂的一次爆炸把铯－137 扩散到了乌拉尔的切里雅宾斯克州和库尔干州的广大地区。1993 年夏天，托木斯克第七化学联合公司的一次放射性物质泄漏，污染了西伯利亚 135 平方公里的土地。冷战时期苏联进行的大量核试验所产生的核污染，一直严重威胁着当地人民的身体健康。此外，俄罗斯沉没在喀拉海的 17 艘核潜艇和 100 多艘退役的核潜艇（其中部分载有核燃料）需要进行安全处理，还有 15 万～20 万吨被不适当埋藏的化学武器需要进行安全销毁。

不光是国内民用和军用核动力装置产生的核废料对俄罗斯的环境造成严重威胁，2001 年俄罗斯议会通过立法允许在俄罗斯领土上储存外国的核废料，这使得俄罗斯正在成为世界核废料的垃圾场。保加利亚向俄罗斯运送的放射性废料持续到 2001 年 11 月，造成俄罗斯马亚克和克拉斯诺亚尔斯克成为世界核废料的丢弃场，是世界上放射性污染最严重的场所。两地核废料工厂的工人和周边居民遭到大量放射性物质和放射能的侵害。

虽然俄罗斯有关权威机构的调查结果显示，最近几年，俄罗斯境内的辐射情况保持平稳，俄罗斯几乎所有的居民点地表空气年均辐射物含量低于允许值很多，水体表面辐射物平均含量也低于卫生规则允许值，但是这一进口核废料的举措不仅使得俄罗斯国内一些民众怨言不断，也使得周边邻国对于在其边界附近运送核废料造成的环境安全问题表示担忧。

到 2010 年，俄罗斯全国共计有 4.86 亿立方米液体放射性废物和约 8680 万吨固体放射性废物。

5.2 治理措施

俄罗斯的核废料处置和核辐射污染的治理在国际上也是一个难题。多年来，俄罗斯与美国、欧洲国家进行了多方面的共同研究与合作，共同解决核辐射污染的技术问题，目前，已经取得了一些成果。但俄罗斯所残留下来的核污染量太大，在短期内不可能得到彻底的解决。

6 生态环境

6.1 生态环境概况

俄罗斯是世界上生态多样性最强的国家之一。

俄罗斯的自然保护区种类多，包括自然保护区、禁猎区、自然禁区、海洋专用禁区、国家公园等。截至2010年12月31日，俄罗斯联邦级的国家自然保护区共有69个，总面积达1260万公顷。

据统计，在整个俄罗斯高等植物共有23505种，苔藓植物共有1554种，真藓亚纲有1101种，水韭纲有11种。全世界木贼门已发现25种，而俄罗斯占3/5。蕨门在俄罗斯也发现了242种。

2000年时，俄罗斯有1亿~1.2亿公顷的农业用地处在荒漠化的边缘。全国有30个地区位于荒漠化或潜在的荒漠化之列。2010年土地荒漠化已经波及俄罗斯联邦27个主体的1亿多公顷的土地。

俄罗斯是世界上森林面积最大的国家，森林面积占全球森林总面积的20%多。俄罗斯联邦森林总量约占陆地国土面积的70%，居世界第一位，并且是特别重要的稳定增长的自然体系。森林是俄罗斯辽阔土地上植被的主要类型。截至2010年，俄罗斯联邦森林总面积有11.158亿公顷。

6.2 生态环境问题

（一）森林的过度盗伐

俄罗斯未开发的森林主要位于远东和东西伯利亚地区。在这里，基础设施非常有限，广大的荒野保持着非常完整的原始面貌。由于大规模砍伐和森林火灾，次生的落叶林正逐渐取代成熟的针叶林，如云杉、松树。每年替代的比例大约占全部森林面积的0.8%。已被完全砍光树木的土地，特别是位于阿穆尔河北面永久冻土带的地方，由于极度的寒冷和非常薄的土层，完全变成了沙漠。大面积的原始森林对维持生物多样性有重要意义，它保护着诸如西伯利亚虎（东北虎）这样的濒危种群。然而猖獗的非法砍伐活动和对某些特殊树种的消耗已经对俄罗斯远东地区南部的原始森林造成了威胁。居住在俄罗斯远东地区森林中的豹仅有30头左右，濒临灭绝。

（二）盲目开发造成生态环境的严重破坏

乌苏里是俄罗斯最富生物多样性的地区，是白鹳、乌苏里虎等稀有物种的宝库，因人为放火和湿地开垦，这些物种的生息环境遭到严重破坏。鄂霍茨克海域萨哈林的石油和天然气开发使得沿岸生物多样性也受到严重威胁，鲟鱼的种群数量还在下降。

（三）水污染威胁

俄罗斯的水生生物资源极其丰富，资源储量能够达到700万吨，其中70%集中在偏远而人口稀少的远东地区。远东地区水生生物资源的密集利用和无控制的水污染已经威胁到俄罗斯远东地区的生物安全。滨海边疆区南部的沿海海域污染一年比一年加剧，例如金角湾是彼得湾化学和微生物污染最严重的区域，整个水面上都飘着许多的石油和垃圾。海湾内没有任何的生物存活，石油和碳氢化合物浓度在海湾的个别地区已经超过标准100多倍。

（四）多发的火灾

俄罗斯远东地区所处的地理位置在春秋两季容易受到西伯利亚大陆性气候和远东季风气候的影响，森林火灾发生频繁，过火面积非常大。

由于发现不及时并且交通不方便，森林灭火人员很难及时到达火灾地区，每年在俄罗斯远东地区森林的过火面积占俄罗斯森林总过火面积的80%以上。森林火灾能造成许多树木毁坏和野生动物死亡或者迁移。严重的森林火灾不仅烧毁森林植被，而且改变了森林结构、物种组成、气候和土壤性能。同时，陆地表面变得赤裸，土壤温度增加，土壤生物体遭到破坏，森林地区成为荒地。

6.3 治理措施

（一）保护意识不断提高，相关法律法规逐渐完善

近年来，俄罗斯政府越来越重视保护生物多样性和加强生态建设，禁止实施一切可能导致自然生态系统退化，植物、动物及其他生物体遗传基因改变和丧失，自然资源衰竭和其他不良环境变化的方案。俄罗斯政府根据形势的需要进一步加大了法制建设力度，先后制定、修订和颁布了一系列生物资源和生态环境保护的法律法规。

为了履行加入国际公约的责任，遏止生态环境的进一步恶化，为社会经济的可持续发展创造条件，俄罗斯政府于2001年制定了《国家生物多样性保护战略》。该战略确定了国家、企业和科研机构对生物界进行保护的主要方向，是针对俄罗斯全社会的一个框架性文件。该战略规定，不论是政府部门，还是企业、宗教团体和公民，都必须依照该战略规范各自的行为。为了更好地落实该战略所确定的目标，俄罗斯政府还制订了《俄罗斯生物多样性保护国家行动计划》。该计划涉及俄罗斯生物多样性保护的主要领域，如物种和种群保护、生物多样性保护的法律机制、管理机制、宣传教育、科学研究、国际合作等。

（二）重视自然保护区建设，投入力度逐渐加大

建立自然保护区是生物多样性保护的有效途径。许多具有可能性的发展计划在俄罗斯远东地区和东北亚国家之间进行着整合。2003年，哈巴罗夫斯克州建立了总面积1220平方公里的3个新型的保护区，包括生态迁徙走廊的保护区。其中有一个保护区旨在确保东北虎从俄斯特尔尼克夫山脉到中国完达山山脉之间的迁徙畅通无阻。2008年俄罗斯生物保护区的投资

达 230.217 百万卢布，是 2007 年的 3.4 倍。

（三）加强珍稀濒危物种的保护与救助

俄罗斯对珍稀濒危物种的保护与救助工作比较重视，以多样性执法系统为基础建立了较为完善的执法体系，在远东地区新组建成立了十多个地区级野生动植物求助中心，开通了野生动植物保护救助报告热线。与此同时，以远东沿海地区管理站为基础，建立了基本的珍稀濒危物种保护与救助网络。世界野生动物基金会也在遏止偷猎和公众环境教育方面做了大量的工作。

（四）开展生物多样性的研究工作

俄罗斯远东地区生物多样性的研究工作开展得比较早，取得了一定的进展。但是由于远东地区地广人稀、气候严寒、研究力量不足，这方面的研究还有待于进一步开展。近年来，俄罗斯也与国际组织和邻国开展了一些跨界的生物多样性研究活动。

7 小结

俄罗斯的自然资源和生态资源丰富，但历史上的原因造成了水资源匮乏和污染、大气环境污染、固体废物产生量大、土壤退化和荒漠化、核污染严重的局面。近些年来，俄罗斯开展了环境治理立法和管理的工作，加大了对环境管理和治理的投资。俄罗斯同国际组织合作开展了生物多样性研究和核污染防治活动，但整体成效不太明显。

第三节 环境管理

1 环境管理体制

1.1 环境保护机构和职能

1985 年，苏联进行机构改革，成立了环境保护委员会，从中央到地方形成了体系，这是俄罗斯最初的环境保护机构。它的主要职能：一是自然资源的开发利用管理；二是对企业实施许可证管理；三是进行环保执法检查；四是对国民经济重大项目建设的监督检查。

1996 年俄罗斯政府机构改革，在环境保护方面实施了大部制。俄罗斯联邦自然资源部于当年 8 月成立，其初始班底是俄罗斯联邦环境保护和自然资源部、俄罗斯联邦地质和地下资源利用委员会以及俄罗斯联邦水利委员会。它基本上是沿袭一部两委的职能，依法管理地下资源、水资源的利用和保护，并对森林、海洋等资源的开发利用负有协调和监督职能。那时候的自然资源部，其机关的组织机构分地质、水利和组织协调三大块，下设20个职能司局。该部职能着重于矿产、水资源事务的政策、法规、规划的制定，勘查和开发许可证的颁发与勘查和开发活动的监督管理，信息服务，等等。决策层由部长和11位副部长（其中有4位第一副部长）以及部务委员会和科学技术委员会组成。机关职能司局均由副部长分工领导。其中国家水利局、国家自然环境保护局、国家林业局以及科学和信息系统司、许可证发放司与干部局这几大块，分别由4位第一副部长领导。

2000年6月，俄罗斯政府又决定将联邦国家环保局和国家林业局，以及下属的地方机构并入俄罗斯联邦自然资源部系统。2001年联邦政府决议规定自然资源部设13位副部长，其中4位为第一副部长，分管国家各局。

2004年4月15日俄罗斯总统普京签署第345号关于调整自然资源部机关机构的自然资源部命令，决定成立新的自然资源部机关。新的自然资源部设部长1名，副部长2名，并设有部长助理组。新的自然资源部还设有7个委员会，包括科技委员会、部长直属社会生态委员会、水利问题咨询鉴定委员会、林业问题咨询鉴定委员会、地质咨询鉴定委员会、社会工作部门间委员会、生态教育咨询委员会；4个国家局署，分别是联邦地下资源署、联邦水资源署、联邦林业署、联邦生态和自然资源利用监察局。

2008年5月，根据俄罗斯总统梅德韦杰夫的命令，在联邦执行机构的新结构中，自然资源部被重组为自然资源与生态部。将俄罗斯的水资源机构和土地使用机构全部划入俄罗斯联邦自然资源与生态部，赋予该部执行生态保护的新功能，进一步扩大了该部的职能。这使得几乎所有涉及生态保护监管的事务都归该部管辖。

2012年，普京任总统后，对自然资源和生态部部长进行了调整，设部长1名，副部长5名。部机关设10个司，分别为环境保护国家政策和调控司、地质矿产资源利用国家政策和调控司、水资源国家政策和调控司、水文气象和环境监测国家政策和调控司、狩猎与动物界国家政策和调控司、林业资源国家政策和调控司、行政和人力资源司、经济和财务司、法规司和国际合作司。该部下属五个职能局署，分别是联邦自然资源利用监督署、联邦矿产资源利用局、联邦水资源局、联邦水文气象与环境监测管理局和联邦林业局。

俄罗斯联邦自然资源与生态部的职责为：制定自然资源和生态环境方面的国家政策；协调各政府部门在国家经济中对各种类型的自然资源的研

究、开发、利用和保护；直接管理矿产资源、水资源、森林资源和环境保护。此外，它还具有以下职能。

- 国家地下资源和林业资源的联邦管理机关。
- 水资源利用和保护的专门授权的管理机关。
- 林业资源利用、保护、防护和森林再生产方面专门授权的国家机关。
- 保护、监督和调节野生动物利用及其栖息环境的专门授权的国家机关。
- 保护大气，及在其职权范围内（包括废料循环，除放射性废料）对土地利用和保护实行监督的专门授权的国家机关。
- 专门授权在贝加尔湖保护方面进行国家调节的国家执行权力机关。

俄罗斯联邦自然资源与生态部的主要任务如下。

- 制定并实施在自然资源（地下资源、水体、林业资源、动植物界）研究、再生产、利用和保护方面，在林业管理、自然环境保护和生态安全保障方面进行国家管理的国家政策。
- 制定并实施一系列措施，这些措施的目的是：满足国家经济对矿物原料资源、水资源、林业资源及其他自然资源的需求；保护、恢复和改善自然环境的质量；合理利用自然资源；保持森林的环境构成性、防护性、保墒性、休闲性及其他有益特性；保持生物多样性；保护自然界整体及具有特别自然保护意义、科学意义、文化意义和休闲意义的目标。
- 就以下问题协调联邦执行权力机关的工作：自然资源研究、再生产、利用和保护；林业管理；环境保护及生态安全的保障；保持生物多样性；组织特别自然保护区；废料周转（除放射性废料）。
- 综合评价并预测自然环境状况和自然资源利用状况，保障国家权力机关、地方自治机关、单位和居民得到有关的信息。
- 组织并协调完成俄罗斯因参加有关自然资源的研究、再生产、合理利用和保护的国际组织和国际协议而承担的责任；协助吸引开发和合理利用自然资源的投资；管理林业和水利及环境保护。

因而，俄罗斯联邦自然资源与生态部的职能主要体现在以下几方面。

- 实施自然资源利用和环境保护领域的国家政策。
- 国家地下资源管理。
- 水资源利用和保护的管理。
- 森林资源的利用、保护、防护、林木再生产的管理和林业管理。
- 环境保护。

- 保障自然资源与生态部及其地方机关的工作等。

2012 年 5 月，俄罗斯总统发布命令任命东斯科伊·谢尔盖·叶菲莫维奇（Донской Сергей Ефимович）为俄罗斯联邦自然资源和生态部部长，并主管法规司和行政与人力资源司的工作。（见图 4－2）。

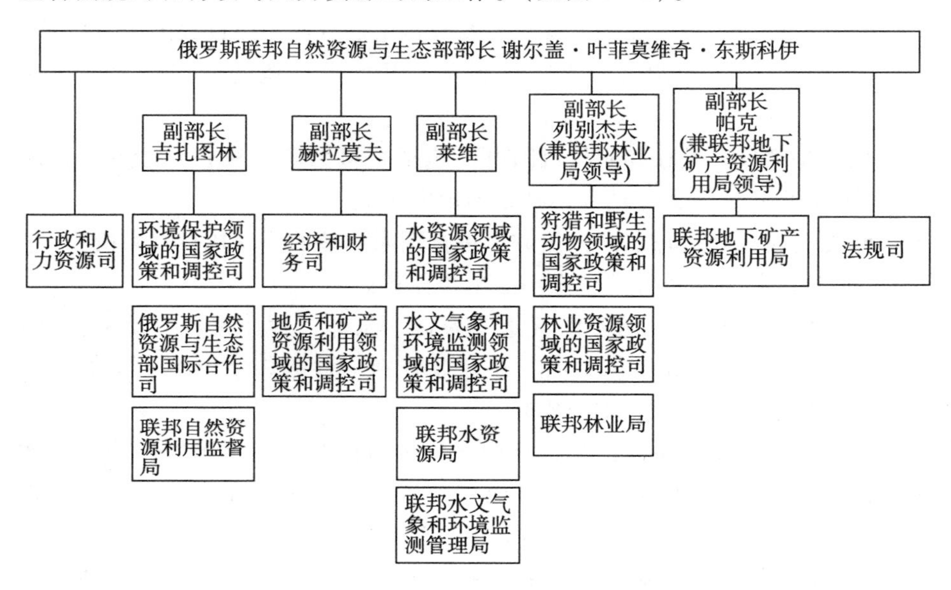

图 4－2　俄罗斯自然资源与生态部的组织结构图

到 2013 年底任该部副部长的有：吉扎图林·里纳特·里纳多维奇（Гизатулин Ринат Ринатович）负责监督环境保护领域的国家政策和调控司、俄罗斯自然资源与生态部国际合作司以及俄罗斯联邦自然资源利用监督署的工作；列别杰夫·弗拉基米尔·阿尔贝托维奇（Лебедев Владимир Альбертович）负责监督林业资源领域的国家政策和调控司、狩猎业和野生动物领域的国家政策和调控司的工作，并兼联邦林业局的领导；莱维·谢苗·罗曼诺维奇（Леви Семен Романович）负责监督水资源领域的国家政策和调控司、水文气象和环境监测领域的国家政策和调控司、联邦水资源局以及联邦水文气象和环境监测管理局的工作；赫拉莫夫·丹尼斯·根纳季维奇（Храмов Денис Геннадьевич）负责监督经济和财务司以及地质和矿产资源利用领域的国家政策和调控司；帕克·瓦列里·阿纳托利耶维奇（Пак Валерий Анатольевич）负责监督地下矿产资源利用局并兼该局领导。

1.2　环境管理体制

根据俄罗斯联邦相关的法律和法规规定，俄罗斯联邦现行环境管理体制由以下 3 类国家机关组成。

第一类是总权限管理机关，即根据宪法行使国家权力的俄罗斯联邦总统、议会、政府、联邦各主体的杜马、政府以及地方自治机关。这些机关分别是俄罗斯联邦、联邦各主体和主体内各行政区域的立法机关与最高行政管理机关，它们对其管辖范围内的事务具有总决策权与总管理权。

第二类是被专门授权的国家环境保护管理机关，自俄罗斯联邦《自然环境保护法》颁布起，这类机关在其设置和管理职权的分配上一直处于变化之中。截至 1999 年 3 月，俄罗斯联邦被专门授权的国家环境保护管理机关包括国家环境保护委员会、自然资源部、农业和食品部、林业局、土地资源和土地规划委员会、测绘和制图局、水文气象和环境监测署及其在联邦各主体设立的地区机关。但为了强化国家对自然资源的所有权，更好地适应经济可持续发展对自然资源的合理开发利用和保护，以及对生态环境安全的要求，俄罗斯的自然资源与环境保护管理从分散趋向统一。随着政府多年的机构改革，到 2008 年，环境保护委员会、自然资源部、林业局、土地资源和土地规划委员会、水文气象和环境监测署等与自然资源利用、环境保护相关的国家机关部门几乎全部被整合到新组建的自然资源与生态部中。

第三类是协同管理机关，即除“被专门授权的国家环境保护管理机关”以外，行使一定的国家环境监督管理权，或者其活动与自然资源的利用、保护管理和环境保护管理有密切关系的国家机关。这些机关包括享有部分环境管理监督权的国家机关，如卫生部、原子能部、边防局和国家海关委员会；活动与环境监督管理有着密切关系的国家机关，如国家标准化、度量衡和证书委员会，国家住房和建设政策委员会；协调或配合专门的环境管理机关进行国家环境监督管理活动的护法机关，如内务部警察局、检察院、法院和仲裁法院。这种管理体制具有以下显著特点：一是突出强调国家各级政权机关和各级政府在环境管理中的地位和作用；二是专门管理机构与协同管理机构并存。

俄罗斯的环境管理是国家与社会公众共同参与的环境管理模式。公民有结社保护环境的权利；社会团体有宣传自身吸收会员的权利；公民、社会团体和其他非商业性团体有要求国家机关提供环境信息的权利，有组织与环境有关的集会、游行、示威的权利，有向政府申诉、申请、建议并得到及时、有根据的答复的权利。

总之，俄罗斯现行的环境管理体制，已经由原来“多龙治水”式的分工负责、分散管理的模式逐步过渡到相对集中的统一管理模式。俄罗斯联邦的这种现行体制使得环境保护方面专门授权的机关结构一致，减少了管理机关之间相互推诿、争夺管理权等状况，提高了环境管理工作的效率，大大加强了环境保护方面专门授权的管理机关在国家管理机关中的地位，有利于环保工作的深入开展。

2 环境管理政策与措施

俄罗斯的环保立法是于 1975 年苏联勃力日涅夫时期提出的，但当时尚未有环保执法机构。1980 年开始苏联逐步形成环保概念性体系，对大型企业的环保要求和指标限制也逐步明确。

《俄罗斯联邦宪法》第 42 条规定："每个人都有享受良好的环境，获得关于环境状况的信息的权利，享有因生态破坏损害其健康或财产而要求获得赔偿的权利。"宪法的这一规定具有极其重要的政治和法律意义。它首次明确了俄罗斯公民享有环境权利。环境权利，根据俄罗斯环境法学家们的认识，属于公民基本权利的范畴。人的权利和自由在俄罗斯联邦是至高无上的，具有最高的价值，它不仅在俄罗斯境内直接有效，还决定着国家法律的意图、内容及其适用，决定着国家立法权、执行权以及地方自治的活动，并受到国家的司法保护。国家有义务保证公民的权利和自由，其中包括公民环境权利的实现。而为了保证公民环境权利的实现，国家就有义务保护环境，并向公民及时发布关于国家环境状况方面的信息。这是俄罗斯公民的环境权利所要求的。

俄罗斯在生态和环境保护方面的法律众多，它们具体规定了公民的生态权利、生态义务，规定了公民生态权利的保障机制，确定了对在保护环境、保护和合理利用自然资源方面所产生的社会关系进行法律调整的基本内容，规定了环境保护的原则、环境管理体制以及基本法律制度和措施等。俄罗斯联邦关于保护环境、合理利用和保护自然资源方面的专门性法律主要包括《俄罗斯联邦环境保护法》《俄罗斯联邦自然医疗资源、医疗保健地和疗养地法》《俄罗斯联邦受特殊保护的自然区域法》《俄罗斯联邦核能利用法》《俄罗斯联邦生态鉴定法》《俄罗斯联邦大陆架法》《俄罗斯联邦居民辐射安全法》《俄罗斯联邦遗传工程活动国家调整法》《俄罗斯联邦关于安全使用杀虫剂和农用化学制品法》《俄罗斯联邦大气保护法》《俄罗斯联邦土地法典》《俄罗斯联邦地下资源法》《俄罗斯联邦动物保护法》《俄罗斯联邦水法典》《俄罗斯联邦森林法典》《俄罗斯联邦生产废弃物和消费废弃物法》等。其中，《俄罗斯联邦环境保护法》是俄罗斯联邦环境保护方面的基本法律，在俄罗斯环境保护法体系中居“母法”的地位，是制定关于保护环境、合理利用和保护自然资源的其他规范性法律文件的依据之一。

2002年俄罗斯制定了《俄罗斯联邦环境保护法》，取代了1991年颁布的《自然环境保护法》。自此，该法成为俄罗斯制定环境政策、保证社会经济协调发展、维护生态多样性和资源多样性以及确保国家生态安全的根本大法。该法涉及的对象既包括土地、矿产、土壤、地表水和地下水、大气、动植物及其他生物、臭氧层和近地宇宙空间等自然环境与资源，也包括人文环境与自然－人文物质资源。

《俄罗斯联邦环境保护法》（以下简称《环保法》）进一步明确了公民的环境权利，规定每个公民都对自然灾难和技术事故灾难享有知情权，并有权对环境污染造成的损害提出赔偿要求。公民为实现自己所拥有的宪法规定的生态权利，不仅可以得到有关的生态和环保信息，还可以起草、讨论、通过和执行某些对环境具有影响的项目的决策，并对有关项目进行环保监督。

俄罗斯涉及环保的法律法规还包括根据《环保法》制定的其他规范性法律文件，如环境国家标准、配套法规和实施细则以及地方政府制定的法律法规。

俄罗斯土地法典、矿产资源法、水法典、林业法典、大气保护法、动物保护法等国家级法律与各地方出台的法律法规，都规定了企业和公民的环保权利和义务。《环保法》的制定为国家推行稳定统一的环保政策奠定了基础，也为各行各业制定涉及环保的法规、行业规范和标准提供了法律依据。

2005年12月，俄罗斯修改了《行政法典》，加重了对环境违法的行政处罚力度和罚款金额，对逾期仍不缴纳罚款的行政责任进行了明确规定。由于环境执法力度的不断加大，环境违法案件数量也呈逐年上升势头。环境污染与生态安全评估成了内外资大中型工业项目审批和企业经营过程中高悬的“达摩克利斯之剑”，极具威慑力和杀伤力，甚至被当作“整治”外资企业的法宝，被时时祭起。因此，环境与生态风险和成本成为某些行业外资企业对俄投资时必须考虑的问题。

俄罗斯联邦总统和俄罗斯联邦政府也分别以联邦总统命令、指令和联邦政府决定、指示的形式颁布了许多关于环境保护的规范性法律文件。如《俄罗斯联邦关于保护环境和保障可持续发展国家战略基本条例》《俄罗斯联邦可持续发展的基本构想》《关于建立统一的国家生态监测系统的决定》《国家生态鉴定条例》等。

俄罗斯制定了《有关自然环境和技术应急事件等级划分》，对自然环境和技术应急事件进行分级。此外，还制定了《俄罗斯联邦自然环境极度和重度污染的标准》，规定了自然环境极度污染和重度污染的标准。其中，自然环境的极度污染通常是事故导致的污染物泄漏，包括大气污染、河水海水水面污染、土壤污染、自然环境的放射性污染和对动植物种群的危害。有关事故而爆发的污染物的泄漏大多有以下几种情况：如果由于泄漏而导致极度污染，一般根据分析、目力观察和人体器官感觉来判定；污染源的污水排放量和污水、污染物质浓度高达最高允许值的10倍或以上；非污染源头的有害污染物质进入自然环境；原油和其他原油产品泄漏的极限标准数为10吨或以上。自然环境的重度污染包括大气污染、河面和海面污染，也给出了相应的污染判定标准。

俄罗斯的主要环境保护制度包括：环保许可证制度、生态鉴定制度、生态警察制度、生态保险制度、环保审计制度、污染罚金制度等。这其中生态鉴定制度、生态警察制度、生态保险制度备受他国推崇。

经过多年的经济发展和实践积累，俄罗斯无论在资金上还是在环保理念和技术手段上都今非昔比，预计今后在环保方面的投入会不断加大，管理和技术上的现代化步伐也会加快。俄罗斯各地政府和民众的环境意识也较强，环保工作具有较好的社会基础。

2010年11月30日俄罗斯联邦总统将重大的环境状态问题提交给了联邦大会，大会制定了如下任务。

- 评估所有受污染地区的实际情况，并把它作为使积累的生态损害的负面影响最小化规划的起始水平；
- 在考虑到具体地区的环境现状和特点，制定环境质量标准；
- 保护环境问题必须要考虑到新的教育标准；
- 环境质量应该成为改善生活质量的重点和衡量地区社会经济发展的主要指标之一。各联邦主体的负责人必须每年提交该地区生态状况的报告。

除了专门的关于保护环境和合理利用自然资源的法律之外，与俄罗斯环境保护有关的联邦法律还有《俄罗斯联邦公民健康保护立法纲要》《居民卫生防疫安全法》《俄罗斯联邦城市建设原则》《俄罗斯联邦海关法典》《俄罗斯联邦标准化法》《俄罗斯联邦民法典》《俄罗斯联邦刑法典》《俄罗斯联邦民事诉讼法典》《俄罗斯行政违法行为法典》等。这些联邦法律中，载有大量的调整社会与自然界相互作用范围内产生的社会关系的法律规范，与俄罗斯环境保护有着密切的渊源。

3 小结

俄罗斯的环境管理体制建立在苏联的管理体制基础之上。俄罗斯独立以后经历数次改革，目前已基本形成了一整套行之有效的大部制和大环境的管理体制。十多年来，俄罗斯建立了包括宪法、环境保护法、专项保护法等相关法规的一套有别于其他国家的环境管理的法律法规体系，其中很多内容对中国加强环境保护管理工作具有一定的借鉴意义。

第四节 环保国际合作

1 双边环保合作

1.1 与中国的双边环保合作

（一）中俄环保合作的焦点问题

中俄两国有4300多公里的边境线，共同拥有黑龙江、乌苏里江、额尔古纳河、松阿察河及兴凯湖，即“两江、两河、一湖”，涉及大小岛屿近2500个。两国界河里程之长、岛屿之多为世界之最。同时中俄两国许多陆地动植物存在着天然的联系。两国山水相连、生态环境相互贯通的大背景决定了双方在环保领域有着广阔的合作空间，环保合作的不断加强是双方共同的需要，符合两国和两国人民的根本利益。

目前，双方的环保合作地区主要集中在我国的黑龙江、吉林、内蒙古三省（区）和与之毗邻的俄罗斯联邦远东地区的阿穆尔州、滨海边疆区、赤塔州、哈巴罗夫斯克边疆区。此外，双方在我国新疆与俄罗斯阿尔泰边疆区就自然保护区也有着广泛的合作。2007年3月26日，胡锦涛主席与俄罗斯总统普京在签署的《中俄联合声明》中明确指出：“中俄双方合作的优先领域是跨界水体的污染防治、跨界水体水质监测和生物多样性保护。”因此中俄两国在环保领域的合作的焦点问题主要集中在三个方面。

（1）跨界自然保护区和生物多样性保护工作

2005年中俄总理第十次定期会晤后发表的联合公报中的第三节第十六条就为跨界自然保护区和生物多样性保护工作指明了方向。公报声明如下：“继续就发展边境地区特别自然保护区网开展合作，保护稀有和濒危动物种群。根据中俄‘兴凯湖’自然保护区的成功经验，采取措施将该国际保护区列入联合国教科文组织世界生物圈保护区网络。”

中俄边境的黑龙江/阿穆尔河生态区流域面积 184 万平方公里，位于北温带和亚热带交汇处，拥有森林、草原、沼泽湿地等多样的生态系统，是被世界自然基金会定义的全球十二大重点生态区之一，也是世界自然基金会确认的五大生态优先区之一，是经过科学论证的世界级生态特点和生物多样性的代表地区，东北虎、远东豹、黑熊、丹顶鹤、白枕鹤等多种珍稀动物在此栖息繁殖。这样的地理条件决定了黑龙江流域分布着众多的保护区。目前，在黑龙江流域共有 500 多个不同级别的自然保护区，保护管理覆盖了 13.68 万平方公里的土地，占流域面积的 7.42% 以上（见表5－13）。

表 4－13　黑龙江/阿穆尔流域中俄保护区统计

国家	国家级保护区		总计	
	数量（个）	面积（平方公里）	数量	面积（万平方公里）
中国	25	33210	199	6.08
俄罗斯	21	25180	≥310	7.6
流域统计	46	58390	≥509	13.68

资料来源：汪凌峰、史蓉红、张明海：《黑龙江流域中俄保护区现状及展望》，《野生动物杂志》2006 年第 6 期。

为了加强中俄资源环境保护领域的合作，全面保护黑龙江流域跨国生态系统和生物多样性，中俄两国先后签署了不同行政级别的跨国自然保护区的合作协议，建立了中俄联合保护区。

1996 年双方确定建立中俄界湖——兴凯湖联合自然保护区；

2001 年两国地级政府确定了乌苏里江下游流域国际联合自然保护区；

2007 年中俄双方保护区签订关于联手保护“八岔岛”生态双边合作协议，共同开展跨国界国际联合自然生态保护工作；

2008 年中俄双方保护区签订联合保护湿地的国际合作协议。

同时，中俄双方就本流域保护区与生物多样性保护进行了多次会谈，并联合进行了包括保护东北虎在内的多个科研项目。在中俄双方的共同努力下，兴凯湖国际保护区俄中两侧的保护区分别于 2005 年 6 月、2007 年 10 月先后被列入世界生物圈保护区网络，实现了《中俄总理第十次定期会晤联合公报》的目标。

中俄总理定期会晤委员会环保合作分委会下设的跨界自然保护区和生物多样性保护工作组已经先后在中国哈尔滨、俄罗斯海参崴和伯力（2011年）召开了三次会议。中俄双方共同构建跨国界生态保护网络，为野生动物营造更加丰富的繁衍生息空间，这将促进两国在生态保护和可持续发展的道路上取得更大进展。同时，这将促进东北亚北部地区生态环境的改善，促进人与自然的更加和谐，也为建立跨国界、跨行政辖区的国际联合自然保护区的发展打下了基础。

（2）跨界水体水质保护监测

近年来，由于经济的迅速发展，边境地区也正在逐步摆脱贫困，向工业化、城市化迈进。中俄边境贸易的发展，使中俄界河扮演着越来越重要的角色，水环境问题已逐步成为影响两国关系潜在的不稳定因素。俄罗斯经常就黑龙江的水环境污染向我国提出抗议，我国也于2001年发现俄罗斯将数十吨化学品泄入江中。因此，跨界水体水质联合监测一直是中俄环保合作的重点。

2002年，双方签订了《中俄联合监测界江备忘录》，据此，中俄两国有关部门在2002~2003年对黑龙江和乌苏里江进行了8次联合监测。我国内蒙古自治区与俄罗斯赤塔州在2003年签署环保合作的会议纪要，开始了围绕额尔古纳河的环境保护合作。这些都为后来双方的合作奠定了良好的基础。

2005年松花江污染事故之后，两国的跨界水体水质联合监测进一步得到加强。2006年2月，中国国家环保总局和俄罗斯联邦自然资源部签署了《关于中俄两国跨界水体水质联合监测的谅解备忘录》。这标志着双方跨界水体水质监测上升为国家行为。2006年5月，双方进一步签署了《关于中俄跨界水体水质联合监测计划》。根据该计划，中俄两国于2007年联合在额尔古纳河、黑龙江、乌苏里江、绥芬河、兴凯湖开展为期四年的联合监测。2006年8月的牤牛河水污染事故之后，中俄两国对松花江和黑龙江水质又开展了专项联合监测。2008年1月中俄双方签署了首个跨界水体合作协议——《中华人民共和国政府和俄罗斯联邦政府关于合理利用和保护跨界水的协定》。该协定包括环境的利用、保护和监测等相关内容，确定了两国相应的义务和责任。依据协定，两国政府必须及时向对方通报有关水域的信息，发生严重污染时尽快向对方发出警告并采取措施避免污染恶化等。2008年12月，中俄跨界水体水质联合监测技术交流会在中国哈尔滨举行。来自中国环境保护部、国家和地方环境监测部门的专家和俄罗斯哈巴罗夫斯克边疆区、赤塔州、滨海边疆区的专家参会，双方就跨界水体联合监测分析方法、评价标准以及监测数据进行交流、研讨。根据协议，两国在边境地区的额尔古纳河、黑龙江、乌苏里江、绥芬河和兴凯湖5个跨界水体的

9 个监测断面开展水质联合监测。

目前，中俄两国边境地区跨界水体联合监测取得了良好的效果，2007 年中俄专家在 9 个跨界水段面上的抽样化验结果发现两国跨界水质符合环保标准，并且水质好于 2005 年松花江污染之前的水平。这为两国进一步开展跨界水体环境保护交流合作奠定了良好的基础。

2010 年，俄罗斯自然资源与生态部与中华人民共和国签订了关于 2015 年之前跨界水域联合水质监测的谅解备忘录，并要增加监测断面数量和增加联合监测次数，包括在 2011 年冬天联合观测水质，了解其对水质负面影响的情况。

（3）中俄边界地区的污染防治与环境灾害应急

中俄边界地区有 3479 公里仅一水相隔，一方的污染物质很容易扩散到另一方，比如，俄罗斯布拉戈维申斯克市热电厂的烟尘就曾跨江飘落到我国的黑河市，这对我国居民的生活产生了不利的影响。而俄罗斯更是十分关注其远东边界地区的污染情况，无论是 2005 年松花江污染、2006 年牤牛河水污染事故，还是 2008 年齐齐哈尔光气泄漏都引起了俄方的高度关注。因此，中俄双方进行污染防治以及环境灾害应急合作就显得十分必要。在松花江突发事件应急体系中，集中体现了双边环境合作的功能与作用。双方在污染防治与环境灾害应急方面的合作，能进一步地加强两国间的互信，并将边界地区突发环境事件产生的危害降至最低。

（二）中俄环保合作机制及其效果

中俄双边环保合作起步于 20 世纪 90 年代初。随着两国战略协作伙伴关系的确立和发展，两国环保合作地位不断提升，迅速进入两国政治议程；合作领域和渠道不断拓展，包括中央政府和两国毗邻地方政府等层面，涉及自然保护、跨界水体污染防治和联合监测等诸多方面；同时合作活动迈向务实和机制化。

1994 年 5 月，中俄两国政府签署了《中华人民共和国政府和俄罗斯联邦政府环境保护合作协定》，正式启动了两国环保合作进程，开始了人员互访和技术交流。同年，中、蒙、俄三国还签署了关于《中、蒙、俄共同自然保护区的协定》，三国在该协定框架下多次召开了共同保护区联委会会议，开展了不少合作与交流活动。1996 年，中俄两国宣布建立“平等信任、面向 21 世纪的战略协作伙伴关系”，建立中俄总理定期会晤委员会，进一步促进双方在环保领域的合作。同年双方在环保领域就建立国际自然保护区签署了《关于兴凯湖自然保护区协定》。中俄两国元首于 1997 年 11 月在北京签署的《联合声明》中指出，两国在保护和改善环境状况、共同防止跨界污染、合理和节约利用自然资源（包括跨界水资源）方面开展合作。

2001 年，两国又签署了具有里程碑意义的《中俄睦邻友好合作条约》，其中第十九条明确规定双方在环保领域的合作："缔约双方将在保护和改善环境状况，预防跨界污染，公平合理利用边境水体、太平洋北部及界河流域的生物资源领域进行合作，共同努力保护边境地区稀有植物、动物种群和自然生态系统，并就预防两国发生自然灾害和由技术原因造成重大事故及消除其后果进行合作。"

2003 年的《中俄总理第八次定期会晤联合公报》提出，双方决心解决环境保护问题，包括保护黑龙江和其他跨界河流的生态系统，并就防治跨界环境的污染等方面开展密切合作，在对跨界水体进行联合生态监测的基础上制定改善黑龙江生态状况的共同措施，并考虑制定关于跨界水保护领域合作的政府间协议。双方将共同与其他国家和各国际组织就环境保护、生物多样性保护和跨界自然保护区问题开展合作。在 2004 年的《中俄总理第九次定期会晤联合公报》中，双方表示将继续在共同监测跨界河流水质方面开展合作，并考虑制定保护跨界水的政府间协议。2005 年，《中俄总理第十次定期会晤联合公报》正式提出，双方将继续提高环保领域合作水平，在中俄总理定期会晤机制下设立中俄环保合作分委会。

2006 年 3 月，中俄两国元首签署的《联合声明》指出，近年来，两国中央及地方政府在环保和自然资源利用方面的合作进一步加强。双方同意共同加强双方边境地区的环境保护，积极预防环境事故，将边界地区环境风险降至最低；双方将就签署跨界水保护和合理利用合作的协定加快磋商。同年 9 月，在两国总理定期会晤委员会下设立了环保合作分委会这一有关两国环保合作的综合平台，落实了两国总理关于加强环保合作的有关决定，建立了中俄两国之间环保合作的长效机制，它标志着中俄环保合作进入了一个崭新的阶段。

环保合作分委会下设污染防治和环境灾害应急联络工作组、跨界自然保护区及生物多样性保护工作组和跨界水体水质监测及保护工作组。到 2008 年，环保合作分委会一共举行了三次会议。每次会议中俄双方都相互通报两国政府一年来的重大环保举措，总结一年来两国在环保领域的合作进展，听取分委会三个工作组的工作汇报，审议并批准下一年度的工作计划。在两国已经建立的坚实的环保合作基础上，中俄环保合作分委会的统一领导及三个工作组的务实行动，使双方的环保合作得到不断加强、深化、拓展，这为推动两国战略协作伙伴关系的发展做出了很多贡献。

2012 年 11 月，中俄总理定期会晤委员会环境保护合作分委会（以下简称分委会）第七次会议在莫斯科市举行。分委会中方主席、中国环境保护部部长周生贤和俄方主席、俄罗斯自然资源与生态部部长东斯科伊分别率团出席了会议。

中方通报了松花江流域水污染防治情况，俄方也向中方通报了黑龙江（阿穆尔河）流域采取的自然保护措施。会议认为，通过双方的共同努力，中俄两国边境地区跨界水体水质继续保持稳定，污染防治工作取得了积极的成效。

双方听取并审议了污染防治和环境灾害应急联络、跨界水体水质监测与保护、跨界自然保护区和生物多样性保护三个工作组的工作进展报告。分委会高度评价《中华人民共和国环境保护部和俄罗斯联邦自然资源与生态部关于建立跨界突发环境事件通报和信息交换机制的备忘录》（以下简称《备忘录》）在应急联络工作中发挥的重要作用，同意保持《备忘录》的主导地位，以《备忘录》补充协议的形式增加相关内容；高度评价环评专家组就“相互交换可能对另一方造成重大不利影响的工程环评信息工作路线图”取得的积极成果；同意跨界水体水质联合监测技术研讨会每年在中俄两国轮流举行，由专家组研究统一的监测分析方法和质控方案，以及采用一致的跨界水体水质标准的可能性；肯定了两国在筹备《中华人民共和国和俄罗斯联邦候鸟及其栖息地保护协议》方面取得的成果以及在《中俄蒙关于达乌尔国际自然保护区协议》框架下的高效合作。

1.2 与其他国家的双边环保合作

在积极参与中俄双边环境合作的同时，俄罗斯还与美国、德国等 20 多个国家签订了双边环境保护合作的协定。环境合作的内容主要是环境信息的交流、联合开展科学研究、人员培训、举办研讨会和展览会以及就某一具体问题开展合作等。

到 2009 年，俄罗斯联邦已经与七个邻国签订了关于联合使用和保护跨界水域的协议（包括白俄罗斯、哈萨克斯坦、中国、蒙古、乌克兰、芬兰和爱沙尼亚）。

2011 年，俄罗斯还与韩国、朝鲜、蒙古、乌克兰、伊朗、阿塞拜疆、哈萨克斯坦等国开展了各种不同类型的环境合作项目。

2 多边环保合作

根据 2012 年 6 月联合国环境规划署正式发表的《全球环境展望 5》第

17 篇介绍，到 2012 年全球已经有 500 多个多边环境协议或公约（MEAs）。

2.1 已加入的国际环保公约

俄罗斯已经加入的主要国际环保公约有《国际捕鲸管制公约》（1946 年）、《国际植物保护公约》（1951 年）、《南极条约》（1959 年）、《保护大西洋金枪鱼国际公约》（1966 年）、《对公海上发生油污事故进行干涉的国际公约》（1969 年）、《关于特别作为水禽栖息地的国际重要湿地公约》（1971 年）、《保护世界文化和自然遗产公约》（1972 年）、《防止船舶和飞机倾倒废物造成海洋污染公约》（1972 年）、《防止倾倒废物及其他物质污染海洋公约》（1972 年）、《国际防止船舶污染公约》（1973 年）、《波罗的海及其海峡生物资源捕捞及保护公约》（1973 年）、《保护波罗的海地区海洋环境公约》（1974 年）、《濒危野生动植物物种国际贸易公约》（1975 年）、《远距离跨境空气污染公约》（1979 年）、《保护南极海洋生物资源公约》（1980 年）、《南极海洋生物资源养护公约》（1980 年）、《联合国海洋法公约》（1982 年）、《保护北大西洋鲑鱼公约》（1982 年）、《保护臭氧层维也纳公约》（1985 年）、《及早通报核事故公约》（1986 年）、《关于消耗臭氧层物质的蒙特利尔议定书》（1987 年）及其相关的修正案、《国际石油污染防护、反应和合作公约》（1990 年）、《跨国界环境影响评价公约》（1991 年）、《控制危险废物越境转移及其处置的巴塞尔公约》（1992 年）、《生物多样性公约》（1992 年）、《保护黑海防治污染公约》（1992 年）、《工业事故跨国界影响公约》（1992 年）、《跨国界水体和国际湖泊保护和利用公约》（1992 年）、《北太平洋溯河性种群保护公约》（1992 年）、《联合国气候变化框架公约》（1992 年）及其《京都议定书》（1997 年）、《联合国防治荒漠化公约》（1994 年）、《中白令海峡鳕资源养护和管理公约》（1994 年）、《联合国鱼类资源协定》（1995 年）、《联合国海洋公约法 1982 年 10 月有关保护和管理跨界鱼类种群和高度洄游鱼类种群的规定实施协议》（1995 年）、《乏燃料管理安全和放射性废物管理安全联合公约》（1997 年）、《关于持久性有机污染物的斯德哥尔摩公约》（2001 年）、《粮食和农业植物遗传资源国际条约》（2001 年）、《里海海洋环境保护公约》（2003 年）、《关于在国际贸易中某些危险化学品和农药的事先知情同意程序的鹿特丹公约》（2004 年）、《南太平洋公海渔业资源养护和管理公约》（2012 年）等。

2.2 与中亚地区的环保合作

当前，中亚地区环境压力不断加大、资源供需矛盾日益突出，其中水资源短缺、水土流失严重、土地沙化和草场退化、水资源过量开发、河水断流、湖水减少或干涸、工业污染、核污染等成为这一区域面临的共同环境问题。但中亚地区还没有建立起将环境问题作为重要职责的区域性组织，也没有关于环境保护的原则性、指导性或框架性的协议。

俄罗斯与其他一些国家或国际组织参与并帮助中亚各国制订了环境治理计划，主要有以下几项。

塞米巴拉金斯克地区恢复计划。该计划始于 1992 年，主旨是为该地区核污染的受害者提供人道主义援助及医疗服务，并对该地区进行治理。1999 年 9 月，就该问题在东京召开国际会议，会议成果之一是为这项恢复计划募集到了捐款。目前，该计划在人道主义援助方面取得了一定进展，但在环境的治理和恢复方面做得不多。

拯救咸海计划。1993 年 3 月，在哈萨克斯坦的克孜勒奥尔达成立了咸海流域问题跨国委员会，并建立了拯救咸海国际基金会。1995 年 9 月，在咸海南部的努库斯市，与会代表签署了著名的《努库斯宣言》（即《咸海宣言》），就治理咸海进一步达成一致。1997 年 2 月，在阿拉木图召开国际会议并发表了《阿拉木图宣言》，会议决定，将拯救咸海国际基金会与咸海流域问题跨国委员会合二为一，合并后的名称是拯救咸海国际基金会。会议还决定制定咸海流域可持续发展公约。

在里海地区，2003 年 11 月 4 日，俄罗斯与阿塞拜疆、伊朗、哈萨克斯坦和土库曼斯坦在德黑兰签署了《里海海洋环境保护公约》（《德黑兰公约》）。公约承诺：通过单独或共同方式，采取一切必要措施减少和控制里海的污染；挽救、保护和恢复里海的环境资源；减少对里海生物环境的破坏；开展多边合作。《德黑兰公约》是里海沿岸五国近年来签署的第一个具有法律约束力的文件。该公约为五国建立解决里海问题的法律机制奠定了基础。

在黑海地区，俄罗斯与黑海周边其他各国政府通过了一系列关于黑海环境管理的政治、法律和体制的地区性框架文件，从而履行其对治理和保护黑海环境给予支持的承诺。这些文件包括 1992 年通过的《保护黑海免受污染公约》、1993 年通过的《奥德萨部长宣言》和 1996 年通过的《黑海战略行动计划》。俄罗斯还参与了黑海环境计划（BE – SP）。该计划成立于 1993 年 9 月，主要目标是：加强和建立地区性管理黑海生态系统的能力；制定和实施评估、控制和防止污染以及保持和增加生物多样性所需的配套政策和法律框架；促进合理环境投资的准备工作。BE – SP 在俄罗斯等国设立实验室，并经常举办培训班为这些国家培训分析人员。该计划定期在黑海的一些地区进行污染物监测、分析和评估。

2009 年，俄罗斯与哈萨克斯坦签订了关于联合使用和保护跨界水域问题的协议。

2011 年，俄罗斯与哈萨克斯坦签署了关于建立由“卡通”国家自然生物圈保护区（俄罗斯阿尔泰共和国）和相邻的哈萨克斯坦的卡通－卡拉盖国家公园构成跨界保护区“阿尔泰”的一项协议。同年，为了实施俄罗斯联邦和阿塞拜疆共和国政府间合理利用和保护跨界河流萨姆尔河的协定，举行了委员会的第一次会议。

2.3 与国际组织的环保合作

俄罗斯多年来在环境保护方面与各国际组织进行了广泛的合作，例如联合国开发署、环境规划署、教科文组织、世界卫生组织、国际海洋组织、国际气象组织等。俄罗斯在比邻地区开展了很多合作性的调查研究工作，为本国和其他国家的环境保护工作提出了很多建设性的意见。

在北极地区，1996 年 9 月，俄罗斯与该地区的其他国家成立了北极理事会，该理事会还吸收了许多非北极地区国家和国际组织的观察员。北极理事会成员国外长会议每两年举行一次，制订了许多可持续发展的重大计划、行动方案和法规。

2.4 与上合组织的环保合作

上合组织环保合作是由俄罗斯率先倡议提出的。早在 2003 年举行的第二届六国总理北京会晤中，各成员国已就加强在自然资源开发和环境保护领域的合作达成了基本共识。

在高层的积极推动下，上合组织六个成员国于 2005 年启动了环境合作工作方面的交流活动。2005 年 9 月，各成员国组成立政府工作小组，在俄罗斯召开第一次环保专家会议，联合制订了《上海合作组织环境保护合作构想草案》，明确了由俄方牵头汇总《上海合作组织环境保护合作构想草案》，并确定了在俄罗斯举办第一次上合组织环境部长会议的基调。

俄罗斯在上合组织中的环境合作只限于一些双边合作，还没有形成整个组织内的环境合作机制。

在双边合作中，中俄、中哈关于水资源合理利用与保护的合作方兴未艾，并且取得了一定的成果。

3 小结

俄罗斯是一个负责任的大国。在国际环境保护方面能够积极地与世界上和区域内的各国和各国际组织进行广泛的合作。俄罗斯是国际上多项多边环境协议或公约的缔约方，为保护世界环境做出了应有的贡献。在中亚地区、东北亚地区、上合组织中也是积极推进环境和生态保护合作的主要力量。

参考文献

[1] 贝加尔湖，互动百科，http://www.hudong.com/wiki/%E8%B4%9D%E5%8A%A0%E5%B0%94%E6%B9%96，2012 年 4 月 16 日。

[2] 陈刚、郭红燕：《中俄环保合作的焦点问题》，中国环境保护部环境与经济政策研究中心，2010。

[3] 陈新明：《俄罗斯与独联体国家关系：新趋势与新战略》，《俄罗斯中亚东欧市场》2009 年第 4 期。

[4] 戴艳文：《关于国际河流水资源保护与生态环境安全的思考》，《黑龙江水专学报》2004 年第 4 期。

[5]《电厂灰渣废物生产建筑材料》，圣彼得堡华人协会网，http://www.china-russia.org/news_4510.html，2007 年 12 月 12 日。

[6] 丁建新：《俄罗斯出台国家生物多样性保护战略》，《全球科技经济瞭望》2004 年第 4 期。

[7]《鄂毕河》，互动百科，http://www.hudong.com/wiki/%E9%84%82%E6%AF%95%E6%B2%B3，2009 年 12 月。

[8] 《俄罗斯》，百度百科，http://baike.baidu.com/view/2403.html，2013 年 8 月21 日。

[9] 《俄罗斯大国自主外交》，百度文库，http://wenku.baidu.com/view/79384c0c6c85ec3a87c2c50e.html，2009 年 8 月 11 日。

[10]《俄罗斯的矿产资源》，百度文库，http://wenku.baidu.com/view/ca743c37eefdc8d376ee3256.html，2008 年 7 月 24 日。

[11]《俄罗斯发布新版外交政策构想》，观察者网，http://www.guancha.cn/Neighbors/2013_02_17_126755.shtml，2013 年 2 月 17 日。

[12]《俄罗斯干草原》，百度百科，http://baike.baidu.com/view/2028990.htm，2008 年 11 月 30 日。

[13] 圣彼得堡华人协会：《俄罗斯工业、农业及各行业概况》，http://www.china-russia.org/news_2703.html，2006 年 5 月 17 日。

[14] 中华人民共和国外交部：《俄罗斯国家概况》，http：//www.fmprc.gov.cn/mfa_chn/gjhdq_603914/gj_603916/oz_606480/1206_606820/，2013－7。

[15] 聂云鹏：《俄罗斯将采取有力措施保护和利用水资源》，人民网，http：//env.people.com.cn/GB/10456618.html，2009年11月26日。

[16]《俄罗斯科技人力资源的现状和发展趋势》，中国科学技术学会网，http：//www.cast.org.cn/n35081/n35668/n35728/n36419/11105325.html，2009－2－25。

[17]《俄罗斯劳务进口趋势》，圣彼得堡华人协会网，http：//www.china-russia.org/news_593.html，2005年4月24日。

[18]《俄罗斯联邦对外政策》，俄罗斯新闻网，http：//rusnews.cn/db_eguoguoqing/db_eluosi_waijiao/，2013年7月。

[19]《俄罗斯联邦概况》，新华网，http：//news.xinhuanet.com/ziliao/2002－06/01/content_418805_3.html，2012年6月1日。

[20]《俄罗斯农业发展解析》，百度文库，http：//wenku.baidu.com/view/06c7439b51e79b89680226b6.html，2011－6－14。

[21] 俄罗斯外交与国防政策委员会：《未来十年俄罗斯的周围世界》，新华出版社，2008。

[22]《俄罗斯修订外交政策构想，中国印度是重中之重》，参考消息网，http：//world.cankaoxiaoxi.com/2013/0312/176895.html，2013年3月12日。

[23]《俄罗斯正式加入世界贸易组织》，网易新闻，http：//news.163.com/11/1217/03/7LEPV3OJ0001121M.html，2011年12月17日。

[24] 关健斌：《莫斯科如何突出垃圾重围》，环球网，http：//blog.huanqiu.com/143/2009－10－17/348693/，2009年10月17日。

[25]《国外废金属的主要分布区域》，金属废料资源网，http：//www.metalscrap.com.cn/chinese/maoyi_view.asp？id＝159&type_id＝25，2005年9月26日。

[26]《黑龙江－阿穆尔河》，水电知识网，http：//www.waterpub.com.cn/jhdb/DetailRiver.asp？ID＝3，2006年10月2日。

[27] 贾生元：《关于国际河流生态环境安全的思考》，《安全与环境学报》2005年第2期。

[28] 姜振军：《俄罗斯保护生态安全的措施分析》，《俄罗斯中亚东欧研究》2007年第6期。

[29]《勒拿河》，百度百科，http：//baike. baidu. com/view/98694. html，2013年9月18日。

[30]《里海》，互动百科，http：//www. hudong. com/wiki/% E9% 87% 8C% E6% B5% B7，2012年8月11日。

[31] 李华、杨恺：《俄罗斯矿产资源现状及开发》，《中国煤炭地质》2012年第12期。

[32] 李蓉：《俄罗斯水资源的保护、开发利用及其立法探微》，《黑龙江社会科学》2007年第4期。

[33] 李争霞：《加入WTO对俄罗斯经济发展的影响分析》，《北方经贸》2012年第4期。

[34] 刘桂玲：《俄罗斯外交政策新调整》，《国际资料信息》2011年第1期。

[35] 刘恺：《俄罗斯说将坚持捍卫联合国的中心地位》，新华网，http：//news. xinhuanet. com/world/2013 -01/24/c_114491157. html，2013年1月24日。

[36] 卢涛：《中国和俄罗斯友好合作关系不断迈上新台阶》，中国政府网站，http：//www. gov. cn/jrzg/2012 - 12/03/content_2280871. html，2012年12月3日。

[37] 松江：《俄罗斯金属矿产概况》，《中国金属通报》2009年第6期。

[38] 苏云天：《俄罗斯的土地荒漠化及防治情况》，《全球科技经济瞭望》2000年第10期。

[39] 王保士：《俄罗斯的废物管理现状与未来对策》，《中国资源综合利用》2010年第1期。

[40] 王贵林、许涛等：《俄罗斯的环境保护立法与执法》，载中国环境科学学会编《中国环境科学学会学术年会论文集》，2009。

[41] 王宏巍：《俄罗斯土壤污染防治立法研究及其对构建我国〈土壤污染防治法〉的启示》，《长江流域资源与环境》2009年第4期。

[42] 汪凌峰、史蓉红、张明海：《黑龙江流域中俄保护区现状及展望》，《野生动物杂志》2006年第6期。

[43] 王升：《俄罗斯莫斯科地区水利设施的生态问题》，水信息网，http：//www. hwcc. gov. cn/pub/hwcc/ztxx/10004/els/gsst/200702/t20070202_166676. html，2007年2月2日。

[44] 王升：《俄罗斯水资源及其利用》，中国水信息网，http：//www. hwcc. com. cn/pub2011/hwcc/wwgj/index. html，2008年1月14日。

[45] 王树义、李巧玲：《中俄固体废物处理的立法比较》，《安全、健康与环境》2004 年第 4 期。

[46]《外交政策概念更新考虑了世界力量平衡的变化》，俄罗斯新闻网，http：//www.russia-online.cn/Overview/detail_10_1382.shtml，2013 年 2 月 15 日。

[47] M. G. Khublaryan，V. S. Kovalevskii，M. V. Bolgov：《基于地表水和地下水联合利用的水资源管理》，《水资源》2005 年第 5 期。

[48] 姚文艺、高航、李勇：《俄罗斯水资源水环境管理与研究进展》，《人民黄河》2006 年第 3 期。

[49]《叶尼塞河》，互动百科，http：//www.hudong.com/wiki/%E5%8F%B6%E5%B0%BC%E5%A1%9E%E6%B2%B3，2012 年 10 月 29 日。

[50] 张所续、罗小民、王世义：《俄罗斯水资源管理》，《西部资源》2008 年第 4 期。

[51] 张旭、国庆喜：《俄罗斯远东地区生物多样性保护与研究进展》，《世界林业研究》2007 年第 5 期。

[52] 中华人民共和国驻俄罗斯使馆经济商务参赞处：《2011 年俄罗斯对外经济合作》，http：//www.mofcom.gov.cn/aarticle/i/dxfw/jlyd/201203/20120308028649.html，2012 年 3 月 21 日。

[53] G. M. Chernogaevaa, et al.,“Integrated Background Monitoring of Environmental Pollution in Russia”, *Russian Meteorology and Hydrology*, 5 (2009).

[54] “International Reserves of the Russian Federation”, Центральный банк Российской Федерации, http：//www.cbr.ru/eng/hd_base/mrrf/main.asp?, 2013 -9 -1.

[55] “OECD Factbook 2011 -2012：Economic, Environmental and Social Statistics. OECD”, http：//dx.doi.org/10.1787/factbook - 2011 - 1 - en, 2011 - 12 -17.

[56] United Nations Treaty Collection,“UNTS Databases”, http：//treaties.un.org/, 2013 -8.

[57] The World Bank：“World Development Indications：2003 ~ 2008”, http：//data.worldbank.org.cn/data-catalog/world-development-indicators, 2013 -7 -2.

[58] Государственный доклад «О состоянии и об охране окружающей среды

Российской Федерации в 2004 ~ 2011 гг. », Министерство природных ресурсов и экологии Российской Федерации, http: //www. mnr. gov. ru/.

[59] Добро пожаловать, ПрофЛига, http: //www. prof-util. ru/, 2009.

[60] МИНПРИРОДЫ РОССИИ, Министерство природных ресурсов и экологии Российской, Федерации, http: //www. mnr. gov. ru/mnr/, 2014 - 1 - 17.

[61] Нормативы загрязнения атмосферного воздуха, ГПУ «Мосэкомониторинг», http: //www. mosecom. ru/air/air-normativ/, 2013 - 9 - 18.

[62] Федеральный закон " Об охране атмосферного воздуха", Природа России, http: //www. priroda. ru/law/detail. php? ID = 6240, 2013 - 9 - 3.

[63] Федеральная служба государственной статистики. Russia in Figures (in english), Федеральная служба государственной статистики, http: //www. gks. ru/free_doc/doc_2012/rusfig/rus12e. rar, 2007 - 11 - 1.

[64] Федеральная служба государственной статистики. Russia in Figures-2009, Федеральная служба государственной статистики, http: //www. gks. ru/bgd/regl/b09_12/Main. htm, 2013 - 8 - 17.

第五章
哈萨克斯坦环境概况

哈萨克斯坦共和国（Республика Казахстан，以下简称哈萨克斯坦或哈）位于中亚，西濒里海，原为苏联15个加盟共和国之一，1991年苏联解体后独立。哈萨克斯坦与俄罗斯、中国、吉尔吉斯斯坦、乌兹别克斯坦、土库曼斯坦等国接壤，并与伊朗、阿塞拜疆隔海相望。

“哈萨克”一词在斯拉夫语中的解释是“游牧战神”，为古突厥的一个直系分支民族。该国国名就取自其主体民族。“哈萨克草原”的名称最早出现在公元前6~7世纪的波斯文献中。罗马大帝康士坦丁留给儿子的遗嘱中说：“……在那外围有着哈萨克大草原，经过哈萨克就是阿兰。”哈萨克人泛指今中亚一带的古代游牧部落，如塞人、乌孙、月氏等，而这些古代游牧部落正是现代哈萨克人的祖先。

截至2012年1月1日，哈萨克斯坦共有人口1667.54万人。它是一个多民族国家，境内居住着131个民族，有“欧亚民族长廊”之称，主要民族有哈萨克族（64.0%）、俄罗斯族（23.7%）、乌克兰族、乌兹别克族、日耳曼族和鞑靼族等。50%以上居民信奉伊斯兰教（逊尼派），此外还有东正教、天主教、佛教等。哈萨克语为国语，俄语在国家机关和地方自治机关与哈萨克语同为正式使用的语言。

哈萨克斯坦拥有丰富的自然资源，如土地资源、生物资源、矿产资源等，尤其以有色金属和石油最为著名。哈萨克斯坦矿产资源品种齐全，储量名列世界前茅。哈萨克斯坦是环里海的五个国家之一，哈属里海地区蕴藏着丰富的石油资源。

丰富的自然资源为哈萨克斯坦的经济发展提供了优越的条件。哈独立后实施全面、稳妥的经济改革，分阶段推行市场经济和私有化。近年来，政府采取了加强宏观调控、积极引进外资、在重点发展油气领域和采矿业的同时实施“进口替代”政策、扶植民族工业、大力发展中小企业、实行自由浮动汇率等一系列措施，使哈宏观经济形势趋向稳定。和周边国家相比，哈推行了长期、大胆的经济改革，并获得了成功。2012 年哈经济增长 5%。哈政府和央行预测 2013 年哈经济增长率达 6%，经济部预测 2013 ~2017 年期间经济增长将保持 6% ~7% 的水平。

然而，随着社会经济的发展，哈萨克斯坦的环境问题也日益凸显，主要体现在水环境、大气环境、固体废物、土壤环境、核辐射以及生物多样性等领域。

在水资源方面，哈萨克斯坦地表水资源分布不平衡，加上对水资源的不合理利用等，造成部分地区水资源短缺。同时，随着经济发展，水污染问题开始凸显。为此，哈萨克斯坦采取了“北水南调”、“引里济咸”以及“五国联合治理里海污染”等积极措施。

大气污染方面，除了核试验对大气环境所造成的污染外，哈国大气环境方面存在的主要问题就是工业污染严重。为此，哈国加强了立法。独立前，哈萨克斯坦已制定了《大气环境保护法》，并在此后加大了对大气污染的治理。

固体废物方面，由于哈萨克斯坦长期以来一直以发展重工业为国策，因此长期面临着严峻的工业废物及生活垃圾的管理问题。为此，哈国通过加强工业废料的综合利用和生活垃圾的分类利用进行治理。

土壤环境方面，哈萨克斯坦目前面临的最大问题是土壤荒漠化。为治理荒漠化，哈国采取了人工降雨、增雨，培育、种植耐干旱、耐盐碱的植物，以及建立严格的节水制度等措施。

核辐射方面，目前哈萨克斯坦的废物利用和放射性废料的掩埋问题还没有得到解决。但哈国采取了积极的治理措施，例如，关闭核试验场，彻底消除污染源；签署《核不扩散条约》，实现无核区；深埋核废料；核废料的二次利用；等等。

生物多样性方面，为治理滥伐盗伐林木和偷猎滥捕动物，哈国采取了积极措施，如严格执行森林法，严格执行动物界保护法和植物界保护法，加强环保教育以及发展林下产业和护林业务等。

为了加强对环境的保护，哈萨克斯坦还加大了环境保护相关法律制定方面的力度。20 世纪 90 年代初期，哈各州都有本州环境管理项目。1994 年哈萨克斯坦国家环境保护机构成立。由于哈政府 1994 年针对经济危机进行了政府改革，因此在 1994 年仅宣布了即将实行的环境政策。1996 年哈萨克斯坦的环境安全政策有所加强，包括经济政策、社会政策及法律法规。2003 年哈政府通过了 2004 ~2015 年度关于《生态安全概念》的文件，2005 年制定实施了新的《环境保护法》，2006 年制定了《2007～2012 年度生态保护计划》，2007 年政府还颁布了《生态法》。至此，哈萨克斯坦的环保法律体系基本完善。

哈萨克斯坦还积极开展与周边国家的双边环保国际合作，与中国、俄罗斯及中亚各国开展了广泛的环保合作。其中，与中国的环保合作焦点问题主要是跨境河流水资源的利用和保护。随着双方对跨界水资源问题的日益重视，该问题逐渐成为两国声明或公报中频繁涉及的重要内容之一。两国还签订了专门的协定并设立专门机构来处理跨界水资源问题。跨界水资源的利用和保护成为中哈环保合作的主要内容。为此，两国签订了一系列与环保相关的协定和协议，并开展了多次谈判和交流。

同时，俄罗斯也是哈萨克斯坦的主要环保合作伙伴之一。哈萨克斯坦与俄罗斯的边界线总长 7500 公里，有 70 多条河流和湖泊穿越其中。俄哈两国就跨界河流水资源开展了联合管理和环保合作，共同防治核污染和重金属污染等，取得了良好进展。

此外，哈萨克斯坦积极参与国际环境保护合作，共加入了 17 个国际公约及协定，这些公约及协定旨在改变气候状况、保护地球臭氧层、控制过境污染等。并且，自独立以来，哈萨克斯坦积极参与中亚地区跨界水资源的利用和环保合作，签订了一系列多边协定。

第一节 国家概况

1 自然地理

1.1 地理位置

哈萨克斯坦共和国位于亚洲中部，位于北纬 55°26′～40°56′，东经 45°27′～87°18′，北邻俄罗斯，南与乌兹别克斯坦、土库曼斯坦、吉尔吉斯斯坦接壤，西濒里海，东接中国。哈萨克斯坦幅员辽阔，国土面积为 272.49 万平方公里（相当于我国新疆和内蒙古面积总和），居世界第 9 位，在独联体国家中位居第 2 位，仅次于俄罗斯，是世界最大的内陆国（无出海口），人口密度为 6 人/平方公里。

哈萨克斯坦的领土从西部的伏尔加河下游到东部的阿尔泰山长 3000 公里，从北部的西西伯利亚平原到南部的天山山脉宽 1700 公里。国境线总长度超过 1.5 万公里，陆路国境线超过 12000 公里，哈萨克斯坦通过里海可以到达阿塞拜疆和伊朗，通过伏尔加河—顿河运河可以到达亚速海和黑海。亚欧大陆的地理中心点（东经 78°，北纬 50°）就位于哈萨克斯坦共和国的东哈萨克斯坦州，与塞米巴拉金斯克核试验场的中心相距 15 公里。哈萨克斯坦与中国、俄罗斯、吉尔吉斯斯坦、乌兹别克斯坦和土库曼斯坦五国有共同边界（见图 5－1）。

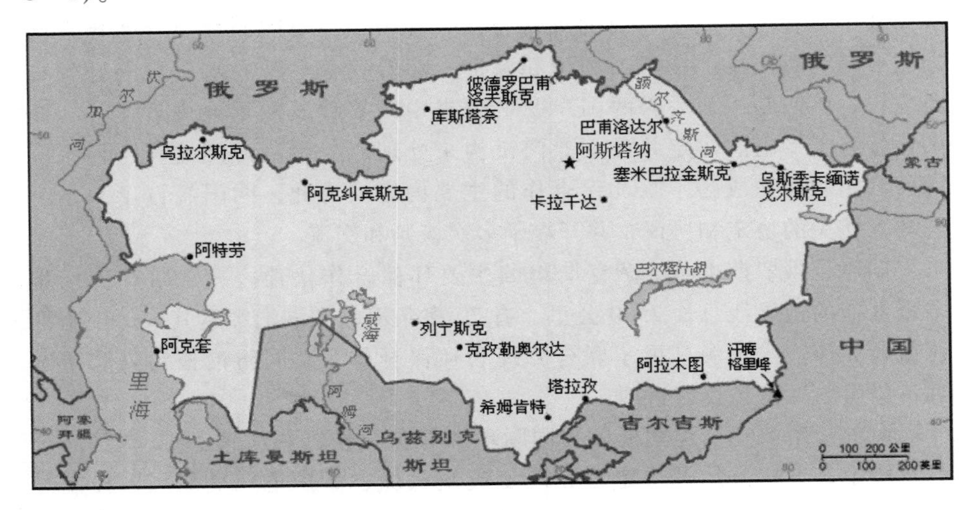

图 5－1　哈萨克斯坦略图

1.2　地形地貌

哈萨克斯坦地形复杂，特点是东南高、西北低，大部分领土为平原和低地。全境处于平原向山地过渡地段，60% 的土地为沙漠和半沙漠，最北部为平原，中部为东西长 1200 公里的哈萨克丘陵，东部多山地，西部和西南部地势最低。位于哈萨克斯坦东南端的天山山系，为中国、哈萨克斯坦、吉尔吉斯斯坦三国界山，最高峰汗腾格里峰海拔 6995 米，也是哈萨克斯坦境内的最高峰。

哈境内主要湖泊有巴尔喀什湖、斋桑湖、阿拉湖等，同时还拥有里海和咸海的部分水域。哈境内的主要河流有锡尔河、乌拉尔河、恩巴河、伊犁河、额尔齐斯河，其中伊犁河和额尔齐斯河与我国新疆相连。

1.3　气候

由于位于大陆深处，远离海洋，哈萨克斯坦的气候属于典型的干旱大陆性气候。夏季炎热干燥，冬季寒冷少雪，严寒而漫长。全国绝大部分地区年降水量少于 250 毫米。全国 1 月平均气温为 －29℃ ～ －15℃，7 月平均气温为 25℃ ～35℃，年最高气温达 45℃ ～50℃，最低气温达 －45℃，历史最低温曾达 －52℃。

2 自然资源

2.1 矿产资源

哈萨克斯坦矿产资源非常丰富，且品种齐全，许多矿产资源储量名列世界前茅。主要有石油、天然气、煤、铀、有色金属（铜、铅、锌等）、黑色金属（铁、锰、铬等）、稀有金属（镍、钼、钨等）、贵金属（金、银等）以及非金属矿产资源（硫黄、石棉、磷灰石、大理石、石灰石、石膏、硼、盐、萤石等）。

哈萨克斯坦能源资源非常丰富。据统计，截至 2009 年 1 月 1 日，哈萨克斯坦已证实的石油储量约 41.1 亿吨，天然气 2.4 万亿立方米。煤炭总储量为 2000 亿 ~3000 亿吨。

有色金属方面，铜储量约 1400 万吨，占世界总储量的 7%，主要分布在杰兹卡兹甘州的杰兹卡兹铜矿区和北巴尔喀什铜矿区。铅储量约为 1490 万吨，居世界第四位。锌储量约为 3470 万吨，居世界第四位。铝土储量约为 3.6 亿吨，居世界第十一位。钨储量折合成金属约为 155.1 吨，居世界第一位，多为钨钼共生矿，最大的钨矿为卡拉干达州的上凯拉克特矿。

黑色金属方面，锰矿石储量为 4.29 亿吨，居世界第三位，储量全部集中在卡拉干达州。铁矿资源总储量为 196 亿吨，在世界上名列前茅，集中分布在北部的科斯塔奈州。铬铁矿基础储量为 4.7 亿吨，居世界第一位。

贵金属方面，哈萨克斯坦的金矿遍布全国各地，已探明储量约 1500 吨，居世界第八位。金矿区主要分布在哈境内北部、东部和东南部地区。储量超过 200 吨的大金矿有瓦西里科夫矿与巴克尔奇克矿。

在非金属矿产中，储量最丰富的有钾盐、钠盐、硫酸钡、磷钙土、萤石和重晶石。其中钾盐总预测储量为 246 亿吨，主要分布在乌拉尔河和恩巴河流域，磷钙土主要集中在阿拉套地区和阿尔纠宾斯克州，重晶石的储量居世界第一位。

2.2 土地资源

哈萨克斯坦的国土面积位居世界第九位，拥有丰富的土地资源。目前哈萨克斯坦行政区包括 14 个州，2 个直辖市（阿斯塔纳和阿拉木图），共计 160 个区，86 个市，174 个乡镇，7660 个农村居民点。表 5 -1 为哈萨克斯坦各州（市）土地面积、行政区和居民点数量，表 5 -2 为哈萨克斯坦各类土地资源数量。

表 5－1 哈萨克斯坦各州（市）土地面积、行政区和居民点数量

州（市）名称	土地面积（万公顷）	数量（个）			
		区	市	乡镇	农村居民点
阿克莫拉州	1462.19	17	10	15	689
阿克托别州	3006.29	12	8	2	441
阿拉木图州	2239.24	16	10	15	826
阿特劳州	1186.31	7	2	11	198
东哈萨克斯坦州	2832.26	15	10	25	857
江布尔州	1442.64	10	4	12	382
西哈萨克斯坦州	1513.39	12	2	5	517
卡拉干达州	4279.82	9	11	39	506
克孜勒奥尔达州	2260.19	7	3	12	766
科斯塔奈州	1960.01	16	5	12	274
曼格斯套州	1656.42	4	3	6	40
巴甫洛达尔州	1247.55	10	3	7	509
北哈萨克斯坦州	979.93	13	5	—	759
南哈萨克斯坦州	1172.49	12	8	11	896
阿拉木图市	3.19	—	1	—	—
阿斯塔纳市	7.1	—	1	2	—
合计	27249.02	160	86	174	7660

资料来源：刘燕平：《哈萨克斯坦国土资源与产业管理》，地质出版社，2009。

表 5－2 哈萨克斯坦各类土地资源

单位：万公顷

项目	2007 年	2008 年	2009 年	2010 年	2011 年
土地利用总面积	27249.02	27249.02	27249.02	27249.02	27249.02
1. 农用地	8682.41	8895.90	9170.45	9338.76	9372.74
2. 居民用地	2193.87	2284.20	2295.98	2321.70	2368.41
3. 工业、交通、通信、国防等用地	1385.31	1390.79	1393.18	1398.11	1400.53
4. 特别保护区用地	454.08	465.21	472.24	565.16	575.51
5. 林地	2324.55	2327.93	2328.55	2304.84	2302.90
6. 水利用地	402.09	402.38	409.12	409.61	410.85

续表

项目	2007 年	2008 年	2009 年	2010 年	2011 年
7. 储备用地	11806.80	11482.61	11179.00	10910.93	10818.11
A. 耕地	2314.53	2349.50	24.7.30	2416.92	2463.29
B. 果园	11.44	11.50	11.74	11.63	11.72
C. 荒地	549.59	502.47	454.51	451.46	454.77
D. 草场	502.27	502.26	503.67	517.42	518.99
E. 牧场	18864.28	18875.89	18859.00	18836.17	18769.07
F. 森林	1299.82	1300.91	1302.00	1302.27	1317.02
G. 沼泽	110.47	110.41	110.52	110.41	110.26
H. 水域	771.24	771.04	770.40	770.35	770.43
I. 其他	2825.38	2825.04	2829.88	2832.39	2833.47
各类土地资源占比					
土地利用总面积	100%	100%	100%	100%	100%
农用地比重	31.9%	32.6%	33.7%	34.3%	34.4%
居民用地比重	8.0%	8.4%	8.4%	8.5%	8.7%
工业、交通、通信、国防等用地比重	5.1%	5.1%	5.1%	5.1%	5.1%
特别保护区用地比重	1.7%	1.7%	1.7%	2.1%	2.1%
林地比重	8.5%	8.5%	8.6%	8.5%	8.5%
水利用地比重	1.5%	1.5%	1.5%	1.5%	1.5%
储备用地比重	43.3%	42.1%	41.0%	40.0%	39.7%

资料来源：Агентство Республики Казахстан по статистике, 2012.

2.3 生物资源

哈萨克斯坦拥有丰富的动物资源和植物资源。据不完全统计，有野生动物 800 多种，主要有：大型哺乳动物棕熊、马鹿、驼鹿、黄狼、狐狸、猞猁等 150 多种；大型鸟类猎隼、大鸨、鹤、金雕、云雀、黄鹂等 485 种；鱼类有哲罗鲑、闪光鲟、江鳕、梅花鲈等 150 多种；还有蟾蜍、蜥蜴、蛇等。植物资源 4700 多种，主要有白桦、云杉、白杨、山杨、沙棘、针茅、三叶草、芦苇、薄荷、甘草等。

2.4 水资源

哈萨克斯坦水资源主要由河流、湖泊、地下水和冰川组成（见表 5－3）。

表 5-3 哈萨克斯坦水资源

单位：亿立方米

项目	2007 年	2008 年	2009 年	2010 年	2011 年
年水资源总量	1175	897	1000	1436	1018
其中：产自境内	649	503	582	772	573
来自境外	526	394	418	664	445

资料来源：Агентство Республики Казахстан по статистике, 2012.

（一）河流水资源

哈萨克斯坦境内形成的地表水的年径流量为 544 亿 ~590 亿立方米，平均每平方公里有水 2 万立方米。水量比较多的地区是东部和南部山区，达到平均每 1 平方公里有水 2 万 ~20 万立方米。水量最少的州是克孜勒奥尔达州、西哈萨克斯坦州、北哈萨克斯坦州和巴甫洛达尔州，平均每平方公里只有 730 立方米水（见表 5-4）。

表 5-4 哈萨克斯坦的主要河流（2011 年）

河流名称	全长（公里）	哈境内长度（公里）	流域面积（万平方公里）	年均径流量（亿立方米）	2011 年径流量（亿立方米）	2011 年水污染指数
额尔齐斯河	4248	1700	21	272	242	1.03
伊犁河	1001	815	6.8	144	180	1.73
锡尔河	3019	1732	21.9	146	134	2.28
乌拉尔河	2428	1082	7.3	102	71	
楚河	1186	800	6.3	17.6	22	1.83
塔拉斯河	661	227	5.3	9	9	1.37
伊希姆河	2450	1400	11.3	16	6	1.89
托博尔河	1591	800	13.0	3	1	1.84
努拉河	978	978	5.5	7	3	2.03

资料来源：Агентство Республики Казахстан по статистике, 2012.

哈境内共有约 85000 条常流河和间歇性河流，长度在 10 公里以上的河流总计有 8000 多条，但大部分河流的水量很少，夏季不是完全干涸，就是一串互不相连的碱水洼。哈平原地区河流径流量的 85% ~96% 都集中在 4 ~5 月，夏秋季占 10% ~13%。山地河流夏季流量最大。受气候影响，不同年份河流径流量变化很大。在径流量最小的年份，一些河流的径流量只有正常径流量的 1/60 ~1/20。这样的年份一般持续 5 ~7 年，然后是径流量最大的年份，一般持续1～3年。径流量大的年份河流径流量要比正常年份大2～4倍。

（二）湖泊水资源

哈萨克斯坦1万平方公里以上的水体共有4.8万个，水面总面积大于4.5万平方公里（不包括里海和咸海）。湖泊的深度一般为1～8米，但有些湖泊深达几十米。水的总量为1900多亿立方米（见表5－5）。

表5－5　哈萨克斯坦的主要湖泊（2011年）

湖泊名称	水面面积（平方公里）	蓄水量（亿立方米）	平均深度（立方米）	最深处（米）
巴尔喀什湖	19059	1132	5.8	26.5
阿拉科利湖	2650	586	22	54
马尔卡拉科利湖	449	63	14	25

资料来源：Агентство Республики Казахстан по статистике, 2012.

哈湖泊的水位各地有所不同，大体上在3月底至5月水位最高，这与雪水融化流入有关。仲夏时，湖水水面迅速下降，有时甚至完全干涸。各地湖泊的水补充渠道不完全相同，如北哈萨克斯坦地区的湖水主要来源于地表径流（占60%～80%）、降雨（占30%～40%）、降雪（3%～10%）。水的损耗结构中，蒸发占85%～90%，渗漏占10%～15%。

（三）地下水资源

地下水已探明总量为15.44立方公里/年，约占预测资源总量的38%。在已探明地下水储量中淡水资源为13.52立方公里/年，占总量的88%。据报道，在阿拉木图市、14个州中心以及150个区中心和工业城市，企业和居民主要靠地下水维持生产和生活，大量农田和牧场也靠地下水灌溉。

哈有经济开发价值的矿泉、温泉很多。这些矿泉水被用来治疗某些慢性病，如在阿尔马阿拉桑、卡帕阿拉桑、萨雷阿加奇等地就没有矿泉疗养院。

（四）冰川水资源

根据已掌握的资料，哈全境共有冰川2724座。冰川主要分布在哈南部和东部。最大的冰川是科尔热涅夫斯基冰川，它长约12公里，面积为38平方公里，厚度为300米。冰川也是哈水资源的来源之一。由于全球气候变暖，哈冰川面积在不断缩小。

（五）较大的水体

哈较大的水体有锡尔河、伊犁河、额尔齐斯河、乌拉尔河、里海、咸海、巴尔喀什湖等。此外，还有不少中小水体，如斋桑泊、卡普恰盖水库、阿拉湖、萨瑟克湖、马尔卡湖、田吉兹湖、恰尔达拉水库和库什穆伦湖等（见表5－6）。

表5－6　哈萨克斯坦的主要水库（2011年）

水库名称	水面面积（平方公里）	最大库容（亿立方米）	有效库容（亿立方米）
布赫塔敏水库	5500	490	—
谢尔盖耶夫水库	117	7	6
维亚切斯拉夫水库	61	4	4
卡普恰盖水库	1847	185	103
谢尔达林水库	400	52	42

资料来源：Агентство Республики Казахстан по статистике, 2012.

锡尔河发源于吉尔吉斯斯坦共和国，流经4个国家，最后注入咸海，全长2219公里，年径流量380亿立方米。

伊犁河发源于哈萨克斯坦纳林果尔区，流入中国后称特克斯河，与巩乃斯河汇合后为伊犁河，向西又流入哈萨克斯坦，最后注入巴尔喀什湖，全长1416公里，年径流量104亿立方米。

额尔齐斯河发源于中国新疆富蕴县，出境后流入哈，在俄罗斯境内与鄂毕河汇合，最后注入北冰洋，全长4248公里，哈境内年径流量96亿立方米。

乌拉尔河发源于俄罗斯的乌拉尔山东麓，向南流入哈萨克斯坦，最后注入里海，全长2428公里，年径流量126亿立方米。

里海是世界上面积最大的咸水湖，达37.4万平方公里，有伏尔加河、乌拉尔河等130条大小河流注入，年平均注入淡水量2864亿立方米。

咸海位于里海东北400公里处，属哈萨克斯坦和乌兹别克斯坦两国共管，面积4.6万平方公里，湖面海拔53米，最大深度68米，储水量6960亿立方米。

巴尔喀什湖在哈东部阿拉木图州境内，面积为1.82万平方公里，湖水东咸西淡，平均深度6米，储水量106亿立方米。

3　社会与经济

3.1　人口概况

截至2013年1月1日，哈人口总数为1695.388万人，其中，男性

804.3万人，占48.2%，女性863.24万人，占51.8%。城市总人口数929.148万人（54.8%），农村总人口为766.24万人（占45.2%）人口数量在独联体国家中位居第四位，前三位分别为俄罗斯、乌克兰和乌兹别克斯坦。

在1999年人口普查和2009年人口普查的10年间，哈教育水平大幅提升，获得博士学位者增加了2816人（1999年为2233人，2009年为5049人），获得副博士学位者增加了7113人（1999年为10393人，2009年为17506人）。2009年人口普查的资料显示，与1999年人口普查时相比，15岁以上的居民受教育水平的变化情况为：受高等教育者占比增加7.7个百分点（2009年为20.4%，1999年为12.7%）；受高等肄业教育者占比增加1.5个百分点（2009年为3.2%，1999年为1.7%）；受中等专业教育者占比增加3.1个百分点（2009年为25.7%，1999年为22.6%）；受普通中等教育者占比减少5.2个百分点（2009年为31.8%，1999年为37%）；受基本中等教育者占比减少4.4个百分点（2009年为13.7%，1999年为18.1%）；受小学教育者占比减少2.5个百分点（2009年为5.03%，1999年为7.5%）。

哈是一个多民族国家，境内居住着131个民族，有“欧亚民族长廊”之称，主要民族有哈萨克族（占64.0%）、俄罗斯族（占23.7%）、乌克兰族、乌兹别克族、日耳曼族和鞑靼族等。哈萨克语为国语。俄语为族际交流语言，在国家机关和地方自治机关与哈萨克语同为正式使用的语言。50%以上的居民信奉伊斯兰教（逊尼派），此外信奉的还有东正教、天主教、佛教等。

3.2 行政区划

哈全国划分为14个州2个直辖市，分别为阿克莫拉州、阿克托别州、阿拉木图州、阿特劳州、南哈萨克斯坦州、东哈萨克斯坦州、江布尔州、西哈萨克斯坦州、卡拉干达州、克兹勒奥尔达州、科斯塔奈州、曼格斯套州、巴甫洛达尔州、北哈萨克斯坦州、阿斯塔纳市和阿拉木图市。其中，首都阿斯塔纳市位于哈萨克斯坦中部，面积约300平方公里。

3.3 政治体制和政治局势

哈现行宪法于1995年8月30日经全民公决通过，并于1998年10月和2007年6月修改。宪法规定，哈实行总统制和三权分立。总统是国家元首，决定国家对内对外政策、基本方针并在国际关系中代表哈萨克斯坦，是人民和国家政权统一、宪法不可动摇性、公民权利与自由的象征和保证。首任总统为终身制。地方行政长官任命须经地方议会同意。现任总统是努尔苏丹·阿比舍维奇·纳扎尔巴耶夫，1991年12月1日当选哈萨克斯坦首任总统，1995年4月以全民公决方式将任期延至2000年。此后他分别于1999年1月10日、2005年12月4日和2011年4月3日赢得总统选举，获得连任，最近一届任期将于2016年结束。

议会是哈萨克斯坦的最高立法机构，由上下两院组成。上院（参议院）共47个席位，其中15人由总统任命，其他32人由哈16个地区每区各选出2人，上院议员任期6年，每3年改选其中的一半议员。现任上院议长是凯拉特·马米，于2011年4月15日选举产生。上院最新一轮选举已于2011年8月19日举行。下院（马日利斯）共107个席位，其中98人按照政党名单选出（得票率超过7%门槛的政党才有资格进入议会），其余9人由哈人民大会推选，下院议员任期5年。现任议会下院（哈独立后的第五届，实行两院制以来的第四届）是于2012年1月15日选举产生的。下院议长是尼戈马图林。

政府是哈国家最高行政机关，对总统负责。现任政府于2012年9月产生，内阁成员包括1名总理、3名副总理（其中1名是第一副总理）和17名部长（共有16个部，其中经济一体化事务部部长只是一个职位，没有独立的下设机构，与经济发展与贸易部共同办公）。现任政府总理是谢里克·艾哈迈托夫。

哈萨克斯坦现行司法机构有最高司法委员会、司法鉴定委员会、宪法委员会、最高法院和各级地方法院。最高司法委员会由总统领导，由宪法委员会主席、最高法院院长、总检察长、司法部长、参议院议员、法官以及总统任命的其他人员组成。司法鉴定委员会是由下院议员、法官、检察官、法学教员、法律学者和司法机关工作人员组成的独立自主的机构。宪法委员会由7名委员组成，任期6年，其中2名由总统任命，2名由参议院议长任命，2名由下院议长任命。宪法委员会的半数委员每3年更换一次。前总统为宪法委员会的终身成员。宪法委员会主席由总统任命，其意见在表决票数相等时起决定性作用。

哈萨克斯坦法院系统共分三级，由低到高分别是：区级法院（包括区法院、市法院、卫戍部队军事法院、区经济法院、行政法院）；州级法院（包括州法院、阿斯塔纳市法院、阿拉木图市法院、共和国军事法院）；最高法院（包括全体会议、监督机构、民庭、刑庭、国家纪检和评定庭、科学咨询委员会）。最高法院的院长、审判庭庭长及法官由最高司法委员会推荐，总统提名，并经参议院选举产生。州级法院院长、审判庭庭长及法官由总统根据最高司法委员会的推荐任命。其他法院的院长和法官在司法鉴定委员会推荐的基础上经司法部长提名，由总统任命。

哈检察机关独立于国家其他机构和公职人员行使职权，只向总统报告工作，下级检察官服从上级检察官和总检察长。检察机关负责以国家名义对境内法律、总统令和其他规范法令的执行情况以及对案件侦察活动、调查或侦查、办案的行政和执行过程的合法性执行监督，采取措施查处一切违法行为，并对与宪法和法律相违背的法规和其他法令提出异议。

哈《政党法》规定只有党员人数超过5万、在全国14个州和2个直辖市均设有分支机构，且各分支机构成员达到700人以上的政党才可在司法部获准登记。截至2012年初，哈司法部共登记有10个政党，分别是“祖国之光”人民民主党、爱国者党、农民社会民主党、精神复兴党、共产主义人民党、公正民主党、社会民主党、共产党、自由民主党、光明道路民主党。一般认为，上述10个政党中，“祖国之光”人民民主党是执政党，爱国者党、农民社会民主党、精神复兴党、共产主义人民党和公正民主党5个政党属于亲政府派，其余4个政党属于反对派，只是反对的程度不同而已，其中社会民主党和共产党最激烈，自由民主党次之，光明道路民主党最温和。

3.4 经济概况

哈萨克斯坦在经历独立后连续数年的经济危机以及1997~1998年俄罗斯金融危机的冲击之后，从1999年起，经济开始较快回升。2000年哈经济甚至出现两位数增长。2012年哈经济增长5%。哈政府和央行预测2013年哈经济增长6%，经济部预测2013~2017年哈经济增长将保持6%~7%的水平。

哈独立后实施全面、稳妥的经济改革，分阶段推行市场经济和私有化。近年来，政府采取了加强宏观调控、积极引进外资、在重点发展油气领域和采矿业的同时实施“进口替代”政策、扶植民族工业、大力发展中小企业、实行自由浮动汇率等一系列措施，使哈宏观经济形势趋向稳定。和周边国家相比，哈推行了长期、大胆的经济改革，并获得了成功。

（一）经济布局

从建国开始，哈就已经意识到本国经济结构的优势和缺陷。但独立后初期，因政局动荡和经济衰退，国家的当务之急是遏制经济下降，无暇顾及经济结构调整。1997年纳扎尔巴耶夫总统在国情咨文中提出了“2030年前发展战略”。之后不久，1998年俄罗斯金融危机爆发，哈经济再次下降，发展战略被迫推迟。哈越发认识到稳定经济、摆脱单一结构、发展非资源工业和创新经济、实现经济多元化和均衡化的重要性。进入 21 世纪后，国际市场原材料价格，特别是石油等能源价格高涨，以能源等原材料出口为主的哈经济也因此稳定发展。在此基础上，有关调整经济结构和实现多元化发展的问题再次提上日程。

哈政府认为，大力发展非资源领域经济意义极大：一是依赖资源开发的单一经济结构难以承受经济波动，不利于经济稳定，只有多元化才能更有效地防范风险；二是巩固国家独立与主权，减少哈对外来日用品和工业制成品的进口依赖，增加本国就业；三是建立可持续发展经济，对资源枯竭后的国家未来早作打算，防患于未然。可以说，发展非资源领域经济是哈基于既定战略深思熟虑的结果，而不是政治作秀或一时冲动。尽管资源开发仍是国家的重要产业，但各项政策和财政预算已经开始向非资源领域（即除矿产开采外的其他领域）倾斜。哈政府希望通过促进经济多元化（优化产业结构）和提高竞争力（扩大规模和能力）等方式，实现稳定、均衡与可持续发展，提高抗御经济风险的能力，防止“荷兰病”。

哈发展非资源领域经济的基本原则如下。

（1）继续发展传统产业。这既是哈财政收入的主要来源，也是最能吸引外资的领域。发展经济需要结合本国国情，因此传统产业不仅不能丢弃，相反还需要进一步加强，即在继续提高开采量的同时加强深加工，延伸产业链，增加附加值。

（2）加快发展非资源领域，包括农业、服务业、加工业、基础设施、创新工业等。这是改善经济结构，减少进口依赖，提高预防风险能力的必由之路。

（3）落实“哈含量”政策。通过政府强制手段，加大国产产品采购力度，增加国产产品的国内市场占有率，从而推动民族产业发展。

（4）建立国家基金。既为稳定经济提供后盾，又为下一代积攒财富，保证可持续发展。

（5）加大外资引进和政府投入力度。多方努力，解决建设资金不足的问题。

在产业结构方面，2004 年 3 月 19 日纳扎尔巴耶夫总统发表《提高哈萨克斯坦竞争力、提高经济竞争力、提高人民竞争力》国情咨文后，哈政府曾聘请国内外知名研究机构对国内约 150 个经济领域进行分析研究，最后选定 7 个领域作为优先发展对象，即建材、纺织、冶金、食品生产、油气机械制造、旅游和运输业。2010 年哈政府制定《2010～2014 年加强工业创新发展国家纲要》时，又将本国工业部门划分为四大类："传统"产业，包括油气开采、石化、矿冶、化学、核铀五个方面；"满足国内市场需求"产业，包括机械制造、制药、建筑建材三个方面；"有出口潜力"产业，包括农业、轻工、旅游三个方面；"未来"产业，包括信息、宇航、生物工程、可再生能源、核能五个方面。这四大类产业是一个有机整体。工业创新和发展非资源领域并非另起炉灶，而是以哈传统产业为中心，逐渐发展相关产业，以此获得全面发展。

在产业布局方面，哈政府确定了两个"增长极"和若干个"地区产业中心"。两个经济增长极分别是阿拉木图市和阿斯塔纳市，一南一北。这两个城市基础设施完备，人才储备完整，配套设施相对齐全，对外联系方便，周边城镇密布，除自身具备经济增长潜力外，还可带动周边地区发展。地区产业中心是各地区根据自身特点和优势发展优势产业形成的产业集群，如在阿特劳发展石化产业，在卡拉干达发展钢铁产业，在巴甫洛达尔发展有色冶金产业，在科斯塔奈发展农机制造，等等。

在产业组织政策方面，哈政府计划从电力供应、交通基础设施、通信设施、保障原材料供应、人才培养、减少行政干预、提高竞争力、修改国家技术标准和质量标准、推广节能措施、促进技术进步、修改收费政策、大力吸引外资、修改商贸政策、给予财政支持、反垄断、发展中小企业共16个方面进行配套改革。

哈于1996年提出"特别经济区"的概念，并于当年颁布了《特别经济区法》。在经济区范围内实行"自由关税区"制度。在2001年至2008年间，哈先后建立了6个"特别经济区"。

这6个经济特区根据其功能定位确定了不同的主导产业，其名称及重点发展方向如下。

——"阿斯塔纳－新城"特别经济区，重点发展建筑、建材生产、机器制造业、木材加工、家具生产、化工制品、非金属矿产品、家用电器、电器设备、照明设备、机车车头和车厢、交通运输工具、航空航天飞行器、电子元器件、纸浆、纸张、纸板、橡胶塑料制品生产、制药业，以及新区城市基础设施建设，包括医院、学校、幼儿园、博物馆、剧院、中高等学校、图书馆、少年宫、体育场、办公楼和住宅等。

——"阿克套海港"特别经济区，主要发展家用电器、皮革制品、化工、橡胶塑料制品、非金属矿产品、冶金工业、金属制品、机械设备、石油化学产品生产，以及油气运输、物流服务等。

——阿拉木图“阿拉套”信息科技园区，旨在发展信息技术、研发信息技术新产品、建立高科技和出口型信息技术生产基地；

——南哈萨克斯坦州“奥图斯提克”特别经济区，功能定位于发展纺织工业，拟打造成哈南部地区的棉纺织品基地，重点生产服装、丝绸面料、无纺布及其制品、地毯、挂毯、棉浆、高级纸张以及皮革制品；

——阿特劳州“国家石油化工技术园区”，旨在利用创新科技发展石化生产、原油深加工以及生产高附加值石化产品，重点生产聚乙烯和聚丙烯、塑料薄膜、包装袋、管材、配件、技术设备、塑料瓶等；

——距阿斯塔纳近300公里的“布拉拜”特别经济区，功能定位于发展旅游业，重点发展宾馆、旅店、疗养院等旅游设施建设。

根据各经济特区的发展现状，哈将上述6个经济特区划分成3类：“阿斯塔纳－新城”和“阿克套海港”特别经济区属“成熟类”；“阿拉套”信息科技园区和“奥图斯提克”特别经济区属“发展类”；“国家石油化工技术园区”和“布拉拜”特别经济区属“起步类”。

2011年底，哈萨克斯坦政府正式宣布还将新建3个经济特区，分别是坐落在中哈边境上的“霍尔果斯东大门”经济特区、巴甫洛达尔州石化工业特区和卡拉干达州的“萨雷阿尔卡”（哈中部地区的古称，哈语意为“金黄色的草原”）经济特区。

（二）经济结构

18世纪以前，哈主要以游牧经济为主。随后陆续出现食品工业、轻工业和采掘业。到第一次世界大战前夕，哈的经济结构以畜牧业为主，畜牧业占整个经济总量的60%，种植业占30%，工业和其他部门仅占10%。

20世纪30年代，随着苏联工业化政策的实施，哈开始大力发展以煤炭和有色金属开采冶炼为主的工业。随后，以矿山采掘业、冶金工业、燃料动力工业、机器制造业和化学工业等为主的工业得到蓬勃发展。工业逐渐取代畜牧业成为该国国民经济的支柱产业。同时，在黑色冶金工业、有色冶金工业和燃料动力工业三大龙头产业的带动下，其他工业部门也得到发展，如电力工业、化学和石油工业、机械制造业、建材工业、轻工业和食品工业等。至此，哈已形成较为完备的工业体系。

独立前夕，哈国内生产总值为574.72亿美元，在苏联各共和国中位居第三，仅次于俄罗斯和乌克兰，位居世界第53位。独立后，哈实行经济转轨，其经济经历了衰退、复苏和繁荣3个阶段，近十年才进入平稳发展期（见表5－7）。

表 5-7 1995~2011 年哈萨克斯坦 GDP 及三产比重

年份	GDP 总值（亿美元）	人均 GDP（美元）	第一产业比重（%）	第二产业比重（%）	第三产业比重（%）
1995	166.45	1052.4	12.9	31.4	55.7
2000	182.92	1229	8.7	40.5	50.8
2001	211.52	1490.9	9.4	38.8	51.8
2002	246.37	1658	8.6	38.4	52.8
2003	308.33	2068.1	8.4	37.6	53.9
2004	431.5	2874.2	7.6	37.6	54.8
2005	571.24	3771.3	6.8	40.1	53.4
2006	810.04	5291.6	5.9	42.1	52
2007	1049	677.6	6.1	40.6	53.3
2008	1334	8499.4	5.7	43.3	51
2009	1092	6865.1	5.3	40.2	54.5
2010	1469.1	8940.7	3.7	44.7	51.6
2011	1862.28	11300	5	43.3	51.7

2012 年哈 GDP 总值增长到 300725 亿坚戈（约合 2017 亿美元），经济规模大体与中国的安徽省和内蒙古自治区相近，人均 GDP 达到 1.28 万美元。工业总产值 166184.27 亿坚戈（约合 1115 亿美元），农业总产值 19388.47 亿坚戈（约合 130 亿美元），其中种植业产值 9176.47 亿坚戈（约合 61 亿美元），畜牧业产值 10155.53 亿坚戈（约合 68 亿美元）。

（1）工业。哈萨克斯坦经济以石油、采矿、煤炭和农牧业为主，加工业、机器制造和轻工业相对落后。大部分日用消费品依靠进口。独立后实施全面经济改革，分阶段推行市场经济和私有化。近年来，哈政府采取了加强宏观调控、稳定生产和财政、积极引进外资、大力发展本国中小企业、实行自由浮动汇率和进口替代等一系列措施，使宏观经济形势趋向好转。2011 年工业产值增长 3.5%，达 156576 亿坚戈（约合 1068 亿美元），其中矿山开采业增长 1.3%，加工工业增长 6.2%，供电、供气业增长 7.4%。

（2）农牧业。哈是内陆国家，自然气候条件较好，耕地和牧场辽阔。农业在苏联时期已基本实现规模化和机械化。哈农业以种植业和畜牧业为主，二者通常分别占农业总产值的 3/5 和 2/5。林业和渔业产值极低，可以忽略不计。2011 年，哈农业总产值 22860 亿坚戈（约合 156 亿美元），其中种植业 13372 亿坚戈（约合 91.2 亿美元），畜牧业 9424 亿坚戈（约合 64.3

亿美元），各类辅助服务业 65 亿坚戈（约合 0.4 亿美元）。

（3）财政金融。哈现行金融体系由中央银行、二级银行和非银行金融机构组成。中央银行负责制定和实施国家货币政策，履行货币发行和金融管理等职能。二级银行包括商业银行（本国、合资、外国银行分行等）、政策性银行、伊斯兰银行和国家间银行 4 类。其中，商业银行依据国内银行法建立，主要经营存贷款、清算和信托等业务。政策性银行由政府创立，不以营利为目的，主要执行国家产业或地区发展政策，如国家开发银行；伊斯兰银行是按照《古兰经》和伊斯兰教法设立的，信贷不计利息，贷款不收利息，存款不付利息，如“阿尔希拉尔”银行；国家间银行则是由多国根据政府间协议或国际条约建立的，根据商业原则向签约成员提供项目融资服务，如与俄罗斯在欧亚经济共同体框架内建立的欧亚银行等。非银行金融机构主要有证券、保险、典当、信贷、基金等。

据哈萨克斯坦金融市场和金融组织调控和监督委员会数据，截至 2012 年 1 月 1 日，哈萨克斯坦共有二级银行 38 家（其中 100% 国有银行 1 家）、外国银行在哈办事处 29 个、允许从事托管业务的银行 10 家。二级银行在国内共设 378 家分行和 1893 个网点，在国外设立 14 个办事处。

（三）对外经济关系

独立后初期，受资金有限影响，哈对外贸易以易货为主。1995 年后，国家经济开始渐有起色，为规范贸易秩序和增加财政收入，哈政府逐渐限制直至取消易货贸易。与此同时，国家放弃传统的国家垄断外贸权的做法，允许多种所有制参与对外贸易。1995 年 1 月 11 日哈总统签发《关于对外贸易自由化》总统令后，对外贸易基本放开，所有自然人和法人均可从事对外贸易活动。除核材料、核技术、核设备、特种设备、专门非核材料、贵重金属和宝石、武器、弹药、军事技术、麻醉剂和精神病治疗药物、艺术品和古董以及其他具有重要艺术、科学、文化和历史价值的作品或危及国家安全的商品、战略物资和国家管控专营的经营领域外，其他领域均可自由经营。政府以“关税措施为主，非关税措施为辅”的形式管理对外贸易。除武器、弹药、毒品、药品、废有色金属等个别商品外，其他商品进出口一般不需要配额和许可证。在比较自由的对外贸易政策推动下，特别是 2000 年以后，哈的对外经济合作发展迅速，规模越来越大，范围越来越广。

2009 年 11 月 27 日，哈萨克斯坦、俄罗斯和白俄罗斯三国在明斯克签署欧亚经济共同体跨国委员会第 18 号《关于白俄罗斯、哈萨克斯坦和俄罗斯关税联盟统一海关税率的决定》，决定从 2010 年 1 月 1 日起在三国境内实行统一的进口关税税率。关税联盟的统一关税税率高于加入前的哈关税水平。加入关税联盟后，哈关税税率整体水平从6.2%提高到10.6%，其中工业品税率由4.6%升到8.5%，农产品税率（在配额范围内）从12.1%升到16.7%。若将农产品配额范围外的关税税率（50%、75%和80%）计算在内的话，则关税税率涨幅更大。

（1）对外贸易

据哈统计委员会统计，2012年哈货物进出口额为1122美元，比上年（下同）增长10.4%。其中，出口854.5亿美元，增长6.6%；进口267.5亿美元，增长24.9%。贸易顺差587亿美元，下降0.1%。

在出口市场方面，中国、意大利、荷兰和法国是哈的主要出口目标国。2012年哈对上述四国出口额分别为164.8亿美元、154.7亿美元、74.8亿美元和56.3亿美元，分别增长3.9%、5.3%、13.4%和7.9%，合计占哈出口总额的52.8%。

在进口市场方面，中国、乌克兰、德国和美国是哈前四大进口来源国。2012年哈自上述四国的进口额为75亿美元、29.2亿美元、22.7亿美元和21.2亿美元，分别增长49.7%、66.7%、2.6%和30.4%，合计占哈进口总额的55.3%。

哈贸易逆差主要来源地依次是美国、韩国和德国，2012年逆差额分别为16.7亿美元、6.6亿美元和4.3亿美元；贸易顺差主要来自意大利、中国和荷兰，顺差额分别为145.1亿美元、89.9亿美元和72亿美元。

从商品看，矿产品、贱金属及制品、化工产品是哈萨克斯坦的主要出口商品，2012年出口额为665.6亿美元、99.5亿美元和28亿美元，分别增长4%、8.5%和8.8%，三类商品出口额合计占哈出口总额的92.9%。机电产品、运输设备、贱金属及制品和化工产品是哈的主要进口商品，2012年进口额分别为82.6亿美元、40.9亿美元、31.6亿美元和25亿美元，分别增长17.6%、46.9%、62.3%和15.7%，上述四类产品进口额各自占哈进口总额的30.9%、15.3%、11.8%和9.4%。此外，塑料、橡胶等进口额为12.4亿美元，增长22.3%，占哈萨克斯坦进口总额的4.6%。

（2）经济技术合作

根据相关法律，哈鼓励的优先投资领域包括农业、基础设施、机械制造、食品加工、建材、旅游、纺织和冶金等。投资这些领域可以享受国家赠予和税收减免等优惠。与此同时，限制外国投资的领域主要有采掘业、通信、银行业、保险和大众传媒等，这些行业的进入门槛相对比较高，如规定外资在大众传媒企业的持股比例不能高于 20%；外贸方在建筑企业中的持股比例不得超过 49%；外国投资者在哈境内开发海上石油时，哈国家所占的利润份额在项目投资回收期前不得低于 10%，投资回收期后不得低于 40%。

据哈中央银行数据，截至 2011 年 12 月 31 日，哈萨克斯坦累计吸引外资 1603.84 亿美元，其中外商直接投资 936.24 亿美元（占外资总额的 58%）、证券投资 205.08 亿美元（占 13%）、其他投资（主要是债权资产）462.53 亿美元（占 29%）。

从累计外商直接投资额角度看（截至 2011 年 12 月 31 日），规模从大到小依次是：荷兰（363.86 亿美元，占累计外商直接投资总额的 39%）、美国（150.56 亿美元，占 16%）、法国（75.59 亿美元，占 8%）、日本（33.96 亿美元，占 3.6%）、中国（30.15 亿美元，占 3.2%）、英国（28.57 亿美元，占 3%）、瑞士（19.27 亿美元，占 2%）、加拿大（17.89 亿美元，占 1.9%）、俄罗斯（17.38 亿美元，占 1.9%）、奥地利（15.63 亿美元，占 1.7%）、韩国（10.67 亿美元，占 1.1%）、阿联酋（9.77 亿美元，占 1%）、德国（9.59 亿美元，占 1%）。

哈萨克斯坦拥有丰富的矿产资源和重要的地理位置。美国是进入哈萨克斯坦石油市场最早的国家。1997 年 6 月，中国石油天然气总公司分别在阿克托别油气公司和乌津油气公司拍卖中击败来自美、俄和东南亚等国的强大竞争对手，出资 3.25 亿美元购买了前者 60.28% 的股份（2003 年又购买了 25% 的国有股份，从而使中石油的股份达到 85.4%）。接着，双方迅速开始就铺设一条通向东方的输油管道进行研究设计。该管道第一期工程已于 2005 年 12 月竣工投入使用。2005 年 10 月，中国石油天然气集团公司以 41.8 亿美元收购 PK 石油公司，2006 年 11 月，中国中信集团公司又以 19.1 亿美元收购了卡拉赞巴斯油田。加上以前的投资，中国累计在哈的总投资额约有 80 亿美元，占哈萨克斯坦外国投资总额（500 亿美元）的 16%。

4 军事和对外关系

4.1 军事

独立初期，哈萨克斯坦武装力量主要来自收编领土上的原苏军中亚军区所属部队。当时的苏军中亚军区规模不小，约 17 万人。1992 年上半年，通过发布《内卫部队法》（1 月 10 日）、《边防部队法》（1 月 13 日）、《建立共和国卫队》总统令（3 月 6 日）、《组建哈萨克斯坦武装力量》总统令（5 月 7 日）等一系列法律法令，哈萨克斯坦收编境内的苏联军事力量，变成自己的独立国防力量，不再受莫斯科指挥。1993 年 6 月，哈又在苏联黑海舰队的部分巡逻艇、水雷艇和支援船的基础上，组建自己的海军，负责哈属里海海域安全。与此同时，苏联解体后，苏军在哈境内仍留有 2 个战略导弹师（每个师拥有 48 套 P－36 型导弹）和 1 个重型轰炸机师（拥有 40 架图－95 和 240 枚核弹）。这些核力量未被哈收编，而是隶属于总部位于莫斯科的独联体战略联合司令部。该司令部统一管理苏联留下的核力量。

独立后，哈武装力量基本保留苏联建制，分为陆军、空军、防空军、海军（里海），另外还有共和国卫队和隶属于国家安全委员会的边防部队。陆军由 1 个军、3 个独立旅、1 个独立团、3 个预备摩步师组成，兵力约 6.3 万人。空军兵力约有 0.8 万人，由 1 个歼轰师和 2 个独立团组成。防空军约有 0.9 万人，由 1 个歼航团和约 20 个地对空导弹团组成。共和国卫队于 1992 年 3 月组建，兵力约 0.4 万人。

独立后，总统为武装力量总司令。国防部直属总统领导，负责制定国防政策、进行战略筹划，是最高军事行政机构。总参谋部隶属于国防部（总参谋长兼任国防部第一副部长），负责部队训练、制订战略和战役计划，是实施作战指挥的最高军事机构。

从 2003 年开始，哈根据《1999～2005 年国家安全战略》和 2000 年《军事学说》，对本国军事指挥体系和组织结构进行大幅度调整改革。哈实行义务兵役和合同兵役相结合的兵役制度。从 2004 年起，哈军在扩充兵员时有计划地增加士兵和士官中的合同兵比例。目前，在哈军中合同制军人所占比例约 80%。根据《哈萨克斯坦共和国防御与武装力量法》和《军人职责与军事勤务法》草案，至 2010 年哈军合同制军人占比预计达到 85%。

4.2　对外关系

（一）外交政策

哈对外政策的总任务是“为国内改革、稳定和发展提供良好的外部国际环境”。为维护国家利益，提升国际威望，巩固国家、地区和全球安全，哈萨克斯坦从独立开始就实行“积极、实用、平衡”的对外政策。该政策是均势理论在对外政策中的具体体现，旨在重新整合与疏导大国间利益，利用大国间的合作与竞争，最大限度地维护本国利益。

从历年总统国情咨文、《对外政策构想》和《国家安全战略》等官方文件看，哈对外政策主要有三个层次：一是“优先方向”，包括俄罗斯、中国、美国、欧盟、中亚等独联体国家；二是“发展伙伴关系”，包括日本、印度、南亚和东南亚国家、中东国家、拉美国家；三是“多边合作”，争取在重要国际机制中发挥作用，包括欧亚经济共同体、集体安全条约组织、上海合作组织、亚信会议、突厥语国家元首会议、欧安组织、伊斯兰会议组织等。

与很多独联体国家选择“欧洲化”发展战略不同，哈萨克斯坦尽管重视和赞赏西方，但并未把“与欧洲一体化，加入欧洲大家庭”作为国家的发展战略，而是融合东西方传统，建设具有自己特色的发展模式。正因如此，哈萨克斯坦比较重视大国外交、周边外交、多边外交和能源外交。

（二）与俄罗斯和其他独联体国家的关系

（1）与俄罗斯的关系。俄是哈外交的首要优先方向。哈支持俄推动独联体一体化，是欧亚经济共同体、集体安全条约组织和关税同盟的主要成员国家。2011 年，哈俄战略伙伴关系稳步发展。两国领导人继续保持高频率的会晤和对话，在对外政策上保持高度的协调一致。3 月，哈总统纳扎尔巴耶夫访问俄罗斯。6 月，纳扎尔巴耶夫再次访俄并出席圣彼得堡世界经济论坛。12 月，纳扎尔巴耶夫访俄并出席欧亚经济最高委员会会议、集体安全条约组织委员会会议、独联体国家非正式会议。2011 年，俄、白、哈关税同盟生效。在一体化和双边关系框架下，两国经济、能源联系进一步加强，在油气资源开发、外运，原子能及矿产资源开发利用等方面的合作不断深化。

国际金融危机后，哈俄经济合作保持高水平增长。2012 年两国贸易额超过 239 亿美元，同比增长 25%，其中哈向俄进口 171.5 亿美元，出口 67.5 亿美元。在哈约有 3000 家俄罗斯企业，俄罗斯在哈累计投资额超过 70 亿美元。俄罗斯一些大公司，如卢克石油公司、俄罗斯天然气工业公司等都活跃在哈能源和其他行业。俄罗斯有近 80 个联邦主体与哈有贸易经济联系。跨地区和边境贸易额占俄哈商品周转额的 70% 以上。

（2）与独联体的关系。1991 年 12 月 21 日，哈在阿拉木图以创始国身份加入独联体。哈 1992 年 5 月 15 日签署独联体《集体安全条约》，1993 年 1 月 22 日签署《独联体章程》，1994 年 10 月 21 日签署独联体跨国经济委员会、支付同盟和关税同盟协定，1995 年 5 月 26 日签署《保卫独联体外部边界条约》，1999 年 2 月续签独联体《集体安全条约》。哈积极参加独联体活动以及历次会议，签署了独联体大多数的协议。

（三）与中国的关系

1992 年 1 月 3 日，中哈正式建交。2005 年 7 月，中哈建立战略伙伴关系。2011 年 6 月，中哈升级为“全面战略伙伴关系”。2012 年中哈双边贸易额达 256.8 亿美元，创历史新高。中国是哈第一大贸易伙伴，哈是中国在中亚地区的第一大贸易伙伴。按现有速度，两国领导人提出的到 2015 年双边贸易额达到400亿美元的目标完全可以实现。

截至2013年6月底，据中方统计，中国在哈萨克斯坦各类投资已达194.3亿美元。中方在哈开展的油气管道、铀矿开发、电解铝厂、水电站以及霍尔果斯国际边境合作中心等大型合作项目顺利实施，金融、交通运输、海关、质检等领域的合作不断深化，为两国经贸合作提供了更加便利的条件。

（四）与其他主要国家的关系

（1）同美国的关系。2011年哈美关系稳步上升，双方在阿富汗问题、中亚地区安全问题、防扩散问题、禁毒问题上紧密配合。1月，哈国务秘书兼外长萨乌达巴耶夫访美。6月，哈科技问题特使访美。6月，美助理国务卿布莱克访哈，协调在中亚禁毒等问题。9月，纳扎尔巴耶夫总统出席联合国第66届大会并对美进行工作访问，与美国总统奥巴马举行会晤，就双边关系、核安全及反恐等问题交换意见，纳扎尔巴耶夫宣布支持美国提出的“新丝绸之路”计划。10月，纳扎尔巴耶夫出席在哈阿拉木图和塞米市举行的国际无核世界论坛暨哈核试验场关闭20周年纪念活动，美国能源部副部长及堪萨斯州州长参加。

美国是哈较大的贸易伙伴国之一。2012年，双边贸易额达25.6亿美元，同比下降6.6%。

（2）同欧洲的关系。哈欧1999年签署的合作伙伴协定是发展双边关系的基础。2011年10月，双边就修订该协定进行第一轮谈判。2011年6月，欧盟和哈议会间合作委员会10周年会议在布鲁塞尔举行。4月，哈总统纳扎尔巴耶夫在乌克兰出席“安全和创新利用核能国际峰会”期间会晤欧盟委员会主席巴罗佐。9月纳扎尔巴耶夫在第66届联大期间会晤欧洲理事会主席范龙佩，进一步深化了哈欧关系。

（五）与联合国和其他国际组织的关系

（1）与联合国的关系。1992年3月2日，哈加入联合国。此外，哈还成为联合国下属的一些专门机构的成员，包括世界卫生组织、国际劳工组织、世界旅游组织、红十字会与红新月会国际联合会、国际海事组织等。

同时，哈还积极参加联合国下属机构的活动，包括联合国亚太经济社会委员会、联合国欧洲经济委员会、联合国开发计划署、联合国儿童基金会、联合国教科文组织、联合国工业发展组织、联合国贸易和发展会议、国际原子能机构、联合国环境规划署等组织，听取这些组织的政策咨询并获取物质帮助。

（2）与其他国际组织的关系。哈独立后，很快加入了国际货币基金组织、世界银行、欧洲复兴开发银行等世界金融机构，并与它们建立了密切的关系。

1992 年 11 月，哈正式加入中西亚经合组织，与各成员国在经济、文化等领域开展广泛合作。1994 年 5 月，哈加入北约“和平伙伴关系计划”，但不是北约成员。1995 年 12 月 12 日，哈加入伊斯兰会议组织，并根据组织章程同时成为伊斯兰发展银行成员。1997 年 9 月 30 日，哈成为不结盟运动的观察员。

5 小结

哈萨克斯坦位于亚洲中部，北邻俄罗斯，南与乌兹别克斯坦、土库曼斯坦、吉尔吉斯斯坦接壤，西濒里海，东接中国，是世界最大的内陆国。其大部分领土为平原和低地。该国气候属于典型的干旱大陆性气候，夏季炎热干燥，冬季寒冷少雪。哈萨克斯坦拥有丰富的自然资源，如矿产资源、土地资源、生物资源等。

此外，哈萨克斯坦还是一个多民族国家，境内居住着 131 个民族，有“欧亚民族长廊”之称。哈萨克语为国语，俄语在国家机关和地方自治机关与哈萨克语同为正式使用的语言。

哈萨克斯坦为总统制共和国，独立以来实行渐进式民主政治改革，政治保持稳定。哈独立后实施全面、稳妥的经济改革，分阶段推行市场经济和私有化，效果显著。近十年，哈萨克斯坦经济年均增速为 8%，进入了经济发展平稳期。

独立后，哈萨克斯坦将核武器移交给俄罗斯，实现了无核化。国防战略为防御型，主张通过政治手段而非军事手段解决争端。哈奉行全方位、平衡务实的多元外交，积极扩大其在地区和国际事务中的影响。俄罗斯、中国、中亚、美国、欧盟以及伊斯兰国家依然是哈的外交重点。同时，哈也在逐步扩大与亚太及拉美国家的交往。

第二节 环境状况

1 水环境

1.1 水资源概况

（一）水资源基本情况

哈萨克斯坦境内有 3.9 万条河流、4.8 万个湖泊、4000 个池塘和 204 个水库。据 2013 年哈萨克斯坦数据，哈地表水年平均水资源量为 996 亿立方米，包括境内自产地表水 522 亿立方米，以及来自境外邻近国家的地表水 474 亿立方米。其中，境外来源主要为中国和乌兹别克斯坦，其次为吉尔吉斯斯坦和俄罗斯。在中亚五国中，哈人均地表水资源量仅次于塔吉克斯坦和吉尔吉斯斯坦。

根据哈国家科学院地下水资源保护机构估算，哈地下水总资源量为450亿立方米。2002年探明确定的地下水资源量为160.4亿立方米。哈的地下水资源在所有山区均有分布，但分布不平衡。有近一半的地下水集中在南部地区，西部地区地下水只占总量的20%，中部、北部以及东部地区总共约占30%。

（二）水资源的开发利用

哈初步统计数据显示，2012年哈全国取水量的限额为265亿立方米，实际取水总量为214亿立方米，用水总量为192亿立方米，其中生活用水7.2亿立方米，工业用水52亿立方米，农业用水92亿立方米，渔业用水3亿立方米，其他用水38亿立方米。

国内的经济用水量由单位产品的生产消耗指数决定。据哈萨克斯坦统计署的资料显示，2013年哈国内生产总值为218155亿坚戈，约合1481亿美元。

根据国际惯例，国内生产总值的用水量指数为每1000美元用水量。哈萨克斯坦2012年该指数为91.2立方米，其中农业领域为102.3立方米，工业领域为84.6立方米。

居民饮用水方面，用水总量中地表水占49.5%，地下水占50.5%。阿特劳州、巴甫洛达尔州、北哈萨克斯坦州的所有城市和城镇以及阿斯塔纳和斯捷普诺戈尔斯克市几乎完全依赖地表水。而阿拉木图州、东哈萨克斯坦州、江布尔州、西哈萨克斯坦州、南哈萨克斯坦州、阿克托别州和阿拉木图市则更多地利用地下水。

农业用水方面，哈萨克斯坦的农业灌溉用水占用水总量的60%左右，因此水利改良系统的状况对提高水资源利用率有重要影响。

工业用水方面，2012年哈全国工业用水52亿立方米，占取水总量的24%。其中无偿用水量为8亿立方米，占工业用水总量的15%。

水利工程方面，哈萨克斯坦河流的潜在水能资源估计为平均每年20吉瓦，即每年生产172万亿瓦小时的能量。就水能储备量而言，哈萨克斯坦在独联体国家中居第三位，仅次于俄罗斯（101吉瓦）和塔吉克斯坦（27吉瓦）。目前，哈国内有5个大型水电站，总功率为2154.0兆瓦，平均年发电7057万亿瓦每小时，此外还有68个小型水电站，总功率为78万兆瓦，平均年发电量为0.36万亿瓦每小时。

1.2 水资源问题

（一）水资源短缺

哈萨克斯坦全国水资源的年均消耗逐渐升高，哈年用水量约210亿~

260 亿立方米。耗水量最大的州是克孜勒奥尔达州（年均耗水量为 39 亿立方米）、阿拉木图州（年均耗水量为 36 亿立方米）、南哈萨克斯坦州（年均耗水量为 31 亿立方米）和江布尔州（年均耗水量为 28 亿立方米）。

近年来随着经济的快速发展，哈水资源紧张的势头一直有增无减。造成水资源紧张的因素一方面是自然原因（地表水资源分布不均衡，年径流量随着季节的变化而变化），另一方面则是现代化管理方法的缺乏、输水管道老化等低效使用及缺乏合作造成的水资源短缺，包括不达标投资（如水贮藏）、支流的环境问题、各区域潜在的冲突等。

水资源分布不均和依赖地表水是哈水资源供应的两个主要特点。哈的生活和生产用水大多取自河流。哈北部和西部地区主要从伊希姆河、乌拉尔河以及伏尔加河取水，中部地区从努拉河及额尔齐斯河的运河中取水。总体来说，哈萨克斯坦的 1/4 国土缺乏稳定的生活和生产用水供应，且地下水利用率不高。以 2002 年和 2006 年为例，这两年全哈萨克斯坦的取水总量分别为 211.05 亿立方米和 212.44 亿立方米，地下水的开采量分别为 11.57 亿立方米和 11.73 亿立方米，仅占当年取水总量的 5.5% 左右。地下水利用率偏低的主要原因之一是地下取水的费用较河流取水昂贵。另外，哈的大部分地下淡水资源集中在南部地区，西部和北部的地下水含盐量偏高，既不适合饮用，也不适合灌溉。

（二）水污染问题

造成哈萨克斯坦境内水污染问题的主要原因包括：一是工业、采矿业、加工工业、城市建筑业、畜牧饲养业、灌溉农业的污水排放；二是各种沉沙池、固体、液体废料存放场所，农业化学品的滥用灌溉及石油产品的贮藏罐对土壤污染，进而造成对水源地的污染；三是跨界河流因工业经济发展，在流入哈萨克斯坦境内之前，已经遭受污染。

2004 ~ 2008 年 5 年间，哈萨克斯坦污水排放量累计达到 1158 万立方米。排污量较大的州是阿拉木图州、卡拉干达州和东哈萨克斯坦州。这三个州的入河污水量约占总入河污水量的 90%，其中，阿拉木图州的污水量就占全国总污水量的 46% 以上。主要污染物为铜、亚硝酸氮等，这与哈以工矿业开采为主的经济结构密不可分。

2014 年初，哈萨克斯坦批准了《哈萨克斯坦共和国 2014 ~ 2040 年国家水资源管理纲要》，以及相应的行动方案。该纲要指出，由于采矿、冶金、化工生产和城市市政建设，目前地表水污染加剧已成为哈国现实的生态问题。污染程度最高的是额尔齐斯河、努拉河、锡尔河、伊犁河及巴尔喀什湖。作为居民饮用水主要来源的地下水也受到了污染。

由于生态和历史原因，额尔齐斯河及其支流在为生产和居民饮用提供大量的水资源的同时，也接收了大量生产和生活废水。哈每年向额尔齐斯河及其支流排放 14 万吨生产废水，其中，约 11% 未经净化，约 33% 净化不达标。主要污染物质为铜、铅、锌、铬。该河所有河段的铜、铅、锌、铬和镉含量都超过规定的最大值。

哈萨克斯坦中部地区河流的主要污染源是卡拉干达－捷米尔套工业区。

乌拉尔－里海水系的生态问题主要是集中开采里海周围石油天然气造成的。这些油气田位于里海受保护地带。乌拉尔河水质分析表明，河水受污染的主要原因是人类的生产活动。该河的污染物主要来自奥伦堡州地表的小河流，以及接纳阿克托别州污水的耶列克河。综合考虑，乌拉尔－里海水系的污染将持续很长时间，其原因如下：新油气田迅速开采；旧有的位于里海海底的油井已封油；数个巨大的硫仓库虽已开始改建，但效益仍不高；经济快速增长导致哈与俄罗斯接壤的地区污染加剧；乌拉尔－里海地区整体缺水。

耶列克河主要的污染物是六价铬、酚类、硼和亚硝酸氮。

锡尔河、阿雷斯河和克列斯河在哈萨克斯坦境内的河段受污染的主要原因是工业废水、农田管道排水、农场牲畜废水及未完全净化的城市污水。此外，在克孜勒奥尔达州的希耶利和扎纳库尔干地区，人们用污染最大的钻井方式在临河的铀矿进行开采，这也可能是锡尔河受到污染的原因。

在哈萨克斯坦南部，伊犁河水系的地表水总体上也呈现水质下降的趋势。灌溉后回流的水是造成该水系污染的主要原因。水中除了含有离子外，还残留有矿物肥料和有毒化学物质。越往下游方向走，水中溶解物（包括有毒溶解物）的含量越大，与上游含量可相差 2 倍多。

此外，哈约 50% 的居民饮用水的矿化度和硬度都不符合标准，地下水的污染程度正逐年加剧，这使居民的饮用水水源地也在快速减少。目前共有 700 多处地下水源受到污染，总体处于中度污染，主要污染特征为矿化度增加、硬度增加、硫酸盐和氯化物超标。其中，49 处水源地受到石油污染，59 处受重金属污染，41 处受苯酚污染，29 处受有机混合物污染。按照污染危害级别，有 127 处地下水污染程度达到危害级别，其中 63 处属轻微污染，48 处属高度污染，3 处属严重污染。

（三）咸海与里海面临生态威胁

20 世纪初，咸海的面积曾经有 6.6 万平方公里。50 年代咸海水位开始下降，60 年代平均每年下降 0.2 米，70 年代平均每年下降 0.6 米，20 年内已下降了 8 米。到 20 世纪末，又下降了 10 米。由于水位下降，水面面积已缩小到不足 4.6 万平方公里，水的容积也从 1000 立方公里减少到 696 立方公里。根据卫星照片，可以明显地看出，咸海已经分成两部分：大咸海和小咸海。大咸海中复活岛的面积比原来扩大了 5 倍。预计在不久的将来，咸海很快就会变成 3 个部分，其干涸的过程非常迅速。咸海的干涸将是一场非常严重的生态灾难：这里可能会出现一个 5 万平方公里的沙漠，会有 100 亿吨的有毒盐随风飘荡（目前已有 1 亿吨有毒盐向周围地区扩散），给邻近的居民、牲畜、农田和牧场造成危害。据了解，咸海周围地区的沙漠已经吞噬了 200 万公顷的耕地和 15% 的牧场，整个咸海地区的经济损失至少在 300 亿美元以上。

哈的重工业比较发达，其中，石油和石油化工、有色冶金和黑色冶金最为突出。其石油工业主要分布在里海及其周围。独立后，哈石油工业发展很快，目前原油产量已超过 6500 万吨。石油在勘探、开采、运输、炼制过程中都有可能造成污染。尤其是里海周围现有 5 个国家，他们的石油工业都有百年的历史，在此区间，任何一个国家的任何一个工作环节稍有疏忽，都会造成污染。过去，人们大都认为，里海是比较“干净”的，没有多少污染。但是，最近几年接二连三出现的问题说明里海的污染已是相当严重了。据报道，2006 年 5 月 2 日，哈里海海岸发现 800 头海豹尸体。2007 年 3 月底，又有 832 头海豹横尸海岸，其中包括 648 头幼海豹。这还不是全部，2000 年以来一直能看到关于里海地区海豹死亡的报道。对于海豹死亡的原因说法不一。有消息称：“这是由于海豹染上某种疾病，也有观点认为里海近十年的污染使海豹生存环境逐渐恶劣。科学家通过解剖海豹尸体发现，海豹大量死亡是长期受到水中高含量的汞、镉等有毒物质毒害所致。据检测，在海豹大批死亡的几处水域中海水所含的重金属镉超出允许量的 17 倍。有的环保组织则认为里海石油开采是海豹死亡的元凶。”也有早期报道称：“里海南部水域鳐鱼死亡的主要原因是目前围绕巴库油田的石油勘探开发引起的水温升高和石油污染。在对一些死亡的鳐鱼进行解剖分析后，科学家发现鱼体内含有过高的重铁，其中还包括铅、镉、锌、汞和芳香烃等成分，这显然是受石油污染的症状。”由此可见，不管什么原因，里海污染严重已是不争的事实。

1.3 治理措施

针对上述问题，哈和中亚各国人民做了大量的工作，努力争取改善本国和本地区的生态环境状况。哈加入了《联合国欧洲经济委员会保护与利用越境河道与国际湖泊公约》（于 1992 年 3 月 17 日在芬兰赫尔辛基通过）

以及《关于特别是作为水禽栖息地的国际重要湿地公约》（即《拉姆萨尔公约》，于1971年2月在伊朗拉姆萨尔市通过）。

为了吸引社会公众关注水资源问题，非政府组织和其他相关方在哈萨克斯坦的8条水域成立了江河流域委员会，并且已经开始运作。

在过去的一段时间里，哈萨克斯坦还通过了饮用水和灌溉用水开采国家资助机制，同时通过财政拨款资助大型水利项目的建设（阔克萨拉依调节水库，沙尔达临水库机械化供水项目等其他工程项目）。

哈在世界银行贷款的资助下完成了以下几个水利工程及项目：锡尔河以及咸海北部河床整治（第一阶段）项目；南哈萨克斯坦州、东哈萨克斯坦州、阿克莫拉州、西哈萨克斯坦州、卡拉干达州、阿拉木图州、江布多州等几个地区的排管系统的完善项目（第一阶段）。

目前哈已经研究制定出了8个水文试验池的综合利用及保护水资源方案，哈萨克斯坦共和国水资源综合利用及保护总体方案也正在商议和研究之中。

2014年初批准的《哈萨克斯坦共和国2014～2040年国家水资源管理纲要》及相应的行动方案，对该国水资源的管理与规划提出了明确的目的、任务、目标以及相关绩效指标。此外，还有关于拯救咸海和治理里海污染的内容。

（一）“引里济咸”

就是将里海多余之水引调到咸海。这项措施，既可解决里海外溢之患，又可补咸海之缺，一举两得。这是1986年“北水南调”工程下马后，哈萨克斯坦学院提出的一个设想和方案。具体内容是：从里海到咸海修建一条长400公里的运河，同时在里海至咸海之间修建大功率的太阳能发电站，带动多级扬水站，将里海之水抽调到咸海。

（二）“五国联合治理里海污染”

作为世界最大的内陆湖，里海拥有丰富的石油和天然气资源，是仅次于波斯湾和俄罗斯西伯利亚的世界第三大油气产区。过去20年来，油气资源开发为里海沿岸国家带来了经济繁荣，但相关勘探、开采和运输活动同时也让里海受到日益严重的污染威胁。为此，里海周围的5个国家（俄罗斯、哈萨克斯坦、土库曼斯坦、阿塞拜疆和伊朗）在联合国环境署的倡议下于2003年11月在伊朗德黑兰签署了《保护里海海洋环境框架公约》，这是全球第一个具有法律约束力的区域性海洋环境全面保护协议。

2011年8月，来自里海沿岸五国政府的高级代表在哈萨克斯坦港口城市阿克套召开了《保护里海海洋环境框架公约》缔约国第三次会议，并在此期间正式通过了一份《有关区域石油污染事件防备、应对和合作议定书》，为加强区域合作、共同维护当地生态环境免遭石油污染树立了历史性的里程碑。在该议定书得到各国签署通过后，五国将首先合作制定出台一整套有关石油泄漏事故的防范应急措施。同时，里海五国代表承诺加强合作，特别是加强与涉及石油和天然气产业的私营部门之间的合作，以进一步完善对里海自然资源和野生物种的有效监测、管理和保护。

哈在这方面做出了巨大的努力，对参与里海石油勘探开发的企业提出了严格的要求，凡不符合里海环境保护规定的勘探项目，一律不准上马。而且，哈每年还派人到英国学习北海油田勘探开发中的环境保护经验，用于指导里海的石油勘探开发。

2 大气环境

2.1 大气环境状况

哈大气污染的主要来源分别是热力部门、采矿及矿产加工和冶金工业。其中，哈西部地区的石油天然气行业污染物排放持续上升是目前大气污染物最为突出的来源。2012 年哈排放的大气污染物达到 335 百万吨，相较于 2009 年减少了 1.5%。

由于哈长期执行优先发展重工业的方针，其重工业在工业中的比例越来越大。据统计，苏联解体前，哈重工业占 66%，轻工业占 34%。独立后，美国、英国、法国、德国、日本等发达国家又大量投资重工业。到 2004 年，哈重工业的比例已经占到 87.2%，轻工业只占 12.8%。重工业中石油、天然气、煤炭、铀矿开采、有色冶金、黑色冶金、化学工业、电力工业等部门都是污染大户。

炼铅过程中的铅蒸气散发在空气中污染的范围更大。医学临床试验证明，人体摄入的铅会对血液循环系统、神经系统、消化系统和泌尿系统产生毒副作用。而且，小孩对铅的吸收率要比成人高出 4 倍以上。另外，铅对生殖健康也有一定的影响。炼油过程和燃煤发电过程中所产生的二氧化硫、二氧化碳等排放在大气中也会造成污染，对人体造成危害。

据统计，哈固定工业污染源向大气中排放的有害物质总量在逐年增加。从 2000 年的 242.94 万吨增加到 2004 年的 301.65 万吨，增长了 24.2%。其中，固体物质从 66.85 万吨增加到 75.29 万吨，增长了 12.6%；气体和液体物质从 176.09 万吨增加到 226.36 万吨，增长了 28.5%。气体和液体物质中，硫化酐从 108 万吨增加到 149.2 万吨，增长了 38.15%；一氧化氮从 16.17 万吨增加到19.69万吨，增长了21.77%；一氧化碳从39.07万吨增加到41.19万吨，增长了5.43%；氨从0.77万吨下降到0.1万吨，下降了87%。由此可见，上述各种有害物质的排放量，除氨以外，其他都是上升的。

哈境内有多个城市的空气污染超过了标准。哈环境保护部的资料显示，空气污染最为严重的城市有乌斯季卡缅诺戈尔斯克、列宁诺戈尔斯克、阿拉木图、阿克托别、杰兹卡兹甘、铁米尔套、达拉斯、彼得罗巴甫洛夫斯克、奇姆肯特和卡拉干达。

2000年以后，每年哈萨克斯坦向大气中排放的污染物共达249万吨。这与20世纪90年代初期每年排放大气污染物600万吨相比，已经大大减少。大气高污染区大都是人口密集区。向大气中排放污染物“成绩”最“出众”的有卡拉干达州（年均向大气中排放100万吨污染物）、巴甫洛达尔州（年均向大气中排放35.5万吨污染物）和东哈萨克斯坦州（年均向大气中排放26万吨污染物），前两个州1993年人均排放大气污染物分别为10.5吨和7.7吨。

有色金属企业对大气造成的污染最为严重。这类企业每年向大气中排放的污染物质达70多万吨，占大气中污染物质总含量的29%；其次是热力工程企业，每年向大气中排放50多万吨污染物质，占大气中污染物质总含量的23%；黑色金属企业，污染物年排放量为40多万吨，占大气中污染物质总含量的17%。

大气中的污染物质还来自于公路和铁路交通企业。它们每年向大气中排放110多万吨污染物。另外，还有一些大气中的污染物是从邻国（主要是俄罗斯）进入的。

2.2 治理措施

哈通过立法治理大气污染。独立前，哈萨克斯坦已制定了《大气环境保护法》，独立后根据新形势对该法进行修订，以独立国家的新法律颁布实施。2005年12月，哈萨克斯坦实施了新的《环境保护法》，其中就有保护大气环境的内容。该法还特别规定，在哈投资的企业必须缴纳环保税；如果对环境造成污染或对居民健康造成危害，企业必须给予赔偿。2007年1月，哈国开始实施《生态法》。该法明确规定了国家机关在环境保护和自然资源利用方面的职责，包括经济调节及国家监督，特别是规定了国家要对有害物质、放射性废料掩埋和污水排放进行调查及数据采集，并就在里海北部国家禁区从事经营和其他活动，利用核辐射材料和原子能的辐射安全保障、在试验场掩埋和长期保存废料、放射性废料存放和掩埋等方面提出了明确和严格的生态要求。同时，国家还对温室气体的排放和回收进行法律监督和调控。2009 年 2 月，哈萨克铜业公司的 2 家下属生产企业因违反环保法被罚款 124 万坚戈（当时汇率约 150 坚戈兑 1 美元）。此外，还有 5 家法人企业因违反环保法被罚款 140 万坚戈。

3 固体废物

3.1 固体废物问题

哈萨克斯坦长期以来一直以发展重工业为国策。石油、天然气、煤炭、铀、黑色金属、有色金属、稀有金属、机械制造、化学工业等在原料开采、选矿、冶炼过程中都会产生大量的废料、废气，其中不少是有害或有毒的，对环境的污染十分严重。以采矿业所产生的固体废料为例，巴尔喀什铜业股份公司累积的废料已达 12.37 亿吨，图尔盖铝土矿股份公司累积的废料也达到 8.37 亿吨，杰兹卡兹甘有色股份公司累积的废料有 7.45 亿吨，东哈萨克斯坦铜化学联合企业股份公司的废料也有 5.44 亿吨，兹良诺夫斯克铅联合企业股份公司的废料有 2.73 亿吨。哈全国 19 家有色金属采矿选矿企业累积有害废料达 44.3 亿吨。这些废料大都堆放在矿区或厂区固定的地方，相对来说还是容易管理的。另据哈一份调查报告透露，该国境内在指定地方之外堆放的废弃物质也有 2.3 亿吨。哈萨克斯坦西部石油勘探开采造成了非常严重的污染，目前污染的面积已有 19.4 万公顷，而跑冒滴漏导致的石油损失每年高达 500 万吨。

截至 2013 年 1 月 1 日，哈在企业厂区积累了 260 亿吨的工业废料。此外，每年还会产生大概 400 万～500 万吨的固体生活废物，利用和再加工的废物只占到废物总量的 5%，而所有剩余的废物则堆积在试验场。

截至 2012 年底，哈全国范围内有 4459 个废物堆积场，其中 781 个是官方依法建立的。而截至 2013 年 7 月 1 日，哈全国累计有 934.35 亿吨废物，各州累积固体废物的情况见表 5－8。

表 5－8 哈萨克斯坦各州累积固体废物情况

单位：百万吨

序号	地区名称（州、市）	总量
1	阿克莫拉州	646
2	阿克托别州	10492
3	阿特劳州	2759
4	阿拉木图州	10922

续表

序号	地区名称（州、市）	总量
5	东哈萨克斯坦州	7883
6	江布尔州	2315
7	西哈萨克斯坦州	5486
8	卡拉干达州	7601
9	科斯塔奈州	3648
10	克孜勒奥尔达州	1078
11	曼格斯套州	1001
12	巴甫洛达尔州	8896
13	北哈萨克斯坦州	3102
14	南哈萨克斯坦州	3395
15	阿斯塔纳市	24031
16	阿拉木图市	280

由此可见，哈萨克斯坦废物管理的任务是相当艰巨的。总的来说，哈萨克斯坦的固体废物及转移主要面临以下 2 个问题。

（一）工业废料污染严重

尽管排污者采取了相应措施，但工业企业生产线的陈旧性以及固体废弃物再生利用的不充分性，导致大量工业固体废弃物的堆积问题日益严重。这些工业废料大都堆放在矿山附近和厂区，如同小山，且均为露天堆放。其中绝大部分为有毒或有害的废物或废料，遇到刮风下雨，会对周围环境造成污染；平时也不断散发着异常的气味，对人体造成不同程度的危害。

目前最严峻的问题是清除“历史遗留污染”，包括主要由前阿尔加工厂废弃的泥渣收集器造成的伊列克河硼污染和铬污染、铁米尔套电冶股份公司排放的固体废弃物以及托古扎克镇的化学污染。

持久性有机污染物（以下简称 POPs）是“历史遗留污染”的类型之一。在含 POPs 的固体废弃物堆存量方面，哈萨克斯坦在中东欧国家中排名第二，仅次于俄罗斯。固体废弃物中所包含的 POPs 总量约为 250000 吨，主要来自 1500 余吨过期农药、50000 余件含聚氯联苯的设备以及 8 个污染区域。

（二）生活垃圾尚未分类处理

总体来看，哈萨克斯坦是比较重视公共卫生的国家。家庭有卫生桶（袋）或垃圾桶（袋），单位和住宅区有垃圾站（或垃圾收集点），城市有一个或几个垃圾处理场，管理机构还比较健全。但是，乱扔垃圾的现象也时有发生，城市生活垃圾尚未分类处理，广大牧区的生活垃圾更难以集中。

哈处理生活垃圾的方法也比较简单，一般采用的是焚烧或掩埋。这种方法虽然简便易行，但也会造成二次污染。

3.2 治理措施

（一）工业废料的综合利用

哈境内工业废料数量庞杂，分布面广，几乎每个城市和矿区都有，可以就地取材，就地加工使用。把这部分废料加以利用，是一笔巨大的财富，不仅有利于环境保护，而且可以变废为宝，多次利用，取得综合经济效益。2012 年哈全国工业废料的利用率已达 24%。

（二）生活垃圾的分类利用

垃圾的焚烧或掩埋都是不科学的，也是不经济的。发达国家的经验证明，垃圾中有许多有用的东西，只要进行认真的分类处理，就能得到合理利用。所以，不要简单地“一烧”“一埋”了事。2007 年 12 月初，哈环境保护部门举行了一次“贯彻垃圾管理稳定发展原则圆桌会议”，讨论垃圾去向问题。会议披露，哈国家储备将拨款成立国家垃圾管理中心。这个机构将对全国的垃圾进行监督、收集、加工、除害和保存。在此之前，德国、西班牙、捷克等国和哈国内的企业都看好首都阿斯塔纳的垃圾市场，提出要在这里建设垃圾发电厂或垃圾加工厂。

4 土壤环境

4.1 土壤环境问题

哈萨克斯坦属干旱缺水地区，沙漠、荒漠和半荒漠占国土面积的 90% 以上。主要沙漠有雷恩沙漠、大巴尔苏基沙漠、咸海沿岸卡拉库姆沙漠、莫因库姆沙漠、萨雷耶西克阿特劳沙漠和克孜勒库姆沙漠的一部分。这些沙漠大都分布在北纬 41°～49°，总面积约 30 万平方公里。沙漠地区降水极少（不足 50 毫米/年），气候异常干燥，几乎无植被。荒漠和半荒漠地区占国土面积的绝大部分，约有 200 万平方公里，降水稀少（100～150 毫米/年），气候干燥，植被稀疏。

荒漠带主要是哈的平原地区，其中又分为南方荒漠带和北方荒漠带。南方荒漠带的植被主要有猪毛菜、盐节草、梭梭、霞草等，北方荒漠带的植被主要是羊茅和针茅属植物。半荒漠地区是草原向荒漠带过渡的地带，其植被也表现出从禾本科植物向蒿科植物过渡的特点。这一地带最干旱的地方为荒漠草原，植被主要是蒿科植物。

咸海是中亚地区的第二大湖，位于哈萨克斯坦和乌兹别克斯坦之间。

原来面积有6.6万平方公里，现已缩小为4.6万平方公里。这就是说，至少有2万平方公里的土地被沙化或荒漠化。而且，这个过程还在加速进行，沙化或荒漠化的范围还在继续扩大。

整体来看，除咸海周围的土地荒漠化问题比较突出以外，20世纪50年代大垦荒也造成了很大的负面影响。哈曾大量伐木垦草作为燃料，并对土地进行深翻耕。人类对大自然的掠夺，终于使这片水草丰美的草原变成了世界四大沙尘发源地之一。刚开始，这里被卷起来的是黑色的沃土，经过长时间风蚀盐碱化形成了独特的白色沙尘暴。

独立后，由于种种原因，哈农业用地已从19780万公顷下降为9090万公顷，耕地面积也从3570万公顷下降为2030万公顷，牧场从15720万公顷下降为5920万公顷。这就是说，哈已放弃了大量的农业用地（其中耕地约1600万公顷）。那些被弃耕地，如不再继续种植农作物，就会变成白地，遇到大风天气，就可能成为沙尘暴的源头。同时，又因干旱缺水，地面植被恢复非常困难。

4.2 治理措施

土地荒漠化的根本原因是干旱缺水，治理措施必须首先从解决水源问题入手。然而，这一问题在哈和中亚国家内部是无法得到解决的，出路只有从外部寻找。哈准备采取的措施，除上述“北水南调”和“引里济咸”两大水利工程外，还有其他措施。

（一）人工降雨、增雨

哈萨克斯坦境内荒漠和半荒漠地区每年约有100～150毫米的降水。这表明那里曾形成过降雨云层。如果同时采用人工降雨、增雨的措施，降水量就有可能达到200毫米左右，这对于恢复荒漠、半荒漠地区的植被、缓解土地沙化和荒漠化将有很大作用。

（二）培育、种植耐干旱、耐盐碱的植物

植被破坏会引起土地的沙化和荒漠化，保持和增加地面的植被则可以防止土地的沙化或荒漠化。因此，选择培育耐干旱、耐盐碱的植物，并大面积地推广种植，就可以增加植被，阻止土地沙化或荒漠化面积的扩大。

（三）建立严格的节水制度

随着人口的不断增长和工农业生产的持续发展，哈和中亚其他国家的缺水问题将会越来越尖锐。解决这一问题，除了继续采取上述各种措施以外，严格节约用水无疑是重要的措施之一，而且潜力巨大，切实可行。因此，建立永久性的节水制度具有特别重要的战略意义。落实好这一措施，必须克服农业中落后的大水漫灌等用水习惯，尽量采用喷灌、滴灌、膜下灌溉等先进技术，最大限度地节约用水；工业中的耗水大户也要精打细算，严格节约用水；城乡居民的生活用水等都应当纳入严格的节约用水制度之中。这样，节约下来的水就可以用于治理土地的荒漠化。

5 核辐射

5.1 核辐射状况

苏联是世界核大国之一。为了同美国争霸，苏联曾经多次试验、制造并拥有大量的核武器。40 多年数百次的核试验对周围的大气环境、土地、水源（包括地下水）、植被、人畜以及其他生物等都造成了巨大的危害和损失。现在，尽管核试验已经停止，核试验基地已经关闭，哈的最后一枚原子弹已经销毁，导弹发射井已经拆除，导弹部队也已撤出，但是要消除核试验所造成的环境污染和治愈人们心灵深处的创伤绝不是一朝一夕能够做到的。这方面的工作仍然非常艰巨。

（一）核污染的后果尚未消除

据了解，苏联时期哈萨克斯坦建有核试验基地和导弹发射场，并拥有 104 枚SS－18 洲际弹道导弹，1040 枚核弹头。塞米巴拉金斯克核试验基地和拜科努尔航天中心都是在全世界具有重大影响的核设施。据不完全统计，1949～1990 年，仅塞米巴拉金斯克核试验基地就先后进行过 459 次核试验；其他 27 个核试验场也进行过 38 次核试验。长时间的多次核试验使附近至少 50 万居民的身体健康遭受了不同程度的伤害，也使大气环境和地面生态环境受到严重污染。上述情况引起了哈广大人民群众的强烈不满。一位工人代表在苏共二十八大上发言时公开说："40 年的核试验把哈萨克斯坦生息繁衍的土地、民族的圣地推到生态灾难的边缘。放射尘污染了土地、土壤植被和水源，地下水正在消失，植被正在减少。这一切极其严重地危害了人们的健康。"一位作家愤怒地指出："这是地地道道的大民族欺负和侮辱小民族的行径！哈萨克斯坦人民成了核试验辐射的受害者，这是在将来彻底灭绝哈萨克种族的险恶用心的表现。"显而易见，长期的、多次的核试验造成的环境污染和人们心灵中的创伤不是短期内能够治好的。

（二）核污染的受害者尚未得到任何补偿

在宣布关闭核试验场的同时，纳扎尔巴耶夫总统提出要为核污染受害者提供补偿等要求，并由联盟中央支付上述费用。不久，苏联解体，上述要求兑现的希望随之化为乌有。至今，哈核污染受害者未得到任何补偿。

（三）核废料处理不当

苏联时期，哈曾在境内开采铀矿，并进行提炼。提炼后的铀精矿运往其他地方浓缩，尾矿和废料运往咸海的复活岛。在复活岛，废料被随意倾倒，连一般的掩埋也没有进行，致使复活岛成为无人区。

目前，哈废物利用和放射性废料的掩埋问题还没有得到解决。多年来，由于铀矿勘探、开采和加工企业的活动，为寻找铀矿而剥离下来的岩石、不合标准的矿石和放射性矿石加工后产生的废料已在哈堆积了 118 堆，共计 5600 万立方米，占地 1412 公顷，它们产生的辐射可对居民造成放射性污染。据英国《国际核工程》2001 年 4 月刊报道，由于湖面不断缩小，倾倒入哈西部的 Koshkaa-Ata 湖的数百万吨毒性很高的废物正在引起人们的担忧。按照目前的蒸发速度，该湖将在 5 年内彻底干涸。自 1994 年以来，哈就在向该湖倾倒因生产铀而产生的液体和固体废物。目前该湖废物的覆盖面积达 77 平方公里，但其中仅有 35 平方公里被水覆盖。该地区肿瘤诊所的资深医生 Kumaizhan Muratov 表示，2000 年，该地区的乳腺癌、肺癌和食道癌的发生率已达到历史最高水平。

5.2　治理措施

（一）关闭核试验场，彻底消除污染源

鉴于本国广大群众的强烈要求，1991 年 8 月 30 日哈萨克斯坦总统纳扎尔巴耶夫下令关闭了塞米巴拉金斯克核试验场，彻底消除了哈国境内规模最大、时间最长、影响最深的核污染源。

（二）签署《核不扩散条约》，实现无核区

独立后，哈政府于 1993 年 12 月签署了《核不扩散条约》，并于 1995 年 5 月 31 日以引爆的方式在哈境内销毁了最后一枚原子弹。1997 年 3 月，哈拆除了最后一个洲际导弹发射井，俄罗斯也将两个师的战略导弹部队连同 96 套运载工具、898 枚核弹头一并撤回国内。至此，哈从有核国变成无核国，中亚地区也成为无核区。

（三）深埋核废料

在没有采用更科学和更完善的方法之前，掩埋是最普遍和行之有效的核废料处理措施之一。一般来说，深埋 25 ~ 30 米后，核废料就不会对周围环境产生大的影响。

（四）核废料的二次利用

深埋虽然简便易行，但不能做到废物利用。对于 20 世纪 50 ~ 70 年代抛弃的核废料，限于当时的技术水平，利用率很低。在现代科学技术条件下，对核废料完全可以做到二次利用，变废为宝。

6　生态环境

6.1　生物多样性问题

生物多样性是地球上各种生命存在和发展的基础，也是可持续发展的支柱之一。地球上丰富多样的生命构成了人类和各种生物赖以生存的生态系统。富有生物多样性的环境，在遭受自然灾害打击时能够自我恢复。这一点对人类来说特别重要。哈位于亚欧大陆腹地和北温带，特殊的地形地貌和气候水文环境，使哈的生物极具多样性。据不完全统计，哈境内有野生动物800多种，植物资源4700多种。

如此丰富的动植物资源为哈人民的生产生活以及社会经济发展都提供了良好的条件。国家也很重视对动植物的保护。到2003年底，哈已建立了25个特别自然保护区，总面积为297.89万公顷。其中，森林面积68.65万公顷，占特别自然保护区总面积的23%；水体和水面的面积31.04万公顷，占特别自然保护区总面积的10.4%。此外，哈有自然资源保护区9个，国家级自然公园10座。阿拉木图州拥有的自然保护区和自然公园的面积最大，约占全国总面积的1/3，主要有阿拉木图国家级自然资源保护区、阿拉湖国家级自然资源保护区、阿尔特内梅尔国家级自然公园、伊列－阿拉套国家级自然公园等。

但同时，哈萨克斯坦也正面临着生物多样性减少的问题，主要原因包括滥伐盗伐林木和偷猎滥捕动物。

（一）滥伐盗伐林木

哈萨克斯坦境内森林稀少，木材产量无法满足国内需要，价钱也比较贵，而且还要从俄罗斯等国进口大量木材。在这种情况下，为了牟取暴利，有些人就去偷伐盗伐林木。据统计，公职人员和普通居民因违犯自然保护法追究刑事责任且案件被移送检察机关的数量逐年增加，违法人数从2000年的270人增加到2004年的377人，短短4年增长了39.6%。特别是其中违犯植物界保护法的人数从2000年的1人迅速增加到2004年的322人，即增长了321倍。足见这方面存在的问题是很严重的。

（二）偷猎滥捕动物

这方面存在的问题与上述相似，只是程度不同，违法人数要少一些。据统计，2004年在上述违犯自然保护法的377人中，违犯动物界保护法的人数有21人，占总人数的5.6%。尽管如此，问题仍然存在，也应当引起重视。

6.2　治理措施

为了保护生物多样性，哈萨克斯坦做了许多努力。如2012年，林业狩猎委员会的林业保护机关和自然保护机关实施造林74000公顷，其中有60800公顷使用栽种和播种结合方式，13200公顷为促进森林植被的自然恢复。与2010年相比森林再造数量增加了30%，与2005年相比增加了58%。

又如2012年，森林禁猎部门人员以及各州森林狩猎区域管理局的检察人员对狩猎动物进行保护，采取措施保护并恢复稀有及濒危野生赛加羚羊等有蹄类动物。为保护赛加羚羊和草原生态系统，2012年11月哈萨克斯坦第1496号政府令规定在科斯塔奈地区建立面积为489700公顷的国家自然禁猎区。哈国有企业“动物狩猎工业集团”和哈科学教育部科学委员会下属的国有企业“动物学研究所”进行的赛加羚羊调查结果显示，赛加羚羊总量为137500只（比2011年高出34.8%，多35500只），其中，别特帕克达拉种群数量为110100只，乌斯秋尔特种群为6500只，乌拉尔种群为20900只。

为保护生物多样性，哈萨克斯坦还采取了以下几项措施。

（一）严格执行森林法

哈森林法规定了国家在森林资源的保护、守卫、利用方面，以及森林再生产和森林培育方面的管理和监督职能；明确了森林占有和森林利用的权利；保护、守卫和利用森林资源；森林资源再生产和森林培育的原则和方法；利用国家森林资源的收费标准等。对违犯森林法的法律责任也做了具体规定。因此，贯彻执行好森林法是治理滥伐盗伐林木的根本措施。

近年来由于林业法律法规的不断完善，财政资金投入增加，极大地降低了非法采伐的数量。2012年哈共处理869起非法森林采伐案件，涉及非法采伐木材达4200立方米，相当于2006年的1/51。

国家自然保护区动植物资源保护监察员协同相关环境保护机关从2013年初进行了17324次突击检查，查处了830起森林非法采伐案件，非法采伐木材398立方米，涉及触犯国家森林法的不法分子达448人，共处罚款499.9万坚戈，其中对316名不法分子处以罚款387.8万坚戈。对651名违法分子提起诉讼，并处罚金1217.7万坚戈，其中向477名不法分子处以罚金898.7万坚戈。共没收违法分子非法采伐木材1046立方米，收缴违法采伐工具30件。

（二）严格执行动物界保护法和植物界保护法

这两部法律对于保护和发展哈萨克斯坦的生物多样性具有特别重要的意义，它们的覆盖面比森林法大得多，具有更广泛的适用性，凡是有关动植物保护的法律问题均可纳入其中，不留死角，达到全面治理的目的。

2012年1月25日，哈国家元首签署了《关于林业、动物和自然保护区部分法案的修改和补充》，对现有法律进行了相关完善。

（三）加强环保教育

通过长期的环保教育，居民群众的环保意识提高，能够做到爱护森林，同滥伐盗伐林木的违法行为做斗争。据了解，砍伐林木的人大多是林区或林区附近的居民，他们有“靠山吃山”的思想和习惯，这是历史形成的。解决这一问题，一方面要严格执法，另一方面还要依靠教育，双管齐下，才能达到预期的目的。

（四）发展林下产业和护林业务

在执法和教育工作的基础上，国家给林区居民提供了其他生活出路，安排居民从事除伐木以外的生产活动，如发展林下产业和护林业务等。当林下产业和护林业务收入大大高于伐木收入时，林区居民自然就不会再去砍伐林木了。

7　小结

哈萨克斯坦拥有丰富的资源，但也面临严峻的环境问题。其环境问题主要集中在水体污染、大气污染、工业废物及生活垃圾的管理、土壤荒漠化、核辐射以及生物多样性保护等方面。

在水资源方面，地表水资源分布不均衡，加上对水资源的不合理利用等，造成部分地区水资源短缺。同时，随着经济发展，水污染问题开始凸显。为此，哈采取了“北水南调”、“引里济咸”以及“五国联合治理里海污染”等积极措施。

大气污染方面，除了核试验对大气环境造成的污染外，哈大气环境方面存在的主要问题就是工业污染严重。为此，哈加强了立法。独立前，哈已制定了《大气环境保护法》，并在此后加大了对大气污染的治理。

固体废物方面，由于哈长期以来一直以发展重工业为国策，因此面临着严峻的工业废物及生活垃圾的管理问题。为此，哈通过加强工业废料的综合利用和生活垃圾的分类利用来进行治理。

土壤环境方面，哈目前面临的最大环境问题是土壤荒漠化。为治理荒漠化，哈采取了人工降雨、增雨，培育、种植耐干旱、耐盐碱的植物，以及建立严格的节水制度等措施。

核辐射方面，目前哈萨克斯坦的废物利用和放射性废料的掩埋问题还没有得到解决。但哈也采取了积极治理措施，如：关闭核试验场，彻底消除污染源；签署《核不扩散条约》，实现无核区；深埋核废料；对核废料进行二次利用等。

生物多样性方面，为治理滥伐盗伐林木和偷猎滥捕动物，哈采取了积极措施，如严格执行森林法、严格执行动物界保护法和植物界保护法、加强环保教育以及发展林下产业和护林业务等。

第三节 环境管理

1 环境管理体制

哈萨克斯坦原先的环境管理体制是在苏联环境管理体制的基础上于1991 年确立的，它实行国家各级权力机关的一般性管理与被专门授权的国家环境保护机关的专门管理相结合的体制。

与俄罗斯类似，哈环境保护法规定其环境保护设置由以下四类国家机关组成。第一类是哈萨克斯坦政府，第二类是被专门授权的环保机关，第三类是其他有关环境保护与自然资源利用的中央执行部门，第四类是地方政府和各州执行机构。

原哈萨克斯坦环境保护部曾有许多职能，但现在这些职能都已经被分散。比如，在 1999 年林业、渔业和狩猎业委员会及水资源委员会成立后，环境保护部的相应职权就已经转归这两个委员会行使。动力与矿产资源部、卫生部、内务部等部门都有相应的环境管理权限，属于环境保护与自然资源利用的中央执行部门。目前环境保护部仅仅是对自然资源的利用情况行使调控职能和经济职能。这种体制设置机构太多，权限分散，导致管理机关之间相互推诿、争夺管理权等现象时有发生，严重降低了环境管理工作的效率。

哈萨克斯坦环境事务的主管部门是 2013 年 10 月成立的哈萨克斯坦环境和水资源部。其最早是 1990 年的哈萨克苏维埃社会主义共和国的生态和自然管理国家委员会。哈独立后，于 1992 年成立哈萨克斯坦生态和生物资源部。1997 年该部被改组为哈萨克斯坦生态和自然资源部，1999 年更名为哈萨克斯坦自然资源和环境保护部，2002 年更名为哈萨克斯坦环境保护部，2013 年 10 月 29 日更名为哈萨克斯坦环境和水资源部。

同时，在哈环保部原业务的基础上，该部增设了水资源管理的相关机构及其职责和权限，在原环保部的职能以外又增加了国家政策制定和实施方面的职能。其中包括以下两方面。

①对水资源使用者（水资源使用者联合体）进行供排水，履行水利土壤改良的职能，该职能之前由农业部承担。

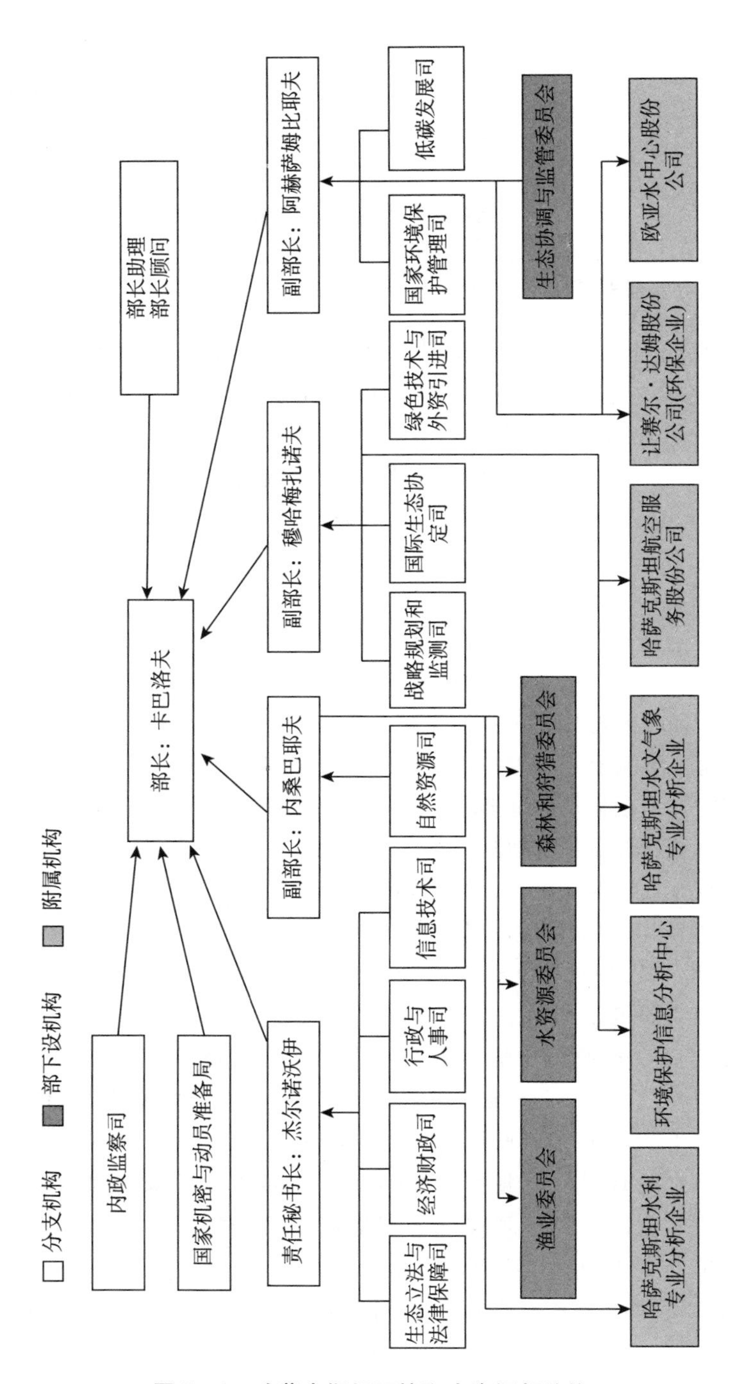

图 5－2　哈萨克斯坦环境和水资源部结构

②综合合理利用地下水（不包括对地下水进行地质研究）职能，该职能此前由工业与新技术部承担。

新的环境和水资源部设有1名部长，1名责任秘书长和3名副部长，以及12个业务司局（见图5－2、图5－3）。

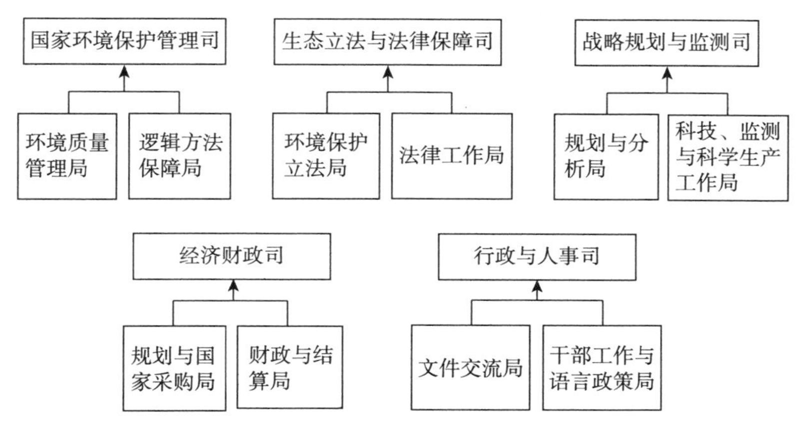

图5－3　哈萨克斯坦环境和水资源部各业务司结构

在此之前，哈萨克斯坦水资源管理的主要机构是哈农业部下设的水资源委员会，该委员会负责实际的流域管理工作，但由于人力物力有限，实际上的管理能力相对较弱。哈还有一些其他的部门与组织参与水资源的管理，但一直没有一个有效的合作机制把各组织结合起来。

为了能够全面、合理地利用水资源，方便对其进行统一的管理与开发，减少各部门之间的协调程序，提高跨界河流国际谈判的效率，哈萨克斯坦总统纳扎尔巴耶夫将哈水资源管理机构合并重组，集中到同一个国家管理机构，并入哈萨克斯坦环境和水资源部。

2　环境管理政策与措施

哈萨克斯坦自1991年独立以来，该国的各行业始终未能将保护环境置于实现可持续发展前提的地位。为了扭转这种局面，哈加大了在环境保护相关法律制定方面的力度。20世纪90年代初期，哈各州都有本州环境管理项目。1994年国家环境保护机构成立。由于哈政府1994年针对经济危机进行了政府改革，当时仅宣布即将实行环境政策。1996年哈萨克斯坦的环境安全政策有所加强，包括经济政策、社会政策及法律法规。哈政府2003年通过了《2004～2015年度关于生态安全概念》的文件，2005年制定实施了新的《环境保护法》，2006 年制定了《2007 ~ 2012 年度生态保护计划》，2007 年还颁布了《生态法》。至此，哈萨克斯坦的环保法律体系基本健全。

2.1 法律法规

（一）环保法基础

哈萨克斯坦环境保护所依据的法律基础涉及一系列的法律、法规以及法令，主要包括《哈萨克斯坦宪法》《公民健康保护法》《动物资源保护、再生与利用法》《兽医法》《进出口许可法》《地下资源及其使用法》《石油法》《居民辐射安全法》《中亚生态中心条约》《居民卫生 - 流行病安全法》《标准法》《破坏行政管理法》《原子能使用法》《义务生态保险法》《特别自然保护区法》《能源保管法》等。

（二）环保领域法规

哈萨克斯坦在上述国家法律法规的基础上，制定了环保领域的法规，主要包括《生态法》《水法》《土地法》《森林法》《刑法》《税法》《海关法》《公民法》等。

（三）环保领域法令

哈萨克斯坦制定的环保领域法令主要包括《大气保护》《水资源保护》《生产和消费的废物》《环境保护的国家检验》《环境保护的实验室分析检验》《自然资源经济合理利用》《生态鉴定与标准》《环境保护的批准、许可制度》《生态信息电子基础》等。

（四）环境与自然资源政策

在哈有关环境保护的法律法规中，1998 年启动的“环境与自然资源”政策项目最为突出。该计划实行至 2030 年，制定了长期的环境保护政策，旨在解决环境优先权问题，主要包括环境保护有效的政府体系、自然资源使用原则、环境教育系统 3 个方面的内容。该环境和自然资源保护法案分 1998 ~ 2000 年、2000 ~ 2005 年、2005 ~ 2010 年和 2010 ~ 2030 年 4 个阶段开展。

2006 年 11 月 8 日国家杜马第二次审读通过了国家环境保护法草案。目前该法案尚未最终颁布。新的环保法草案制定了综合的自然资源保护总原则，包括综合系统地改革环境保护的生态调节办法；利用计划和财政手段保护环境；对特殊自然资源的使用纳税并收取费用；对环境破坏导致的损失进行经济评估；鼓励做好环境保护和生态保护工作。

2014 年 1 月 24 日，哈推出《哈萨克斯坦环境与水资源部 2014 ~ 2018 年战略规划》。在本次战略规划中，哈提出了环境保护领域的 3 个战略方向，即环境质量的稳定和改善、保障水资源安全和水资源的有效管理、保护并合理利用动植物资源和特殊自然保护区，目的是保障动植物资源再生。同时，在这 3 个战略方向中，明确了具体的战略目标、任务、措施和绩效指标。

2.2 政策制度

哈萨克斯坦《环境保护法》明确规定了环境保护的管理制度。主要包括环保许可证制度、生态（环境）保险制度、生态鉴定制度、环境保护经济鼓励制度、利用自然资源缴费制度、污染环境罚金制度等。

3 小结

哈萨克斯坦的环境管理体制是实行国家各级权力机关的一般性管理与被专门授权的国家环境保护机关的专门管理相结合的体制。其主管环境事务的部门是 2013 年成立的哈萨克斯坦环境和水资源部。环境和水资源部在机构设置上包括中央部门、直属单位以及各州所属的多个下级分支机构（环保局）。环境和水资源部设有 1 位部长、1 位责任秘书和 3 位副部长。

同时，哈加大了在环境保护相关法律制定方面的力度。20 世纪 90 年代初期，哈萨克斯坦各州都有本州环境管理项目，1994 年国家环境保护机构成立。哈政府 1994 年针对经济危机进行政府改革，在 1994 年宣布实行环境政策。1996 年哈萨克斯坦的环境安全政策有所加强，包括经济政策、社会政策及法律法规。哈政府 2003 年通过了《2004～2015 年度关于生态安全概念》的文件，2005 年制定实施了新的《环境保护法》，2006 年制定了《2007～2012 年度生态保护计划》，2007 年还颁布了《生态法》。至此，哈萨克斯坦的环保法律体系基本健全。

第四节 环保国际合作

1 双边环保合作

1.1 与中国的环保合作

自 1992 年中哈建交以来，两国关系发展迅速，政治上高度互信，国家领导人互访频繁。2005 年 7 月，两国建立了战略伙伴关系；2011 年建立全面战略伙伴关系。中国与哈萨克斯坦环境保护方面合作的焦点问题主要是对跨境河流水源的利用和保护。哈萨克斯坦地处我国西北部，位于额尔齐斯河和伊犁河下游。哈因水资源分布不均，所以很关注跨界河流的利用和保护，特别是对中国上游水资源问题十分敏感。由于中哈两国关系的重要性，跨界水资源问题引起双方的高度重视，逐渐成为两国声明或公报中频繁涉及的重要内容之一。两国签订了专门的协定并设立专门机构来处理跨界水资源问题。跨界水资源的利用和保护成为中哈环保合作的主要内容。

（一）政府间涉及环保的相关文件及专门协定

2005 年以来，两国首脑历次会晤的联合声明、联合公报以及协定主要包含以下环保内容。

（1）2005 年 7 月 4 日签署的《中哈关于建立和发展战略伙伴关系的联合声明》第四条指出："双方高度评价中哈利用和保护跨界河流联合委员会取得的各项成果，特别是有关双方紧急通报跨界河流自然灾害信息的协议，并将在现有机制下继续合作，包括通报自然灾害情况，以保证合理利用和保护两国跨国界河流水资源。"

（2）2006 年 1 月 11 日签署的《中华人民共和国和哈萨克斯坦共和国联合公报》第七条指出："双方高度评价中哈利用和保护跨界河流联合委员会的工作，并愿在联委会决定的基础上进一步加强合作。"

（3）2009 年 4 月 15 日至 19 日签署的《中华人民共和国和哈萨克斯坦共和国联合声明》第八条指出："双方积极评价两国在跨界河流合理利用和保护方面取得的成果，对中哈跨界河流利用和保护联合委员会纳入中哈合作委员会表示欢迎。双方将继续本着高度负责的态度，遵循互利原则，积极协商解决涉及跨界河流利用和保护的相关问题。"

（4）2011 年 6 月 13 日签署的《中华人民共和国和哈萨克斯坦共和国联合声明》中称："双方决定发展全面战略伙伴关系。""双方一致认为，务实合作是中哈全面战略伙伴关系的重要组成部分。""双方指出，国际合作是两国全面战略伙伴关系的重要组成部分。"

（5）2013 年 9 月 7 日双方签署了《中华人民共和国和哈萨克斯坦共和国关于进一步深化全面战略伙伴关系的联合宣言》，其中指出："双方将一如既往地加强政治互信、推动互利合作、巩固睦邻友好，深化全面战略伙伴关系，造福两国和两国人民，为维护地区的和平与持久发展做出新的贡献。"

（二）中哈环保合作委员会

2010 年 10 月 18 ~20 日，中哈双方在哈萨克斯坦阿拉木图举行了两国环境保护部门副部级特别会议，两国部长就《中华人民共和国政府和哈萨克斯坦共和国政府跨界河流水质保护协定》（以下简称《水质协定》）和《中华人民共和国政府和哈萨克斯坦共和国政府环境保护合作协定》（以下简称《环保协定》）草案进行了磋商，双方就《水质协定》文本草案达成一致。双方确认上述两个政府间协定签署生效后将由同一个合作机构，即中哈环保合作委员会执行。

（1）跨界河流水质保护协定

2011年3月，中哈双方环境保护部专家会议，就《水质协定》草案再次进行了磋商。对文本中的部分内容进行了修改，并达成一致。

2011年2月，中哈双方签署了《水质协定》文本，规定了双方开展合作的内容：共同开展科学研究，协商确定双方可接受的跨界河流的水质标准及其监测和分析方法；对跨界河流的水质进行监测、分析和评估；双方各自制定和采取必要措施，预防跨界河流污染，努力消除污染，以使河流污染的跨界影响降至最低；双方经协商交流跨界河流水质监测、分析和评估结果；及时通报可能对跨界河流造成跨界影响的重大突发事件和可能造成跨界影响的跨界河流污染；共同采取预防跨界河流污染的措施；双方建立工作机制，在发生有跨界影响的跨界河流污染突发事件时，以相互支持的方式开展应对行动，以努力消除或减轻污染；举行学术会议和研讨会，交流有关跨界河流水质监测、污染控制及跨界水质变化趋势等领域的科研成果；促进跨界河流水质保护新技术的应用；促进科研机构和社会团体开展跨界河流水质保护领域的合作；各自进行必要的研究，确定有可能对跨界河流水质状况产生重大跨界影响的污染源，采取措施以预防、限制和减少跨界影响；根据双方各自国内法律程序向社会通报跨界河流水质状况及其保护措施；双方商定的其他合作领域。

在《水质协定》中，双方商定成立中哈环保合作委员会（以下简称环委会）来协调落实该文本协定。环委会制定工作条例，每年召开一次。环委会下设跨界河流水质监测与分析评估工作组、跨界河流突发事件应急与污染防治工作组，必要时可设立其他工作组。

（2）环境保护合作协定

2011年6月，中哈双方签订了《环保协定》，商定双方开展合作的内容：预防和控制大气污染；预防和控制水污染，包括跨界河流水质监测、突发水污染事件信息通报和应急处理；预防、控制固体废物污染并开展治理；危险废物管理，包括防止非法越境转移；预防和控制放射性污染；保护生物多样性；预防生态系统退化和防治沙尘暴；土地资源利用中的环境保护；联合应对环境突发事件；环境监测；共同开展科学研究，协商双方可接受的环境监测的规范、指标和分析方法；促进清洁生产技术的应用及推广；环境科研、教育、培训和宣传；双方同意的其他合作领域。

《环保协定》规定了双方开展合作的形式：共同制定并实施合作计划和项目；开展专家交流与磋商，代表团互访及人员培训；共同举办会议和学术研讨会；交换环境状况报告以及有关环境保护的科学、技术和政策法规等方面的信息和资料；共同开展科学研究；以双方同意的其他方式合作。

2011 年 9 月，中哈双方在北京进行了中哈环保合作委员会第一次会议，表示愿意进一步推进和发展双边环保合作。会议制定了《中哈环保合作委员会条例》，指出环委会根据中哈双方《环保协定》和《水质协定》确定的合作范围，负责协调、促进、发展中哈两国在环保和跨界河流水质领域的合作。会议同意在环委会第一次会议之后即启动跨界河流水质与分析评估工作和跨界河流突发事件应急与污染防治工作组的工作。工作组组长负责筹建工作组，商定工作组职责，确定优先合作领域。

环委会第一次会议同意双方 2010 年和 2011 年跨界河流水质监测与评价资料的交换仍在中哈利用和保护跨界河流联合委员会（以下简称联委会）框架内合作开展，确保联委会和环委会间的水质监测工作的顺利衔接。

2012 年 12 月，中哈双方在阿斯塔纳举行环委会第二次会议，双方商定为将环委会纳入中哈合作委员会机制创造必要条件，并在联合采样研究、协商以及中哈跨界河流水质标准方面开展磋商并达成一致。

2013 年 12 月，中哈双方在北京举行了环委会第三次会议。双方回顾了环委会第二次会议以来两国在环保领域的合作进展，对未来合作进行了建设性的探讨。双方表示，将积极落实 2013 年 9 月中哈两国元首签署的《中哈关于进一步深化全面战略伙伴关系的联合宣言》中有关环保的内容，继续开展务实合作，推进《环保协定》《水质协定》的实施。

会议听取了环委会下设的跨界河流突发事件应急与污染防治工作组和跨界河流水质监测与分析评估工作组关于自环委会第二次会议以来开展的工作的报告，并对两个工作组所取得的成果表示满意。会议还审议并批准了环委会 2013 ~ 2014 年度工作计划。

整体上中哈环保合作刚刚开启，环保合作特别是跨界水合作处于起步阶段，环委会转承联委会部分职责和工作内容，为中哈今后合作奠定了基础。

（三）中哈环委会的工作组

中哈环委会下设两个工作组。

（1）跨界河流水质监测与分析评估工作组。环委会第一次会议以后，双方经过协商成立了中哈跨界河流水质监测与分析评估工作组。中方成员由国家环保部、地方环保局和中国环境监测总站的官员和专家组成。2012年4月11～13日在哈萨克斯坦阿斯塔纳市召开了工作组第一次会议，双方就霍尔果斯河、伊犁河、额尔齐斯河、特克斯河四条跨界河流的水质监测联合研究工作成果交换了意见，并交流了在联委会框架内完成的工作成果；商定双方工作组的专家将向环委会会议提出关于协调中哈两国采样方法和化学分析方法的建议；同意就中哈跨界河流水质分析国际标准和规范清单问题进行协商；在联委会下开展的23项监测指标基础上增加5项指标（化学需氧量、五日生化需氧量、锌、石油类和亚硝酸盐氮）；同意继续每月交换一次跨界河流水质监测与分析评估结果的信息，并制定了双方跨界河流水质监测数据交换方案，即中哈双方的数据交换监测断面基本维持联委会原有监测断面。双方确定了包含原有23项指标在内的共28项监测指标，讨论了霍尔果斯河联合采样的问题，双方约定上游国家每月9日采集水样，下游国家每月10日采集水样。霍尔果斯河每年7月进行一次联合采样。

2013年4月24～26日在中国新疆乌鲁木齐市，工作组举行了第二次会议。会议双方交换了跨界河流水质监测数据对比分析结果，双方大部分监测结果是一致的，但部分数据存在差异。双方商定将提出统一的采样时间，研究统一的水质评价标准，确定浓度计量单位、检出限和分析方法。会议关于额敏河是否纳入联合监测的分歧较大，双方同意2013年在额敏河边境地带开展一次联合考察，并同意将额敏河水质联合监测问题纳入所有中哈跨界河流环委会合作框架下一并考虑。此次会议双方商定开展实验室互访交流，交换挥发酚、石油类、铜、锌、硫酸盐、氯化物、钙、硬度、总铁9项质控样品。在协调可被双方接受的跨界河流水质新标准和分析方法的问题上，双方商定中方负责向水利部申请获取哈方提供的水质标准与分析方法材料，在2014年2月底以前通过外交渠道交换中哈两国水质标准和分析方法的对比分析报告，并在工作组第三次会议上汇报。应哈方要求，中哈双方在跨界河流补充有机氯、有机磷杀虫剂和除草剂的研究性监测。

（2）跨界河流突发事件应急与污染防治工作组。2012年6月6～8日，中哈环保合作委员会跨界河流突发事件应急与污染防治工作组第一次会议在新疆维吾尔自治区乌鲁木齐市召开。双方确定了工作组职责：各自制定和采取必要措施，预防跨界河流污染，努力消除污染，以使跨界影响降至最低；协商、交流可能对跨界河流造成跨界影响的重大突发事件及预防跨界河流污染所采取措施等相关信息；研究建立跨界环境影响突发事件相互通报工作机制；举行学术会议和研讨会，交流有关跨界河流水质污染控制及跨界河流水质变化趋势等领域的科研成果，并促进跨界河流水质保护新技术的应用；做好双方一致同意开展的其他有关工作。经双方充分协商，确定了工作组的优先合作领域，主要包括：①研究建立中哈跨界河流突发环境事件信息交流机制；②研究在边境地区建立突发环境事件救援过境程序简化机制的可能性；③定期交换跨界河流污染防治和突发环境事件应急方面的信息；④在边境地区进行有关跨界河流突发事件应急与污染防治的研修、培训、教学及工作经验交流研讨会。

（四）中哈跨界水环保合作的焦点问题

中国与哈萨克斯坦在环境保护方面合作的焦点问题主要是跨境河流水源的利用和保护。由于哈萨克斯坦的水资源分布不均：哈萨克斯坦近一半的地表水来自国外的跨境河流，跨境河流水量的1/3流经哈进入其他国家，所以哈特别关注跨境水资源的分配与污染问题。哈方对界河的保护与利用极度重视，几乎每一次中哈国家高层领导会见都会谈论到两国界河利用和保护的相关问题。

（五）其他领域的环保合作

2003年6月，中哈两国政府签署的《中哈两国2003～2008年合作纲要》，确定了在控制污染和生态保护、合理利用和保护自然资源、加强沙尘暴治理、防治土壤退化等领域的合作内容。

2003年7月，我国海关总署会同环保总局、质检总局等部委组成的代表团与哈方相关部门签署了《中哈关于开展边境废金属辐射监管合作的工作会晤纪要》。

2006年12月发布的《中华人民共和国和哈萨克斯坦共和国21世纪合作战略》高度评价联委会取得的成果，并认为中哈双方应在现有机制下继续开展合作，制定相关的具体措施，确保合理利用和保护跨界河流水资源和生物资源。

2009年7月，哈萨克斯坦共和国环境部部长访华，中哈双方就在中哈合作委员会框架下设立环保合作分委会、签订中哈政府间环保合作协定、开展中哈环保合作等问题交换了意见。与此同时，中哈两国召开了中哈环保合作第一次专家工作会议，这标志着两国环保合作正式启动，中哈双方正式建立了两国环保部的联系渠道，环保合作专家工作会议成为两国间固定的环保合作交流平台。

1.2 与其他主要大国的环保合作

俄罗斯是哈主要合作伙伴之一。哈萨克斯坦与俄罗斯的边界线总长

7500公里，有70多条河流和湖泊穿越其中。两国之间较大的跨界河流有6条，即乌拉尔河、伊希姆河、托博尔河、额尔齐斯河、大乌津河、小乌津河，其中只有乌拉尔河由俄罗斯流入哈境内。俄哈两国就跨界河流水资源开展了联合管理和环保合作，共同防治核污染和重金属污染等，取得了良好进展。

1992年8月，为共同管理跨界河流，俄哈两国在俄罗斯奥伦堡签署了《共同利用和保护跨界水资源协议》。1996年和1997年，两国又分别签署了乌拉尔河流域、托博尔河流域、伊希姆河流域水资源协调管理和跨界水联合利用与保护协议，并成立了相应的联合工作组。

两国《共同利用和保护跨界水资源协议》的主要内容是：承认共同所有权和跨界水域水资源的统一性，缔约双方拥有相同的使用权，并共同负责水资源的合理利用和保护；各缔约方采取必要措施，保护和维持跨界水域不受污染，制止任何导致跨界水体在边境地区取水量发生变化的行动，禁止可能损害另一方利益的污染物排放。缔约双方一致认为跨界流域水体的水资源管理和保护工程可能对跨界水域有影响，为共同利用和保护跨界水域，缔约双方在平等条件下建立一个联合委员会，由哈国家水资源委员会主席和俄罗斯自然资源与环境部的水资源委员会主席负责。联合委员会应每年轮流在缔约方举行至少一次会议，其主要工作是：对边境地区的取水量进行监测，合理利用水资源，并防止跨界水域被污染；定期进行跨界流域水体的水文预报、水质信息及水管理状况的交流；谈判并通过跨界水域的水资源管理和保护项目；共同研究并开展跨界水资源的合理利用与保护，开展流域水资源管理工作；制定法律文件以管理跨界水资源在国家间的使用和满足对水质的需求；防洪和防冰措施的协调。联合委员会做出的涉及水资源的分配、合理利用和保护的决定，在执行过程中对缔约双方经济部门的各种水消费均有约束力。

2 多边环保合作

2.1 已加入的国际环保公约

哈萨克斯坦积极参与国际环境保护合作，共加入了17个公约及协定，包括《国际气象组织公约》《生物多样性公约》《禁止为军事或任何其他敌对目的使用改变环境的技术的公约》《联合国气候变化框架公约》《保护臭氧层维也纳公约》《消耗臭氧层物质的蒙特利尔议定书》《关于消耗臭氧层物质的蒙特利尔议定书（修正案）》《跨国境环境影响评价公约》《远距离跨界大气污染公约》《工业事故跨界影响公约》《在环境事务方面公众有权获得信息、参与决策和诉诸法律的公约》《控制危险废物越境转移及其处置的巴塞尔公约》《联合国防治荒漠化公约》《关于特别是作为水禽栖息地的国际重要湿地公约》《里海海洋环境保护公约》《关于持久性有机污染物的斯德哥尔摩公约》《关于国际贸易中某些有害化学药品和杀虫剂的事先知情同意程序的鹿特丹协定》。

2.2 与中亚地区的环保合作

自独立以来，哈萨克斯坦积极参与中亚地区跨界水资源的利用和环保合作，并签订了一系列多边协定，详见表5-9。

表5-9 哈萨克斯坦在咸海流域和中亚国家间水资源利用与保护方面的多边协定及重要行动

签约时间	签约国（组织）	协议/宣言/行动名称	取得的主要成果
1991年2月	哈、吉、塔、土、乌	《共同管理并保护跨界水的协议》	同意执行苏联时期的分水协议，开启了中亚国家间水资源利用与管理合作的大门
1992年5月	哈、吉、塔、土、乌	《关于在共同管理和保护跨境水资源领域合作的协议》，即《阿拉木图协议》	①成立了中亚国家间合作水资源委员会（ICWC）；②成立了管理两个流域水管理协会，建立科学信息中心（SIC），监测区域水量
1993年3月	哈、吉、塔、土、乌	《关于解决咸海及其周边地带改善环境并保障咸海地区社会经济发展联合行动的协议》	①成立了咸海流域问题跨国委员会（ICAS），创立了合作项目，制定了治理咸海的相关政策；②建立了拯救咸海国际基金会（IFAS），商定每个国家每年拿出GNP的1%作为基金的本金；③成立了隶属于IFAS的中亚国家间水资源协调委员会
1995年3月	哈、吉、塔、土、乌	《中亚五国元首关于咸海流域问题跨国委员会执委会实施未来3~5年改善咸海流域生态状况兼顾地区社会经济发展的行动计划的决议》	进一步明确了改善咸海流域生态状况、共同推进地区社会经济发展的相关政策和行动计划
1995年9月	哈、吉、塔、土、乌；国际组织	《努库斯宣言》，即《咸海宣言》	在联合国倡议下，中亚五国元首及有关咸海流域可持续发展的国际组织就治理咸海流域进一步达成一致

续表

签约时间	签约国（组织）	协议/宣言/行动名称	取得的主要成果
1997年2月	哈、吉、塔、土、乌；国际组织	《阿拉木图宣言》	①决定将IFAS与ICWC合并，成立新的拯救咸海国际基金会（IFAS），构建了IFAS的各级组织机构；②形成了沿用至今的咸海流域水资源管理机构框架
1999年4月	哈、吉、塔、土、乌	《关于认可拯救咸海国际基金会及其组织地位的协议》	中亚五国一致认可了拯救咸海国际基金会及其组织的地位
1999年6月	哈、吉、塔、乌	《关于在水文气象领域合作的协议》	锡尔河流域涉及的中亚四国，在跨界河流水文、气象监测和数据共享方面开展合作
2002年10月	哈、吉、塔、土、乌	《杜尚别宣言》	①将中亚国家水资源分配和利用的多边合作纳入中亚合作组织框架内；②通过了2003～2010年改善咸海流域生态和社会经济状况的具体行动决定
2008年	哈、吉、塔、土、乌；联合国	联合国大会	联合国大会赋予拯救咸海国际基金会联合国大会观察员地位
2009年4月	哈、吉、塔、土、乌	拯救咸海国际基金会成员国峰会	建议积极推动与援助组织的合作，在欧洲安全和合作组织框架内建立咸海地区生态保护监察机制

此外，哈萨克斯坦还积极参加中亚区域其他的环保合作，如塞米巴拉金斯克地区恢复计划、里海海洋环境保护、中亚山区稳定发展领域的区域合作、天山西部生物多样化保护、咸海盆地发展规划等。

2.3 与上合组织的环保合作

哈萨克斯坦高度评价上合组织成立以来取得的积极进展，特别肯定中国在组织内发挥的主导性作用。认为在上合组织框架下的相互协作是加强成员国互利合作、促进本地区稳定与发展的重要因素。

哈积极参与上合组织进程主要有以下几方面的考虑：第一，多元外交的重要选项。为营造良好的国际环境、促进经济发展，哈独立后始终坚持多边平衡的外交方针，积极参与本地区多边合作进程，推动地区一体化建设。在纳扎尔巴耶夫看来，上合组织只是他开展多元平衡外交的选项之一，而不是唯一选项。近年来，纳扎尔巴耶夫在积极参加上合组织合作的同时，大力推进欧亚经济共同体建设，并提出了建立中亚国家联盟的主张，希望通过建立自由贸易区、海关联盟，形成共同的服务、商品、资本和劳务市场和外汇联盟的方式，深化中亚地区国家间的一体化进程。第二，促进经济发展的平台。纳扎尔巴耶夫对上合组织经济合作总体持积极态度，在上合组织成立后不久，就主张将该组织的主要任务从安全领域转向地区经济合作，希望通过上合组织框架内的经济合作，解决制约哈经济发展的过境交通、油气输出等关键问题。第三，巩固哈中关系的重要渠道。纳扎尔巴耶夫认为中国是世界大国，又是联合国安理会常任理事国，对国际事务有重要影响。他在 2006 年 3 月国情咨文中阐述哈对外政策优先方向时，将中国排在仅次于俄罗斯的第二位，并称哈中关系是“独一无二”的，由此可见其对发展哈中关系的重视程度。

3　小结

哈萨克斯坦与中国、俄罗斯及中亚各国开展了广泛的环保合作。其中，与中国的环保合作焦点问题主要是跨境河流水源的利用和保护。随着双方对跨界水资源问题的日益重视，该问题逐渐成为两国声明或公报中频繁涉及的重要内容之一。两国签订了专门的协定并设立专门机构来处理跨界水资源问题。跨界水资源的利用和保护成为中哈环保合作的主要内容，为此，两国签订了一系列环保相关的协定和协议，并开展了多次谈判和交流。

同时，俄罗斯也是哈的主要环保合作伙伴之一。哈与俄罗斯的边界线总长 7500 公里，有 70 多条河流和湖泊穿越其中。俄哈两国就跨界河流水资源开展了联合管理和环保合作，共同防治核污染和重金属污染等，取得了良好进展。

此外，哈萨克斯坦积极参与国际环境保护合作，共加入了 17 个公约及协定，这些公约及协定旨在改变气候状况、保护地球臭氧层、控制过境污染等。而且，自独立以来，哈积极参与中亚地区跨界水资源的利用和环保合作，并签订了一系列多边协定。

参考文献

[1] 陈英姿：《中国－中亚五国环境合作探析》，《环境保护》2012 年第 12 期。

[2] 德全英：《新哈萨克斯坦及其发展理论——评纳扎尔巴耶夫总统国情咨文》，《俄罗斯中亚东欧研究》2007 年第 4 期。

[3] 邓铭江：《哈萨克斯坦跨界河流国际合作问题》，《干旱区地理》2012 年第 3 期。

[4] 法尔哈提·法·萨伊布拉托夫、张银山：《哈萨克斯坦产业结构变动及对扩展中哈贸易合作的启示》，《实事求是》2011 年第 2 期。
[5] 范彬彬、罗格平、胡增运等：《中亚土地资源开发与利用分析》，《干旱区地理》2012 年第 6 期。
[6] 付颖昕：《中亚的跨境河流与国家关系》，硕士学位论文，兰州大学，2009。
[7] 《哈萨克斯坦》，百度百科，http：//baike. baidu. com/view/2690. htm，2013 年 9 月 25 日。
[8] 中华人民共和国外交部：《哈萨克斯坦概况》，http：//www. fmprc. gov. cn/mfa_chn/gjhdq_603914/gj_603916/yz_603918/1206_604210/，2013 年 9 月 10 日。
[9] 中国驻哈萨克斯坦共和国大使馆经济商务参赞处：《哈萨克斯坦概况》，http：//kz. mofcom. gov. cn/article/ddgk/zwjingji/201203/20120308027774. shtml，2013 年 9 月 10 日。
[10] 贺丽丽：《图们江流域国际开发合作对伊利河流域的启示》，《法制与经济》2013 年第 338 期。
[11] 李宁：《哈萨克斯坦非能源产业现状研究》，《上海商学院学报》2011 年第 2 期。
[12] 李宁：《哈萨克斯坦工业化发展的特点和趋势》，《西部财会》2012 年第 11 期。
[13] 李宁：《哈萨克斯坦粮食产业发展研究》，硕士学位论文，新疆师范大学历史与民族学院，2011。
[14] 《列国版图：哈萨克斯坦共和国》，立地城，http：//maps. lidicity. com/index. html，2013 年 9 月 18 日。
[15] 林觉：《哈萨克天然铀可用 60 年》，《中国能源报》2013 年 4 月 29 日。
[16] 刘爱霞：《中国及中亚地区荒漠化遥感监测研究》，硕士学位论文，中国科学院遥感应用研究所，2004。
[17] 刘燕平：《哈萨克斯坦土地资源管理》，《国土资源情报》2008 年第 5 期。
[18] 刘燕平：《哈萨克斯坦国土资源与产业管理》，地质出版社，2009。
[19] 刘瀛：《哈萨克斯坦 Maksut 铜镍矿开发与利用研究》，《中国矿业》2013 年第 5 期。
[20] 龙爱华、邓铭江、李湘权等：《哈萨克斯坦水资源及其开发利用》，《地球科学进展》2010 年第 12 期。

[21] 焦一强、刘一凡：《中亚水资源问题、症结、影响与前景》，《新疆社会科学》2013 年第 1 期。

[22] 马金玲：《额尔齐斯河流域哈萨克斯坦地表水资源分析》，载邓坚主编《中国水文科技新发展——2012 中国水文学术讨论会论文集》，河海大学出版社，2012。

[23] 马建明：《世界矿产资源年评 2006~2007》，地质出版社，2008。

[24] 马晓红：《哈萨克斯坦的土地荒漠化问题》，《中亚信息》2000 年第 6 期。

[25] 明海会、张庆辉、辛勤：《哈萨克斯坦石油工业综述》，《国际石油经济》2009 年第 2 期。

[26] 任民：《关注哈总统 2012 年国情咨文》，《中亚信息》2012 年第 16 期。

[27] 宋国明、胡建辉：《哈萨克斯坦矿产资源开发与管理》，《世界有色金属》2012 年第 11 期。

[28] 孙莉、付琳、沈艾彬：《哈萨克斯坦产业结构演变分析》，《新疆社会科学》2012 年第 5 期。

[29] 王雅静：《哈萨克斯坦经济发展情况分析》，《大陆桥视野》2012 年第 7 期。

[30] 温新、张思纯：《为了里海的蔚蓝》，《中国石化报》2007 年 8 月 9 日。

[31] 伍浩松：《哈萨克斯坦 2012 年的铀产量突破 2 万 tU》，《国外核新闻》2013 年第 2 期。

[32] 吴初国：《世界矿情亚洲卷》，地质出版社，2006 年。

[33] 吴淼、张小云、王丽贤等：《哈萨克斯坦巴尔喀什湖 - 阿拉湖流域水资源及其开发利用》，《河海大学学报》（自然科学版）2013 年第 1 期。

[34] 姚海娇、周宏飞、苏风春：《从水土资源匹配关系看中亚地区水问题》，《干旱区研究》2013 年第 30 期。

[35] 岳萍：《哈萨克斯坦矿产资源开发状况》，《中亚信息》2007 年第 2 期。

[36] 张丽萍、李学森、阿依丁等：《哈萨克斯坦受损草地生态系统可持续管理模式》，《国外畜牧业》2013 年第 1 期。

[37] 张华：《哈萨克斯坦矿业投资环境分析》，《中国矿业》2001 年第 5 期。

[38] 张丽萍、李学森、兰吉勇等：《哈萨克斯坦草地资源现状与保护利用》，《草食家畜》2013 年第 3 期。

[39] 环境保护部环境与经济政策研究中心：《中亚区域国别环境研究报告》，2009。

[40] A. 利布曼、乌拉卡洛娃：《全球与地区制度竞争中的后苏联国家——

以哈萨克斯坦为例》，《俄罗斯研究》2009 年第 1 期。

[41] Alpeisov Shokhan Ashenovich：《哈萨克渔业主要水域环境现状及保护对策》，《水生态学杂志》2011 年第 6 期。

[42] UNECE, "Tranboundary Water Cooperation Trends in the Newly Independent States", 2006.

[44] "Worldwide Look at Reserves and Production", *Oil & Gas Journal*, 2 (2008).

[45] Агентство Республики Казахстан по статистике, Статистический сборник «Охрана окружающей среды и устойчивое развитие Казахстана 2007 – 2011», Астана: Агентство Республики Казахстан по статистике, 2012.

[46] Текущее состояние банковского сектора Республики Казахстан в таблицах и графиках по состоянию на 1 января 2012 года, Комитет по контролю и надзору финансового рынка и финансовых организаций Национального Банка Республики Казахстан, http://www.afn.kz/attachments/105/269/publish269 – 1067569312..pdf/, 2012 – 4 – 27.

[47] Указ Президента Республики Казахстан от 11 января 1995 г. N 2021 «О либерализации внешнеэкономической деятельности», Referatdb.ru, http://referatdb.ru/sport/91999/index.html, 2013 – 9 – 9.

[48] СТРУКТУРА, Министерство охраны окружающей среды Республики Казахстан http://www.eco.gov.kz/new2012/ministry/%d1%81%d1%82%d1%80%d1%83%d0%ba%d1%82%d1%83%d1%80%d0%b0/, 2013 – 1 – 10.

第六章
乌兹别克斯坦共和国环境概况

乌兹别克斯坦共和国（以下简称乌兹别克斯坦或乌）位于中亚地区中部，东西长1425公里，南北宽930公里，国土面积约44.89万平方公里，略小于我国的黑龙江省。其中土地面积为42.54万平方公里（占95%），水域面积2.2万平方公里（占5%），乌沙漠和山地占国土面积的60%以上，属严重干旱的大陆性气候。

乌兹别克斯坦与国际组织已建立了较为广泛的联系和合作关系。乌兹别克斯坦重视发展与独联体国家的关系，突出与俄罗斯的特殊关系。乌政府一贯坚持在成员国平等基础上加强和发展独联体，而主要是发展与独联体各国家之间的双边关系，促进经济一体化。乌重视加强与中亚近邻的合作，积极推动中亚经济一体化。乌奉行与伊斯兰国家的友好政策，加强双边合作关系。乌积极发展与西方发达国家的关系，谋求经济援助。乌也在加强与中国的合作，积极发展与亚洲国家的关系。

乌兹别克斯坦自然条件比较恶劣，人口密度大，对资源的利用不合理，造成了生态环境的不断恶化。目前，乌兹别克斯坦环保中最大的问题是空气污染、农业用地恶化、咸海问题和水资源减少。

其中，咸海危机是目前中亚地区最严重的生态问题。注入咸海的两大河流——阿姆河和锡尔河的注水量日益减少，水资源浪费严重。苏联时期咸海地区大力发展化学工业，而这些化学工业又缺乏生态保护措施，大量有毒物质被排入河流或渗入地下，最终流入咸海，对咸海造成严重污染。从20世纪60年代开始，咸海日益干涸，到90年代，湖区面积减至3.38万平方公里，湖水含盐量则从1960年的10.2‰上升到32‰~35‰。裸露湖床上的盐尘被风刮到1000多公里以外的地方，农田、草原和城镇被吞噬，空气和水源被严重污染。咸海地区的沙漠吞没了200万公顷的耕地和周围15%~20%的牧场。乌兹别克斯坦的农业因此受到严重影响。随着生态环境的不断恶化，咸海地区居民的健康状况明显下降，发病率逐年上升，30%的人患有各种由咸海生态恶化带来的疾病，99%的孕妇患贫血症，高血压症则是当地最为普遍的疾病。咸海沿岸新生儿死亡率达8%，远远高出其他地区。

跨界环境问题作为乌兹别克斯坦国家安全的重要内容，被称为中亚区域生态安全体系的重中之重。乌现在的首要问题是在高风险环境，尤其是咸海地区采取本地化、复杂的生态系统恢复技术。

环境问题的及时解决，有助于识别和避免可能产生的社会、经济、政治冲突，以及由此产生的社会紧张或国与国之间的冲突。

因此，在乌境内因生态问题引发冲突的概率是相当高的。肥沃的灌溉土地急剧短缺。乌未来几年应该优先消除不稳定威胁，制定和整合明确的程序和机制。环境威胁也可以是社会、经济和政治冲突的来源，因此，发展战略必须考虑中亚地区的政治局势和环境安全。

乌主要环境问题与水和农业关系密切。水资源量和水质量是乌环境的关键问题。单作棉花耕种灌溉中广泛使用杀虫剂造成了土壤的盐渍化、侵蚀和污染，荒漠化导致了沙尘暴和盐尘暴，危害人类健康。咸海缩小还引发了该国人口迁徙，使自然资源压力增加。

乌兹别克斯坦生态环境问题已存在多年了，考虑到环境安全和可持续发展，要解决中亚地区共同的环境问题，必须要加强国家间的合作。

随着国际局势变化及国家外交重心与策略的调整，乌及其他中亚国家越来越重视在环境保护领域采取双边或多边的国际合作。中亚各国经济实力差距较大，对共有资源的依赖程度较高，民族矛盾错综交织，地理条件不同，资源占有极不平衡。中亚国家跨境水资源管理方面的合作历史尚短，合作制度与法律基础仍不牢固，国家间合作的参与者缺乏经验。主要国际参与者应该利用他们的地位和资源来促进各国的政治委托事宜，集中多数意见来共同面对区域水资源管理中的挑战。改善环境状况和人类健康必须借助双边或多边环保合作，建立更多的区域国际合作机制，开展双边或多边环保对话合作，加强上合组织机构建设，尽快开展实质性的环境合作。

第一节　国家概况

1　自然地理

1.1　地理位置

乌兹别克斯坦位于中亚地区中部，大部分领土处在阿姆河和锡尔河之间，国土面积约 44.89 万平方公里。国土东西长 1425 公里，南北宽 930 公里。乌位于北纬 41°，东经 64°，有 5 个国家与其接壤：东北方是吉尔吉斯斯坦，北方和西北方是哈萨克斯坦，西南方是土库曼斯坦，东南方是塔吉克斯坦，南方是阿富汗（见图 6－1）。乌国境总长度为 6221 公里，其中同哈萨克斯坦的边界长 2203 公里，同吉尔吉斯斯坦的边界长 1099 公里，同塔吉克斯坦的边界长 1161 公里，同土库曼斯坦的边界长 1621 公里，同阿富汗的边界长 137 公里。乌是“双内陆国家”，本身没有出海口，其所有邻邦国也都没有出海口。乌与中国没有领土接壤，亚欧大陆桥没有经过该国。

乌地理位置优越，处于连接东西方和南北方的中欧中亚交通要冲的十字路口，是著名的“丝绸之路”古国，古代曾是重要的商队之路的汇合点，是对外联系和各种文化相互交流的活跃之地，历史上与中国因“丝绸之路”而有着悠久的联系。

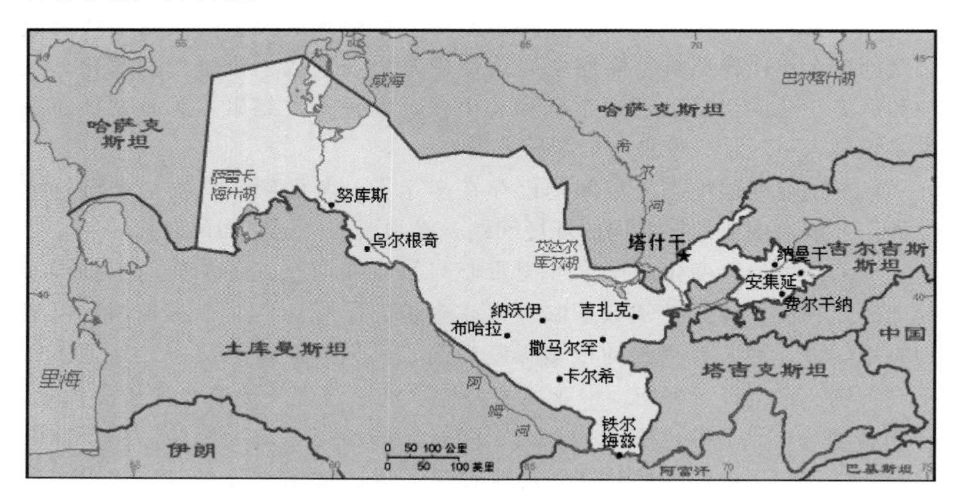

图 6－1　乌兹别克斯坦略图

1.2　地形地貌

乌兹别克斯坦全境地势东高西低，平均海拔 200～400 米，最高处为 4643 米（吉萨尔峰），最低处为－12 米。平原低地占乌全部面积的 80%，大部分位于西北部的克孜勒库姆沙漠，咸海宛如一颗晶莹的蓝宝石镶嵌其中；中部和西部也主要是沙漠地带，其中分布有较大的绿洲；东部和南部依傍着绵延千里的天山山系和吉萨尔－阿赖山系的西缘，内有著名的费尔干纳盆地和泽拉夫尚盆地。乌境内有自然资源极其丰富的肥沃谷地。乌主要河流有阿姆河、锡尔河和泽拉夫尚河。乌主要河流、湖泊、水库和山峰情况参见表 6－1、表6－2、表 6－3、表 6－4。

表 6－1 乌兹别克斯坦的主要河流

河流名称	长度（公里）	流域面积（平方公里）
锡尔河	2212	219.0
阿姆河	1415	309.0
泽拉夫尚河	877	17.7
那伦河	807	59.1
卡什卡河	378	8.8
阿汉卡兰河	233	5.3
卡拉河	180	30.1
谢拉巴德河	177	3.0
苏尔汉河	175	13.5
契尔奇克河	155	14.9
索赫河	124	3.5

表 6－2 乌兹别克斯坦的主要湖泊

湖泊名称	面积（平方公里）	海拔（米）	最大深度（米）
咸海	46586	42	52
艾达库里	1248	237	22
登吉斯库里	312	183	24
图达库里	225	222	12

表 6－3 乌兹别克斯坦的主要水库

水库名称	面积（平方公里）	蓄水量（立方公里）
卡塔库尔干	80	0.90
塔利马尔詹	77	1.53
南苏尔汉	65	0.80
安集延	56	1.90
契姆库尔干	49	0.50
查尔巴克	40	2.00
图亚布古斯	20	0.25
库伊马扎尔	18	0.32

续表

水库名称	面积（平方公里）	蓄水量（立方公里）
吉扎克	12	0.09
帕奇卡马尔	12	0.26
乌奇吉兹尔	10	0.16

表 6－4　乌兹别克斯坦的主要山峰

山峰名称	所属山脉	海拔高度（米）
阿迪隆加托吉峰	吉萨尔	4643
霍扎比里亚赫	吉萨尔	4425
别什托尔	普斯克姆	4291
大奇姆干	查特卡尔	3309
扎尔卡萨	巴巴塔戈	2220
霍亚特巴什	努拉塔伊	2165
伊力尔	布坎塔伊	764

1.3　气候

乌兹别克斯坦全境属典型的温带大陆性气候。春季温暖短促，夏季炎热干燥、昼夜温差大，秋季凉爽多雨，冬季较冷，雪层不厚且极易融化。乌年均降雨量为 200 毫米，降雨地区分布不均，有些地方年均降雨量不超过 70～80 毫米，而山区多达 500～1000 毫米。乌降雨季节主要是秋季，春、秋、冬季也有少量降雨，7 月平均气温为 26℃～32℃，1 月平均气温为 －6℃～3℃。乌北冷南暖，冬季北部气温可达 －7℃～－12℃，而南部则在 3℃左右；夏季北部气温达 26℃，最南部达 31℃～32℃，白天气温有时高达 40℃。1914 年 6 月 21 日南部铁尔梅兹温度更是达到了 49.5℃，近几十年来 40℃以上的气温在南部时有出现。

乌兹别克斯坦每年约有 270 个太阳日，约有 1% 的领土适合安装太阳能装置，每年可获得约 1.8 亿吨标准煤能量。

2　自然资源

2.1　矿产资源

在地质构造上，乌兹别克斯坦处于“乌拉尔－南天山”巨大古生代构造带中部的低山丘陵地带，乌拉尔南北向构造带转向南天山近东西向构造带的转弯部位。构造带北侧具有地槽性质，南侧具有冒地槽性质，区域构造发育出大量逆冲断层和推覆体，由此成为世界重要的金、汞、锑、铜、钨、锡、萤石等成矿带，被世界地矿界誉为“亚洲金腰带”。

乌兹别克斯坦矿产资源丰富，已探明的矿产资源储量总价值约 1.3 万亿美元，前景储量总价值达 3.5 万亿美元。已探明的矿产品有 100 多种，矿产地 3000 余处。主要有天然气、石油、煤炭、有色金属等。

黄金已探明储量 2100 吨，前景储量 3350 吨，居世界第 4 位，年产量 80 多吨，居独联体国家第 2 位、世界第 8 位（占世界开采总量的 3.6%）。

铀探明储量为 5.5 万吨，居世界第 7 位，预测储量 23 万吨，年开采量 3000 多吨，居世界第 6 位。

油气资源丰富，石油预测工业储量超过 53 亿吨，已探明储量为 5.84 亿吨，年开采量 720 多万吨，占世界总开采量的 0.1%；天然气预测储量超过 5.43 万亿立方米，已探明储量为 2.055 万亿立方米，居世界第 14 位，年开采量为 580 亿立方米，占世界总开采量的 2.2%，排第 8 位。

煤炭预测储量 70 亿吨，工业储量为 19 亿～20 亿吨，其中褐煤 18.53 亿吨，年开采量为 270 多万吨。

铜勘探储量 30 多亿吨，居世界第 10 位，年开采量约 5000～6000 吨，居世界第 11 位（占 0.7%）。钼储量居世界第 8 位；镉开采量居世界第 3 位。锌、钨砂、镍、钡等有色金属产量均较高。

除此之外，乌还有其他丰富的非金属矿产资源，包括钾盐、岩盐、硫酸盐、矿物颜料、硫、萤石、滑石、高岭土、明矾石、磷钙土以及建筑用石料等。

2.2 土地资源

乌领土的大部分（约 3/4）是平的，主要在图兰低地上，境内克齐尔库姆沙漠是世界上较大的沙漠之一。历年土地资源的变化情况详见表 6－5（2008 年的统计数据）。

表 6－5 乌兹别克斯坦土地类型统计

单位：万平方公里

年份	2001	2002	2003	2004	2005	2006	2007
全国土地面积	44.41	44.41	44.41	44.41	44.41	44.41	44.41
农用地	26.73	26.69	25.84	25.68	25.68		
耕地	4.05	4.05	4.04	4.04	4.05	4.06	4.06
多年生作物用地	0.34	0.33	0.33	0.33	0.33	0.33	0.34

续表

年份	2001	2002	2003	2004	2005	2006	2007
草场	0.11	0.10	0.10	0.10	0.10	0.10	
牧场	22.09	21.26	21.11	21.59	21.10	20.75	20.87
荒地	0.08	0.08	0.08	0.08	0.08	0.08	0.08
花园与菜地	0.66	0.67	0.68	0.68	0.69	0.69	0.69
森林	1.37	2.25	2.70	2.69	2.69	3.10	3.10

资料来源：Государственный комитет Республики Узбекистан по охране природы, 2008.

2.3 生物资源

乌的动物资源包括97种哺乳动物，379种鸟类，58种爬行类动物和69种鱼；植物资源有3700种野生植物。森林总面积为860多万公顷，覆盖率为5.3%。

在山中，高达20%的植物物种是特有的，有大量的谷物、开心果、杏仁、巨大的伞状植物以及典型的荒漠植被，如沙拐枣、黑白梭梭以及各种艾草。

沙漠中，有羚羊、藏羚羊、啮齿动物、蛇（包括蝰蛇、眼镜蛇）、蜥蜴（巨蜥、阿含、壁虎）、山羊、雪豹、旱獭、龟等各种动物。

2.4 水资源

（一）中亚地区的水资源矛盾

近年来，中亚国家在水资源划分问题上矛盾重重，特别是2007～2008年，天气干旱导致该地区许多河流水量锐减，甚至出现干涸断流现象。在这种情况下，中亚国家的水资源分配情况异常紧张。作为下游国家的乌兹别克斯坦在水资源分配方面的矛盾尤为突出。

作为一个内陆国，乌认为，水资源对该国影响巨大。水资源缺乏会引起农业灌溉不足、咸海生态恶化、土壤盐碱化程度越来越高以及农作物减产等严重的经济、社会和生态危机，水资源关系整个中亚近5000万人口的生存安全和生活质量，不仅仅是乌一国的问题。

乌认为，今后中亚的水资源将越来越短缺，主要原因有三个：一是随着世界气候变暖，高山上的雪量减少，融雪量也随之减少，但内陆平原和沙漠中的水汽蒸发量加大；二是随着经济发展、人口增长和居民生活水平的提高，工业和居民用水量将不断增加；三是由于技术设备老化和科技含量低，水污染和浪费现象愈加严重。

（二）乌关于解决中亚地区水资源分配问题的基本原则

（1）上下游共同管理原则。水不是商品，不能用来买卖，更不能将水资源作为威慑工具，动辄以冬季多放水等方式要挟下游国家。水与石油天然气的不同之处在于，水的获取来自大自然，无须人类劳动，因此不具有劳动价值，而油气开采则需要大量人工和技术设备。另外，河流流经多国，而油气则通常蕴藏于一国境内。尽管水资源是上游国家电力的主要来源，但这并不意味着水利设施所有者可以不考虑其他相关国家的利益而任意使用，造成下游国家的灌溉、生产和生活用水不规律。水资源应由上下游国家共同管理，而不能仅由上游国家控制。

（2）补偿原则。上游国家的水电开发应考虑下游所有与水资源有关的各方利益，并根据所遭受的损失（如旱涝灾害）程度给予事后补偿，而不采取提前付费的办法。

（3）“多年”与“综合平衡”原则。所谓“多年”，即应根据全流域长期的水文资料，并考虑长期气候变化和地区经济社会发展等因素进行水量调节，以保障水资源的合理利用，而不能根据短期（如一两年）内的水量变化任意调节。所谓“综合平衡”，即上游国家在开发利用水资源时，既要充分顾及下游国家的经济社会利益，还要考虑流域的生态安全，实现可持续利用。

（4）公开透明原则。流域内所有相关国家的水资源开发利用资料都应该公开，特别是其水电方面的资料。现有相关单位（特别是中亚水电跨国协调委员会）的数据资料经常变换，使其他国家无法准确掌握和判断分析流域情况。

3 社会与经济

3.1 人口概况

截至 2013 年 1 月 1 日，乌人口为 2999.4 万人，其中，城市人口 1531.5 万人，占总人口的 51.1%，农村人口 1467.9 万人，占总人口的 48.9%。乌在独联体国家中是列于俄罗斯、乌克兰之后的第三人口大国。人口平均分布密度是 58.6 人/平方公里，是中亚国家人口分布密度最高的国家。但其人口分布不均衡，干旱的沙漠地区每 1 平方公里不到 1 人，而人口密度最高的安集延州达到每平方公里 536.5 人。该州也是独联体国家中人口密度较高的地区之一。乌共有 130 多个民族，从人口数量来看，乌兹别克族占 80%，俄罗斯族占 5.5%，塔吉克族占 4%，哈萨克族占 3%，卡拉卡尔帕克族占

2.5%，鞑靼族占1.5%，吉尔吉斯族占1%，朝鲜族占0.7%。此外，还有土库曼族、乌克兰族、维吾尔族、亚美尼亚族、土耳其族、白俄罗斯族等。

乌兹别克斯坦的官方语言是乌兹别克语，俄语为通用语。

乌主要宗教为伊斯兰教，以逊尼派为主，其次为东正教。美国国务院《国际宗教自由报告2010年》数据显示，乌兹别克斯坦约93%的公民信仰逊尼哈乃菲派伊斯兰教，约1%信仰什叶派伊斯兰教（主要分布在布哈拉州和撒马尔罕州），约4%信仰东正教（主要是斯拉夫人），其余信仰的还有基督教、佛教、犹太教等多种宗教。截至2010年6月，乌全国共登记2225个宗教团体，分属16个宗教教派。

3.2 行政区划

乌兹别克斯坦下设1个自治共和国（卡拉卡尔帕克斯坦共和国）、1个直辖市（首都塔什干市）和12个州（见表6-6）、159个区、119个市、114个城镇和1472个乡村。

表6-6 乌兹别克斯坦的行政区划

区域名称	面积（平方公里）	行政中心
卡拉卡尔帕克斯坦共和国	164.9	努库斯市
塔什干市	0.26	塔什干市
安集延州	4.2	安集延市
布哈拉州	39.4	布哈拉市
吉扎克州	20.5	吉扎克市
卡什卡达里亚州	28.4	卡尔希市
纳沃伊州	110.8	纳沃伊市
纳曼干州	7.9	纳曼干市
撒马尔罕州	16.4	撒马尔罕市
苏尔汉河州	20.8	铁尔梅兹市
锡尔河州	5.1	古里斯坦市
塔什干州	15.6	塔什干市
费尔干纳州	7.1	费尔干纳市
花剌子模州	6.3	乌尔根奇市

3.3 政治局势

（一）宪法

1992年12月8日乌通过第一部宪法，经多次修改规定乌是主权、民主国家，实行立法、行政、司法分立；总统为国家元首、内阁主席、武装部队最高统帅，每届任期 7 年，连任不得超过 2 届。

（二）议会

议会又称最高会议，是行使立法权的国家最高代表机关。乌最高会议为两院制议会，由参议院和立法院组成。

参议院为上院，由 100 名议员组成，其中 84 名以不记名方式在卡拉卡尔帕克斯坦共和国、12 个州和塔什干市（每地 6 名）选举产生，其他 16 名参议员由乌总统在科学、艺术、文学和生产等领域有杰出贡献的乌公民中选任。参议员须满 25 周岁，在乌生活不少于 5 年。参议员为兼职，不能同时担任立法院议员。每届参议院任期为 5 年。参议院工作的主要组织形式为召开会议，每年不少于 3 次。

参议院设主席 1 人、副主席 2 人（其中 1 人是卡拉卡尔帕克斯坦共和国的代表），下设办公厅、预算和经济改革委员会、立法和司法问题委员会、国防安全委员会、对外政策委员会、科教文体委员会和农业、水利及生态委员会。

立法院为下院，由 150 名议员组成，其中 135 名由各选区在多党制基础上选举产生，15 名由“生态运动”直接推选。每届立法院任期 5 年。立法院议员不能从事除科学和教育之外的营利性职业。立法院主要从事立法工作，乌总检察长有权建议剥夺立法院议员豁免权。

立法院设主席 1 人、副主席 4 人（分别由 4 个议员团领导人担任），下设办公厅、预算和经济改革委员会、立法和司法问题委员会、劳动和社会问题委员会、国防安全委员会、国际事务与议会间交往委员会、工业建筑和贸易委员会、农业水利委员会、科教文体委员会、民主体制、非政府组织和公民自治机构委员会、信息与通信技术委员会。

（三）国家元首

伊斯拉姆·阿卜杜加尼耶维奇·卡里莫夫（Ислам Абдуганиевич Каримов）1991 年 12 月 29 日在全民选举中当选乌独立后的首任总统。1995 年 3 月 26 日全民公决决定将其总统任期自 1997 年延至 1999 年底。在 2000 年 1 月 9 日举行的总统大选中，卡里莫夫以 91.9% 的得票率再次当选总统。2002 年 1 月 27 日，乌举行全民公决，决定将乌总统任期由 5 年延长为 7 年。2007 年 12 月 23 日，卡里莫夫以 88.1% 的高票再次当选总统。2008 年 1 月 16 日卡里莫夫宣誓就职，任期至 2014 年。

（四）政府

乌政府称内阁。内阁由乌兹别克斯坦总理、副总理、各部部长及各国家委员会主席组成。根据乌宪法第 98 条规定，卡拉卡尔帕克斯坦共和国内阁主席进入乌兹别克斯坦共和国内阁担任相关职务。本届政府于 2010 年 3 月 4 日组成，现设 1 名总理、1 名第一副总理、7 名副总理、14 个部和 9 个委员会。

（五）政党和团体

1996 年 12 月乌颁布了《政党法》，现经登记的政党有 4 个。

（1）人民民主党（Народная Демократическая Партия）。该党于 1991 年 11 月 1 日成立，创始人为卡里莫夫总统。该党宗旨为：建立公正社会，巩固国家政治体制，保护经济独立，维护族际间和睦，改善劳动者的物质和文化生活状况，保护人权。现任党主席为拉·古里亚莫夫（Л. Гулямов）。《乌兹别克斯坦之声报》为党报。

（2）自由民主党（Либерально-демократическая Партия）。该党于 2003 年 11 月 15 日成立，党员主要为乌企业家和实业界人士。该党的宗旨是：积极参与乌国家、社会体制的改革与发展进程，促进乌政治、经济、社会和精神生活自由民主化，在民主基础上进一步完善国家和社会体制，深化经济改革，切实保护公民、企业家和商人的自由及合法权益。现任党主席为穆·捷沙巴耶夫（М . Тешабаев）。党报为《二十一世纪》。

（3）"民族复兴"民主党（Демократическая Партия "Миллий Тикланиш"）。由"民族复兴"民主党和"自我牺牲者"民族民主党于 2008 年 6 月合并而成。该党的宗旨是：提高全民民族意识，培养民众特别是青年一代的民族自豪感和爱国主义精神，团结所有爱国人士提高乌国际威望，不惜一切代价捍卫国家独立和价值观，反对任何损害乌利益的企图。现任党主席为阿·图尔苏诺夫（А. Турсунов）。党报为《民族复兴报》。

（4）"公正"社会民主党（Социально-Демократическая Партия "Адолат"）。该党于 1995 年 2 月 18 日成立。党的宗旨是：建立符合各民族利益的法治国家，巩固社会公正原则，保护人权。现任党主席为伊·赛夫那扎罗夫（И. Саифназаров）。

"乌兹别克斯坦生态运动"（Экологическое движение Узбекистана）于 2008 年 2 月成立，该组织既不是政治组织，也不是政党，但却是议员组成部分，作用特殊。该组织口号是"健康的环境——健康的人类"，个人和非政府、非商业性的组织均可加入该组织。来自"乌生态运动"的议员无政治倾向性，主要致力于解决事关社会各阶层利益的生态安全和环境保护问题。

3.4 教育

乌实行11年义务教育制，教育经费约占国家预算的10%。乌现有60多所大学，在校生近20万人，大学教师2万多人；有450多所中等专业学校，在校生近30万人；有1万多所中小学，在校生560万人。全国各类学校教师总数46万人。有来自20多个国家的300多名留学生在乌各大高校就读。乌著名高校有世界经济与外交大学、塔什干国立大学、塔什干综合技术大学、塔什干医科大学、东方学院等。

3.5 经济概况

乌的自然资源丰富，是世界上重要的棉花、黄金产地之一。国民经济支柱产业是“四金”，即黄金、“白金”（棉花）、“乌金”（石油）、“蓝金”（天然气）。乌经济结构单一，制造业和加工业落后，在苏联时期是工业原料和农牧业产品供应地。

近年来，乌分阶段、稳步推进市场经济改革，实行“进口改造替代”和“出口导向”经济发展战略，同时对国有企业进行私有化和非国有化，积极吸引外资，大力发展中小企业，逐步实现能源和粮食自给，基本保持了宏观经济和金融形势的稳定，经济实现较快发展。

据乌兹别克斯坦国家统计委员会2012年数据，乌主要宏观经济指标如下。GDP总值483亿美元，增幅8.2%，其中工业增长7.7%，农业增长7%，商业零售增长13.9%。通胀率7%。财政赤字占GDP比重为0.4%，其中，每年约60%的财政预算都投向社会领域，如教育（占34%）、医疗（占14.5%）、社会保障等。对外贸易稳定增长，外贸总额262.87亿美元（出口额142.6亿美元，进口额120.3亿美元），贸易盈余22.3亿美元，进出口商品结构和质量继续改善，非原材料商品和制成品出口比重超过70%。截至2013年1月1日，乌外债累计余额占GDP比重为16%。

（一）经济结构

苏联时期，各个加盟共和国之间有产业分工。为了发挥各地区的自然和经济优势，使国民经济能够有计划、按比例、平衡地发展，苏联将全国作为一个整体进行经济布局规划，划分为19个基本经济区。各经济区根据生产力发展水平、自然条件和自然资源分布状况、在全国分工中的地位和作用、民族分布和行政区划等因素，采用“地域生产综合体”形式组织生产。苏联解体后，原有的统一分工解散，所有新独立国家都在继承苏联遗产的基础上选择适合本国国情的发展战略，想方设法地改善本国经济结构，希望建立比较完整的工农业体系，摆脱单一的经济结构，提高抵御风险和维护独立与主权的能力。

苏联时期，尽管乌兹别克斯坦的工业能力在中亚地区最强，但总体上它还是一个农业国，农业产值约占 GDP 总值的 1/3，而工业占比不足 1/4。独立后，乌努力改善产业结构。从 2006 年开始，乌工业产值超过农业产值，步入工业国行列，但工业结构仍以资源开发为主，棉花、能源、黑色和有色金属的生产、加工和出口在国民经济中占重要地位。

从第三产业结构看，据亚洲开发银行数据，独立后至 2004 年，乌农业产值比重始终高于工业产值，从 2005 年起，工业开始超越农业。2011 年乌农业、工业和服务业的比重分别为 19.1%、32.6% 和 48.3%（见表 6－7）。

表 6－7　乌兹别克斯坦的 GDP 经济结构

单位：%

年份	2004	2005	2006	2007	2008	2009	2010	2011
农业	31.1	28.1	27.9	25.9	21.9	20.6	19.8	19.1
工业	25.2	28.8	29.9	29.9	32.3	33.6	33.4	32.6
服务	43.7	43.1	42.2	44.2	45.9	45.8	46.8	48.3

资料来源：Asian Development Bank, 2012.

（二）对外经济关系

乌的主要出口商品是能源和棉花。2011 年出口商品结构是：能源和石化产品占 18.5%（27.80 亿美元），食品占 13.2%（19.84 亿美元），服务占 11.8%（17.73 亿美元），棉花占 9.0%（13.52 亿美元），黑色和有色金属占 7.4%（11.12 亿美元），机械和设备占 6.7%（10.07 亿美元），化学产品和制品占 5.6%（8.42 亿美元），其他商品占 27.8%（41.78 亿美元）。

乌的主要进口商品是机械设备和化学产品及制品。2011 年的进口商品结构是：机械和设备占 41.3%（43.41 亿美元），化学产品和制品占 13.3%（13.98 亿美元），食品占 12.4%（13.03 亿美元），黑色和有色金属占 8.1%（8.51 亿美元），能源和石化产品占 8.1%（8.51 亿美元），服务占 5.3%（5.57 亿美元），其他商品占 11.5%（12.09 亿美元）（见表 6－8 和表 6－9）。

表 6－8 乌兹别克斯坦对外贸易统计

单位：亿美元

项目 \ 年份	2005	2006	2007	2008	2009	2010	2011
总额	95.001	111.714	157.196	211.973	212.096	218.442	255.371
出口	54.088	63.898	89.915	114.933	117.713	130.445	150.272
进口	40.913	47.816	67.281	97.040	94.383	87.997	105.099

资料来源：Государственный комитет Республики Узбекистан по статистике, 2012.

表 6－9 乌兹别克斯坦对外贸易的商品结构

单位：%

出口商品结构	2005 年	2006 年	2007 年	2008 年	2009 年	2010 年	2011 年
棉花	19.1	17.2	12.5	9.3	8.6	12.1	9.0
食品	3.8	7.9	8.5	4.5	6.0	9.7	13.2
化工产品及其制品等	5.3	5.6	6.8	5.6	5.0	5.1	5.6
黑色和有色金属	9.2	12.9	11.5	7.0	5.0	6.9	7.4
机械和设备	8.4	10.1	10.4	7.6	2.9	5.5	6.7
能源和石化产品	11.5	13.1	20.2	24.7	34.2	22.8	18.5
服务	12.2	12.1	10.7	10.4	8.8	10.3	11.8
其他	30.5	21.1	19.4	30.9	29.5	27.7	27.8
进口商品结构	**2005 年**	**2006 年**	**2007 年**	**2008 年**	**2009 年**	**2010 年**	**2011 年**
食品	7.0	7.7	7.2	8.3	9.0	10.5	12.4
化工产品及其制品等	13.6	13.8	13.1	11.6	11.1	13.8	13.3
黑色和有色金属	10.3	6.7	7.5	7.7	6.3	8.1	8.1
机械和设备	43.3	47.0	49.6	52.4	56.5	44.0	41.3
能源和石化产品	2.5	4.2	3.5	4.6	3.5	7.1	8.1
服务	10.4	8.4	5.8	4.4	4.4	5.3	5.3
其他	12.9	12.2	13.3.7	11.0	9.2	11.2	11.5

资料来源：Государственный комитет Республики Узбекистан по статистике, 2012.

乌的主要贸易伙伴是俄罗斯、中国、哈萨克斯坦、韩国、土耳其、阿富汗、乌克兰、德国、英国、土库曼斯坦等。其中俄罗斯始终是最大的贸易伙伴国（见表 6－10）。

表 6－10　乌兹别克斯坦的外商直接投资统计

单位：亿美元，%

项目	2006 年	2007 年	2008 年	2009 年	2010 年	2011 年
当年流入的 FDI 净值（BoP）	1.738	7.052	7.113	8.420	16.288	14.030
当年流入的 FDI 净值占 GDP 比重	1.02	3.16	2.55	2.57	4.14	3.09
当年获得的技术援助	0.8348	0.3633	0.4678	0.4311	0.5281	0.4309

资料来源：World Bank，2012.

3.6　军事和外交

（一）军事

乌兹别克斯坦总统是武装力量的最高统帅。总统下辖 3 个重要机构：一是国家安全委员会；二是国防部；三是武装力量联合司令部。3 个机构分别负责国家安全战略规划、对武装力量的日常领导和作战指挥。俄罗斯《军事工业通讯报》2010 年的相关材料显示，乌兹别克斯坦共有 5 个军区和 2 个作战指挥部，都直属武装力量联合司令部领导，都配有摩步、坦克和空降等部队，分别是西南军区（卡尔希）、东部军区（费尔干纳）、西北军区（努库斯）、中部军区（吉扎克）、塔什干军区（塔什干市）、布哈拉作战指挥部、舍拉巴德作战指挥部。

乌的国家军事力量通常包括 5 个部分：一是国防部领导的武装力量，即军队；二是国家安全总局，拥有边防军；三是内务部，拥有内卫军；四是紧急情况部，该部是在原国防部民防和紧急情况局基础上建立的，仍采用军队建制，适龄青年参加紧急情况部的工作视作服役；五是国家海关委员会，拥有海关缉私部队和海关军事学院。据伦敦国际战略研究所《军事力量对比》2010 年报告，乌武装力量约有 6.5 万人。陆军是乌兹别克斯坦的主要武装力量，约 4 万人（1 个坦克旅、10 个摩步旅、1 个山地步兵旅、1 个空降旅、3 个空降突击旅和 4 个工兵营）。

独立后，乌于 1995 年通过《国家安全构想》和《军事学说》。《军事学说》在 2000 年根据新形势进行了修订。相应地，《国防法》也根据新精神在 2001 年、2004 年和 2006 年进行了修改和补充。《军事学说》的内容大体分为两个阶段：独立前十年，武装力量的主要任务是应对外部威胁，防止外部势力侵害本国安全；第二个十年（2000 年至今）则内外兼顾，甚至以内为主，主要任务是应对“安全新尺度”，即非传统安全威胁和中低烈度的局部战争，特别是恐怖主义和极端主义势力，以及有组织犯罪（贩毒、武器走私等），防止周边地区动荡波及本国，如阿富汗、费尔干纳地区等。

（二）外交

乌对外方针是巩固国家独立、维护国家安全与稳定、发展经贸和交通合作、提高其在地区和国际上的地位。

从独立后至今，乌对外政策始终坚持国家利益优先、国际法优先、互不干涉内政、和平解决冲突等基本原则，目的是“巩固国家独立和主权；维护国家利益；加强地区和平与稳定，为国内发展创造良好的外部条件”。

乌兹别克斯坦的对外政策从低到高分为四个层次：第一层次（最低任务）是确保国家主权独立、领土完整和政权稳定；第二层次是维护周边稳定，发展同中亚国家关系；第三层次是与中亚地区以外的国家加强合作，特别是加强与俄、美、欧、中、土（耳其）、伊朗、印度、日本、韩国等世界其他大国的关系；第四层次（最高任务）是树立国际地位和形象。上述目标层次与乌兹别克斯坦作为世界上少有的“双内陆国”的地缘环境特点有直接关系。乌是联合国、欧洲安全与合作组织、伊斯兰会议组织、不结盟运动、上合组织、中亚合作组织等国际和地区组织的成员，此外，还加入了国际货币基金组织、世界银行、欧洲复兴开发银行、亚洲开发银行等国际金融组织。

（1）实行全方位外交政策，积极拓展对外关系。据乌外交官员说，乌独立后奉行独立自主、积极灵活的“全方位”外交政策，把维护国家主权与安全、开展经济合作作为对外交往的主要任务。乌现已获得世界上 165 个国家的承认，与 104 个国家建交，有 40 多个国家在塔什干开设了外交或领事机构。

（2）对俄关系。俄罗斯是乌外交的重点。但乌强调在相互尊重、平等互利基础上同俄发展关系，公开反对俄的“帝国野心”。据乌官员说，苏联解体后最初几年乌与俄关系不是很好，较疏远，乌不想让独联体成为干涉其内政的工具。普里马科夫任总理后，乌俄关系有所改善。1999 年初两国有一段时间互不信任，在经济领域也有矛盾，乌认为俄政府没有着手解决两国间存在的问题。普京总理 1999 年 12 月访乌，使两国关系好转，“进入一个新阶段”。这是因为俄在车臣战争后改变了对独联体国家的态度，乌在 1999 年 2 月塔什干爆炸事件和吉南部事件后也修订了对俄政策。乌支持俄在车臣的军事行动，两国在反对恐怖主义和宗教极端势力方面有共同的语言和立场。乌官方认为，普京访乌后所建立起来的“真诚和相互信任的关系”已获得进展，双方所签订的合作协议已开始全面落实。

（3）对独联体的立场。乌重视恢复和发展同独联体国家的传统经贸关系，但反对把独联体建成超国家机构，对俄倡导的一体化持消极态度，对俄白联盟公开表示反对。乌对独联体开展经济一体化合作持支持态度。

（4）与美国、西方国家的关系。乌重视发展与西方国家的关系，特别是将对美关系作为乌外交的优先，双方高层往来频繁。乌同美国和西方国家发展关系主要是在经济领域开展合作。但乌对西方国家指责乌不民主、没有人权表示不满，认为西方对人权问题采取“双重标准”，反对西方以“人权”为借口，恣意干涉别国内政。

2007 年起，因“安集延事件”而跌入谷底的乌美关系开始恢复。2009 年至今，乌美关系的升温势头明显。两国合作领域主要为反恐和阿富汗重建问题，两国领导人之间加强了各种形式的磋商与合作。在涉及阿富汗及邻国安全等问题时，乌总统卡里莫夫均会同美政府高级官员进行沟通和协商。美国在 2010 年也提出了在乌和阿富汗边境附近建设一个新军事基地的计划，并同时计划在乌建立边防检查站和训练中心，用以培训当地安全部队。同时，美国也积极同乌展开商业合作。据美国务院官员透露的数字，美国已累计向乌兹别克斯坦投资 5 亿美元，且金额还会进一步增加。乌也同美国密切配合，积极参加阿富汗重建项目，包括向阿富汗北部提供能源、承建阿富汗第一条铁路——海拉顿—马扎里谢里夫铁路等。美国将乌视作国际社会打击阿富汗极端恐怖势力活动的“至关重要”的角色，并期待其经济发展；乌也十分珍视同美国的良好合作关系，向美国发出了投资“纳沃伊”园区的邀请。乌美关系的再度升温有两方面的原因：从美国方面看，其近年来对中亚其他国家的民主化改造屡屡受挫，寄予厚望的吉尔吉斯斯坦和巴基斯坦政权倒台，玛纳斯空军基地被限制使用，加之美军反恐战争未取得实质进展，在阿富汗处境艰难，美国不得不考虑寻找玛纳斯基地的“替代品”，将其军事存在转移至乌，以确保其在阿富汗任务的顺利进行；从乌方来说，自因“安集延事件”同美国关系恶化以来，乌同哈萨克斯坦的经济差距日益悬殊，在中亚国家成为经济强国的努力受到挫折，不得不考虑同美国恢复关系。此外，有学者指出，乌同美恢复关系也可以增加同俄讨价还价的筹码。

（5）中乌关系发展前景。乌十分重视发展同中国的关系。自乌中 1992 年 1 月建交以来，两国关系一直正常、顺利发展。两国之间政治、经济领域的合作不断扩大和深化。两国元首经常互访，双方就国际国内问题进行了广泛交流。据统计，迄今乌中两国之间已签订多达 37 项国家间、政府部门间的合作协议。乌认为，乌中不存在争议问题，两国在双边和重大国际问题上一向保持相互合作和支持。乌对中国实行改革开放政策20多年来取得的经济发展的辉煌成就表示钦佩和赞赏。乌官方强调，乌不支持中国境外的维吾尔族在其领土上进行分裂中国的活动。乌坚决遵循一个中国的立场，决不与台湾发生任何官方联系。

乌中的经贸进一步扩大，根据乌官方统计数据，2011年乌中双边贸易额达25.97亿美元，比上年增长18.91%。中国对乌进口12.95亿美元，扭转了2010年的下降趋势，比上年增长3.43%，中国自乌进口13.02亿美元，增长39.70%（见表6－11）。乌兹别克斯坦对中国的贸易常年保持逆差，中国对乌出口在两国贸易中占有越来越重要的地位。

表6－11 乌兹别克斯坦与中国的贸易情况

单位：亿美元

项目	2007年	2008年	2009年	2010年	2011年
对华出口总额	3.14	2.58	4.89	9.32	13.02
对华进口总额	5.90	12.54	15.62	12.52	12.95
对华贸易总额	9.04	15.12	20.51	21.84	25.97
占乌兹别克斯坦当年贸易总额百分比	5.75%	7.93%	9.67%	10.00%	10.17%

资料来源：Государственный комитет Республики Узбекистан по статистике, 2012.

2012年，中国已成为乌第二大贸易伙伴。此外，中国各类企业积极向乌兹别克斯坦特殊经济区投资。两国的能源合作也在进一步深化。近年来，中乌两国合作的重点为能源领域，特别是石油和天然气的勘探开发。2013年，中国与乌又决定开展新一轮的油气开发合作。

（6）与中亚国家的关系。乌同其他中亚国家的关系处于微妙甚至紧张的状态，其中以同塔吉克斯坦和吉尔吉斯斯坦关系表现最为明显。

乌塔关系的矛盾主要产生于塔吉克斯坦罗贡水电站的修建。塔吉克斯坦希望借水电站的修建大力发展水电；而河流下游的乌兹别克斯坦以地质环境复杂和对生态造成破坏为由反对修建水坝，担心此举对其本已紧张的水资源带来更大压力，同时打破乌兹别克斯坦对塔电力供应的垄断。两国争端逐渐由能源扩大到其他经济领域，乌在一年半内先后四次对自塔吉克斯坦过境的公路运输车辆提高费用，最近一次的调价（2011年7月）将附加税提高15%。乌还数次借故切断对塔吉克斯坦的石油天然气供应。此外，乌还曾切断同塔吉克斯坦相连的唯一一条铁路，导致塔大量货物滞留境内，以此向塔方施压，阻止水电站的建设。

2013 年 6 月 10 日，乌兹别克斯坦向联合国发出了投诉塔吉克铝业公司的信件，乌兹别克斯坦指责塔吉克铝业公司对乌兹别克斯坦的环境、公民健康和基因库产生了负面影响。

乌专家调查研究发现，该国南部区域的环境状况急剧恶化。这些地区位于乌兹别克斯坦与塔吉克斯坦边界（铝业公司所在地）交界处。目前，乌兹别克斯坦外交部希望联合国对此事做出决定。

2013 年 6 月 11 日，塔吉克斯坦国会议员建议与乌兹别克斯坦同仁一起解决与环境有关的问题。受塔吉克铝业公司影响，乌兹别克斯坦苏尔汉河州北方地区的环境状况恶化，塔吉克斯坦国会主席建议，在环境问题上创建一个独立的议会间合作的国际专家组，以便于两国建立一个单一的环保问题上的合理观点。

塔吉克斯坦议会议长呼吁与乌兹别克斯坦同仁通过双边行动的做法达到解决问题的目的。“将现实世界谈判桌上遇到的问题转为一个建设性的对话，以找到共同的解决方案”。

新一轮乌吉关系趋于敏感起源于 2010 年吉尔吉斯斯坦南部的骚乱和人道主义危机。乌兹别克斯坦在封锁边境后并未重新开放，双边贸易额大幅降低。两国在骚乱发生后中断了关于争议地区归属等问题的谈判。乌兹别克斯坦也在边境地区加强了戒备，修筑了工事。乌吉双方互相指责是对方造成了谈判的僵局。

4 小结

乌兹别克斯坦共和国位于中亚地区中部，属严重干旱的大陆性气候。乌兹别克斯坦是“双内陆国家”，本身没有出海口，而且其邻国也都没有出海口。

乌兹别克全境地势东高西低。平原低地占全部面积的 80%，大部分位于西北部的克孜勒库姆沙漠。东部和南部属天山山系和吉萨尔－阿赖山系的西缘，内有著名的费尔干纳盆地和泽拉夫尚盆地。境内有自然资源极其丰富的肥沃谷地。主要河流有阿姆河、锡尔河和泽拉夫尚河。

在地质构造上，乌兹别克斯坦处于“乌拉尔－南天山”巨大古生代构造带中部的低山丘陵地带，乌拉尔南北向构造带转向南天山近东西向构造带的转弯部位。构造带北侧具有地槽性质，南侧具有冒地槽性质，区域构造发育出大量逆冲断层和推覆体，由此成为世界重要的金、汞、锑、铜、钨、锡、萤石等成矿带，被世界地矿界誉为“亚洲金腰带”。

乌兹别克斯坦与国际组织已建立了较为广泛的联系和合作关系。乌重视发展与独联体国家的关系，突出与俄罗斯的特殊关系。乌政府一贯坚持在成员国平等基础上加强和发展独联体，主要是发展独联体各国家之间的双边关系，促进经济一体化。乌加强与中亚近邻的合作，积极推动中亚经济一体化。乌奉行与伊斯兰国家的友好政策，加强双边合作关系。乌积极发展与西方发达国家的关系，谋求经济援助。乌也在加强与中国的合作，积极发展与亚洲国家的关系。

乌由于目前国内经济困难，经济改革深入和产业结构改造需要大量外援，经济因素在外交战略中的重要性日趋增强，因而经济实力强大和技术力量雄厚的西方发达国家在乌外交战略中的地位也越来越重要。今后乌不会放弃全方位外交政策，将继续与世界上其他国家发展合作关系。

第二节　环境状况

1　水资源

1.1　水资源概况

乌兹别克斯坦地面水源主要是众多河流，这也是饮用水的主要来源。

乌地下水现探明可开采量达 900 立方米/秒，有 100 多处水源，2/3 分布于山区，1/3 分布于平原（主要在阿姆河三角洲）。

乌兹别克斯坦还有含硫化氢、碘和硫酸盐氯化钠的矿化水资源及碱温泉水，主要分布在恰尔达克、纳曼干、塔什干、费尔干纳、巴哈萨、卡拉库里、加兹利等地。

以锡尔河、阿姆河为代表的注入咸海各河流的流域，将中亚各国的水资源联系在一起。由于许多河流是跨国河流，因此各国在水资源问题上交织不清，虽有一定的合作，但也产生了不少纠纷。乌位于中亚的中心地带，周边与多个国家接壤，多条跨境河流经过。随着近年来全球气候变暖加剧，水资源问题备受瞩目。在这种背景下乌的水资源问题显得更为突出。

（一）乌兹别克斯坦水资源问题由来

乌兹别克斯坦面临的水资源问题集中在跨境河流方面，跨境河流牵涉两国或多国的利益，在全球气候变暖的大背景下，乌兹别克斯坦的水资源问题主要源于以下几方面原因。

（1）生态环境系统脆弱，近年来全球气候变化加速了生态环境的恶化。乌兹别克斯坦作为双内陆国，地处干旱半干旱地区，属于温带大陆性气候，冬冷夏热，干燥少雨，这一地区水的自然蒸发量大大超过土地的渗透量。乌兹别克斯坦的水资源依靠众多河流，其中主要是阿姆河和锡尔河。阿姆河每年流入平原的水量为79亿立方米，其中只有8%的水量流入乌兹别克斯坦。锡尔河每年流入平原的水量为380亿立方米，其中只有5%的水量流入乌兹别克斯坦。这些河水经过大面积灌溉、蒸发后呈现出河流下游经常性断流、水资源匮乏的局面。

全球变暖促使冰川融化的速度加快，减少了对阿姆河和锡尔河的补给，对整个中亚地区造成威胁。气候变化不仅仅影响气温，还影响降水、海平面高度，从而造成自然灾害。近几十年来，乌降雨量已比1951~1980年基准线下降了2毫米（相当于3%）。水资源短缺的突出表现就是咸海危机。依靠阿姆河和锡尔河水源的咸海内陆湖，自20世纪末开始迅速缩小。乌兹别克斯坦本身脆弱的生态环境在遭受全球气候变化之后加速恶化。

（2）耗水型的灌溉农业，缺乏对水资源的有效利用。乌兹别克斯坦是古老的灌溉农业国，2010年农业总产值为158107亿苏姆。独立后，乌粮食、棉花产量有较大增长。总耕地面积为360.85万公顷，农业人口1660万人。乌兹别克斯坦的棉花产量大，单产水平高且质量好，棉花种植业在乌兹别克斯坦经济中占较大比重，必然要消耗大量的水资源。乌兹别克斯坦3/4的国土是草地沙漠和半沙漠，其绿洲已经开发殆尽，进一步开发新的人工绿洲，增添新的灌溉地，需要更多的来自阿姆河和锡尔河的河水，这在一定时期内很难实现。所以一味靠以生态环境为代价增加产量来获取收益的方法已经不可取。虽然乌努力调整经济结构，发展节水型农业，完善自己的灌溉排水系统和污水处理系统并取得了一些成效，但对水资源利用的效率还是偏低。

乌的植棉业是靠阿姆河和锡尔河河水发展起来的，对河水的不良开发造成土地盐渍化、河水断流和生态环境恶化。水资源的缺乏和生态环境恶化反过来又制约乌植棉业的发展。再加上乌与上游国家就水资源的分配、水资源与其他能源互换问题、水资源污染共同治理等问题难以达成一致，导致水资源问题在短时期内难以解决。

（3）跨境河流上下游国家缺乏合作，“双赢”局面难以打开。

苏联解体后，伴随着资源商业化，中亚各国从本国的利益出发，设立了一些新的机构，签订了一些新的协议作为跨境水资源合作的基础，但是实际操作的结果却不尽如人意。跨境河流上游吉尔吉斯斯坦和塔吉克斯坦与下游乌兹别克斯坦难以就水资源与其他能源互换达成协议。上下游国家对水资源分配争议较大，在水资源污染共同治理、水利设施合作建设、水电站建设、过境电费等问题上同样缺乏合作互信，在矛盾激化的情况下甚至出现局部武装冲突。回顾过去50年来，媒体报道过37起因水而导致的国家之间的暴力事件，但其中大多数都是小规模武装冲突。而与此同时，有200多项水域条约通过谈判达成。国际河流问题虽然可能引发局部冲突，但同时国际河流也给流域地区各国提供了互信合作、解决问题的机会。跨境河流上下游国家在水资源问题上难以达成谅解，严重影响了中亚国家在政治经济等领域的合作进程。

（二）乌兹别克斯坦所采取的对策

乌目前主要采取以下措施来谋求水资源问题的解决。

（1）从国内出发，走水资源可持续发展道路。乌独立以后进行经济改革，过分单一的经济结构有所改善。棉花的播种面积减少，粮食的种植面积增加。轻工业、加工工业得到较快发展。在灌溉方面，针对土地盐渍化和粗放灌溉方式等问题，乌引进先进技术改进灌溉模式，以提高节水效果。近年来乌不再单一地依靠棉花来出口创汇，还种植一些蔬菜和水果出口到俄罗斯和哈萨克斯坦。同时乌还注重兴修水利设施、改良土壤，在此方面投入大量技术和资金。2008年，乌政府投入187亿苏姆（1340万美元）改建了渠道，完成了42条主要水利管道的修理和改建工作，实现了渠道的现代化。2009年，乌政府投资1.8722亿美元，着手执行水利工程改建和现代化改装领域的11项计划。

化肥、农药污染、农业废水、工业废水、生活用水污染致使乌水资源污染严重。针对这些情况，乌引进先进的污水净化系统来净化回收水资源。2009年，乌兹别克斯坦首都实现现代化供水，该供水系统花费1470万美元。据独联体水利联营公司说，实现控制塔什干自来水设施，是在实施方案范围内改建3个水龙头设施、1个水泵站和排水设施。它的改建将提高乌兹别克斯坦20%的供水效率。从目前发展来看，乌水资源可持续发展已经在新起点迈出了新的步伐。

（2）与邻国合作，同时寻求世界资金与技术支持。“中亚比水更加缺少的是合作”。乌水资源问题的解决离不开中亚各国的合作。中亚五国在苏联时期有很好的合作模式，独立后中亚五国就水资源问题成立了许多机构并签署了一系列协议。1994年成立了哈萨克斯坦、吉尔吉斯斯坦、塔吉克斯坦、乌兹别克斯坦国际委员会；1998年成立了哈萨克斯坦、吉尔吉斯斯坦、塔吉克斯坦、乌兹别克斯坦国际委员会，并签署了《关于在锡尔河流域合理利用水资源与能源的合作协议》，这是第一个锡尔河流域水资源长期共享协议，但是它的实施效果欠佳。该协议是一纸空文，冬季未对吉的损失进行赔偿，托克托古水库大量放水就是例证。除了多边协议，乌兹别克斯坦与其邻国签署双边协议。但因为受到政治束缚、缺少长期投入的资金、技术匮乏和相关法律法规不健全，很多协议难以执行下去，有的甚至流于形式。

由此可见，乌水资源问题的出现是自然、社会、国际和国内综合因素作用的结果，乌为解决本国的水资源问题也确实做了不少的努力，但解决跨境水资源可持续发展的问题是一个需要各国长期合作、长期投入资金与技术的过程。中亚各国均为不发达国家，经济技术水平有限。面对这种情况，乌频频在国际上发出声音，希望得到帮助。国际组织在对咸海危机和阿姆河、锡尔河及其支流的上下游国家的水资源利用情况进行调查后发现，对于由乌及中亚其他国家对水资源利用不合理和国家间缺乏合作等主观原因造成的跨境河流问题，国际社会很难给予大量持续的资金和技术支持。

1.2　水环境问题

乌兹别克斯坦境内有河流600多条，均分布于阿姆河和锡尔河流域。阿姆河发源于塔吉克斯坦和阿富汗境内，全长2540公里，上游有喷赤河，在180公里范围内有昆多孜河、卡弗尔尼干河、苏尔谢拉巴德河、谢拉拜德河汇入，中下游有瓦赫什河、苏尔汉河、泽拉夫尚河等较大的支流汇入，下游1200公里没有其他河流汇入。锡尔河发源于吉尔吉斯斯坦境内，全长2219公里，在费尔干纳峡谷汇入的支流最多，上游为纳伦河，中下游有卡拉河、奇尔奇克河等支流。两河均为内陆河，阿姆河从南部、锡尔河从东北部均注入咸海，也是咸海仅有的水源补给。多年来，乌所有地区都经受着水源短缺问题的困扰。特别是在阿姆河的下游地区，在植物生长期，霍列兹姆州年平均用水保障率为44%，卡拉卡尔帕克自治共和国为60%。锡尔河流域的其他地区也同样存在着水源不足的问题。其中，纳曼干州、安集延州、费尔干纳州、锡尔河州、吉扎克州以及塔什干州的巴卡巴特地区用水保障率平均为65%～80%。乌兹别克斯坦境内湖泊数量不多，除与哈萨克斯坦共管的咸海（南半部）以外，还有艾达尔湖（面积1248平方公里，海拔237米，最深达22米）、田吉兹湖（面积312平方公里，海拔183米，最深达24米）、图达湖（面积225平方公里，海拔222米，最深达12米）。乌兹别克斯坦较大的水库有卡亚库姆、卡塔库尔干、恰尔瓦克、恰尔达拉水库等。水资源量占中亚五国总水资源量的6%（见图6－2）。

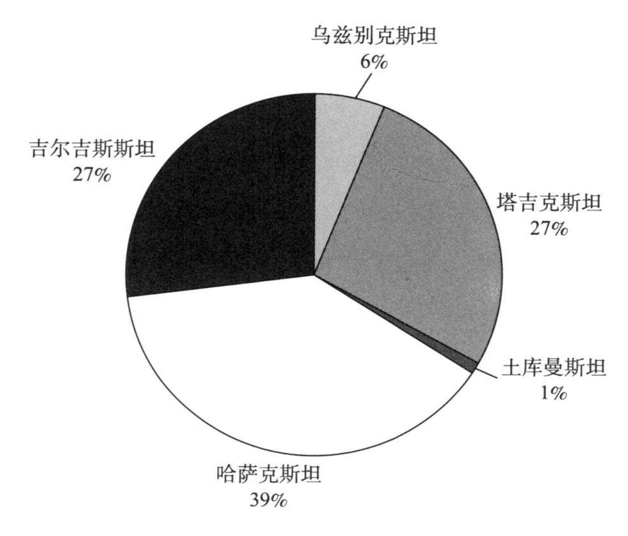

图6－2 中亚五国水资源量的分布

（1）乌地表和地下水资源及其利用

阿姆河和锡尔河流域在境内形成的径流量为100亿立方米，从邻国流入890亿立方米。其中，可利用的地表水资源量为360亿立方米。乌兹别克斯坦拥有一个复杂的水资源利用系统，包括17.1万公里长的灌溉渠系和总容量160亿立方米的53个水库。乌兹别克斯坦总耗水量约620亿～650亿立方米/年，除阿姆河和锡尔河供给的360亿立方米外，其他260亿～290亿立方米的用水主要依靠地下水以及水资源的重复利用。发达的灌溉系统提高了乌对流域水资源的控制能力和管理能力。乌兹别克斯坦水资源主要来源和利用结构见图6－3。

（2）乌阿姆河流域的水资源状况

阿姆河流域包括6个州（苏尔汉河州、卡什卡达里亚州、布哈拉州、撒马尔罕州、纳沃伊州、花剌子模州）和卡拉卡尔帕克斯坦自治共和国。境内阿姆河流域的地表水总量为295.86亿立方米，其中阿姆河在乌境内形成的径流量为56.6亿立方米。256.36亿立方米的水被用于国民经济的各个部门，占总水量的86.65%。在被利用的水资源中，有95%以上用于农业灌溉。阿姆河地表水量在各地的分配差异较大，卡拉卡尔帕克斯坦共和国最多，有75.20亿立方米，纳沃伊州最少，仅14.4亿立方米。

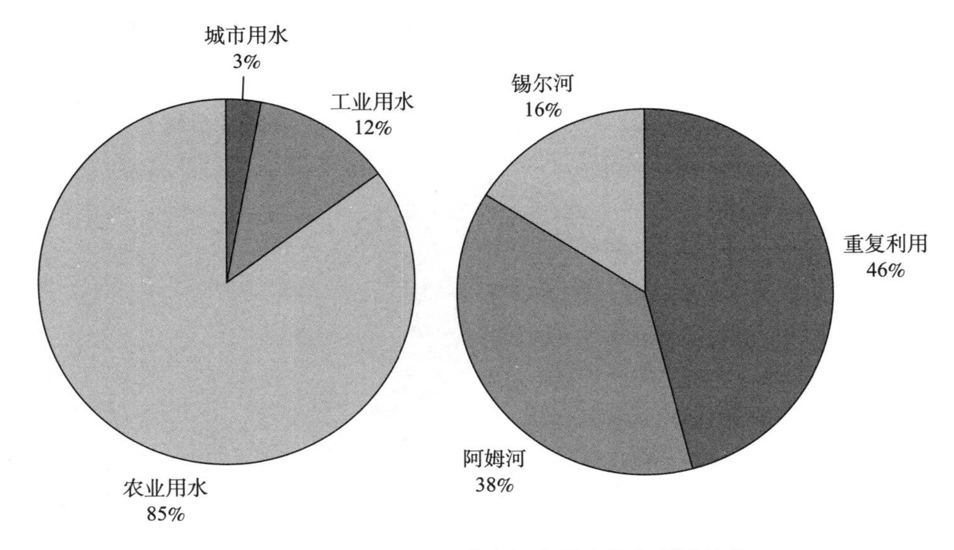

图 6－3　乌兹别克斯坦水资源主要来源和利用结构

（3）乌锡尔河流域的水资源状况

锡尔河流域包括安集延州、纳曼干州、费尔干纳州、塔什干市、吉扎克州和锡尔河州。锡尔河的地表水资源约为 360 亿立方米，其中乌可用 80 亿立方米。

（4）咸海的水资源状况

咸海的水源主要是阿姆河和锡尔河径流、地下水和大气降水。阿姆河和锡尔河每年供水量约 560 亿立方米，大气降水约 91 亿立方米，地下水约 1 亿立方米，而蒸发量约为 661 亿立方米。

（5）乌水资源的污染状况

乌水污染主要来自灌溉农业的化肥和有毒农药、畜牧业养殖、石油和天然气开采、采矿、化工、火力发电、食品工业和市政废物。乌水污染分布具有明显的地带性特征：山区的地表径流和水库污染较轻，水体的矿化度较低；山前地带和旅游休憩区的水质有轻微污染，水中含有微量的有机物和矿物质；河流、湖泊入口的一些人口密集的老灌溉区的水体污染也不十分严重，农药的含量是基本值的 2～3 倍；在灌溉系统的汇水区，地表水的含盐量和矿物质、有机质、重金属、矿物油的含量比正常值高出 3～5 倍，农田土壤污染也较为严重；人口高度密集的工业城市以及城市下游的广大地区的河流和水库污染严重，重金属浓度比标准值高出10～15 倍，严重的区域可以达到 40～50 倍。

（6）跨界水资源利用和开发

乌的上游国家正在利用跨界河流的水资源建立水电站。

水资源开发和利用的一个负面结果是违反了自然趋势。例如，阿姆河和锡尔河增加了水电使用，尤其是建成了托克托古尔水库。夏季和冬季锡尔河的上游、下游河段成为排水通道，导致夏季水摄入量最少并增加了供水并发症，水体矿化度达到或超过1.5～1.8克/升。

阿姆河和锡尔河的水资源和能源的管理和发展，是中亚最复杂的区域问题。

目前，在吉尔吉斯斯坦和塔吉克斯坦的跨界河流上开发了新的项目，阿姆河、锡尔河和泽拉夫尚河上要建立大规模的水电设施。这些项目的实施可以改变锡尔河和阿姆河的供水模式。在情况尤其复杂的阿姆河，罗贡和努列克的中游和下游引进罗贡水电站功耗模式的操作。河流水情的变化会损害下游国家的利益。

所有水资源开发设施，包括跨界河流水电站的建设投资，都应根据国际法，考虑到所有沿岸国的利益，考虑到一个独立的国际评估项目对下游领域水、环境和社会经济情况的影响。

发展水电潜力，可以优化每个国家的利益，实现跨界河流水资源的综合管理和国际合作。这将有助于提高一国能源的独立性，提高出口潜力和降低投资成本。

跨界水资源和能源在该地区的发展应该符合国际原则，这不仅是为了经济利益，而且也可以解决可能发生的冲突。因此，有必要明确开发跨界水资源的战略规划和目标，这有助于该地区的安全和可持续发展。

乌正在与一些国际组织，包括联合国发展计划署、世界银行、亚洲开发银行、瑞士合作与发展署、全球环境基金和其他组织洽谈国际环保合作项目。

欧洲进出口协会部长级会议（2008年12月3日，阿什哈巴德）强调，在解决水问题的基础上，结合跨界水资源方面现有的国际水法和已批准的所有新项目，运用独立的专业知识，避免位于越境水道下游的国家受到伤害。根据有关的国际法律框架，欧洲联盟代表支持将环境和水资源跨界水域测量点的结果纳入讨论中去。

促进可持续发展国际会议——“咸海问题：人口、动植物和国际合作的缓解的基因库”（2008年3月11～12日，塔什干，乌兹别克斯坦）在最后签署的文件《塔什干宣言》里声明，采用跨界河流管理，避免人为减少其废水的体制和模式。

中亚是一个欠发达地区，需要加强国际合作和协调，找到解决咸海危机问题的方法，建立共享水资源的有效机制。国际合作在中亚地区水管理领域的区域战略和理念包括：国家战略的发展；建立解决国家潜在争端的机制；在领土安全和经济互利合作上达成共识。

（7）水环境现状

目前，乌在水资源利用及保护方面存在着诸多问题。

①水资源浪费严重，农业灌溉系统老化。随着经济发展和人口的增加，阿姆河和锡尔河的用水强度加大，湖面蒸发以及咸海地区连年干旱导致水量急剧减少，加之不合理的水资源耗用，大大加重了因缺水造成的各类问题，水资源成为阻碍中亚地区社会经济发展的主要因素之一。相关国家至今没有采取有力措施，在可利用的水资源不断减少的情况下，水的消耗量却迅速上升。据有关资料，近年来中亚地区用水量以每年25%的速度增长。在这种形势下，以水为主导因素的生态环境将继续恶化。此外，在阿姆河和锡尔河的中下游，因渠系渗漏和灌溉排水形成的咸水湖有阿姆河流域的萨乌卡姆什湖（285亿立方米）和锡尔河流域的阿吉大坤湖（116亿立方米）。

②农业的灌溉方式落后及化肥、农药的无节制使用，造成严重的水污染。水污染的首要原因是农业灌溉，不合理的给、排水使水体的矿化度增加，全国每年约有250亿立方米的农业废水被直接排入河流和湖泊（锡尔河40%、阿姆河20%，其余排入一些小河流和湖泊），造成阿姆河的平均矿化水平达到约700毫克/升。锡尔河位于费尔干纳河谷的水污染监测数据显示，水中的矿化物含量从400毫克/升增至1700毫克/升，在20公里后下降到1000~1200毫克/升，这种矿化物水平一直延伸至哈萨克斯坦齐尔达亚水库。同时，河流化肥及农药污染情况也较为严重，阿姆河农药的平均浓度超过MAC标准的2倍。

③采矿业和石油工业的废水和尾矿，对水体造成严重污染。采矿业、石油化工、有色和黑色冶金企业排放的污水对水体的污染较为严重，费尔干纳炼油厂排放的污水使水中矿化油的浓度增加。境内阿姆河重金属及酚类物质平均浓度超过最高限值标准（MAC）2~4倍。

④城市和农村的生活、生产废水的无处理排放，对水体造成严重污染。每年有2000万立方米养牛污水倾倒至地表水和地下水中，给水体造成相当严重的污染。医疗机构所排放的废水中含有大量的有机物和细菌物质，使

水质变得更差。

（8）治理措施

乌为了减少工业企业倾倒垃圾对河流的污染，国家自然保护委员会对每个企业污水的最大允许排放量做了具体的规定，从1992年起对超过MAC标准的排放进行收费。2000年1月还出台了一项关于限量按标准规范排放污水的补偿办法。制定这项补偿办法的目的在于刺激这些企业实行保护水资源的措施。

为了克服水源不足的问题，乌正在采取一些节水和高效用水的措施。根据2009年总统批准的“农村建设和发展年”规划纲要的要求，乌兹别克斯坦将着重提高土壤的肥力，实施有针对性的土壤改良综合措施，巩固水利建设和管理机构以及农业经济的物质技术基础。为了实施“农村建设和发展年”规划纲要，有关水资源使用法的修改补充草案已制定完成。根据纲要要求，乌兹别克斯坦将新建和改建土壤改良设施，开挖和修复灌溉干、支渠形成灌溉网，建设水泵站，与国内的生产企业一起共同推广滴灌系统。

乌在农业水污染防治方面还没有具体的措施。目前提出要提高土地和水资源的规划和管理，相应的主要措施是：完善会计系统和水质控制系统；改善水生态监测；控制发展领域的用水和水的消耗；节约用水，改善现有的灌溉系统，制定和实施相应的措施，加快转变节水灌溉技术；支持农业改革中用水户协会和农民协会的作用；提高水资源和土地资源可持续管理方面的知识和技能；定期增加对资源保护和气候变化的意识和认识。

国家通过适宜战略的成功实施，在管理和利用水资源方面建立起国家之间的沟通桥梁。

2　大气环境

2.1　大气环境概况

乌兹别克斯坦以立法的形式规定“大气为自然资源和国家资源的组成部分”“大气环境对所有生物的生存至关重要，需要保护，免受污染”。

乌兹别克斯坦建立了大气污染物排放和大气质量监测标准，包括457种有害物质的短期（20~30分钟、天、日和年）浓度。这个标准不同于世界卫生组织的标准（见表6-12）。

表 6-12　乌兹别克斯坦国家大气质量标准和世界卫生组织的标准

单位：μg/m^3

污染物	乌兹别克斯坦			世界卫生组织（1997）		
时间段	30 分钟	24 小时	1 年	1 小时	24 小时	1 年
二氧化氮	85	60	40	400	—	—
二氧化硫	500	40	50	350	—	50
臭氧	200	160	30	200	—	—
铅	1.5	1	0.3	—	—	0.5~1
固体悬浮物	500	350	150	—	—	60~90
PM_{10}	—	—	—	—	—	40~60
苯酚	10	7	3	没有标准	没有标准	没有标准
镉	1.5	1	0.3	—	—	0.02
汞	1.5	1	0.3	—	—	1
一氧化碳	5000	4000	3000	30000	—	—

资料来源：Экологическое движение Узбекистана，1998.

乌兹别克斯坦共有 69 个大气质量监测站，分布在 39 个居民点，检测苯酚；二氧化硫；臭氧；粉尘；氮氧化物；氨；一氧化碳；氟化氢；固体悬浮物；3，4 苯并（a）芘和铅等共 22 种污染物。

国家自然保护委员会负责控制工业和移动污染源排放。18 个专门分析监测检查站提取烟尘和废气的样本并加以分析，测量对象为 136 个居民区附近工厂工业设施的大气污染浓度和污染物种类（4~39 个）。

随着车辆的增加、能源开发和工业的发展、咸海地区的沙漠化，乌大气质量严重下降。独立后，工业的产出下降，工业、能源和交通运输业大气污染物的总排放量降低，但污染物成分仍然超过最大许可浓度标准。

2001 年，大气排放总量为 225.03 万吨，其中约 32% 来自于固定源，68% 来自于移动源。自 2001 年以来，大气污染固定源总量逐渐减少，这主要归因于工业和能源部门的减少，以及环保部门实施减少环境污染的环保政策（见表 6-13）。

表 6-13　2001~2006 年乌兹别克斯坦大气污染物排放量

单位：万吨

年份	2001	2002	2003	2004	2005	2006
总量	225.03	218.24	202.12	195.74	210.2	195.8

续表

年份	2001	2002	2003	2004	2005	2006
固定源	71. 18	72. 94	67. 26	64. 65	68. 17	56. 66
移动源	153. 85	145. 3	134. 86	131. 09	142. 03	139. 14

资料来源：Государственный комитет Республики Узбекистан по охране природы，2008.

乌大气环境存在的主要问题如下。

（1）大城市和工业区大气污染较严重

乌工业主要集中在四大城市，即塔什干（40%）、费尔干纳（27%）、萨玛坎迪和纳沃伊（19%）。除此之外，乌在布哈拉还有新的提炼厂。塔什干、安格连、纳沃伊、齐尔达克、撒马尔罕和费尔干纳的化学、石油化工、采矿和熔炼、水泥和其他建材原料工厂是引起大气污染的主要因素。如在奥马尔科，采矿和熔炼工业每年混合排放约 10 万吨的有毒物质（二氧化硫、一氧化碳、氮氧化物、硫化物、重金属、砷等），占全国大气污染排放总量的 13%。

（2）能源、交通、工业是大气污染的主要来源

乌的工业部门包括黑色和有色金属冶炼、化学工业、石油和天然气工业、水泥和其他建材工业。石油和天然气工业的大气污染占总量的 35%，每年排放超过 25 万吨的大气污染物，其中包括 11 万吨二氧化硫和 11.4 万吨未处理的烃类。石油工业每年约有 1 亿立方米的燃烧废气，大约 1200 万立方米的天然气在运输和使用中浪费或泄漏。冶金工业释放大约 15% 的大气污染物，主要污染物是硝酸铵、氨、氟化氢、二氧化氮和苯酚，这造成乌工业区邻近区域的大气质量变差。建筑和水泥工业是大气粉尘污染物的主要来源之一，老机器产生的粉尘和煤灰也是一个较严重的问题。轻工业和食品加工工业的污染较少。

能源部门对环境的影响是酸沉降和温室气体，主要大气污染物是二氧化硫、甲烷和粉尘。其生产过程燃烧释放出的 CO_2 占 CO_2 总量的 95.2%，占总排放量的 40%，释放出的甲烷占甲烷总释放量的 73.3%。目前，大约 6.4% 的能源是工厂燃煤产生的。

交通部门释放的主要污染物是氮氧化物、一氧化碳、烃类、苯并芘以及挥发性的有机化合物，它们通过光化学反应形成光化学物质。公路附近的颗粒物浓度较大，苯并芘的浓度在公路交界处是 MAC 标准的 30 ~ 40 倍，不充分燃烧和大量老式交通工具运行是运输过程中污染物排放至大气的主要原因。含铅汽油导致空气中铅含量高，大气中 90% 的铅来源于交通工具

的尾气排放。

（3）测量设备陈旧、缺乏

由于缺乏先进的设备，大城市中的有毒物质如二噁英、市区内的浮尘等没有办法监测。相应的测量设备亟须改造更新。

（4）工业生产技术较落后，技术更新较慢

2.2 防治措施

乌大气管理和质量控制是国家环境保护的一个重要部分，早在 1996 年就制定了大气保护法，主要目的是防止大气污染对环境以及人类产生负面影响。该法包括以下主要任务：提出制定空气污染法规的目的；确定公民享有清洁空气的权利；确立国家大气管理机制；制定车辆、燃料、运输相关工业企业的标准和规范以及排放有害气体的标准；对向大气排放污染物并造成损害的行为处以罚金；要求对污染物进行详细登记记录；确保大气质量监测和大气法规的实施。

乌制定了多项政策对大气质量进行保护。主要内容包括：减少运输和其他移动的大气污染源；改造和更新老的交通工具，包括卡车；在大城市和其他地方改善道路网；更换所使用的含铅汽油，更广泛地采用天然气作为汽车燃料，提高燃料规格标准；提高尾气检查和控制技术的规范和标准，完善国有和私家车辆的汽车修理服务；通过引入大气污染消除技术，减少工业设备排放的大气污染物；实施一项全国性计划，逐步减少消耗臭氧层的物质；实施减少温室气体（二氧化碳、甲烷、氮氧化物）排放的国家战略。

乌科学研究解决环境保护和合理利用自然资源的办法，包括 38 项工作任务，其中与大气质量有关的是：拓展减少大气污染新思路；开发新方法，以减少大气污染物中工业致癌物质的排放；改进全国环境监测系统。

乌制定以下措施试图减少大气污染的移动污染源：生产 5 万件用于汽车油改气改造的设备（2002 年）；逐步停止使用含铅汽油（2008 年）。

3 固体废物

3.1 固体废物问题

乌许多大城市面临生活垃圾和工业废物污染的问题，首都塔什干尤为严重。大量废物在城市聚集，导致了空气、土壤、地下水的污染和疾病传播。

（1）工业废料

乌每年产生超过 140 万吨的工业废料，大部分的工业废料与化工萃取冶炼有关。其中，危险四级占 97.4%，轻微一级、二级和危险三级占 2.6%。99.7% 的工业废料被搬移掩埋。

（2）城市生活垃圾

乌每年产生 3000 万立方米的生活垃圾，不包括无组织的随意倾倒。目前乌国内还没有对城市生活垃圾进行处理的企业，对于大量的固体废物一般是做搬迁处理。现在乌境内有超过 230 个存放固体生活废物的垃圾场。

3.2　治理措施

大量的混合堆积废物对生态造成威胁。根据卫生指标和生态规范，这样的废物是不允许堆放的。混合堆积废物易产生化学反应，存在有毒、易燃易爆、易辐射等危害。废物蒸发、燃烧产生的颗粒物随空气扩散，将大范围污染大气、土壤、植物和水源，对动植物和人类健康构成威胁。这些废物也是地表水和地表水的污染源。

防治措施主要有以下几种。

（1）实施废物法案

自 1997 年以来，乌制定了工业废物排放和环境保护的工作目标，允许特殊和有效治理废物，通过了环境补偿配额制度，有毒废物统计数据报告被强制公布，实施了有关废物法案。

（2）增设大城市垃圾分类收集站

乌为大体积物体、修剪树木后的残枝设立了专门的收集站。

（3）废物利用

2000 年，乌开始对工业废物进行提取再利用和中和处理，但处理量仅占工业废物总量的 0.13%，64.11% 的二级危险废物和不到 13% 的一级危险废物经过了处理。乌利用热电厂产生的废渣改良土壤、生产建筑材料，将含磷废物用于生产有机肥、建筑材料和其他用途。同时，化学制剂储存等问题均得以解决。

2004～2006 年，在联合国发展计划署的帮助下，乌制定了“废物管理国家战略”，希望通过实施五年期（2005～2009 年）计划，有效进行废物管理，实现固体废物的减少、再利用和循环再造，通过减少废物污染达到保护水质的目的，同时，提高决策者和普通公众保护环境、减少废物污染的意识。

4　土壤环境

4.1　土壤环境概况

乌 3/4 的土地是草地、沙漠和半沙漠。因长期过度放牧、土壤侵蚀、灌溉土地盐渍化、沙漠化等原因，土地退化严重，影响了农村人口的生活。有数据表明，独立后的十余年间，乌盐渍化的灌溉土地面积已占到总灌溉土地面积的 50%。阿姆河、锡尔河下游地区面临的形势更为严峻，表层地下水的水位已经上升到地下 1~2 米处，造成大面积的土壤次生盐渍化，中度和重度盐渍化土地面积增加了 50%~60%。阿姆河与锡尔河上游地区的盐碱化土地面积增量不超过 10%~11%。咸海水域面积减小，使得天然盐分、无机物浓缩，湖底裸露，从干涸湖底和河床上吹来的盐分导致了土地的荒漠化。核废料的填埋和农用化学药品的使用导致了土壤污染。

4.2　土壤环境问题

（1）土质退化、肥沃程度下降

在过去 30~35 年的时间里，不受控制的矿物肥料（500~700 千克/公顷）和杀虫剂（20~30 千克/公顷）的使用，不可避免地损害了环境和人口健康。随着这些物质的多年积累，环境风险在迅速加大。

（2）大面积中度、重度盐渍化导致作物大量减产

水浸现象和土壤盐渍化造成棉花大量减产，其中卡拉卡尔帕克斯坦的棉花产量从 3~3.4 吨/公顷下降到 1.0~1.5 吨/公顷；花剌子模地区的棉花产量从 3.9~4.1 吨/公顷下降到 2.8~3.0 吨/公顷。

（3）缺少有效的水资源管理和控制措施

这造成科技成果不能得到运用、土地盐渍化、风蚀和水蚀增加、土壤肥力下降和粮食产量减少。30%~60% 的生产和生活用水都以排水的形式直接返回天然水体，其中也包括次生盐渍化土壤表面的盐分。这部分盐分通过灌溉富集在土壤层中，再通过农作物和牲畜严重影响居民健康。

（4）荒漠化

乌生态系统分为荒漠、半荒漠、河流、湿地及山地生态系统，其中荒漠生态系统所占面积最大。人类活动，如开垦沙漠、石漠、盐漠等土地类型和过度砍伐森林以获取可耕土地，特别是过度引用河水灌溉，造成了咸海的干涸。农用土地的扩张和水的无序管理破坏了生态平衡，造成了生物多样性的减少。

苏联时期的中央计划经济没有考虑发展对环境的影响，自然资源利用与生态环境系统容量产生矛盾，这种状态持续了近 30~40 年，最终引发了咸海流域的生态危机。反过来，咸海地区土地大面积的沙化和盐渍化也严重影响了国家的社会、经济和生态安全。

现有的环境监控系统（包括水、空气、土壤、植物等）没能反映出环

境受到污染的真实情况，国家环境保护措施效率相对低下。政府部门间缺乏协调致使环境形势恶化。

4.3 治理措施

鉴于咸海地区环境问题已经导致了乌土壤盐碱化、河流矿物质含量不断增加，乌水管理生态中心着手进行土地和水资源的综合性研究，选取最佳的管理措施，提高农业生产率，开发节水技术，并将其运用到不同的土壤、气候条件下的实践中。

5 核辐射

5.1 核辐射状况

20 世纪开始，乌和周边地区的放射性矿石开采就已开始，且在 20 世纪 40 年代后明显增加。在此期间，乌已经建立了约 150 个放射性污染站点。在乌、塔和吉的邻近地区，有大量的放射性核素。乌全国废物处理的主要方法是将其存储在垃圾填埋场或尾矿库。

迈利苏（吉尔吉斯斯坦）距乌兹别克斯坦有 30 公里，在发生泥石流的情况下，放射性废物可以进入迈利苏、卡拉阿姆河和锡尔河，这将导致在乌面积为 300 平方公里的放射性废物污染，涉及人口 1.5 万人。

据瑞典国防研究所的研究资料，仅在塞米巴拉金斯克核试验场，从 1949 年 8 月到 1963 年 12 月，就进行了 124 次空中和地面核爆炸，截至 1989 年 10 月 19 日共爆炸了 343 个核装置。核试验所造成的污染将长期存在。另据报道，苏联曾将一大批生物武器及装置埋藏在咸海中的复活节岛上，把该地区变成了“死亡地区”，使原本十分严重的生态危机雪上加霜。苏联时期，中亚地区地广人稀，远离政治 - 军事重要地区，苏联政府曾在这里设立了不少具有强污染特点（如生物武器、生化武器、核装置等）的生产、储备设施，仅核废料库就超过 100 处。苏联解体后，由于种种原因，这些设施疏于管理。新独立国家在技术、财政等多方面都遇到很大困难。

5.2 治理措施

目前，为了确保辐射安全，乌专门组织了对受辐射城市和城镇公共区域的调查。调查的目的是确定受害的个人和地区。

这些调查在一些地区和城市，如塔什干、安集延州、纳沃伊州、撒马尔罕和卡拉卡尔帕克斯坦自治共和国进行了详细的辐射测量。分析数据显示，公共区域定居点的辐射情况在正常范围内。

天然本底伽马辐射的变化在 10 ~ 30 纳米/小时（50 纳米/小时）的最大

允许水平内，主要来源是天然形成的天然放射性核素铀、钍和钾。

6 生态环境

6.1 生态环境状况

乌境内有森林、草原和高寒山区以及分布在河流和湖泊间不同类型的湿地。多样的地貌形成了多样的动植物种类，许多物种是当地独有的。

乌动物资源包括97种哺乳动物、379种鸟类、58种爬行类动物和69种鱼；植物资源包括3700种野生植物。森林总面积为860多万公顷，覆盖率为5.3%。乌有11个自然保护区和1个生态中心，保护区面积达200万公顷。

沙漠大约占到乌土地面积的27%，在此生长着320种植物，其中170种是沙生植物，一半以上具有地域性；此外有16种爬行动物、150种鸟类、22种哺乳动物，其中最独特的物种是蜥蜴、跳鼠和薄脚趾囊鼠；沙漠动物种群还包括极其稀少的赛加羚羊和身长达1.6米的大蜥蜴，以及野猪、金雕、雉鸡等。

石漠是灰棕色土壤被侵蚀后形成的（乌斯秋尔特高原和克孜勒库姆沙漠的一部分），具有很典型的厚石膏层。在这里生存着400种植物和130种脊椎动物（11种爬行动物、大约100种鸟类和18种脊椎动物）。大约有30种鸟类在此筑巢穴，常有云雀、沙松鸡和猫头鹰出没，赛加羚羊、鹅喉羚也将其视为栖息地。

克孜勒库姆沙漠自然保护区面积为10.1万平方公里，成立于1971年。5.2万平方公里的德杰乌兰生态中心建于1977年，这里喂养着普氏野马、黄羊、中亚野驴、大鸨等。

6.2 生态环境问题

在乌社会发展进程中，生态环境问题表现得十分突出，已严重妨碍了经济发展和社会稳定，甚至对中亚国家间的关系造成了不可忽视的影响并日益引起国际社会的关注。主要可分为以下几种类型。

（一）*以水资源污染和短缺为主要表现的生态环境问题*

中亚地处欧亚大陆腹地，区内气候干燥，地貌形态以沙漠和草原为主，其中沙漠面积超过100万公顷，占总面积的1/4以上，是一个水资源严重不足的地区。由于多年来对水资源过度开发而未实行有效的保护，中亚出现了非常严重的生态危机。主要表现为：湖泊面积缩小或消失，水质下降；河流水量减少，河流缩短或消失，水质下降；地下水位下降，水质变坏；

盐碱化土地面积增加；沙漠扩大，绿洲缩小；沙尘暴频度上升；自然植被面积减少，植被类型退化（如密草草原变为疏草草原、草原变为荒漠）。这些变化在咸海流域（包括阿姆河、锡尔河）表现得最为典型。

咸海地区的生态危机始于20世纪60年代。50多年来，咸海面积已减少了59%，水量减少了75%，水面下降超过17米。大面积湖底出露后形成盐漠，而盐分进入沙尘暴又形成危害更大的盐尘暴。在水量减少的同时，咸海及其流域的水质也明显恶化并伴随着大面积土地盐碱化或碘化，仅咸海地区就增加了盐碘荒漠350万公顷。由于滥用水资源，导致入咸海河流水量减少，长度缩短，最典型的是锡尔河。自1974年起，锡尔河就没有常年径流入咸海了，而且断流的长度不断增加。由于水质恶化、空气污染，濒咸海地区发病率急剧上升、出生率下降、婴儿死亡率上升，居民迫于生态环境压力而迁居他乡，成为生态移民。这些情况在咸海流域已引起尖锐的人口问题。不合理的水资源耗用大大加重了因缺水造成的各类问题，水资源成为阻碍中亚社会经济发展的主要因素之一。由于相关国家至今没有采取有力措施，咸海危机仍在发展。在可利用的水资源不断减少的同时，水的消耗量却迅速上升。据有关资料，近年来中亚地区用水量以每年25%的速度在增长。在这种形势下，以水为主导因素的生态环境将继续恶化。造成水资源短缺和污染的最主要原因是农业生产。中亚是农业生产较发达的地区，特别是灌溉农业，更占有重要地位，曾是苏联农田灌溉面积最大的地区。农业生产长期大量使用化肥和农药，会对土壤和水资源造成严重污染。中亚土壤含盐度较高，为了降低含盐度，必须定期对耕地“清洗”，具体做法是，将水灌入耕地并保持一定时间后，再将水排出。由于灌溉面积很大，每年都有超过10亿立方公里的水用于洗田。排出的水不仅盐度较高，而且含有多种农药的残留物和其他有害物质。这种脏水一部分排放至一定地点（乌兹别克斯担的乌兹鲍伊地区）集中起来，沿途会污染土地和水源，一部分则进入下游，与工业污水、生活污水一起加重了水质污染。据研究，锡尔河从乌流出进入哈萨克斯坦时，其矿化度已达1.2~1.3克/升，在40项监测指标中，有一半超过正常标准。资料表明，咸海流域地表径流总量为125~128立方公里/年，大约110立方公里用于农业，占总水量的85%~88%，同时农业生产中的大量农药、化肥、盐碱又随灌溉余水和洗盐水进入咸海，可以说农业是咸海水量减少、水质恶化最主要的原因。官方宣布，有3500万人受到咸海生态灾难的影响。联合国计划署在1992年就指出，“除了切尔诺贝利，在地球上再找不出一个地区，其深刻的生态危机所发生的面积如此之大，所涉及生命安危的人口如此之多”。中亚是以水资源为主导因素的生态环境问题的生动实例。咸海危机是这一实例最突出的表现。咸海流域的生态危机在中亚国家造成的严重后果已越来越多地引起有关国家和国际社会的重视，每一个国家都应该从中汲取教训。

（二）工业污染

中亚地区在苏联时期就被划分为中亚经济区（除哈以外的四个中亚共和国）。在这个经济区内，乌兹别克斯坦以开采和冶炼黄金、多金属为主。由于生产工艺落后，大量有害物质严重污染了空气、土壤和水源。许多企业在生产过程中产生了大量有害物质，以废气、污水的形式对环境造成严重污染。苏联解体后，这些企业停产，闲置的设备年久失修，被锈蚀、风化，在这一过程中产生的金属氧化物对当地空气和土壤的污染相当严重。

（三）大气污染

整体来讲，中亚地区大气污染并不严重。这主要得益于中亚广阔的领土、不多的人口和分散的产业。但在某些地区，主要是工业城市，空气质量并不令人满意。在这些地方，汽车尾气是重要的污染源之一。

生态环境的恶化不仅严重影响了人类的生产和生活，同时也威胁着大自然中的其他物种。在一些地方，如咸海地区，生物多样性所受威胁已非常严重。

生态环境问题直接使居民生活质量下降，严重的还威胁到人们的生存，同时扩大了区域间的差异。如咸海周围曾是环境优美，农、牧、渔业都很发达的地区，居民生活水平和质量与其他地区差别不大，随着咸海危机的出现和发展，生产萎缩甚至停止，居民收入大幅度降低，同时发病率、死亡率迅速上升，这使该地区成为生活水平和质量最差的地区。大量人口的迁出给处于恢复期的国民经济造成很大负担，甚至带来不安定因素。

6.3 治理措施

（1）加强国际和部门间的合作

乌通过与邻国的区域合作和国内各部门之间的相互合作，解决破坏生态平衡的问题，保护物种的多样性和物种的可持续利用。

（2）成立了水资源与生态管理中心

该中心工作的宗旨就是要解决生物种类减少、水资源不合理利用、生态平衡破坏的问题，主要工作是开展生态环境形势和发展趋势调查，包括自然资源监测、经济的长期稳定性研究、改善环境形势措施的制定等。

（3）加强了对环境形势的监控，开展生态系统的质量评价研究水资源与生态管理中心使用精密仪器设备对水、土壤、植物和水文等复杂系统进行监控，达到收集农药、生物源和有机物污染的数据，以及跟踪重金属元素的目的。项目研究内容包括：对咸海地区的监测；对风蚀形成的灰尘－悬浮质的流动、转移和沉积过程的监测；对河流、运河、湖泊、水库等地表水和地下水水质的监测；对饮用水水源中的20～25种化合物包括寄生生物体的评估；对土壤中的盐分沉积和土壤、农作物中残余有机氯污染的调查分析。

水资源与生态管理中心运用完整的自然体和人类健康生态负荷等信息，选取生态、社会－经济、医疗卫生等20个指标，构建了生态系统评价体系，并选取了178个样本进行观察，其中有50个被鉴定为生态形势危险或严峻。从调查中发现，生态形势严峻地区遍布乌全境，包括整个咸海灾害区以及上游的福尔加纳山谷区。

水资源与生态管理中心试验使用不同的方法改善灌溉水，包括地表水和地下水的水质等。在努库斯浅层地下水被矿化区域，专门辟出1公顷的盐渍化沙质土壤进行露天的溶液培养灌溉试验。在14种蔬菜种植试验中，灌溉用水比传统用水量减少了，马铃薯的产量却提高了2千克/平方米（传统是1.75千克/平方米）；使用滴灌技术灌溉果园和葡萄园，滴灌后植物枝叶区的繁茂程度增加了30%左右，葡萄树的节水量是40%～42.2%，杏树的节水效率是32.7%～40.7%。同时，激光、磁力和电子激活等手段也被用于灌溉和排水水质的处理和改善。

7 小结

乌兹别克斯坦自然条件比较恶劣，人口密度大，对资源的利用不合理利用，造成了生态环境的不断恶化。目前，乌兹别克斯坦环保面临的重要问题有空气污染、农业用地恶化、咸海问题和水资源减少等，具体如下。

农业用地恶化。在中亚国家中，乌兹别克斯坦的人口密度最高，而播种面积仅占全国总面积的10%，人均播种面积仅为0.17公顷。苏联时期，大规模的开荒导致土地高度盐碱化，甚至已经盐碱化的土地和不适于土壤改良的土地也被开垦。高种植比重导致土壤肥力下降、耕地贫瘠化、土壤中水分的物理性质降低，土壤风化和侵蚀程度也在逐年加剧。同时，土壤还受到破坏性化学制品、有毒物质、矿物肥料、工业物资等的污染，而目前尚未建立起有毒物质工业处理系统。

空气污染。来自各种工业废料和未经消毒处理的生活垃圾、开采矿藏飞灰和废渣污染了空气，还有一些铀矿石的加工废料造成了放射性污染。这种化工污染在城市中尤其明显，一些化工厂向大气中排放的氟化氢、一氧化碳、二氧化硫等有毒物质严重污染了空气。每年大约有400万吨的有害物质进入大气。由于境内有大面积的沙漠，在沙漠地区经常发生自然尘暴，同时人为的荒漠面积也在扩大。

水资源（包括地表水和地下水）严重不足，同时污染严重。在大力发展工农业生产的过程中，水资源的浪费和污染问题也越来越突出，大量水源用于灌溉或被工业废料所污染，造成河流水质不断恶化。境内主要河流——阿姆河、锡尔河、泽拉夫尚河水量减少，含盐量增加，使河流三角洲地区的土壤盐碱化，同时使下游地区的卫生环境变坏，疾病流行。

咸海危机是目前中亚地区最严重的生态问题。注入咸海的两大河流——阿姆河和锡尔河的注水量日益减少，水资源浪费严重，苏联时期咸海地区大力发展化学工业，而这些化学工业又缺乏生态保护设施，大量有毒物质被排入河流或渗入地下，最终流入咸海，对咸海造成严重污染。从20世纪60年代开始，咸海日益干涸。裸露在湖床上的盐尘被风刮到1000多公里以外的地方，农田、草原和城镇被吞噬，空气和水源被严重污染。咸海地区的沙漠吞没了200万公顷耕地和周围15%～20%的牧场，乌的农业因此受到严重影响。随着生态环境的不断恶化，咸海地区居民的健康状况明显下降，发病率逐年上升，30%的人患有各种由咸海生态恶化带来的疾病，99%的孕妇患贫血症，高血压症则是当地最为普遍的疾病，咸海沿岸新生儿死亡率达8%，远远高于其他地区。

跨界环境问题作为乌兹别克斯坦共和国国家安全的重要内容，被视为中亚区域生态安全体系的重中之重，乌现在的首要问题是在高风险环境，尤其是咸海地区提供本地化、复杂的生态系统恢复技术。

环境面临高度威胁的区域是乌兹别克斯坦和吉尔吉斯斯坦接壤的东部边境以及锡尔河上游。在迈利苏尾矿有大量铀矿石，山体滑坡将排放废物带入纳伦河，然后在卡拉苏，流经费尔干纳山谷。在苏姆萨尔、塞卡夫塔城镇附近有危险性较小的放射性废物站。阿姆河水受到流经土库曼斯坦和阿富汗的农田径流和石油的污染。在铁尔梅兹，盐度面积达到600毫克/升，苯酚含量超过标准限值的2～3倍。

位于在塔吉克斯坦共和国境内苏尔汉河盆地北部，电解铝厂排放的废物造成空气污染。据报道，乌每年产生超过40万吨的污染物。大气中含有300万～400万吨氟化氢和二氧化硫，空气污染严重。

环境问题的及时解决有助于识别和避免可能产生的社会、经济、政治冲突，从而缓解社会紧张或国与国之间的冲突。

乌境内引发冲突的潜在生态问题是相当多的。肥沃的灌溉土地急剧短缺。在未来几年要消除不稳定威胁，需要制定明确的程序和机制。环境威胁也可以是社会、经济和政治冲突的来源，因此，发展战略必须考虑中亚地区的政治局势和环境安全。

乌主要环境问题与水和农业关系密切。水资源量和水质量是乌环境的关键问题。单作物棉花耕种灌溉和广泛使用杀虫剂导致了土壤的盐渍化、侵蚀和污染，荒漠化导致了沙尘暴和盐尘暴，危害人类健康。咸海缩小还使得该国人口迁徙频繁和居住自然资源压力增加。

乌兹别克斯坦生态环境问题已存在多年，若优先考虑环境安全和可持续发展，就要加强国家间的合作，解决中亚地区共同面临的环境问题。

第三节 环境管理

1 环境管理体制

乌兹别克斯坦的高级官员、观察员以及州政府领导都由总统任命。政府内阁决定国家环境保护政策，提出国家环境保护计划，监督实施并采取环境调节机制。

在环境保护领域，州的权力归地方长官或主要管理者领导的人民代表委员会所有。人民代表委员会有自己的环境保护委员会，这些委员会从属于国家自然保护委员会。

在环境保护管理体系中，最重要的行政权力归国家自然保护委员会。按照宪法，国家自然保护委员会占据了一个独特的位置，它直接向乌兹别克斯坦议会负责。这样的地位允许该委员会在其他竞争利益群体的影响和压力中保持独立，实际上确保了环境保护在国家政策中享有较高的优先权。该委员会的工作涉及：签发排污许可证、收取污染费用、推行控制和检测功能、管理环境基金、责任启动行动。

国家自然保护委员会成立于 1989 年。它由中央机构和地区机构组成。1996 年 4 月 26 日经乌兹别克斯坦共和国议会的决议批准，国家自然保护委员会的主要任务是：

- 对环境保护和再生产资源利用进行管理；
- 实现跨部门的综合环境管理；

- 制定和实施统一的环境和资源政策；
- 确保一个良好的生态环境，改善环境。

国家自然保护委员会主席根据治理委员会的建议做出决策，治理委员会由各分支委员会的领导组成。各主要分支如下：

- 保护和合理利用土地和水资源的理事会；
- 大气保护的主要理事会；
- 国家生态技术的主要理事会；
- 经济与自然资源利用的主要理事会；
- 动植物保护和利用的主要理事会；
- 国际合作和计划的主要理事会。

国家自然保护委员会由6个局和1个处组成，即水资源保护及合理使用管理局（水资源监督总局）、大气保护管理局（大气监督总局）、土地资源保护及合理使用管理局（土地监督总局）、动植物保护局、经济及大自然利用组织管理局、科技进步及宣传管理局和法律处。前3个局为检查局，即对本国境内生产单位是否遵守环保法进行检查。除此之外，国家自然保护委员会还包括国家分析查验专业检验局和水文地理科研院。

国家自然保护委员会还组建了科学研究支持机构，包括水生态管理科学中心、生态科学研究中心、塔什干工业废物研究院、大气污染研究院等。

国家卫生部、内务部、农业和水管理部、水利气象管理机构、地质和矿产资源委员会、生产和开采工业安全委员会、地籍管理机构也都体现出明确的环境保护功能。微观经济部和统计部公布包括环境和自然资源状况的短期、长期预测及数据。

环境法规和生态技术法为公众和非政府组织提供了参与政府决策的机会。根据生态技术法，经注册的环境非政府组织可以自费开展生态技术研究，可以实施自己的生态技术，任何人不得阻碍这些活动。非政府组织的技术结论可以被政府参考或采纳。

“环境运动”就是由30个非政府组织提出建立的。他们致力于提高公众意识。还有一些专业群体在环境决策过程中代表个体意愿，并且在法庭上捍卫他们的环境权利。国际生态和健康基金组织是最大的环境保护非政府组织之一，有300多名成员以及35名永久成员。

为了组织高效的科学研究，乌政府围绕需要优先解决的环境问题开展了很多计划。根据国家科学技术委员会行动计划，35个科学机构开展了环境研究：饮用水水质与咸海地区人口健康之间联系的研究；用以去除放射性元素、重金属、农药和苯酚成分的水处理系统建设和鉴定研究；亚洲水资源统一管理的前期研究；咸海问题的其他水资源问题研究；中亚山区上空臭氧层问题研究等。

2　环境管理政策与措施

2.1　环境法规和政策

乌高度重视对社会和经济有重要影响的国家安全问题，包括人口的增长、经济衰退、贫困加剧和环境保护等，颁布了包括法律和政府调节机制在内的，涉及自然保护、环境保护、野生动物保护、农业植物保护、生态技术等内容的80项法案，同时对惩罚破坏环境的行为也作了相关规定（见表6－14）。

表6－14　乌兹别克斯坦与生态环境保护相关主要法律一览表

相关法律条款	颁布时间	简要说明
《自然保护法》	1992年颁布；1995年、1997年和1999年修订	为全面深入的环境保护和自然资源使用而建立的一般法律框架
《水和水资源利用法》	1993年颁布，后经几次修订	确保合理使用和保护稀缺水资源
《特别保护自然区法》	1993年5月	脆弱自然带的保护、调节和控制
《大气保护法》	1996年12月	为设置排放标准、控制污染物排放量和确定燃料质量而建立的法律框架
《动物世界保护及利用法》	1997年12月	规定野生动植物只属于国家所有
《植物世界保护及利用法》	1997年12月	建立以放牧和其他目的获取植物资源的许可程序
《合理利用能源法》	1997年4月	证明燃料和资源合格，检测能源的生产和消耗设备，确保其符合标准和环境需要
《土地法典》	1998年4月	为所有与土地相关的交易确立基本规则
《森林法》	1999年4月	确定了森林的所属关系，建立了政府管理森林使用许可证以及以可持续方式利用森林的程序性规则
《生态鉴定法》	2000年5月	对环境产生影响的项目建立包括环境影响评价在内的行政决策程序
《辐射安全法》	2000年8月	

乌《行政法规》规定，有部分立法权的管理委员会和自然保护监察员有权对大约40种环境违法行为进行强制性罚款，包括国家生态技术程序方面的违法行为；在未被许可的条件下使用自然资源；污染物排放超标；非法打猎和捕鱼；非法进入特别保护区等。根据《刑法》《民法》《行政法规》，破坏环境要受到惩罚，这种惩罚由《行政法规》《刑法》《民法》共同裁决。《刑法》也单列一章来陈述对12种环境犯罪的惩罚。当个人或政府官员有意隐瞒对生态环境造成严重后果、对公众健康有不利影响、有严重污染的行为或是违法打猎或捕鱼等事件时，由国内事务部执行官员和公诉人对犯罪案件进行调查，法院做出裁决。对污染或影响健康案件的追查很困难，实际上目前乌法院只受理了非法打猎、捕鱼和砍伐森林的案件。

《民法》替受害者向破坏环境的犯罪行为索求赔偿。任何赔偿都作为国家预算或环境基金用于恢复遭到破坏的财产。自然灾害引起的破坏由国家补偿。

乌为实施生物多样性行动计划，已将5个区域划为生物栖息地，包括湿地、各类荒漠生态系统、草原、河岸带生态系统、山地生态系统。超过2.7万的物种已经存活下来，其中包括鱼类和爬行类。乌还采取地域性保护措施，其中包括咸海项目、生物圈保护项目、西天山项目等。

2.2 新的环境行动计划

2013年5月27日，乌兹别克斯坦内阁通过了《2013～2017年保护环境行动计划》（以下简称《行动计划》）决议。该计划进一步确保有利的环境和自然资源管理，将环境作为可持续发展的支柱行业。

组织和监督《行动计划》的工作由乌国家自然保护委员会执行。《行动计划》目的是保护国家的基础环境，为社会经济实现可持续发展创造条件。基于新规定的环境政策计划旨在实现保护生态系统、从保护大自然向保护人类健康过渡、保证人类和环境最佳参数的统一关系。根据“绿色经济原则的经济行业发展的机制”，《行动计划》提出了：合理利用自然资源，包括水、土地、矿产、生物和其他；通过引进和采用先进的环保技术，改善水资源、土地资源逐渐减少和空气污染的环境状况；提高环境监管机制，定期评估和预测其社会和环境条件；与咸海和其他地区的国家联合制定环境友好的措施，恢复和改善生态状况；提供污水处理设施，确保饮用水清洁，改善主要城市和城镇的污水管网；发展科学和技术能力以及在环保领域的科学和技术应用；建立自然保护区的发展和扩展网络；改善环境立法和标准，并在环境保护、环境教育和可持续发展教育上促进环保意识的培养；进一步发展区域和国际合作，解决环境问题。

该方案将实现5个基本方向。

（1）创建一个安全和健康的环境基础。人民和国家对环境和环境安全的要求是：通过发展咸海底部农林业，恢复咸海生态；向卡拉卡尔帕克斯坦共和国地区提供优质的饮用水和完善的供水系统；改良污水处理设施，减少从公路、铁路排放到空气中的污染物；扩大现有的保护区和发展新的保护区，采取措施保护自然遗址和在乌斯秋尔特的赛加羚羊种群；评估乌兹别克斯坦动植物基因库，维护国家的菌群基础库存。

（2）发展环境管理产业，提高技术工艺。对采矿和冶金等产业，采取适当的措施，以减少对环境的污染；引进对环境无害、低废的技术和现代脱硫工艺；促进石油和天然气管网的建设；提高发电过程中的能源利用效率，减少排放污染物到大气中，引入火电厂燃气涡轮机联合循环生产技术；引入可再生清洁能源。

（3）实施防止环境污染与废物生产的计划。改善采矿区，如纳曼干州和塔什干地区的环境状况；改善采矿业和尾矿有毒废物处理设施；通过特殊的农药和有毒物质填埋处理，使土地复垦，达到改善环境的目的；利用粉煤灰技术，使炉渣余热发电厂、脱汞灯具及家用电器等排污减少。

（4）在立法和监管的基础上，保护环境和自然资源，促进环境教育和可持续发展教育。涉及活动有："乌兹别克斯坦共和国空气保护法"的修正和补充；制定规范性文件，确定空气中的细颗粒物标准（PM_{10}和$PM_{2.5}$）；制定环保认证制度的指导性文件；为可持续发展和提高相关人员的专业技能，创建教育培训中心，发展和规范技术文件；编写和出版下一版"乌兹别克斯坦共和国红皮书"，其中涉及"保护区"和其他环境问题。

（5）为了促进区域和国际合作，实施提高环保和预防跨界环境污染的计划，包括制定和更新生物多样性保护的国家战略与行动计划；乌根据联合国气候变化框架公约，编写《国家信息通报》；制定、实施国际化学品管理的战略方针和行动计划；提出乌加入"关于持久性有机污染物公约"、"远距离越境空气污染公约"和联合国欧洲经济委员会的"跨界环境影响评价公约"的适当理由；乌与"塔吉克铝业公司"在企业污染物排放和尾矿存放等相关问题上进行合作，实施措施减小跨境影响。

3　小结

乌兹别克斯坦面对严重的环境与生态保护问题，制定了有关环境与自然资源保护的政策法规，建立了从国家到地方的环境管理机制，实施了新的环境行动计划。立法和监管制度的实施，在保护乌自身环境和自然资源以及改善周边地区环境等方面将会发挥重大的作用，同时也有利于促进区域和国际合作，提高环保政策效果，促进跨界环境资源保护计划的实施。

第四节　环境合作

1　双边环保合作

1.1　与中国的环保合作

1997 年，中乌两国政府签署了关于环境保护合作的协定。协定表示双方将在平等互利的基础上，实施与开展有关环境保护和合理利用自然资源的双边合作，并确定了水污染及大气污染监测技术、环境科学技术研究、生物多样性保护、清洁生产等领域的合作。

2007 年 11 月，中国原国家环保总局与国家自然保护委员会签署了《环境保护合作谅解备忘录》。在该备忘录中，中乌双方同意将环境保护管理、环境保护产业与技术、污染防治与清洁生产、生物多样性保护、公众环保意识的提高、环境监测与环境影响评价等作为合作的优先领域，并通过交换环保信息和资料、互访和研讨会等形式开展合作。2012 年，中乌在建立战略伙伴关系的联合声明中提出，双方将继续在保护和改善环境、合理利用自然资源方面进行合作。

1.2　与其他国家的环保合作

乌兹别克斯坦及其他 4 个中亚国家与 10 余家发展伙伴机构联合启动了 14 亿美元的防治土地退化项目计划，旨在恢复、保持、提高已退化土地的生产力。今后 10 年中，《中亚国家土地管理倡议》将努力完善土地可持续管理，扭转五国的土地退化趋势。

乌兹别克斯坦积极参与解决咸海问题。1993 年 3 月 26 日，中亚五国首脑在哈萨克斯坦的克孜勒奥尔达市召开咸海问题大会，会议的主题是针对咸海地区的生态危机和社会危机，制定协同行动文件，共同消除咸海悲剧所带来的后果。会议签署了《关于解决咸海和环咸海地区生态健康化和保证咸海地区社会经济发展联合行动的决议》，成立了咸海问题国际委员会和“拯救咸海国际基金会会”。1993 年 7 月，咸海问题国际委员会在乌兹别克斯坦举行例会，会议制定了《哈萨克斯坦、吉尔吉斯斯坦、塔吉克斯坦、土库曼斯坦、乌兹别克斯坦从社会和经济发展的角度解决咸海问题的方案》。

1997 年 4 月 3 日，哈萨克斯坦、吉尔吉斯斯坦、塔吉克斯坦、土库曼斯坦和乌兹别克斯坦达成《共同使用、发展和保护跨国水资源的规划协议》。

1999 年 12 月，中亚五国在哈萨克斯坦就咸海流域跨境水资源问题召开了第一次国际会议，其目的一是确定区域内跨境水资源组织机构并就信息交换达成协议；二是建立区域水资源数据库。会议决定，鉴于区域组织的权力有限，跨境水资源问题的协调应在政府级别上进行。这次会议对协调中亚国家在水量分配及解决已出现矛盾方面具有重要意义，同时它是一个重要标志，说明中亚国家在水资源问题的区域协调和管理方面迈出了关键的一步。

乌实施《联合国教科文组织远景规划》前景（2025 年）。联合国教科文组织行动计划（1999 年）的目的是深度挖掘咸海地区各个国家的科学潜能，克服咸海流域面临的社会 - 经济方面的巨大危机。该计划着眼于大范围的后处理工作。在《联合国教科文组织远景规划》的框架下，一批来自乌国家机构的科学家已经做出了 2025 年国家未来展望。科学家们详细阐述了到 2025 年，水资源可持续利用措施、经济发展、环境形势的稳定性和改善情况等。高效发挥科学潜能、技术开发、先进的农业科学技术以及节水技术的应用等，都会提高农作物的产量，并将会使国民生产总值提高 3 ~ 4 倍。

2 多边环保合作

2.1 已加入的国际环保公约

乌兹别克斯坦参与的主要国际环保公约或国际组织的环境合作如表 6 - 15 所示。

表 6 - 15 乌兹别克斯坦参与的主要国际环境公约或国际组织的环境合作

公约名称	是否签署	是否批准
关于特别是作为水禽栖息地的国际重要湿地公约（1971 年 2 月 2 日）	是	是
生物多样性公约（1992 年 6 月 5 日）	是	是
濒危野生动植物种国际贸易公约（1973 年 3 月 3 日）	是	是
禁止为军事或任何其他敌对目的使用改变环境的技术的公约（1976 年 12 月 10 日）	是	是
保护臭氧层维也纳公约（1985 年 3 月 22 日）及蒙特利尔议定书（1987 年 9 月 16 日）	是	是

续表

公约名称	是否签署	是否批准
控制危险废物越境转移及其处置巴塞尔公约（1989 年 3 月 22 日）及其修正案（1995 年 9 月 22 日）	是	是
联合国气候变化框架公约（1992 年 5 月 9 日）	是	是
联合国防治沙漠化公约（1994 年 10 月 14 日）	是	是
京都议定书（1997 年 12 月 10 日）	是	是

资料来源：The Central Intelligence Agency，2013.

2.2 与中亚地区的环保合作

（一）中亚区域环境中心

在中亚国家环境问题日趋严重的压力下，解决跨国界的环境问题，需要政府、非政府组织和公众共同参与的区域间合作。欧洲奥胡斯公约（1998 年 6 月）的环境部长宣言的决议提出“欢迎在中亚国家建立一个独立的区域环境中心，创办中亚区域环境中心（The Regional Environmental Centre for Central Asia，CAREC）”。该组织在环境管理方面的具体计划是：支持多部门的环境对话、促进环境立法的强制实施、健全环境管理工具、支持地方采取环保举措保护环境、支持民间的环保倡议；在可持续发展教育方面交流经验和最佳做法、促进可持续发展教育的法律和体制框架建设、同意可持续发展的教育标准和方案、通过培训促进不同领域可持续发展的能力建设、开发和引进可持续发展的现代教育和培训材料等；水的倡议支援计划包括水资源综合管理在中亚的应用方法、水管理和跨界水资源管理在该领域的区域合作技术支持、帮助提高中亚地区水资源的利用效率、减少地表水和地下水的污染、中亚水资源标准和政策的均等化建设。

（二）拯救咸海国际基金会

1993 年 3 月 26 日，中亚五国首脑在哈萨克斯坦的克孜勒奥尔达市召开咸海问题大会，俄罗斯以观察员身份列席。会议主题是：针对咸海地区的生态危机和社会危机，制定协同行动文件，共同消除咸海悲剧所带来的后果。会议签署了《关于合作解决咸海问题及保障咸海地区社会和经济健康发展的协议》，成立了“拯救咸海国际基金会”，中亚五国是基金创始人。基金及其下设各机构均采取“协商一致”原则，对个别事项可采取“备忘录”合作形式。针对乌兹别克斯坦的合作项目有保护土壤质量和乌兹别克斯坦咸海南部地区的森林恢复。

2009 年 4 月 28 日“拯救咸海国际基金”成员国首脑会议在哈萨克斯坦最大城市阿拉木图举行。与会的中亚五国总统就进一步完善基金会的组织机构、深入开展拯救咸海的国际合作等问题展开讨论，并通过了一项“五国总统联合声明”。中亚五国总统在会议上达成一致意见，责成“拯救咸海国际基金会”执委会制订新的行动计划，并采取一切有效措施积极开展与国际组织的合作，为基金会筹措更多的资金。基金会轮值主席国哈萨克斯坦总统纳扎尔巴耶夫在会上指出，尽管目前正值全球金融危机时期，哈萨克斯坦仍将坚持开展既定的咸海生态环境恢复工作。纳扎尔巴耶夫呼吁各国共同努力，提高“拯救咸海国际基金会”的作用和影响力，并建议由各国副总理级别的官员来出任基金会理事会成员。联合国秘书长潘基文通过其中亚事务特别代表延恰向与会者表示，联合国将为解决咸海流域国家的水资源和能源问题提供援助，并在相关谈判中进行斡旋。

2013 年 5 月底，在纪念“拯救咸海国际基金会”成立 20 周年研讨会上，哈萨克斯坦将基金会代表处转移至乌兹别克斯坦。

2013 年 8 月，根据乌兹别克斯坦总统卡里莫夫的决定，乌兹别克斯坦成立“拯救咸海国际基金会执行委员会”，乌兹别克斯坦农业水利部副部长哈姆莱耶夫担任该委员会负责人。

（三）欧亚经济共同体

欧亚经济共同体框架内签订的协议包括哈、吉、塔、土、乌五国 1992 年 2 月 18 日在阿拉木图签署的政府间《关于在共同利用和保护跨界水资源领域的合作协议》；哈、吉、乌三国 1996 年 4 月 5 日在塔什干签署的政府间《关于在具有跨国影响的尾矿和残渣地区共同开展恢复土质工作的协议》；哈、吉、乌三国 1998 年 3 月 17 日在比什凯克签署的政府间《关于在西天山地区保护生物多样性的合作协议》；哈、吉、乌三国 1998 年 3 月 17 日在比什凯克签署的政府间《关于在环境保护和自然资源合理利用领域的合作协议》。

2008 年 10 月，乌兹别克斯坦总统卡里莫夫签署照会，申请停止乌该组织成员国的资格。乌方在解释退出原因时说，欧亚经济共同体的工作缺乏效率，俄、白、哈三国拟建的关税联盟没有充分考虑其他成员国的利益，乌方没有从这一组织中受惠，今后将着重加强与该组织成员国的双边关系。俄罗斯方面称，乌只是中止了成员国资格，并没有正式退出。

2.3 与国际组织的环保合作

欧盟与中亚国家的环保合作通常属于多边合作范围，主要涉及 10 个领域：水资源治理；里海环境保护；地表水和地下水资源管理；水电站和水利设施建设环境评估等；气候变化；保护生物多样性，落实联合国保护生物多样性公约；森林保护；加强污染防治等环保法律体系建设；提高预防和消除自然灾害对环境影响的能力；环保宣传教育，培养环保社团组织。

欧盟“中亚区域环境项目”2009～2012年的重点是水资源管理，主要是跨界地下水的可持续利用与管理。“费尔干纳谷地的地下水与地表水综合利用”项目2010～2013年重点是改善合作机制、提高合作能力，具体分为：发展环境和水资源合作平台；自然资源的可持续利用，如应对气候变化，森林保护，环保数据信息的收集、交流、监测和评估等；水资源综合管理；环境预警合作。

联合国“千年目标”和联合国开发计划署的“环境与安全倡议”项目是联合国欧洲经济委员会（UNECE）支持中亚改善水信息管理的项目。2012年7月举办了“加强综合、自适应水资源管理分析”研讨会，目的是在咸海领域开展水数据管理，以及水流和水资源利用的模拟等，将在路线图有关内容的具体实施方面发挥积极作用。

美国国际援助署对外环保援助项目主要涉及生物多样性保护，应对气候变化，保护森林、植物与防止滥砍滥伐，土地管理等。与中亚国家的环保合作项目通常列入“社会领域项目”，目前主要表现在饮用水安全、森林保护、消除核污染及生化污染、发展公民环保组织4个部分。乌兹别克斯坦所属的咸海复活岛（与哈萨克斯坦共有）是苏联重要的生化武器试验和储存地之一。美国科学家从1997年开始对该岛上的炭疽病菌进行研究处理。2001年10月22日，美国和乌兹别克斯坦两国国防部签署一项合作协议，约定美方出资600万美元用于消除位于咸海复活岛上的放射性污染和清理苏联于1988年掩埋在该岛上的数吨炭疽病菌。

2.4 与上海合作组织的环保合作

2000年7月5日，乌兹别克斯坦总统卡里莫夫以观察员身份参加了在塔吉克斯坦首都杜尚别举行的“上海五国”元首会晤。2001年6月，乌总统卡里莫夫出席在中国上海举行的“上海五国”首脑会晤，14日签署了中、哈、吉、俄、塔、乌6国联合声明。乌赞同“上海五国”框架内进行相互协作的精神和原则，并于2001年1月表示，准备在成员身份完全平等的基础上参与“上海五国”合作。乌以完全平等的成员身份加入“上海五国”，意味着乌将遵守1996年和1997年分别签署的关于在边境地区加强军事领域信任、关于在边境地区相互裁减军事力量的两个协定，以及“上海五国”元首达成的其他各项协议所体现的原则。鉴于建立“上海合作组织”的具体工作已经开始，乌表示愿意成为这一新的联合体的创始国，并与其他各国一起签署了《“上海合作组织”成立宣言》和《打击恐怖主义、分裂主义和极端主义上海公约》。

乌与上海合作组织的大部分成员国都有环境保护方面的双边合作，整个上合组织还没有形成环境保护方面的合作机制。

3　小结

尽管中亚五国签署了一系列协议文件，并在国际组织援助下建立了许多合作机制，举办了不少会议和活动，但其合作实效十分有限。

2013 年 9 月 13 日，乌兹别克斯坦总统依斯拉木·卡里莫夫在比什凯克上合组织峰会上进行了发言，发言中，卡里莫夫高度重视阿富汗和叙利亚问题、提升上合组织成员国潜力的问题，以及咸海问题。卡里莫夫呼吁关注拯救咸海问题，卡里莫夫还强调咸海地区生态环境的复杂性，并提出开设上合组织与拯救咸海国际基金会的合作制度，发掘上合组织在解决环境问题上的潜能和能力的建议。各国应达成一致，共同解决问题。

上合组织各成员国在改善本地区生态环境方面有着共同的意愿。2013 年 11 月，上合组织成员国政府首脑（总理）理事会第 12 次会议联合公报指出，“必须继续为加强环保合作而共同开展工作”。我国国家领导人在此次会议上提出“各方应共同制定上合组织环境保护合作战略，依托中国—上合组织环境保护中心，建立信息共享平台”。

从一些国际谈判的艰难过程可以看出，如果上合组织成员国之间缺乏信任和信誉就会阻碍合作的进程。因此，要建立互帮互信的合作机制，建立信息共享平台，开展环保政策研究和技术交流、开展生态恢复与生物多样性保护合作，协助制定本组织环保合作战略，加强环保能力建设。

随着国际局势变化及国家外交重心与策略的调整，乌兹别克斯坦及其他中亚国家对环境保护采取国际合作的双边或多边方式越来越重视。中亚各国存在经济实力差距较大、对共有资源的依赖程度较高、民族矛盾错综交织、地理条件不同且资源占有极不平衡等诸多问题，中亚国家跨境水资源管理方面国家间合作的历史尚短，合作制度与法律基础仍不牢固，国家间合作的参与者经验缺乏。主要国际参与者应该利用他们的地位和资源来促进各国的政治委托事宜和集中多数意见来共同面对区域水资源管理中的挑战。改善环境状况和人类健康必须从双边或多边环保合作入手，促进更多的区域国际合作机制建立，开展双边或多边环保对话合作，加强上合组织机构建设，尽快开展实质性的环境合作。

参考文献

[1] 安维华、吴强、刘庚岑：《中亚穆斯林与文化》，中央民族大学出版社，1999。

[2] 杜宇萍：《“安集延事件”后美国与乌兹别克斯坦关系的新变化》，《学理论》2009 年第 6 期。

[3] 冯绍雷、王海燕：《上海合作组织发展报告 2012》，上海人民出版社，2012。

[4] 古尔娜拉卡里莫娃：《乌兹别克斯坦视角下的中亚安全形势》，苏畅译，《俄罗斯中亚东欧研究》2010 年第 4 期。

[5] 拉扎科夫 R.：《乌兹别克斯坦水管理生态中心环境与灌溉研究》，万五一译，http://www.hwcc.com.cn/2005-07-08/。

[6] 李新：《“上合”组织经济合作十年：成就、挑战与前景》，《现代国际关系》2011 年第 9 期。

[7]《列国版图：乌兹别克斯坦共和国》，立地城，http://maps.lidicity.com/index.html，2013 年 9 月 18 日。

[8] 罗楠：《国别研究：乌兹别克斯坦》，环境保护部环境与经济政策研究中心，2009。

[9] 马大正、冯锡时主编《中亚五国史纲》，新疆人民出版社，2000。

[10]《美国拟在乌兹别克斯坦等三个国家新建军事基地》，中国网，http://www.china.com.cn/military/txt/2010-07/12/content_20476642.htm，2010 年 7 月 12 日。

[11] 聂书岭译《独联体国家 2006 年社会经济发展状况》，《中亚信息》2007 年第 4 期。

[12]《欧亚经济共同体》，百度百科，http://baike.baidu.com/view/903009.htm，2013 年 10 月 7 日。

[13] 蒲开夫、王雅静：《在上海合作组织的推动下开展更广泛的多边合作》，《伊犁师范学院学报》2006 年第 4 期。

[14] 苏畅：《乌兹别克斯坦的气候》，社会科学文献出版社，2004。

[15] 孙壮志：《中亚五国对外关系》，当代世界出版社，1999。
[16] 孙壮志：《中亚新格局与地区安全》，中国社会科学出版社，2002。
[17] 孙壮志等编《列国志：乌兹别克斯坦》，社会科学文献出版社，2003。
[18] 王开轩、都伟、王伟等：《对外投资合作国别指南之乌兹别克斯坦》，http：//fec. mofcom. gov. cn/gbzn/upload/wuzibieke. pdf，2012 年 9 月 30 日。
[19] 吴宏伟：《中国与中亚国家政治经济关系：回顾与展望》，《新疆师范大学学报》（哲学社会科学版）2011 年第 2 期。
[20]《乌兹别克斯坦》，百度百科，http：//baike. baidu. com/view/7899. htm，2013 年 9 月 9 日。
[21] 中华人民共和国驻乌兹别克斯坦共和国大使馆经济商务参赞处：《乌兹别克斯坦概况》，http：//uz. mofcom. gov. cn/article/ddgk/zwjingji/200612/20061203925243. shtml，2010 年 2 月 25 日。
[22] 中华人民共和国外交部：《乌兹别克斯坦国家概况》，http：//www. fmprc. gov. cn/mfa_ chn/gjhdq_ 603914/gj_ 603916/yz_ 603918/1206_ 604762/，2012 年 12 月。
[23]《乌兹别克斯坦行政区划》，互动百科，www. baike. com/wiki/乌兹别克斯坦行政区划，2013 年 4 月 10 日。
[24] 薛君度、邢广程主编《中国与中亚》，社会科学文献出版社，1999。
[25] 许涛等编《上海合作组织——新安全观与新机制》，时事出版社，2002。
[26] 燕学军：《中国与乌兹别克斯坦经贸关系研究》，硕士学位论文，新疆师范大学，2012。
[27] 赵常庆主编《中亚五国概论》，经济日报出版社，1999。
[28] 张国俊：《上海合作组织经济合作发展回顾与思考》，《理论观察》2012 年第 4 期。
[29] 张宁：《乌兹别克斯坦和塔吉克斯坦之间的水资源矛盾》，《俄罗斯中亚东欧市场》2009 年第 11 期。
[30] 张小瑜：《水资源问题对乌兹别克斯坦国家关系的影响》，《黑龙江史志》2012 年第 14 期。
[31] 张小瑜：《乌兹别克斯坦水资源问题探析》，《经济视角》2012 年第 4 期。
[32] 张渝：《中亚地区水资源问题》，《中亚信息》2005 年第 10 期。

[33] 中华人民共和国驻乌兹别克斯坦共和国大使馆经济商务参赞处：《乌兹别克斯坦调整外贸政策》，《国际商报》2011 年 3 月 30 日。

[34] Alexander Carius, Moira Feil, Dennis Tänzler, "Addressing Environmental Risks in Central Asia", UNDP/Regional Bureau for Europe and the CIS, 2003.

[35] FAO, "Computation of Long-term Annual Renewable Water Resources by Country: Uzbekistan", http://www.fao.org/nr/aqiastat/, 2013-8-1。

[36] World Bank, "Economic Policy & Debt", http://www.indexmundi.com/facts/uzbekistan, 2012。

[37] Asian Development Bank, "Key Indicators for Asia and the Pacific 2012", 2012.

[38] UNECE, "Supports Improved Management of Water Information in Central Asia", http://www.unece.org/index.php? id-=30327, 2012-7-10。

[39] The Central Intelligence Agency, "The World Factbook: Selected International Environmental Agreements", https://www.cia.gov/library/publications/the-world-factbook/appendix/appendix-c.html#C, 2013-9-16。

[40] Государственный комитет Республики Узбекистан по охране природы. Национальный доклад о состоянии окружающей среды и использовании природных ресурсов в Республике Узбекистан-2008 (Ретроспективный анализ за 1988-2007 гг.), Ташкент: Chinor ENK, 2008.

[41] Ежеквартальные доклады, Государственный комитет Республики Узбекистан по статистике, http://www.stat.uz/reports/, 2006-1-1, 2012-1-1。

[42] Наша главная цель-решительно следовать по пути широкомасштабных реформ и модернизации страны, Государственный комитет Республики Узбекистан по статистике, http://www.stat.uz/press/2/5881/? sphrase_id=82103, 2013-1-21。

[43] Примеры общественного контроля с участием Экодвижения, Экологическое движение Узбекистана, http://www.eco.uz/index.php? option=com_content&view=article&id=274%3A-2009-&catid=72%3Alibrary&Itemid=76&showall=1, 2010-2-16。

[44] Статистический сборник «Состояние окружающей среды и использование природных ресурсов в Узбекистане: факты и цифры 2000-2004»,

Ташкент: Государственный комитет Республики Узбекистан по статистике, 2006.

[45] Численность населения Узбекистана приближается к 30-ти миллионам, OLAM, uz http: //news. olam. uz/society/13035. html, 2012 - 11 - 12。

第七章
吉尔吉斯斯坦环境概况

吉尔吉斯斯坦位于中亚东部，北部同哈萨克斯坦、西部同乌兹别克斯坦、东部同中国新疆、南部同塔吉克斯坦接壤。吉尔吉斯斯坦与中国不仅在生态环境上存在着自然地理联系，而且在社会经济及文化历史上都有着渊源。天山山脉和帕米尔－阿赖山脉绵亘于中吉边境，中吉两国是山水相连的邻邦，吉尔吉斯斯坦与新疆维吾尔自治区的边境线总长约 1096 公里。全面了解吉尔吉斯斯坦的自然环境状况和以环境问题为主的国家概况，以及该国环境管理理念与国际合作程度将为共同解决我国和吉尔吉斯斯坦的环境问题提供基础支撑和有效参考。

本章介绍了吉尔吉斯斯坦的自然地理概况及政治经济社会状况。在此基础上，重点阐述了其所面临的各类环境问题及其环境管理体系和环保国际合作现状。吉尔吉斯斯坦的环境状况主要表现在：①水环境方面，水资源丰富，水质总体矿化度不高，水量与水质均未影响农业灌溉、工业生产和日常生活，但同时丰富的水资源开发利用程度不足，老化的排水管道极易造成水质污染；②大气环境方面，总体上大气环境较好，尚未出现较严重的污染状况，这与其人口较少、工业基础薄弱有关，但个别生产生活较集中的地区，主要是工业城市的大气环境状况也不容忽视；③固体废物污染方面，落后的经济状况导致固体废物处置投入较小，处理方法简单，往往会造成后续的污染；④土壤污染及土地退化方面，由于长期过度放牧、土壤侵蚀与污染、灌溉土地盐碱化、沙漠化以及森林砍伐等原因，土地退化严重，大面积农田都受到土壤盐碱化的影响；⑤放射性污染方面，核尾矿及其废料的不恰当处置带来较深远的隐患；⑥生态环境方面，该国生态系统的突出特点是其脆弱性，人类活动对水土资源的不合理利用导致脆弱生态区环境恶化。本章还对吉尔吉斯斯坦的环境管理体系进行了简单梳理。首先从环境管理体制上看，该国生态环境的管理属于国家负责制，主要由中央部门和国有企事业单位进行运作，包括中央的自然资源部和国家环境保护与森林署，以及国有企事业单位的农业和土壤改良部、紧急状况部、卫生部、国家地质与矿产资源局、吉尔吉斯斯坦科学院地质研究所、臭氧中心和青年生态网络。其次，系统介绍了该国环境管理法律法规、环境保护法律法规的要点以及与环境、自然资源有关的政策。最后，从该国在环境问题上的国际合作入手，全面介绍了该国双边合作机制、合作内容，同时介绍了吉尔吉斯斯坦参加的多边环保合作机制及其参与订立的国家环境公约。

第一节 国家概况

“吉尔吉斯共和国”（Kyrgyz Republic，Kirghiz Republic），简称“吉尔吉斯斯坦”。

吉尔吉斯意为“草原上的游牧民”。中国也有将近20万的吉尔吉斯族，被叫作柯尔克孜族。吉尔吉斯族的传统、语言、宗教跟中国柯尔克孜族类似。其族源说法不一，早期民族史与匈奴、丁零、乌孙、塞族人等有联系，后因蒙古人进入哈萨克斯坦和中亚地区，部分突厥部落逐渐向西迁徙，往南直到帕米尔山脉后形成民族。15世纪后半叶吉尔吉斯民族基本形成，16世纪受沙俄压迫，自叶尼塞河上游迁居至现居住地。吉尔吉斯斯坦于1917年建立了苏维埃政权；1926年成立自治共和国；1936年12月5日成为加盟共和国；1990年12月12日共和国发表了“主权宣言”；1991年8月31日宣布独立；同年12月21日，吉尔吉斯斯坦作为创始国加入独联体。

1 自然地理

1.1 地理位置

吉尔吉斯斯坦（以下简称吉）位于欧亚大陆的心腹地带，不仅是连接欧亚大陆和中东的要冲，还是大国势力东进西出、南下北上的必经之地。面积为19.85万平方公里，边界线全长约4170公里，位于东经69°16′~80°10′、北纬39°11′~43°15′，是中亚东北部的内陆国。吉东南和东面与中国相接，北与哈萨克斯坦相连，西界乌兹别克斯坦，南同塔吉克斯坦接壤（见图7-1）。吉境内多山，全境海拔在500米以上，其中1/3的地区在海拔3000~4000米处。天山山脉和帕米尔-阿赖山脉绵亘于中吉边境，其中天山山脉西段盘踞境内东北部，帕米尔-阿赖山脉位于西南部。高山常年积雪，多冰川，山地之间有伊塞克湖盆地、楚河谷地等。低地仅占吉土地面积的15%，主要分布在西南部的费尔干纳盆地和北部塔拉斯河谷地一带。

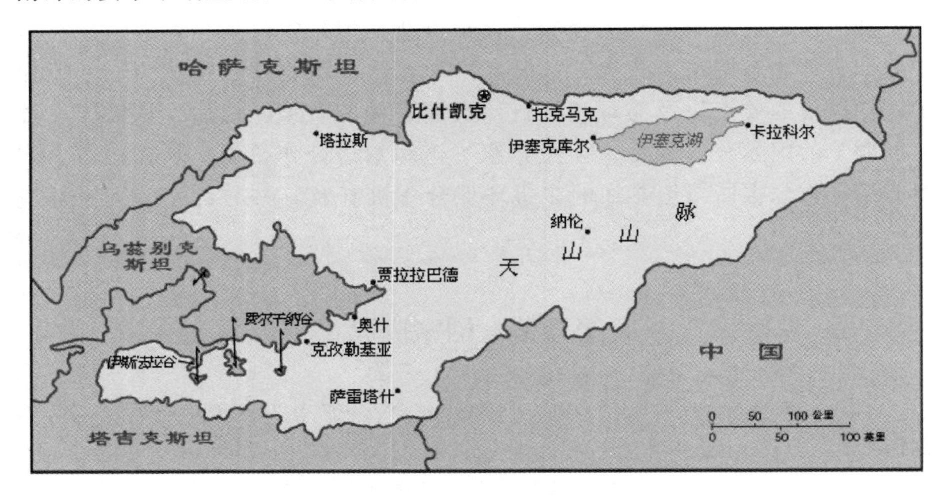

图 7-1　吉尔吉斯斯坦略图

1.2　气候条件

吉属大陆性气候，四季分明，夏季炎热、干燥，冬季比较寒冷；昼夜温差较大；晴天多，少刮风；1 月平均气温 -6℃，7 月平均气温 27℃；各地的年降水量因所处地理位置不同而有较大差别，全国年均降水量最少的地区仅为 115 毫米（伊塞克湖西部地区），最多的地区则可达到 1057 毫米（贾拉拉巴德州），重要农业区楚河州和奥什州的年降水量一般在 300～500 毫米。

2　自然资源

2.1　矿产资源

（一）能源资源

吉的油气资源较少，全国有开发前景的油气国土面积约 2.23 万平方公里，其中约 0.5 万平方公里位于费尔干纳盆地，已经被勘探开发，其余约 1.7 万平方公里，大部分位于山间盆地，较少开发或尚未开发。天然气几乎全部集中在费尔干纳盆地。煤炭不是吉的支柱产业。

（二）金属矿产资源

吉矿产资源十分丰富，自称拥有化学元素周期表中的所有元素。吉 3/4 国土面积为高山区，加之各期地质构造活动频繁，为形成各种金属矿产提供了有利条件，尤其是金、锑、汞、锡、钨以及铜、铁等更是该国的优势矿产资源。

(1) 金矿。吉黄金开采业产值占全国矿产开采业产值的90%，约占工业总产值的1/2。据专家评估，吉黄金总资源量约为2500～3000吨。

(2) 锑矿资源。锑矿资源主要分布在吉境内的9个地区，主要锑矿10个，其中资源量超过10万吨的大型产地有2个，分别是卡达姆扎伊和海达尔坎锑矿。

(3) 汞矿资源。在吉境内已发现的近400处矿苗中，主要有9个汞矿床和36个汞矿点，其中探明汞金属储量超过2万吨的大型矿产地为琼科伊(2.5万吨)和海达尔坎(2.1万吨)。境内探明汞金属储量和预测资源总计约7.33万吨。

(4) 锡矿资源。吉境内主要锡矿床有4个：探明锡金属储量大于5万吨的2个大型矿床——特鲁达沃耶和乌其果什高；2个中型矿床——萨雷布拉克和杰列克德，探明锡金属储量在1万～5万吨。另外还有很多探明锡金属储量在1万吨以下的小型矿床。特鲁达沃耶是吉最大的锡-钨共生矿产地，探明锡金属储量约15万吨。

(5) 钨矿资源。全国已知钨矿床(点)34处，其中主要矿床11处。探明钨金属储量为38.6万吨(WO_3)。目前境内最大的钨矿床为特鲁达沃耶锡-钨矿床，其次是肯苏钨矿床。

(6) 其他金属矿产资源。吉已探明的其他金属矿产资源还包括钒矿、银矿、锰矿、钼矿、铋矿和铅锌矿等。

(三) 非金属矿产资源

吉拥有丰富的非金属矿物。这些非金属矿物根据其形成过程、工艺性能和应用领域划分为建筑材料、采矿业原料、化学原料和宝石原料等类别。其中，建筑砌面石料发现有诸如花岗岩、白云岩、大理石、石灰石、石灰贝壳灰岩和角页岩等矿区，可采总储量为8560万立方米。石膏石遍布全国各地，其中大部分矿集中于奥什州和贾拉拉巴德州，总储量为2848.3万吨。瓷石是重要的采矿业原料之一，贾拉拉巴德州乌奇库尔特矿区的瓷石可采储量为967.9万吨。

2.2 土地资源

吉在海拔2000～5000米的山区分布着草甸草原和高山、亚高山草原。山坡和谷地上生长着野生植物。北部和西部的河谷和盆地气候干旱，土壤多为钙质灰土，相当肥沃。吉全国适宜于农牧业的土地有1080万公顷。其中，牧场和天然割草场934万多公顷，占农牧业用地的86%以上；耕地面积137万公顷，仅占农牧业用地的12.7%。大部分耕地分布在海拔1200~1600米的地区，几乎全部都需要人工灌溉，受气候条件影响较大。

2.3 生物资源

吉有500多种脊椎动物。其中，有50多种鱼、25种以上爬行动物、335种鸟类、4种两栖动物和86种哺乳动物。无脊椎动物的种类目前尚未调查清楚。根据最新统计资料，目前，吉大约有4000种昆虫以及蜱螨等节肢动物。金雕、苍鹰和游隼是吉尔吉斯人特别喜爱用以捕猎的猛兽。常见的野生动物有狼、獾、鼷、山羊、野兔、野猪、砂土鼠、黄鼠、狷鼠和跳鼠等。雪豹、红狐、巨蜥、水獭、虎鼬、猞猁、棕熊和马鹿等属于珍贵的稀有动物。

吉植物资源丰富多样，境内有115科、855属、3786种植物。这些植物的名字已载入《吉尔吉斯植物志》——11卷本的植物鉴定册中。在这些植物中，有大灌木260种、小灌木115种、林木143种。森林面积占吉全国总面积的5.3%。在吉的植物中，草本植物占有绝对大的比重，全国有草类3175种。其中，多年生2270种，1~2年生860种。

2.4 水资源

吉水力资源极其丰富。全国2000多条大小河流的总长度大约3.5万公里，河流的地表径流量达450亿~600亿立方米/年。全国最大河流——纳伦河除供灌溉外，还用于发电。楚河、塔拉斯河等其他河流对吉的经济发展也具有很大作用。除了1900多个天然湖泊外，吉还修建了大约200个水库。其中，库容量100万~1000万立方米的较大水库有12座。吉境内河流、湖泊以及水库的水源主要来自高山上融化的冰川和雪水。据吉有关部门的登记注册资料，全国目前有大小冰川7633个。其总面积为81077平方公里，占全国国土面积的4%。

吉境内还有大量的地下水，主要是雨水和其他地表水渗入地下，聚积在土壤或者岩层孔隙中形成的。吉的地下淡水自然资源总储量为330立方米/秒。根据吉地下水的成分和温度情况，可开发出大量适用于医疗、发电或工业使用的热矿泉水。在吉境内，这种热矿泉水水源有大约150处。

3 社会与经济

3.1 人口概况

吉人口截至2013年1月1日为554.8万人。吉有80多个民族，其中吉尔吉斯族占71%，乌兹别克族占14.3%，俄罗斯族占7.8%，东干族占

1.1%，维吾尔族占0.9%，塔吉克族占0.9%，哈萨克族占0.6%，乌克兰族占0.4%，此外还有朝鲜、土耳其等民族。吉70%以上的居民信仰伊斯兰教，多数属逊尼派。国语为吉尔吉斯语，俄语为官方语言。

3.2　行政区划

吉首都是比什凯克（Bishkek，Бишкек），人口约87.29万人。吉全国划分为7州2市，分别为楚河州、塔拉斯州、奥什州、贾拉拉巴德州、纳伦州、伊塞克湖州、巴特肯州、比什凯克市和奥什市。比什凯克市和奥什市为吉主要经济中心城市。

3.3　政治局势

（一）政治

吉属政教分离的国家。政治上推行民主改革并实行多党制。第一任总统阿卡耶夫（1990年11月~2005年3月）执政时期政治上推行民主改革，促进民族团结，经济上实行以市场为导向的改革方针，致力于振兴经济、消除贫困。2005年春，吉爆发“郁金香革命”，阿卡耶夫被迫下台，反对派领导人、前总理巴基耶夫同年7月当选新一届总统。2009年7月23日，巴基耶夫连任成功。2010年吉爆发“4·7”革命，巴基耶夫政权被推翻，以奥通巴耶娃为总理的临时政府宣告成立。6月27日，吉全民公决投票通过新宪法，成为议会制国家，奥通巴耶娃正式获得过渡时期总统职权。2011年11月，阿坦巴耶夫赢得总统选举。同年12月宣誓就职。根据新宪法，总统权力被削弱，议会成为国家管理体系的主导。

（二）议会

第一届议会于1990年2月25日通过选举产生，1994年9月提前解散。1995年2月，吉选举产生了由立法会议和人民代表会议组成的两院制议会。根据1998年修改后的新宪法，2000年2月吉选举产生了独立以来第三届议会，由立法会议和人民代表会议组成。立法会议的60名议员由单一选区和政党比例代表制选举产生。人民代表会议由45名议员组成，实行区域代表制度。根据2003年2月全民公决通过的宪法，2005年议会由两院制改为一院制，议员由105人减少到75人，同时取消政党比例代表制，全部议员由单一选区选举制选举产生。2007年12月6日，吉举行提前议会选举，按政党比例代表制选举新一届议会。新议会由90名议员组成。2009年11月，吉议会对组织结构进行改革，下辖委员会由原来的12个减为9个。2010年“4·7”事件后，吉议会解散。2010年6月27日吉通过新宪法，国家政体改为议会制，议会实行一院制，由120名议员组成，任期5年。10月吉举行议会选举，故乡党、社会民主党、共和国党、尊严党和祖国党进入议会。12月16日，故乡党、社会民主党、共和国党签署协议组成执政联盟。23日，吉议会确认组织结构，选举产生各委员会主席，共设16个委员会，其中3个由反对派领导。

2011年12月2日，阿坦巴耶夫正式就任总统次日，社会民主党宣布退出执政联盟。8日，阿坦巴耶夫授权社会民主党牵头组建新的执政联盟。12日，议长克尔季别科夫在祖国党对其13项指控的压力下被迫辞职。16日，社会民主党、共和国党、尊严党和祖国党经协商组成新的执政联盟，占议会120个议席中的92个，四党议员经不记名投票推举社会民主党议员热恩别科夫为议长人选。原议会第一大党"故乡党"成为议会唯一反对党。21日，热恩别科夫在议会全体会议上正式当选新议长。

2012年8月21日，尊严党和祖国党先后退出四党执政联盟，9月1日，阿坦巴耶夫总统签署命令，同意巴巴诺夫辞去总理职务。9月3日，社会民主党、尊严党和祖国党经协商组成新的执政联盟，共和国党和故乡党成为议会反对党。

（三）政府

2012年9月6日，吉议会以113票同意、2票反对通过总理和内阁提名，萨特巴尔季耶夫当选总理。萨特巴尔季耶夫领导下的新政府由15个部级单位和1个委员会组成，第一副总理是萨尔巴舍夫，主管经济与投资问题的副总理是奥托尔巴耶夫，分管社会问题的副总理是塔利耶娃（女），政府办公厅主任是莫穆纳利耶夫，外交部长是阿布德尔达耶夫。

（四）政党

目前，在吉司法部正式登记注册并开展活动的政党有140余个，主要有以下几个。

（1）吉尔吉斯斯坦社会民主党。1994年12月重新注册，现有党员约5万人。创建者多为知识分子，旨在吉建立真正的民主法制社会，主张三权文明分工、积极合作。行为准则是民主社会主义，全面深化政治、经济、社会领域的民主进程，提倡人文、发展和自由。

（2）尊严党。1999年8月注册，现有党员3万多。信条为尊严、秩序和安康。主张建立真正的法制、民主国家，保障人民安全和公民的政治、经济、社会权利与自由，恢复人们的自信、自尊，复兴民族文化遗产，反对带有政治色彩的宗教极端主义。支持议会制改革。

（3）共和国党。2007年成立。强调代表统一的多民族的吉尔吉斯斯坦共和国的利益，主张在一元集权制的基础上发展吉各区域经济与文化。

（4）“阿塔－梅肯”（祖国）党。1999 年 12 月 16 日注册，现有党员 2000 余人。该党宣称在承认差异的基础上代表全民利益，主张妥协和相互接纳。

（5）故乡党。该党主要由前政权高官和南方派人士组成，政治基础在吉南方。

3.4 经济概况

吉的经济自由度较高，市场准入较宽松，过境运输优势明显，但同时法制建设仍处于完善过程之中，执法不严、对外资存传统偏见、腐败等情况仍对吉投资环境有较大影响。世界经济论坛的《2012～2013 年全球竞争力报告》显示，吉尔吉斯斯坦在全球最具竞争力的 142 个国家和地区中，排第 127 名，比上一个年度下降了 1 位。

吉在经济上奉行在各种所有制平等的基础上，推行私有化和非国有化，发展市场经济，重视国际合作和与世界经济、地区（中亚）经济的一体化。吉经济结构单一，以农牧业为主，工业基础落后，相对优势产业为电力工业，在独联体国家中排第 3 位。另外矿山开采工业，如黄金、锑矿和汞矿开采很有优势。

据官方统计，吉 2011 年 GDP 总量为 59.1 亿美元，经济增长率为 5.7%，人均 GDP 为 1127 美元。在 2011 年吉 GDP 中，农业占 GDP 的比例为 18%、工业占 20.7%、建筑业占 4.9%、服务业占 44.9%。

吉是苏联时期地区经济发展水平和人民生活水平最低的国家。吉经济发展急需借助外来资金。国家为吸引外资采取了建立自由经济区、放开外汇管制、实行国民待遇等措施。加之吉社会稳定、社会治安状况好，吸引了许多国家在吉直接投资办企业。1998 年 10 月，吉已成为世贸组织的第 133 个成员（独联体国家第一家），无疑又增加了吸引外资的实力。吉同世界许多国家有着经济贸易关系，尤其是其周边国家。

（一）工业

吉的电力工业、有色金属工业和食品工业是重要的支柱产业，其中电力工业和有色金属工业等是该国的优势产业。

2011 年，吉工业总产值约 35.07 亿美元，同比增长 11.9%，增长动力主要来自金属和非金属矿产的开发，电力和电力设备生产，以及纺织业的较快发展等。“库姆托尔”金矿公司是该国大型企业，由加拿大卡梅柯公司与吉政府合资成立，加方持有 67% 的股份，吉政府持有 33% 的股份。该项目自 1997 年开始商业开发，至今已产黄金 200 多吨，年产值约占当年 GDP 的 10%，其产品则占吉出口总额的 40% 左右，是吉政府收入主要来源。

（二）农牧业

吉是个以农牧业为主的国家。人口中 2/3 是农业人口，尤以世代“逐水草而居”的牧民居多，在国民经济中占有很大的比重。高山融化的雪水使全国一半的面积成为牧草丰盛的山地草原和高山草甸，全国 3/4 的耕地都是水浇地。吉的马、羊存栏数和羊毛产量在中亚位居第 2，棉花、甜菜等经济作物在独联体国家中也颇有名气。吉的渔业基本上是粗放经营，乏善可陈。

吉农业的生产格局多年来变化不太大，畜牧业和种植业各占农业总产值的 50% 左右。2011 年，吉农业产值约 31.93 亿美元，同比增长 2.3%。其中，种植业占 52.1%，畜牧业占 46.2%，狩猎和林业产出相对较少。当年，吉耕地面积为 115.92 万公顷，同比增加 1.35 万公顷，谷物产量约 158.07 万吨，因灾减产 3100 吨。

（三）交通运输

吉独立后由于采取比较开放的政策和对多国实行免签制度，因而成为中亚国家实际的交通中转站，按人均数量比，货物运出量和运进量及客运量比其他中亚国家多，保障了该国交通运输业的发展。吉的交通运输主要有铁路、公路、水路、航空和管道运输等方式，以公路运输为主。

（四）财政金融

2011 年吉国家财政收入为 16.86 亿美元，支出 19.8 亿美元，财政赤字 2.94 亿美元；通货膨胀率为 16.6%。

（五）对外贸易

近 10 年来，吉一直保持较高的外贸依存度。据吉官方统计，其出口总额连续 6 年维持在 40% 左右。2011 年，吉与世界上 134 个国家和地区有经济贸易往来。

常年贸易伙伴约 30 个国家。其中俄罗斯、哈萨克斯坦、乌兹别克斯坦、中国、阿联酋、土耳其、德国、瑞士、加拿大、美国 10 个国家与吉的贸易额超过吉外贸总额的 85%。苏联解体之初，吉对外贸易迅速向非独联体国家倾斜，与原苏联国家的贸易额和其他经济联系一度中断。最近几年，随着独联体内部经济一体化进程的加快及独联体各国经济的复苏，吉与俄罗斯、哈萨克斯坦等独联体国家的贸易出现强劲增长势头。

2011 年，吉进出口贸易总额为 64.89 亿美元，同比增长 30.3%，其中进口 42.49 亿美元，同比增长 31.8%，出口 22.4 亿美元，同比增长 27.6%，逆差 20.29 亿美元。吉出口产品主要为贵金属、农产品等，进口产品主要为机械设备、化工产品、石油产品、天然气、纺织品等。

吉是古丝绸之路的重要枢纽，是连接欧亚的重要通道，对乌兹别克斯坦、哈萨克斯坦、塔吉克斯坦等中亚邻国辐射作用明显，中国出口到吉的产品，约 70% 转口至中亚邻国。此外，由于吉是世贸组织成员，同时又是欧亚共同体成员国，因此产品出口独联体、欧洲、西亚国家也有一定便利。

吉外国直接投资主要来自哈萨克斯坦、中国、俄罗斯、土耳其等邻国，目前累进引资共计约 50 亿美元。吉国家统计委员会公布的数据显示，2011 年，吉共引进各类投资 10.27 亿美元，其中，外资 2.95 亿美元，占吉总引资额的 28.7%。

3.5 军事和对外关系

（一）军事

宪法规定，吉没有扩张、侵略和以军事力量解决领土要求的动机，既不使国家生活军事化，也不使国家及其活动服从进行战争的任务。吉武装力量根据自卫和纯粹防御的原则进行建设。1994 年 1 月 12 日吉议会通过的该国军事防御构想进一步强调，吉武装力量的建设以下述原则为基础：进行自卫和纯粹防御；绝对遵守国家法律；使军事机构受国家最高权力机关监督；使军队组织机构、战斗人员及其数量同保证国家安全相适应；对军队实行一长制；对国家防御实行集体领导；能随着军事威胁的增长而相应地扩大战斗力；使部队保持动员和战斗状态，以完全能够应付当时所面临的形势；考虑国家的历史传统；遵循国际法准则和借鉴他国军事建设经验。

1992 年 5 月，吉接管苏联驻扎在其领土上的军队，并在此基础上组建了由陆军和空军组成的本国军队，国防部兵力为 1.5 万人，建军节为 5 月 29 日。吉武装力量由现役部队和准军事部队组成。

（二）对外关系

独立后，吉根据本国所处的特殊的地缘政治地位，积极奉行大国平衡、全方位的务实外交政策，对外交往不断扩大，把维护本国及地区安全稳定、吸引外资、寻求外援为国内经济建设服务作为外交重点，吉积极参与独联体集安条约机制和上合组织的活动，支持国际反恐活动，将发展大国、经济发达国家和独联体国家的关系视作其外交的优先方向。吉重视发展同中国、俄罗斯、中亚邻国的关系，同时，努力推进同伊斯兰国家的关系，积极参与地区经济合作。吉与100个国家建立了外交关系，还与40多个国际组织建立了联系，与美国、西方国家关系也得到了进一步的发展。

吉拥护独联体一体化进程，同时赞成对独联体进行必要的改革；把俄罗斯看作自己重要的战略伙伴和安全依托；视发展同中亚邻国关系为保障领土完整、国家安全、促进经济发展的必要条件；重视发展同美国的关系，尤其在反恐等国际问题上与美保持密切合作关系；与伊斯兰国家在相互尊重各自发展道路、互不干涉内政基础上保持友好关系。

吉反对国际恐怖主义、极端主义及分裂主义，呼吁国际社会团结起来，履行在反恐行动中的义务，防止国际恐怖主义行动升级。

（1）同中国的关系

中吉两国是山水相连的邻邦，吉与新疆维吾尔自治区的边境线总长约1096公里。吉碎叶河畔的托克马克是中国唐代伟大诗人李白的诞生地。1991年12月27日，中国承认吉尔吉斯斯坦独立。1992年1月5日吉与中国建立大使级外交关系。建交以来，双方高层互访不断，各个领域的友好合作关系都取得了长足的发展。两国在联合国、上合组织等多边合作领域互相支持，合作卓有成效。

中国与吉尔吉斯斯坦的关系，主要有以下几个方面的特征。

①中吉在政治上没有根本的利害冲突，双方在一些重大国际问题上观点基本一致。稳定的政治关系为两国科技与经济合作的发展奠定了可靠的基础。②中吉历史和文化方面存在着传统的关系，对发展双边合作起到积极作用。③中吉共同成为上合组织成员后，睦邻友好关系稳步发展，政治、经济、军事关系得到了进一步加强。

（2）同俄罗斯的关系

吉把对俄关系置于对外政策中的“绝对优先地位”，强调俄永远是吉的战略伙伴，是地区稳定的保障，同俄在政治、经济、军事、安全等方面联系密切。两国已签订友好合作互助条约和军事合作协定，包括《吉俄永久友好、同盟及伙伴关系宣言》、《2000～2009年经济合作条约》、《两国国防部合作协议》和《吉欠俄债务重组声明》等。

吉从1992年以来，与俄签署了75个条约、协议和协定。这些文件既包括经济、人文内容，也包括军事内容，它们既解决了两国独立以来彼此关系中产生的一些新的问题，也将双边关系提高到一个新的高度。

（3）同独联体国家的关系

吉积极支持独联体一体化进程，已加入独联体经济联盟和集体安全组织，同时还是五国（俄、白、哈、吉、塔）关税同盟（后改为欧亚经济共同体）成员国。吉重视发展同中亚邻国关系，将之作为保障领土完整、国家安全、促进经济发展的必要条件。吉为中亚经济共同体成员国。吉致力于加强与邻国在安全领域里的合作，积极解决双边存在的边界、贸易等问题。

（4）同美国的关系

吉重视发展同美国的关系，认为这有利于促进国内经济和民主改革。美国在冷战期间就企图进入中亚，并以“反恐”的名义在中亚建立军事基地，部署军队，谋求中亚军事存在永久化。在吉爆发的大规模骚乱引起了国际社会的普遍关注，特别是美国和俄罗斯，但西方媒体普遍认为，吉骚乱背后实际上隐藏着美俄这对“老冤家”的新较量。尽管冷战对峙的年代已然过去，但出于各自的战略利益考虑，美俄两国对吉这个中亚内陆国家的争夺却从未停止过。2001 年，“9・11”事件发生以后，美国军队以打击庇护恐怖分子的阿富汗塔利班政权的名义，租用了吉首都比什凯克最大机场——玛纳斯机场，后来又将其扩建为功能齐全的军事基地。

阿富汗塔利班政权早已被推翻，但美军却丝毫不想撤走。中亚位于欧亚大陆的腹心地带，不仅是连接欧亚大陆和中东的要冲，还是大国势力东进西出、南下北上的必经之地。2008 年 3 月，经多方斡旋，美国在乌兹别克斯坦的军事存在得到恢复。乌兹别克斯坦已同意美国使用邻近阿富汗边界的铁尔梅兹前沿基地。美国为了扩建军事基地向吉索要机场附近几百公顷土地。美国高层近来频频访问中亚国家，这确有深刻含义和长远的战略考虑。

（5）同欧盟的关系

吉是独联体中同欧盟签署关于建立伙伴合作关系协议最早的国家之一。2010 年 2 月 10 日，欧盟驻吉尔吉斯斯坦大使馆成立。通过地区和国家两个战略计划向吉国提供支持。欧盟表示 2011 年至 2013 年，欧盟将重点在维护社会稳定、教育改革和司法改革领域向吉提供帮助。

（6）同伊斯兰国家的关系

吉在相互尊重各自发展道路、互不干涉内政基础上，与伊斯兰国家保持友好关系，重视与这些国家发展经贸和交通运输合作。吉同伊朗签署了两国海关合作备忘录；同土耳其签署了两国在打击恐怖主义斗争中进行合作的宣言。

（7）同中亚邻国的关系

吉重视发展与中亚邻国的关系，视其为保障领土完整、国家安全、促进经济发展的必要条件。

第二节　环境状况

1　水环境

1.1　水资源概况

吉是中亚地区水资源较为丰富的国家之一，多条主要国际河流均发源于该国。其包括地表和地下水在内的水资源总量约 24600 亿立方米，其中 17450 亿立方米为湖水，占全部水分储量的近 71%，多年平均年地表径流量为 440 亿 ~500 亿立方米，表 7－1 显示的是吉主要流域水资源径流量情况。吉年水资源利用量约占总储量的 12% ~17%，其中灌溉和其他农业用水占 94% ~96%，为每年 41 亿 ~43.5 亿立方米。

表 7－1　吉尔吉斯斯坦主要流域水资源评估

流域（河、湖）	1972 年以前		1973 ~2000 年		多年平均径流量（亿立方米）
	平均流量（立方米/秒）	平均径流量（亿立方米）	平均流量（立方米/秒）	平均径流量（亿立方米）	
伊塞克湖	117	36.9	134	42.2	39.6
伊犁河（卡尔卡拉河）	11.7	3.7	11.7	3.7	3.7
楚河	118	37.2	126	39.7	38.4
塔拉斯河	54.6	17.2	54.6	17.2	17.2
塔里木河	207	65.2	236	74.3	69.9
纳伦河	451	142	479	151	146
卡尔达里亚河	243	76.5	251	79.1	77.8
锡尔河（纳伦河与卡尔达里河交汇处以下）	229	72.1	235	74	73.1
锡尔河（总）	923	291	964	304	298
克孜勒苏（西）	63	19.8	63	19.8	19.8
全国	1494	471	1589	500	486

（一）河流水资源

吉共有河流超过 2.5×10^4 条，其中长度超过 50 公里的河流有 73 条，大多数河流长度介于 10～50 公里，有的小于 10 公里。所有河流总长超过50 × 10^4 公里，河网密度平均为 2.5 公里/平方公里，水资源丰富，蕴藏量在独联体国家中居第 3 位。该国主要河流有纳伦河、楚河、锡尔河、卡拉达里亚河、塔里木河和萨雷扎兹河等，主要属于咸海、伊塞克湖和塔里木河三大流域。这 3 个流域的面积分别占吉国土总面积的 76.5%、10.8% 和 12.4%，另外 0.3% 的面积属于巴尔喀什湖流域——国土东部卡尔卡拉河水的蓄积地，该河流入哈萨克斯坦。

此外，还有相当数量发源于山脉的支流。这些河流最初在山区形成，之后流入山前地带和平原，流速达 2～4 米/秒，由源头到河口的高程变化为 2000～3000 米，因此，这些河流具有非常大的水能利用潜力。

吉东北部坐落着内陆湖——伊塞克湖，从地表流入湖中水量较大的河流有扎尔加兰、蒂普河、朱乌库河、卡拉科尔、杰特奥古慈河等，年均流量 5.26～22.50 立方米/秒，均发源于最湿润的盆地东部。其他河流以地表方式输送到伊塞克湖的水量并不多，多数水量被湖前疏松土质的阶地吸收、截留或用于灌溉。

塔里木河流域东南与中国相交，属吉高山地区，人烟稀少。塔里木河水量来自萨雷扎兹、乌尊格－库什、阿克萨伊、凯克苏（克孜勒苏，东部），年均流量为 17～30 立方米/秒，最终流向中国，在吉境内未加以利用。

就水量平衡的关系而言，吉国土划分为两个水文领域。第一个领域主要涉及山区，第二个则为山间谷地和山前平原，那里多数水资源被用于灌溉或渗入土壤。河流径流在该国的分布也不均衡，山区径流量远高于其他地区，表现出与海拔高度密切相关的特性。

（二）湖泊水资源

吉全境共有 1923 个湖泊，湖面总面积 6836 平方公里，占国土面积的 3.4%。其中，伊塞克湖占湖面总面积的 91%。84% 的湖泊分布在海拔 3000～4000 米的高山地带，多数的山间湖泊集中在现代冰川地区和高山带，湖泊空间分布的上线即为高山雪线。

按绝对湖水深度划分，伊塞克湖最深，其次为萨雷－切列克湖、卡拉－苏湖（150 米）、卡拉托克湖（111 米）和大库伦湖（91 米）。吉尔吉斯斯坦较大湖泊的水型特征见表 7－2。

表 7-2 吉尔吉斯斯坦较大湖泊的水型特征

湖名	海拔（米）	长度（公里）	宽度（公里）	深度（米）	湖面面积（平方公里）	水量（立方公里）	类型1	类型2
伊塞克湖	1606	177	60	668	6249	1700	内陆	咸水
松克尔	3016	28	18	14	270	2.64	外流	淡水
恰特尔-库里	3530	23	10	16	161	0.62	内陆	淡水
萨雷-切列克	1874	6.4	1.8	244	4.92	0.48	外流	淡水

在天山山脉海拔 3000~3500 米的范围内，由于高山侵蚀地的广泛分布，以及大面积多年冻土和固有的卡斯特地貌的存在，造湖“运动”强烈。在该地带集中分布着 1677 个面积较小的高山湖泊，其中伊塞克湖域就有 204 个，纳伦河上游有 203 个，费尔干纳谷地的山区有 137 个，楚河流域有 95 个，塔拉斯河流域有 83 个，萨雷扎兹河流域有 73 个。在冰舌边缘部分广泛存在着由冰渍或冰蚀作用而产生的冰上湖或边缘湖。绝大多数高山湖泊的生命周期与冰川作用密切相关，在冰川作用的影响下，湖泊产生、发育和生长，并由于破坏性的冰川泥石流或冲击物（冰川侵蚀的产物）的填充作用而逐渐消亡。

平原地区的湖泊（牛轭湖、三角洲式）主要位于河流封闭的末端和滩涂，如楚河、塔拉斯河和阿萨河，这类湖泊多为内陆咸或咸苦湖泊，其矿化水平、深度和面积取决于季节变化和年度水量变化。它们当中最大的湖泊是位于卡拉塔乌山脉山麓的比伊柳克里湖，该湖长 18~20 公里，最宽处达7~9 公里，最深处达 6~7 米，最大水量可达 5.1×10^8立方米。该湖水的化学成分中含硫酸盐类物质及高含量的矿物质（145~965 毫克/升）。多数该类型湖泊分布在楚河下游。从伊塞克湖分出的卡拉库里湖最深处的湖水盐度达 150 克/升。

伊塞克湖是吉湖面面积、水量最大的湖泊，同时也是世界上较深的湖泊之一，湖面海拔 1606 米。其名“伊塞克”按吉尔吉斯语的含义是“热”。伊塞克湖流域面积达 22080 平方公里，湖泊面积 6249 平方公里，山前平原面积 3092 平方公里，山区面积（表层水形成地带）12741 平方公里。

据湖水水位观测站近几十年的观测，伊塞克湖水位呈降低趋势。经多年观测、分析和研究，专家们认为伊塞克湖水位下降的主要原因有人类活动、气候变化、地质构造、水文地质、水文地理。

（三）地下水资源

吉地下水域的淡水资源总量约为 326 立方米/秒。在较厚的第四纪岩层约有 650 立方公里的静态地下淡水储量。按工业等级勘查，44 个产区地下淡水可开发储量达 188 立方米/天。吉地下水可利用总量在 2000 年约为 302 $\times 10^{8}$立方米，在此基础上，用于饮用水 171 $\times 10^{8}$立方米，用于灌溉47 $\times 10^{8}$立方米，用于生产 28 $\times 10^{8}$立方米，农业供水 35 $\times 10^{8}$立方米，这一用水结构保持至 2004 年。

吉拥有丰富的可用于不同经济领域的地下水资源类型。据专家评价，淡水将成为 21 世纪重要的自然资源之一，其数量和质量也将成为一个国家的财富。而吉在此方面具有广阔的开发前景。但必须认识到，这一资源并非取之不尽的，其储量同样是有限的，并且不可避免地受到来自地表水和工程泥浆等的污染。引起污染的主要因素在城市和乡村，这里超过 80% 的供水直接取自地下。因此，当下就应重视地下水的合理利用与保护问题。

（四）冰川水资源

在吉分布着天山和帕米尔－阿赖山系的众多山脉，这些地区拥有发育良好的冰冻层。冰川是吉宝贵的自然资源，它即使在降水量低于平均值的枯水期也能对境内的绝大多数河流进行补给。

据统计，吉全国共有冰川 8208 处，面积达 8077 平方公里，约占全部国土面积的 4.1%，超过了森林和灌草面积。吉冰川的形成与其 5 条大河密切相关，但分布却不均衡。造成这种不平衡的原因主要有地形差异、山脉高度和山形差异、湿度状况。因此，冰川作用水平直接取决于海拔 4000 米以上冰川作用活跃地区的面积。具有这一良好冰川发展条件的地区主要位于天山的西部、西北与北部山脉。

汗腾格里峰和胜利峰是冰川作用最显著和广泛的地区，从天山的这些顶峰起自上而下地向四周分布着大型冰川。南艾内里切克冰川绵延 60.5 公里，卡茵德冰川则向外延伸了 29 公里。这一冰川系统由统一的冰川体相成或坐落于主要冰川流域。大型冰川系统的面积超过数百平方公里：北艾内里切克冰川达 226 平方公里，南艾内里切克冰川为 633 平方公里。

此外，由于坡面朝向的不同而产生的空间分布不均衡性是冰川作用的主要特征之一。楚河流域朝向为北的冰川占整个流域冰川面积的 89.4%，朝南的占 1.8%。无论是在个别山脉，还是在河流流域，其朝南的一面经常出现冰川缺失的现象，这种情况在阿克布拉河、阿克苏河、阿赖山脉和内天山的一些小型山脉中均有发生。

通过对典型冰川的长期观测，发现从 20 世纪下半叶以来，天山的冰川范围出现了缩小的趋势。1972 年后，这一过程更加显著。1957 ~ 1998 年，捷尔斯克依 – 阿拉套山脉北坡的卡拉 – 巴特卡克冰川表层平均下降了 18 米，约达 36%。气候变暖加重了对当代冰川的消极影响，在海拔 4000 ~ 4200 米的山脉，有些冰川甚至完全消失了。一些谷地型冰川每年后退约 7.5 ~ 13 米，同时其总量也在减少。据专家研究，冰川缩小的现象目前已出现在海拔 4200 ~ 4500 米处的山脉南坡。

1.2 水污染问题

河流污染物中包括有机物质和养分，也存在有害物质，对水资源有着负面影响。吉经济形势恶化造成排水管道老化，使得污水处理质量下降。关于表层水体污染问题，吉近 5 年来污染水体从 12.6×10^6 立方米下降到 6.7×10^6 立方米（2007 年和 2008 年分别是 20.0×10^6 立方米和 18.5×10^6 立方米）。未经处理的废水含有硝酸盐、氯化物、铬、硫酸盐、石油产品和重金属等物质，被排入地表水中不仅对水资源有负面影响，对人类健康也有害。

吉河流水质的总体矿化度不高，多数含碳酸钙成分，水质略硬，其碳酸化合物、硫酸盐和氯化物含量约为 0.2 ~ 0.5 毫克/升，但不影响农业灌溉、工业生产和日常生活。

除自然因素外，近年来人类活动对吉地表水的化学成分构成影响加剧。经研究证实，目前，人类废水的排放已成为地表水咸化的主要因素。

现在，吉城市区、农业和工业区的自然水水质已明显不如以往。在楚河、锡尔河及其支流恰雷卡河流域的奥什州、贾拉拉巴德州的居民点区的河水中，含有高浓度的硝酸盐（超过 3 毫克/升）、亚硝酸盐（0.7 毫克/升）、原油和油脂（0.5 毫克/升）、酚（超过 0.001 毫克/升），以及化学杀虫剂。山区石土堆积和尾矿也对地表水产生污染，例如在贾拉拉巴德州马伊利木河的辐射污染、苏马萨尔河的镉污染（超标 320 倍）和其他重金属的污染（铜、锌和铅）。由于吉过去曾是铀原料的主要供应者，因此其水资源还面临着氧化铀和钼辐射污染的现实问题。目前全国范围内还有 13 处停产铀矿，在全部矿产区积累的废矿堆达 34×10^6 吨，放射性达 88×10^3 Ci。

位于距伊塞克湖不远处的卡吉 – 萨伊铀矿（1949 ~ 1967 年）属含铀煤矿，虽然尾矿已经残存不多，但矿址仍遗留有一些具放射性的设备与材料，并且距当地居民点不远处还有尾矿覆盖区（150×10^3 立方米），辐射量达 1700 ~ 1800 毫伦/小时。这些因素对伊塞克湖及其周边居民造成了威胁。对这些尾矿目前仍缺乏有效的监管，因而它们对环境，特别是对水和人类健康具有潜在的影响。

除此以外，水的主要污染源是农业、工业、市政污水处理系统、畜牧养殖业和居民生活用水。污水处理设备陈旧且排放量不符合设备容量是污水处理不足的原因。吉 350 个排污设备中有 40% 不合格。城市和主要地区的生活废水由 20 个市政污水设备处理，一天可排放 719.8×10^3 立方米。

污水排量在所观察的年份中变化范围为 $153.9\times10^6\sim1036.5\times10^6$ 立方米，其中定额处理变化范围是 $138.3\times10^6\sim354.3\times10^6$ 立方米，占污水总量的 18% ~93%，不完全处理的污水占总量的 2% ~4%。吉尔吉斯斯坦地表水污水排放情况见表 7－3。

表 7－3 吉尔吉斯斯坦地表水污水排放情况

单位：1×10^6 立方米

年份	2006	2007	2008	2009	2010
污水排量	700.8	1036.5	1016.6	174.5	153.9
定额处理排放量	148.3	354.3	345.2	162.1	138.3
废水污染排放量	12.6	20.0	18.5	6.4	6.7
未处理	9.7	14.5	13.0	5.3	5.6
人均排放量立方米	2.4	3.8	3.5	1.3	1.3

2 大气环境

2.1 固定污染源大气排放

吉大气污染物主要有五种：二氧化硫、一氧化氮、二氧化氮、甲醛、氨。吉大气污染源主要来自能源加工企业、建筑单位、市政、煤炭开采和加工业以及部分私营部门。此外，还存在移动污染源。向空气中排入污染物最主要的部门是市政单位，如供热等部门。由于缺乏天然气，大量的私人住宅又再次采用热量低、粉尘大的固体燃料，这也是空气污染物的主要来源之一。2006 ~2011 年的大气污染排放物数据显示污染物排放量具有年际波动趋势，总体上看，增加速度缓慢（见表 7－4）。

表 7－4 吉尔吉斯斯坦大气污染排放物

年份	2006	2007	2008	2009	2010	2011
排放污染物的企业数（个）	181	170	175	162	163	167
污染物排放源数（个）	3196	3169	3060	3015	2910	2997

续表

年份	2006	2007	2008	2009	2010	2011
全部监测源的废物量（1×10^3吨）	463.8	476.8	526.3	473.6	469.0	473.9
未经净化处理的排放（1×10^3吨）	17.7	19.2	17.8	94.2	23.6	26.5
经过净化处理的排放（1×10^3吨）	446.0	457.6	508.5	379.4	445.4	447.4
有毒物（1×10^3吨）	427.7	438.9	486.6	355.4	438.3	437.6
占全部排放数量比重（%）	92.2	92.0	92.4	75.1	92.1	90.5
全部监测源的大气排放量（1×10^3吨）	36.1	37.9	39.7	118.2	30.7	36.3
固体排放物（1×10^3吨）	18.1	20.4	21.2	23.3	15.0	18.1
气态和液态（1×10^3吨）	18.0	17.5	18.6	94.6	15.7	18.2
二氧化硫（1×10^3吨）	7.7	7.1	8.8	9.7	7.6	8.3
一氧化碳（1×10^3吨）	4.6	4.5	4.1	3.1	3.4	4.7
一氧化氮（1×10^3吨）	3.1	3.2	3.4	2.1	2.5	3.0
碳氢化合物（1×10^3吨）	1.6	1.8	1.5	1.5	1.5	1.6
挥发性有机化合物（1×10^3吨）	0.4	0.4	0.3	0.3	0.2	0.1
其他气体和液态排放物（1×10^3吨）	0.4	0.5	0.5	78.2	0.5	0.5

固定源的污染物主要集中在比什凯克市、丘伊地区和伊塞克湖地区。2009年贾拉拉巴德地区“吉尔吉斯油气”公司的排放量高达79.4×10^3吨。然而其余各年该地区排放量均未超过2.5×10^3吨。

2006~2011年固定污染源大气排放的45%~47%集中在比什凯克市。该市2011年比2006年增长3.5%，比2010年增长15%。卡拉库里市和奥什市的大气污染量也在增长。但是坎特和卡拉巴尔塔大气排放在减少，如表7-5所示。

表7-5　吉尔吉斯斯坦指定城市固定污染源大气排放物

单位：1×10^3吨

地区	2006年	2007年	2008年	2009年	2010年	2011年
比什凯克	16.4	17.8	21.9	25.6	14.4	17.0
坎特	5.9	6.0	5.3	2.8	3.8	3.3
卡拉巴尔塔	4.1	5.1	4.3	4.3	3.9	3.9
卡拉库里	1.3	0.9	0.9	1.27	1.2	1.6
奥什	0.6	0.3	0.6	0.75	0.9	1.3

固体污染物和二氧化硫的排放增长一直延续到2010年，此后开始下降。固体污染物下降了16.7%，二氧化硫下降了2.6%。一氧化碳和氮氧化合物的排放在2006~2010年分别下降了26.1%和20.0%。2011年有些污染物的排放有上升趋势。比什凯克市是污染物排放量最大的城市，2011年人均排放是19.5千克，楚河州是11.3千克，伊塞克湖州是7.9千克，纳伦州是0.1千克。固定污染源大气排放在2009年达到最大值，其中，比什凯克市达到29.4千克/人，如表7-6所示。

表7-6 各地区固定污染源大气排放人均污染量

单位：千克

地区	2006年	2007年	2008年	2009年	2010年	2011年
吉尔吉斯斯坦	7.0	7.2	7.5	23.0	5.9	6.5
巴特肯州	2.4	1.9	1.4	1.3	0.8	3.5
贾拉拉巴德州	2.3	2.2	2.1	84.7	2.6	2.3
伊塞克湖州	7.2	6.5	6.0	6.1	7.0	7.9
纳伦州	0.1	0.1	0.1	0.2	0.1	0.1
奥什州	0.2	0.2	0.1	0.1	0.1	0.9
塔拉斯州	0.9	0.9	0.9	0.4	0.7	0.7
楚河州	16.3	15.9	15.1	10.7	11.7	11.3
比什凯克市	19.8	21.3	25.9	29.4	16.3	19.5
奥什市	2.4	2.7	2.4	3.1	3.9	5.0

2.2 移动污染源大气排放

专家评估吉80%以上的主要大气污染物来自移动污染源。2010年各大气污染物排放量占比情况为：一氧化碳75.9%，氮氧化合物8.4%，一氧化硫1.4%，其他有机物14.3%。吉汽车尾气大气污染排放一氧化氮自2006年到2010年增长了约0.8倍，一氧化碳增长了约0.6倍，其他有机物增长了约0.6倍，一氧化硫增长了约1.05倍（见表7-7）。

表7-7 吉汽车尾气排放到大气中的污染物

单位：万吨

污染物	2006年	2007年	2008年	2009年	2010年
氮氧化物	1.085	1.640	1.857	2.245	1.967
一氧化碳	11.111	16.443	18.474	20.886	17.837

续表

污染物	2006 年	2007 年	2008 年	2009 年	2010 年
其他有机物	2.089	3.092	3.474	3.930	3.357
一氧化硫	0.156	0.241	0.275	0.356	0.320

2.3 城市空气质量状况

以大气污染指数作为评估指标，如果空气污染指数超过 14，那么污染程度就已非常严重，7～14 污染程度为高，5～7 污染程度为较高，小于 5 污染程度为低。吉只有比什凯克市的污染程度非常高，如表7－8 所示。

表 7－8　2006～2011 年吉尔吉斯斯坦城市大气污染指数

城市	2006 年	2007 年	2008 年	2009 年	2010 年	2011 年
比什凯克	14.8	10.0	16.1	14.7	15.3	8.2
卡拉巴塔	2.1	1.9	1.7	1.4	1.7	1.4
奥什	0.8	1.1	1.1	1.1	1.1	1.4
托克莫克	1.3	1.3	1.4	1.7	1.6	1.5
乔潘纳塔	0.5	0.5	0.5	0.5	0.3	0.5

3　固体废物

3.1　固体废物构成

吉固体废物有 3 种：生活垃圾、产业废物和放射性废物。目前大部分固体废物由当地政府集中处理。

长期以来吉的居民活动积累了大量的固体生活生产废物，包含放射性物质、重金属（镉、铅、锌、汞）、有毒物质（氰化物、硅酸盐、硝酸盐、硫酸盐等），对环境和人类健康都产生了不利影响。根据分析，吉垃圾数量每年都在增长，填埋场地也在扩大，这主要是减少废物形成和再利用系统薄弱造成的，所以吉应该引进减少废物的相关工艺。

3.2　固体废物现状及分布

吉主要有毒废物都集中在伊塞克湖地区和巴特肯地区。巴特肯地区主要的污染源是海达尔肯水银厂和卡达姆贾锑矿厂。伊塞克湖地区从 1997 年开始废物污染急剧上升，主要污染来源是“Кумтор”金矿。目前主要问题是废物存放地点距离居民区、山区、饮用水水源很近。

2010 年吉固体废物总量有 692.14 万吨，其中 574.59 万吨是有害废物；

2011 年有 1132.67 万吨废物，其中有 587.22 万吨是有害废物（见表 7－9）。

表 7－9　2010～2011 年吉尔吉斯斯坦固体废物排放情况

单位：万吨

废物来源	2010 年	2011 年
农业、林业和渔业	1.79	0.59
矿业和采石场	560.68	582.67
建筑	15.61	429.41
其他经济活动	0.36	0.41
市政垃圾	111.46	117.38
总量	692.14	1132.67
其中有害废物	574.59	587.22

2010 年 99.9% 的有害物质都达到了 4 级有害度，97% 的有害物质分布在伊塞克湖地区，2011 年的情况与 2010 年基本一致。这些废物有 50% 存放在比什凯克或周边地区，还有 65% 存放在伊塞克湖地区、奥什和纳伦地区。

2010 年有 111.46 万吨的市政垃圾，其中 62% 填放在比什凯克（有 800 万人口的城市）。2009 年比什凯克市政垃圾大幅上升，2010 年开始下降。废物和储存场地之比是决策引进先进废物处理工艺的指标，废物的再加工和填埋场地正在扩大。

4　土壤环境

4.1　土壤污染

化肥农药的大量使用、尾矿不能妥善处置和工业排放增加使得土壤重金属污染日益加重。

同时，由于灌溉水质下降和水污染，吉土壤中的营养物质流失严重。土壤改良系统衰退、酸性过高的土壤面积扩大、土地和水资源的不合理开发利用造成的最严重的后果就是耕地的退化。同时，代表土壤肥力的腐殖质的浓度减少了 40% 还多，造成土壤肥力下降，水资源灌溉效率大为降低。吉 20% 的农田灌溉区受到污染。灌溉用水的矿化度升高造成土壤的盐碱化。吉高度盐碱化土壤面积达 40%。20 世纪 80 年代初期开始的土壤盐碱化使主要农产品（谷类、蔬菜、棉花和樱桃）产量下跌，其中，棉花产量减少了 50%～60%，大麦减少了 30%～40%，谷类产品减少了 40%～60%，小麦减少了 50%～60%。

吉灌溉土壤侵蚀面积覆盖5500平方公里，并伴生土壤盐化。草场退化使其生产力减少了30%～40%，这主要是由近50年来人类活动所导致的。此外森林面积也减少了50%。

4.2 土地退化

据统计，中亚50%以上的灌溉土地都存在盐渍化或积水问题。从20世纪70年代开始，锡尔河和阿姆河溶解盐的水平也在增长，这主要是灌溉水回流到河流系统所致。苏联时期，吉有合理的排水系统。吉独立后，因缺乏管理和维护，该排水系统覆盖的范围和使用效果均减少了一半。中亚国家土地受干旱和荒漠化的影响严重，吉遭受侵蚀影响的耕地超过88%。

吉荒漠化主要成因为过度砍伐森林和灌木、三角洲和山谷新垦土地灌溉、不合理放牧、滥用农药化肥、交通线路快速发展、采矿业和石油化工业的发展占用大量土地等。

吉盐碱化土地的面积是3.8×10^6公顷，其中0.774×10^6公顷是耕地，3×10^6公顷是牧场；10.6×10^6公顷农业用地中有9×10^6公顷是牧场，40%已退化；盐渍化土地有0.20×10^6公顷，0.03×10^6公顷土地过度潮湿；岩石－砂砾土地面积为0.45×10^6公顷；易受侵蚀的土地面积超过85%；约2×10^6公顷土地受放射性物质污染。同时工业和城市建设、水库建设、道路和输电线路建设、矿石开采等同样导致了土地的退化。目前，土地退化面积正在快速增长。吉土地退化主要表现为盐渍化、碱化、沼泽化、砾石化、风蚀、水蚀等，其主要后果是土地作物生产力的下降。

（一）水蚀和风蚀

造成水蚀和风蚀的因素有很多，自然因素中占首位的是土地的自然切割，如水文地貌的形成（分水岭、坡地、沟壑、洼地和河谷等），其次是土壤性质、母岩、表层土壤下岩层也是土地退化进程的重要因素之一，如黄土、黄土状砂质黏土的易渗透性。对于吉来说，引起水蚀现象最主要的因素是地形的倾斜性。风蚀的主要区域位于该国的西伊塞克湖沿岸、科明区的东部、卡拉布林区的西部、卡奇科尔盆地、巴特肯州、奥什州和楚河州。

除自然因素外，对土地的不合理开垦，特别是对灌溉地的不合理利用是人类活动导致土地退化的主要原因。造成严重的土壤流失和冲刷的主要原因是不采取防护土壤侵蚀的整地措施和不合理的农作物种植选择。

（二）盐渍化、沼泽化

盐渍化和沼泽化现象主要发生在吉的低地下游区，其中楚河州的灌溉地相对显著。由于缺乏资金投入和对灌溉及排水系统的维修，楚河州、巴特肯州和塔拉斯州均有不同程度的盐渍化和沼泽化现象发生。表7-10显示的是2010年1月的农业用地质量情况。

表7-10 2010年1月吉尔吉斯斯坦农业用地质量情况

单位：公顷

土地类型	盐渍土	碱土	沼泽土	石质土	风蚀土	水蚀土
所有土地	128.97	49.68	11.86	427.21	579.54	569.98
灌溉土地	23.56	8.74	3.67	21.68	78.41	81.14

在盐渍化方面，产生原生盐渍化的首要因素是地下水的矿化度，次生盐渍化则与干管排水系统的破坏和近年来耕地数量的显著扩大有关。吉的土地碱化主要原因是近年来对碱化土壤添加石膏的改良工作已基本停止，而这些工作是恢复农业用地的有效方法之一。

4.3 牧场退化

吉超过60%的人口居住在农村，他们直接依靠耕地、牧场等自然资源生活，因而也将人类活动的影响作用于自然环境。

该国的主要自然资源——山地牧场，约占国土面积的40%和全国农业用地的85%。牧场受侵蚀进程的加快在很大程度上是由于不加控制的放牧，这引起了几乎全部牧区的草场退化。随着自然饲草地饲草数量的减少，土壤的吸水和保水功能也在减弱（土壤发生粉状、板结和土壤结构破坏），水资源流失现象严重。

畜牧业的发展对土地利用体系具有显著影响，因为超过生态承载能力的放牧将导致退化，降低牧场的生物生产力。

5 核辐射

5.1 放射性废物

吉放射性废物大量积累始于20世纪40~50年代的采矿工业和提取铀矿活动。20世纪50年代中期至今吉已关闭18个采矿企业，其中包括4个铀矿提取企业。特别是小村镇迈利赛，1947~1967年，苏联在此开采、提炼铀矿，提炼后的铀废料堆放在小镇周围达23处之多，有些甚至在露天堆放，连简单的掩埋都没有。更有甚者，在吉境内，除俄罗斯有17.5万桶放射性废料外，美国也不远万里、不惜重金把本国产生的放射性废料运到吉进行处理。

5.2 放射性尾矿

吉的稀土矿产通常伴生放射性元素，开发过程中，放射性元素未得到合理科学的利用和处置，对吉环境造成了严重影响。吉稀土矿山（伴生钇、锆、铈等）周边设置了尾矿暂存地，重金属废物总量较大，含放射性的矿山废物排入河流，对当地居民和耕地造成了严重的危害。

吉有 33 所尾矿和 21 所矸石场，总面积达到 650 公顷。全国或多或少有放射性污染的面积达到了 6000 公顷，集中了 14500 万吨放射性废物。而且，尾矿和矸石场大部分分布在跨界河流流域，对于吉尔吉斯斯坦、哈萨克斯坦、塔吉克斯坦来说有很大的危险。而对于乌兹别克斯坦则是关乎 500 万人安危的重大问题。

6 生态环境

6.1 植被退化

吉全国土地植被多种多样，且具有自己的特色。中高山地区分布有草原、草甸、森林和灌木林。草原和草甸遍布这个地区以及灌溉地和旱地，比起荒漠地区来说这里降水较多。山地草原分布着黑钙土和褐色钙土，这里植被主要是旱生植物。

吉草原分为草根类和亚热带类两类。大部分草根类草原分布在吉北部、天山中部、吉尔吉斯阿拉套峰、大小克敏河谷以及伊塞克湖盆地，主要生长燕麦、羽茅，及各种沟叶羊茅。沟叶羊茅随着高度的变化与其他植物一起生长形成特殊的群落。此外，还长有许多短命植物，如顶冰花属葱、苔草、鹫尾草、毛茛等。在费尔干纳河谷分布着亚热带草原，植物生长在特殊的环境中，生长周期具有一定的热带特征，春季生长很快，夏季就已经成熟了。

随着高度增加，草原植物和草地种类也有所增加，如灰色海盘车、燕麦以及高山草甸草，在最高的地区还有草甸草原。山地草甸占据缓坡地，从海拔 1600 ~ 1800 米一直到森林带生长着灌木丛。灌木在吉有着广泛的分布，主要有巴旦杏、阿月混子、伏牛花及其他植物。在河泛地生长有沙棘、野蔷薇、柳树。

吉约有 35×10^4 公顷森林，占全国面积的 3.4%，其中，针叶林占 53%。在吉南方恰特卡里峰，海拔 1300 ~ 2200 米的山区，分布着世界最大的坚果林，面积约 23×10^4 公顷，生长着核桃、雪岭松、冷杉、刺柏、樱桃、巴旦杏、阿月混子等。

吉划出特殊保护地，涵盖所有重要濒危树种。吉属于森林偏少的国家，森林在国内对生态平衡起着重要作用，森林生长在山坡，可以防止山洪、山体滑坡和雪崩，并蓄积水分，调节流入河流的水量。

吉中部山区的植被退化主要是由气候变化、自然灾害、人类活动等因素造成的。研究显示，吉中部山区的植被覆盖率由1975年的79%下降为2004年的70%，植被退化的总面积为1054平方公里，植被覆盖率在50%~100%的退化面积最大，为611平方公里。1994年植被覆盖率较高，面积占研究区面积的比例为81%，2001年植被覆盖为最低，只占研究区面积的60%。1994~2001年植被退化最为严重，退化的总面积为5913平方公里，占研究区总面积的50.4%。吉自身应针对不同的情况，因势利导借助人工干预和自然力进行生态修复，改善生态环境。

6.2 生物多样性变化

吉相对丰富的水资源为多种动植物的生长提供了良好条件。吉森林覆盖面积占国土面积的5.3%，植物达4000种左右，有“山地绿洲”的美称。总体来讲，吉复杂的地形地貌条件造成气候、土壤、植被、动植物群落具有明显的垂直分带性：山区由于降水充沛，积雪量大；在海拔2000~5000米的地区，广泛分布着草甸草原和高山、亚高山草原；山坡和谷地生长着野果林和其他野生动物；北部和西部的河谷和盆地，气候干旱，生态环境质量总体较差。

吉物种是丰富多变的（见表7-11），这是由其景观分布特点所决定的。吉主要景观分布在高纬度地区、山区、山谷等地。生物多样性呈典型的高山系统特征。吉以占世界陆地0.13%的国土面积，拥有占世界约2%的植物物种和3%的动物物种。吉的脊椎动物、植物、菌类和软体动物的分布密度高于世界平均水平。吉的植物和动物中有许多有价值的、稀有和特有品种。

表7-11 吉尔吉斯斯坦生物多样性概况

类别	世界		吉尔吉斯斯坦			
	生物种类（种）	种类数（1×10^3平方公里）	生物种类（种）	占世界物种的比重（%）	种类数（1×10^3平方公里）	列入吉红皮书种类（种）
病毒、细菌、原虫	5760	0.011	261	0.05	1.32	0
低等植物	73883	0.145	3676	4.98	18.57	5（0.13%）
高等植物	248428	1.666	4200	1.52	19.12	83（2.19%）
蠕虫	36200	0.071	1282	3.54	6.47	0

续表

类别	世界		吉尔吉斯斯坦			
	生物种类（种）	种类数（1×10^3平方公里）	生物种类（种）	占世界物种的比重（%）	种类数（1×10^3平方公里）	列入吉红皮书种类（种）
软体动物	50000	0.098	168	0.34	0.85	0
节肢动物	874161	5.860	10242	1.17	51.72	18（0.17%）
鱼类	19056	0.041	75	0.39	0.38	7（9.33%）
两栖类	4184	0.023	4	0.09	0.02	2（50%）
爬行纲	6300	0.047	33	0.52	0.15	8（24.24%）
鸟纲	9040	0.062	368	4.07	1.86	57（1.54%）
哺乳类	4000	0.027	83	2.07	0.44	23（27.71%）

根据吉的生态环境特征和地理状况，全国可划分为24个生态系统、160种不同的山地和平原景观，有超过5万种生物体存在。吉生物多样化最丰富的为森林群落，除被森林等植被覆盖的地表外，其余约31.7%的国土为冰川、积雪和砾漠所覆盖，缺少生命现象。

（一）濒危物种

长期过度放牧和人类活动区域扩大导致植物种群退化、生物栖息地受到破坏、栖息地面积缩减，吉生物物种的生存受到了威胁。该地区录入红皮书的物种占到了总量的71.5%，濒危物种占67.9%，濒临消失的物种占5.7%。吉有92种动物和65种植物面临消失的威胁，约占其物种种类的1%；有68种动物和65种植物列入该国红皮书；有3种大型和中型哺乳动物灭绝，15种受到威胁；鸟类中有4种灭绝，26种受到威胁；植物中有3种濒临消失，54种面临消失的威胁；15%的哺乳动物和10%的鸟类的生存受到威胁，受威胁最严重的是一些稀有种类，如灰色巨蜥、鹮嘴鹬、雪豹、灰熊的天山亚种以及一些地方的特有种。

最脆弱的物种是脊椎动物。日益减少的淡水水量使得两栖类动物——特别是亚洲蛙的分布区和数量急剧下降。该种动物与其他物种由于无节制的捕捉，尤其是近年来急剧增加的采购量，受到了灭绝威胁。此外，栖息地环境的恶化也使爬行类、哺乳类、鱼类和鸟类的数量和分布区显著减少。

还有许多动植物未被列入红皮书，具体包括红狼（Cuon alpinus）、中亚水獭（Lutra lutra）、鹅喉羚（Gazella subgutturosa）；鸟类有大鸨（Otis tarda L.）、鹰-白肩雕（Aguila heliaca）；濒临消失的植物有野生石榴（Punica granatum）、郁金香（Tulipa nitida）等。造成这种状况的主要原因是经济活动和人类对物种栖息地的直接破坏。

受到威胁的还有一些稀有物种，如灰巨蜥（Varanus griseus）、鹮嘴鹬（Ibidorhyncha struthersii）、虎鼬（Vormella peregusna）、雪豹（Felis uncia）、天山棕熊（Ursus arctos isabellinus），以及一些地方的特有物种，如Siraphoroides moltschanovi，只存活在费尔干纳山脉的阿克-捷列科地区。

上述物种中，雪豹、鹅喉羚、红狼、山鹑等已被列入国际自然保护联盟的红皮书。

（二）保护区建设

吉为了保护自然物种多样性，建立了国家公园和自然保护区（见表7-12），但还不能覆盖其重要的生态系统和生物地理区域。

表7-12　吉尔吉斯斯坦自然保护区与国家公园

单位：个，1×10^3公顷

年份	2002	2003	2004	2005	2006
自然保护区数	6	7	7	8	8
面积	318.0	396.3	424.0	434.4	434.4
国家公园数	8	8	9	8	8
面积	258.6	258.6	274.9	245.8	251.7

资料来源：Национальный комитет по статистике Кыргызской Республики, 2007.

6.3　生态系统退化

吉的生态系统可划分为20种。地貌以复杂的高山为主，由于其国土大多分布在山脉南部较缓地带，因而该国具有从沙漠到高山冻原带的多种基本自然生态系统条件。但近年来，吉生态系统与其自然状况遭到不同程度的破坏，具体情况见表7-13。

表7-13　吉尔吉斯斯坦生态系统与其自然状况被破坏状况

生态系统	面积（平方公里）	破坏程度		
		强	中	弱
云杉及云杉冷杉林	3017.0		×	×
刺柏林及稀疏林	2548.3		×	
针叶林	1040.64	×	×	
坚果（胡桃）林	928.75		×	
阔叶林	83.67		×	×

续表

生态系统	面积（平方公里）	破坏程度		
		强	中	弱
阿月混子及巴旦杏	458.47	×		
中等山地落叶灌木	3871.96			×
低温高山荒漠	1953.44	×		
低温高山草甸	17263.49		×	
低温高山草原	22474.57		×	
亚高山草甸	13207.99		×	
中等山地荒漠	1384.34	×		
中等山地草原	24803.53		×	
中等山地草甸	8898.19		×	
中等山地热带草原	2361.89		×	
中等山地疏林地	231.51	×		
低山及山麓草原	192.70	×		
湿地沼泽	8086.02	×	×	
人类活动区	32111.71			
冰川积雪	5773.74			
雪原及亚（次）雪原	13909.04			
悬崖、岩石	9150.67			
总计	173751.62			

在吉有限的国土上集中了如此丰富的多样化生态系统和景观，甚至每个层级的系统下还存在着相对独立的个体子系统。然而，目前一些生态系统的种类和数量正受到灭绝的威胁。表7－14显示的是列入吉尔吉斯斯坦生态系统红皮书的物种。

表7－14　列入吉尔吉斯斯坦生态系统红皮书的物种

单位：种

生态系统类型	生物种类						
	植物与菌类	节肢动物	鱼类	两栖与爬行类	鸟类	哺乳类	总计
森林	20	10			9	3	42
灌木林	14			2	2	4	22
草甸	14	4		1	6	5	40

续表

生态系统类型	生物种类						
	植物与菌类	节肢动物	鱼类	两栖与爬行类	鸟类	哺乳类	总计
草原	13	10		7	14	7	51
热带草原	22				2	5	27
荒漠	30	6		8	6	5	55
水及近水带		2	6	3	23	2	35

总体而言，与森林系统相比，草场系统种类要少，所受威胁较大。过度放牧严重破坏了系统多样性和自我稳定再生产的能力。

目前，吉草原和草甸的面积则约为国土面积的 70%，并且该系统的物种多样性也占优势。人类生态系统虽只占 7%，但具有更加显著的影响，特别是人口居住地和耕地部分补充了海拔 500~2000 米的草原生态系统，该地带人口密度超过 100 人/平方公里，其生态系统更趋不稳定。

其他地带的自然生态系统则较少或尚未被破坏。海拔 3000 米以上区域分布着无生命迹象的冰川，其面积约占 23%。此外还有 15% 左右的区域分布着块石、碎石和黏土，也基本无生命存在。

吉还分布有面积超过 13×10^3 平方公里、占国土面积 6.8% 的荒漠，以及 11.5×10^3 平方公里极端贫瘠的雪原 - 亚雪原带，这两种地带的生存条件极其严酷。在中等山地海拔 2000~3000 米的区域，生态系统多样化最为显著，吉全部 20 种生态系统中有 14 种分布在该地带，占生态系统总数的 63.6% 和国土面积的 30.8%。

（一）处于威胁下的生态系统

目前，吉尔吉斯斯坦已没有一处生态系统未受过人类活动的影响。虽然吉属于山地国家，水资源相对丰富，植被条件也相对较好，但根据中国科学院新疆生态与地理研究所吉力力研究员等（2008）的研究，吉多年平均生态赤字为人均 0.09 公顷，平均生态足迹压力指数为 0.9388，处于稍不安全状态。目前吉虽然较土库曼斯坦、哈萨克斯坦和乌兹别克斯坦生态环境质量稍好，但总体仍然较差。

当前，楚河谷地的山麓平原草原、吐加依林的水 - 沼泽带、费尔干纳周边地区的干旱草原、半荒漠和荒漠系统实际上已处于灭绝的境地。下游河流生态系统的退化主要是因为严重的污染和水资源被大量用于灌溉。鱼类的改变则主要表现为该国 54 种鱼类中的 21 种是外来种。山麓平原和山间谷地的草原、荒漠与半荒漠生态系统的林灌草等植被常常受到放牧活动的严重破坏。

森林生态系统目前也处于非常危险的境地，由于持续的放牧和砍伐，在近50年来，吉森林面积已缩小了一半。对于吉森林系统而言，胡桃林具有特殊意义，它是该国森林经济和部分居民收入的重要来源。为建立卫生保健等疗养设施而砍伐森林，也造成了森林面积的缩小并使其生存状态恶化。

（二）森林生态系统

虽然吉的森林面积不大，但在保障该国生态稳定与气候形成方面却起着关键性的作用。

2003年，该国森林面积占国土面积的4.32%。森林除了促进降水、涵养水土的作用外，还具有游憩观赏的价值，对旅游业的发展同样具有重要作用。

吉森林种类较多，有些是本地独有种，如桧树、云杉、云－冷杉、槭树、针叶林、胡桃林、阿月混子和巴旦杏等。它们对生物多样性的保护具有不可替代的重要意义。胡桃林和云－冷杉更对全球残留物种的保护具有重要意义。

（三）山地系统

在吉山地系统中，中等山地草原和热带草原面积为6367×10^3公顷，高山和次高山草甸分别为3363×10^3公顷和1773×10^3公顷，低山草原和热带草原共1956×10^3公顷。

该系统中的一些植被的组分、类别是天山和阿尔泰山脉的特有种，具有全球性的意义。在使用意义上，除饲料植物外，还有大量的药用、工业和装饰性植被，此外，该系统中还有猎用禽类和野兽。

山地系统在土壤多样化、调节河流流域径流、保护土壤免遭侵蚀、净化污染和预防洪涝及其所带来的经济损失方面起着重要作用。

山地系统退化的主要原因是过度放牧。均衡的放牧活动是草场系统自我恢复的必要条件，而过度放牧则将导致系统退化甚至土壤贫瘠不可恢复。

目前，吉牧场平均生产力已下降到低于正常水平40%，而距居民点较近的牧场的平均生产力只有正常水平的10%～20%。吉自然牧场面积为8.9×10^8公顷，占国土面积的45%，年产牧草约2×10^8～2.4×10^8吨。

研究表明，吉的植被盖度增加区域主要在山麓边缘，而植被盖度减少区域主要在河谷和山间谷地中。吉生态环境退化主要发生在谷地和山间盆地等区域。1990～2005年15年时间里，吉植被退化的总面积增加了2200

平方公里，该国植被退化趋势较小。

7 小结

吉是水资源非常丰富的国家，年均引水量占其可利用水资源量的不足20%。但其大部分淡水资源都以高山冰川和深层地下水的形式存在，分布极不均匀，且缺乏开发的资金和技术手段，加之跨界河流的水分配政策、低效使用和污染等因素，使该国仍有部分地区存在缺水问题。过度、不合理的水资源开发利用，也使大量的工业和生活废水、农药、化肥、盐碱等随灌溉余水和农田洗盐水进入水体，成为重要的污染源。此外，全球气候变化、人口过快增长也对水资源供应产生长远而持久的负面影响。通过调整用水方式和农作物种植结构、控制人口过快增长、采取先进的节水和管理技术、兴修水利和开发地下水等措施，可不同程度地改善当前的用水状况。

吉大气环境较好，尚未出现较严重的污染状况，这与其人口较少、工业基础薄弱有关，但个别人类生产生活较集中的地区，主要是工业城市的大气环境状况也不容忽视。

吉受自身经济状况限制，对固体废物处置投入较小，处理方法简单，往往造成后续的污染。对水体的污染，如直接把固体废物倾倒入河流中，不仅影响水生生物的生存和水资源的利用，也对下游的生态造成影响。废物堆或垃圾填埋地，经雨水浸淋，其渗出液和滤沥会污染土地、河川、湖泊和地下水。固体废物同时也可能造成对大气和土壤的污染。我国同吉接壤并有跨界河流，吉在跨界河流的上游，因此对于我国会造成一定的影响。

吉的土地退化主要表现为耕地退化、草地退化、林地退化引发的土地沙漠化、石质荒漠化和次生盐碱化等。该地区因长期过度放牧、土壤侵蚀与污染、灌溉土地盐碱化和沙漠化以及砍伐森林等原因，土地退化严重，大面积农田都受到土壤盐碱化的影响，严重影响吉经济、社会和环境生活。因此，必须采取相应的措施加以治理，包括：合理利用水资源；利用生物措施和工程建设保护系统；调整农林与牧用地之间的关系；控制人口增长；等等。

目前吉的铀矿均处于关闭状态，一般认为有33~35个，但吉紧急情况部的统计结果则是有25个尾矿和50个放射性物质填埋场（共掩埋放射性物质约220万立方米）。据测算，这些核尾矿和填埋场地区的放射剂量约为100~200毫伦/小时，部分地区可能达到2000~3000毫伦/小时。长期的铀工业活动不仅使吉部分国土受到放射性污染，而且核废料还会随着河流流向中亚其他地区，对水体、土壤、植物和人畜造成危害。

对于吉来说，处理核污染的重要性远远超过发展核工业。为此，吉政府的对策是，在可能遭受污染的地区开展环境、医学、生物学、诊断学等研究，进一步查清上述地区放射性对人、畜等的危害，进行环境立法和建立环境标准，对工业废渣暂存地、居民聚居区和市政服务设施进行重新规划和布局，对生态脆弱区，如水体、水源地、灌溉用水等易遭污染的对象，进行全面的地质生态普查，使人类饮用水和农牧业用水达到优质水平。

由于对水土资源的不合理利用，或是环境的自然变化以及人为、自然作用相叠加，吉生态环境日益恶化。该国生态系统的突出特点是脆弱性，专家指出，人口的迅速增长，工业、农业的发展等都要求该国采取新的水资源利用原则，重新审查农业耕地结构，并采取紧急措施防止地球生物圈继续受到污染。保护周围环境和合理利用自然资源问题无论是在过去还是现在都是错综复杂的，为此，吉应努力采取更为有效的措施解决区域性生态问题。该国也较重视环境生态问题并已采取了各种措施，对生态环境的变化过程实施了监测，生态环境恶化有所延缓或停止，但在治理和恢复方面，还未取得重要的进展。

第三节　环境管理

1　环境管理体制

吉环境保护机构及其职能如下。

（一）自然资源部

自然资源部主要负责土地、矿产、水利等天然资源的管理。其网址是：http：//www. mkk. gov. kg/。

（二）国家环境保护和森林署

国家环境保护和森林署是吉保障实施环境保护、生物多样性保护、合理利用资源、发展林业和确保国家环境安全领域政策的执行机构。其主要职能是保护国家生态环境、合理利用自然资源、发展林业经济。其网址是：http：//www. nature. kg/index. php？ lang = ru。

其主要下属机构如下。

①狩猎司（Департамент охоты）；

②森林生态系统发展司（Департамент развития лесных экосистем）；

③贾拉拉巴德坚果林跨区域管理局（Джалал-Абадское межрегиональное управление орехоплодовыми лесами）；

④林场、林管区、森林保护站（Лесхозы，лесничества，станция защиты леса）；

⑤森林狩猎制度管理局（Управление лесоохоту стройства）。

（三）农业和土壤改良部

其下设机构如下。

①牧场管理司（Департамент Пастбищ）；

②渔业司（Департамент Рыбного Хозяйства）；

③化学品、植物保护与检验司（Департамент химизации，защиты и карантина растений）；

④水利与土壤改良司（Департамент водного хозяйства и мелиорации）；

⑤农业生物中心（Кыргызагробиоцентр）；

⑥吉畜牧与草场研究所（Кыргызский научно-исследовательский институт животноводства и пастбищ）。

（四）紧急状况部

紧急状况部下设机构如下。

①尾矿处理局（Агентство по обращению с хвостохранилищами при МЧС）；

②水灾防护局（Управление «Сельводзащита»）；

③紧急状况监测、预警局（Департамент мониторинга，прогназирование ЧС）。

（五）卫生部

卫生部设置和职能较简单，在此不再介绍。

2　环境管理政策与措施

2.1　法律法规

吉的主要环境法律法规有《山地区域法》《生态保护法》《特殊自然区域保护法》《地矿法》《生态鉴定法》《大气层保护法》《生态区域保护法》《植被利用与保护法》《关于吉与邻国跨界河流水力资源利用对外政策的总统令》。吉环保法规定，对违法责任人追究民事和刑事责任，起诉有效期为20年。责任人及责任单位除恢复自然环境，并对受害个人及单位进行经济赔偿外，还要被追加刑事处罚。

2.2 重点环境保护法律法规的基本要点

（一）生态保护法

该法旨在建立生态环境保护、自然资源使用的政策及协调法律关系。该法第4节内容是对经济与其他类型活动有关生态保护的规定，包括国家生态鉴定规则。

（二）生态鉴定法

该法旨在调控生态鉴定的法律关系，杜绝经济活动对生态造成不良后果。国家生态鉴定参照调控经济活动的法规草案、技术章程、方法指导以及其他文件实施，对可影响生态环境的建筑、改造、扩建、技术更新项目规划与可研报告进行鉴定。

2.3 环境评估的相关规定

根据吉相关法律规定，在吉从事道路建设、矿山开发等野外作业项目的企业需在项目实施前到吉环保和林业署办理相应环保评估手续，审批时间根据项目不同而从两周到数月不等。此外，从事矿山开发的企业还需到吉地矿署办理环保审批。

2.4 吉尔吉斯斯坦的环保法

（一）环保法的依据

《吉尔吉斯斯坦宪法》、《吉尔吉斯斯坦土地法》（1999年6月2日第45号）、《吉尔吉斯斯坦森林法》（1999年6月8日第66号）、《吉尔吉斯斯坦水法》（2005年1月12日第8号）。

（二）环保领域法规

《吉尔吉斯斯坦环境安全通用技术规范法》（2009年5月8日第151号）、《吉尔吉斯斯坦环保法》（1999年6月16日第53号）、《吉尔吉斯斯坦环境鉴定法》（1999年6月16日第54号）、《吉尔吉斯斯坦水法》（1994年1月14日第1422号）、《吉尔吉斯斯坦大气保护法》（1999年6月12日第51号）、《吉尔吉斯斯坦动物法》（1999年6月17日第59号）、《吉尔吉斯斯坦植物保护和利用法》（2001年6月20日第53号）、《吉尔吉斯斯坦植物化学化和保护法》（1999年1月25日第12号）、《吉尔吉斯斯坦特别自然保护区法》（1994年5月28日第1561号）、《吉尔吉斯斯坦生物圈法》（1999年6月9日第48号）、《伊塞克湖生态经济可持续发展系统法》（2004年8月13日第115号）、《吉尔吉斯斯坦山区法》（2002年11月1日第151号）、《生产和消费废物法》（2001年11月13日第89号）、《环境污染费用（污染物排放、废物安置）法》（2002年3月10日第32号）、《野生动植物使用费用法》（2008年8月11日第200号）、《尾矿和废石堆》（2001年6月26日第57号）、《地下资源法》（1997年6月2日第42号）、《饮用水法》（1999年3月25日第33号）、《吉尔吉斯斯坦居民辐射防护法》（1999年6月17日第58号）、《牧场法》（2009年1月26日第30号）、《臭氧保护法》（2006年12月18日第206号）、《能源节约法》（1998年6月7日第88号）、《再生能源法》（2008年12月31日第283号）。

2.5 环境与自然资源政策

（一）环境政策

国家环保领域政策和合理利用自然资源的基础被列入吉生态安全概念。生态安全概念确定了吉的主要生态问题，对于社会经济发展和居民健康造成的威胁，环保原则和减轻预防灾害的办法，确定了环境安全短期、中期、长期的发展方向和机制。吉环境安全整体方案可用来解决具体问题。2025年森林发展法案是确定生态系统领域国家政策的基础。

环保和合理利用自然资源的关系由一系列法律监管，包括《吉尔吉斯斯坦环保法》《吉尔吉斯斯坦环境鉴定法》《吉尔吉斯斯坦水法》《吉尔吉斯斯坦动物法》《吉尔吉斯斯坦大气保护法》《吉尔吉斯斯坦生物圈法》《吉尔吉斯斯坦特别自然保护区法》等。环保管理法规的目的是实现对大气、水和土地资源、生物资源和森林系统等国家生态环境的监控。

截至2012年，国家生态监控由国家环境保护和森林署进行，从2012年开始由吉政府国家生态环境和技术安全监督机构执行监控。

数据显示，2006～2011年吉在环保方面的投入增加了124.7%（见表7－15）。

表7－15 吉尔吉斯斯坦环保领域投入资金

单位：百万索姆

年份	2006	2007	2008	2009	2010	2011
总数	285.0	134.3	156.4	341.6	468.7	640.4
其中，水资源保护	45.0	49.5	68.2	88.9	108.9	101.3
大气保护	4.1	12.3	61.6	4.1	6.6	9.8
土地保护	63.2	8.1	16.0	248.4	352.1	417.9
废物管理	172.6	1.0	5.9	0.1	1.0	2.1
其他活动	0.1	63.4	4.7	0.1	0.1	109.2

续表

年份	2006	2007	2008	2009	2010	2011
占总量的比重（%）						
总计	100	100	100	100	100	100
其中，水资源保护	15.8	36.9	43.6	26.0	23.2	15.8
大气保护	1.4	9.2	39.4	1.2	1.4	1.5
土地保护	22.2	6.0	10.2	72.7	75.1	65.3
废物管理	60.6	0.7	3.8	0.0	0.2	0.3
其他活动	0.0	47.2	3.0	0.0	0.0	17.1

2007 年 11 月 23 日第 506 号总统令提出《吉尔吉斯斯坦生态环境安全方案》，确定了近期内（到 2020 年）吉环保领域的基础发展方向和可持续发展的资源利用政策。

2011 年 9 月 23 日吉政府通过决议——《到 2015 年期间确保吉尔吉斯斯坦环境安全一体化方案》。

2011 年 9 月 8 日吉政府通过决议草案——《吉尔吉斯斯坦 2012 ~ 2014 年发展中期计划》。计划反映了吉政府到 2014 年的国家经济发展计划，其中包括确保环境安全的发展计划。

为保护伊塞克湖，2008 年 2 月 26 日吉尔吉斯斯坦共和国委员会出台了关于《“伊塞克湖”生态系统可持续发展的方案和计划》的决议。该决议提出伊塞克湖地区生态系统发展目的是确保高质量的自然环境，平衡经济增长和人口增长之间的关系。

2010 年吉在实施国家战略时制定了《吉尔吉斯斯坦到 2035 年可持续发展过渡草案》，该草案的核心是经济、社会、生态环境发展一体化。

（二）自然资源利用政策

自然资源利用的经济机制是建立价格优惠和鼓励污染企业实现环保的政策手段。该政策包括环境污染费、资源利用付费、非环保产品费等。

建立自然资源利用的经济机制有两个目的，即为环保行动获取资金和减少污染。

支付环境污染费是吉环保政策中的主要经济手段之一。环境污染费中的大部分付费针对的是空气污染、水污染和固体污染，具体费用是根据每个企业环保指标的最大额度制定的。

近十年来，吉在环境政策、法律、制度方面迈出了重要一步。在合理改革的框架下更新了环境法律和其他法规。所有这些法律法规是进行环境保护的准则和基础，而且合理的改革还在继续。立法程序的不一致导致了很多法律漏洞和法律、条款、法规之间的矛盾。制定法律条文比采取现成法规缓慢。目前吉还在生效的一些规范性文件（法规）仍是苏联时期的，很多重要条例需要重新审核并且要符合吉所涉国际公约义务。

吉五十多部法律法规中没有一部是明确关于自然资源利用的。自然资源利用和社会经济发展出现了矛盾，吸引的外国投资通常会对自然资源造成破坏。缺乏合理利用水资源和土地资源的机制是引发社会环境和政策之间矛盾的潜在因素。

自然资源合理利用领域现有的法律基础对于有效调节关系来说很重要，与土地、水、森林和其他自然资源利用都相关。当下法律条文的问题是苏联时期的方式和办法与当下的市场关系不相符。

吉环境保护法律法规改进的主要方向为：①立法保障体系整体改进后法律法规及条例符合国际需求；②环境质量紧跟国际标准；③立法调整关系的实施旨在防止工业、经济和其他活动的负面影响，但不能消除已经发生效力的法律规制；④实施环境保险，在重大环境事故和灾害发生的情况下，对公众健康安全和环境进行保护和应急处理；⑤建立环境审计业务实体，以满足环保要求。

2.6 相关措施

（一）水资源管理

吉属干旱区，但又存在着水资源的严重浪费。直到现在，大水漫灌仍然是该地区的主要灌溉方式，每亩地用水达 800 立方米以上，是以色列（每亩地用水仅 20 立方米）的 40 倍。因此，该地区的节水潜力很大，也是该国长期的战略任务。

（1）节水主要措施。①工业方面，从耗水大户做起，建立严格的节约用水制度，并监督执行；推广水的重复使用和循环使用经验。②农业方面，大面积采用喷灌、滴灌、膜下灌溉以及计算机控制下的定时定量供水等。

（2）水资源开发利用相关措施。2012 年 4 月国家政策对话指导委员会（以下简称指导委员会）第七次会议批准了针对楚河的流域管理计划，肯定了基线研究的成果，并将其作为吉制定水与健康领域目标和措施规划的基础。该项研究基于两个试点项目，其中一个在楚河流域，另一个在伊塞克湖流域。这些活动促进了卫生、水和环境部门之间的协调努力，达到了有效保护水资源、使之成为饮用水水源的目的。这些成果是解决楚河污染、饮用水质量及其对健康的不利影响等问题的重要一步。在国家政策对话机制下，吉正在采取措施把综合水资源管理的原则纳入国家水法中。未经处理的工业和市政废水直接排放，畜牧养殖、采矿和在居民区附近非法处理废物等都对水资源管理施加了巨大的压力。指导委员会批准的楚河流域管理计划提出了管理水量、确保水质和保护生态系统的综合方法，还强调了与哈萨克斯坦开展合作的必要性。

（二）生物多样性保护

（1）建立国家公园和自然保护区。吉为了保护自然物种多样性，建立了国家公园和自然保护区，尽可能覆盖其重要的生态系统和生物地理区域。2004 年保护西天山生态多样性项目已得到欧盟近 90 万欧元的拨款帮助。吉国家林业局、哈萨克斯坦农业与狩猎业委员会、乌兹别克斯坦自然保护委员会都是该方案的代理执行机构。

一些国际组织也十分关注西天山地区，认为它是世界最重要的生态区之一，拥有珍稀动物和植物（3000 多种）资源的西天山横跨哈萨克斯坦、乌兹别克斯坦和吉尔吉斯斯坦三国。1998 年哈萨克斯坦、吉尔吉斯斯坦和乌兹别克斯坦签署了保护西天山山林系统的协议。根据该协议，各国承担了为解决共同问题而加强相互合作的责任，这也使以前提出的组建跨界特别自然保护区——西天山跨界自然公园的设想有了实现的可能。

（2）暂停砍伐珍贵树种。2006 年吉总统库尔曼别克·巴基耶夫签署命令，决定对国家林场内生长的特别珍贵树种实行为期 3 年的禁止砍伐、加工和销售措施。这不仅是专家们多年呼吁的结果，也是认真执行《吉尔吉斯斯坦林业法》《吉尔吉斯斯坦环保法》《吉尔吉斯斯坦植物保护和利用法》的体现。总统要求政府部门在 2 个月的时间内拿出对违反自然保护条令者的从重处罚措施，要求国家环保局和林业部门加大对林场的监督检查力度。

（3）加强森林资源管理。吉南部拥有非常可观的森林资源，生长着丰富的果树植物，如梨、苹果、杏、石榴、李子、黄连木、巴旦木等。为使南部地区走出困境，吉政府和瑞士专家们共同对该地区的阿基特、阿伏罗顿斯和阿克西司等森林的管理进行规划。瑞士有关部门专门就森林经济的发展提供扶持和帮助。

（三）核污染治理

2004 年 7 月，世界银行与吉政府签订了关于治理迈里赛放射性废料污染的《防止紧急情况协议》，为吉提供 1176.1 万美元。尽管金额不大，却表明国际社会已开始关注中亚地区的放射性废料污染问题了。

2005 年 5 月吉政府称，尽管位于伊塞克湖南岸附近的两个铀尾矿池目前对生态和人类健康没有任何威胁，但清理工作已经开始，国家已经完成了设计工作并将在2005年底完成清除伊塞克湖附近铀尾矿池的第一阶段工作。目前，吉正在对6个尾矿积极地进行清理工作。

此外，吉国家科学院组建了一个名为“普洛特－艾科”的科学生产中心，致力于工业废料加工的研究，包括对封存设施的处理。科学家们摒弃了传统的封存处理法，而要用一种全新的专利技术实现用稀土金属废料生产矿物肥和有机矿物肥，以将废料场里的物质用于发展经济的目标。

（四）治理大气污染

臭氧层物质的管理问题。中吉两国海关部门在已签订的协议基础上，建立了交换有关危害臭氧层物质进出口贸易信息的协调机制。双方认同为了加强对危害臭氧层物质交易活动的控制，应在中亚国家和中国进行有关的法律协调工作。同时两国就危害臭氧层物质进出口贸易的主要通关地点，以及装备专门检测技术设备和仪器等问题达成了协议。

（五）防灾减灾

吉沿用了俄罗斯灾害管理模式，成立了相应的紧急状态部，负责减灾救灾工作的管理，发挥对采取措施应对突发事件的决策作用，旨在保护本国全体国民、领土和企业。紧急状态部成员包括应急医疗中心、应急救灾单位、消防等服务队、信息培训中心、地方应急救护队和其他企业及组织等相关机构。

第四节　环境国际合作

吉今后一个重要的任务就是开展全方位包括中亚各国之间及其他国家之间环境保护方面的合作，合作内容包括综合治理盐碱地、科学探测地下水分布、治理荒漠、治理铀污染以及修建水坝等。吉非常重视国际合作，积极地与其他国家及组织实现多边或者双边合作以解决环境和资源合理利用方面的跨界问题，履行环保公约的义务，为解决环保问题吸引国际援助。

1992年吉加入联合国并成为一系列国际组织环保领域的成员，如联合国环境规划署、联合国开发计划署、世界气象组织、联合国粮食和农业组织、世界卫生组织、联合国教科文组织。1992年吉加入了联合国欧洲经济委员会并且积极参与“欧洲环境”项目，1993年加入世贸组织。

吉在欧亚经济共同体、拯救咸海国际基金委员会、国际可持续发展委员会、国际水协调委员会的框架下与中亚各国家开展合作。

根据2006年1月16日吉政府令，国家环境和林业署是11项环保公约和3个议定书的项目执行机构。吉农业和土壤改良部负责执行荒漠化公约。两部门共同完成了国际环境公约一系列环保和合理利用自然资源项目。

吉是联合国欧洲经济委员会奥胡斯公约的成员国之一。吉的《国家机构和地方管理机构信息使用权》保护了国家机构和地方当局的信息使用权，使信息达到最大化的公开和透明。国家环境报告是主要信息源，扩大了环境信息公开度。

1 双边环保合作

1.1 中吉合作

1996年我国与吉签订了《两国水文气象局气象科技合作协议》。在联合国环境规划署和吉生态与紧急情况部共同组织下，哈萨克斯坦、中国和吉尔吉斯斯坦于2005年8月25～27日在吉的乔尔篷阿塔市举行了非正式会议，向建立监控及协调危害臭氧层物质进出口的国际机制迈出了第一步。

中国在力所能及的前提下，分别向乌兹别克斯坦、吉尔吉斯斯坦、塔吉克斯坦三国赠送了风云卫星广播接收系统，并无偿援助塔吉克斯坦国家气象中心价值100万美元的气象设备，便于各国快捷地通过通信卫星获取大气温度、湿度、地表温度等常规地面观测数据，为区域国家的气象预测、环境监测、灾害评估提供信息和技术支持。中国还计划启动耗资1.5亿元的气象工程，在新疆开展对中亚沙尘暴的沙尘输送量、浓度、运动方向等的监测，以实现与周边国家共建地区沙尘暴监测网络，为沙尘暴预警和制定防治对策提供支持。

为共同阻止全球气候的进一步恶化，中、哈、乌、吉等国先后加入了《联合国气候变化框架公约》及《京都议定书》，承诺将全面履行公约的义务，严格依据公约原则，特别是“共同但有区别的责任”原则和各自的能力，通过参与气候变化领域的区域合作，积极介入相应领域的国际活动和法律文书的制定，努力构建有效的技术合作机制，促进应对气候变化技术的研发、应用与转让，提高应对气候变化的能力。

2012年6月，中华人民共和国和吉尔吉斯共和国联合发表宣言，声明双方将开展环保领域的合作，以采取必要措施防止污染，确保包括跨界水等自然资源的保护和合理利用。

中吉跨界环保合作现阶段也只是一种初期设想。中吉两国在地域上相连，共处一个生态环境圈中，中吉任何一国的环境问题都极有可能对另一国造成严重影响。水环境问题与大气环境问题就是其中非常典型的例子。

吉是中亚国家唯一在本国境内形成水资源的国家，因而具有水文所有权及优先权。吉地表水利用率国内仅为20%，其他80%的水资源流入下游邻近国家，包括乌兹别克斯坦、哈萨克斯坦、中国和塔吉克斯坦。

中吉主要跨境河流为塔里木河及其支流。

塔里木河全长2030公里，流域面积约1×10^6平方公里，形成于吉和塔吉克斯坦境内。该河的上游区段水资源目前基本未被开发利用，全部径流均流入中国境内，注入罗布泊。吉与中国交界的东南部内天山属于塔里木河流域，是塔里木河径流的形成区，主要支流有萨雷扎兹河、琼-乌曾古库什河、阿克塞河和科克苏河（克孜勒苏河），年径流量超过70亿立方米。

吉目前正在研究建设萨雷扎兹河梯级水电站的计划，项目将在互利的条件下与中国展开合作。开发该河水电将通过在干流上修建4座梯级电站来实现。萨雷扎兹河梯级水电开发所生产的电力将满足吉北部（卡拉科尔市）和中国西北省区的需求。

1.2　吉与其他国家及组织的合作

（一）欧洲复兴开发银行投资援助改善供水

欧洲复兴开发银行（EBRD）投资200万欧元帮助吉北部地区最大的工业和交通枢纽之一——卡拉巴尔塔市（Kara-Balta）改善40000居民的供水问题。该项目将向卡拉巴尔塔自来水公司提供200万欧元贷款，且EBRD股东特别基金将提供300万欧元补助款。EBRD还将额外补助130万欧元，用于支持项目实施并提供技术援助，以增强卡拉巴尔塔自来水公司运作和资金的可持续性。该项目将有助于卡拉巴尔塔市修复其供水网络、安装用水计量设备、提供检漏管理工具、替换废弃水泵等。这些措施将减少水的泄漏，同时缓解家庭过度用水现象，供水运作和维护成本也将随之降低。

（二）吉尔吉斯斯坦和俄罗斯就合作修建新水电站达成协议

吉与俄罗斯两国政府就关于修建和运营坎姆巴拉吉斯克1号水电站及上纳伦河梯级水电站的协议草案达成一致。同时双方还讨论了比什凯克热电站的修复及可行性。吉总理奥穆尔别克·巴巴诺夫（Omurbek Babanov）表示，坎姆巴拉吉斯克1号水电站的投资规模将达25亿美元，而俄罗斯将投资4.55亿~5亿美元用于上纳伦河梯级水电站的建设。俄水力集团董事会主席称已做好准备，计划修建4个中等规模、总容量为10.54亿千瓦时的水电站。据悉，吉将持有上述水电站50%的股份。

（三）联合国开发计划署支持吉尔吉斯斯坦预防自然灾害风险

2011年经联合国开发计划署《自然灾害风险管理》规划，20个小型减灾项目在吉易受灾害地区得以实施，这些项目旨在降低自然灾害风险。实施项目的总金额约为890万索姆，联合国开发计划署提供的金额为420万索姆（47%）。这些项目涵盖了大约49万人。2006～2009年，联合国开发计划署《自然灾害风险管理》规划共实施了34个减灾项目，保护了1320座民房（惠及约6600人），23所社会文化场所（学校、医院及其他场所），1489公顷农业用地，33公里交通线（公路、运河及其他），使其免遭自然灾害的危害。联合国开发计划署提供了该项目总金额的51%。最终，重建和新建的线路设施（如灌溉网、道路、防护坝、土堤和其他建筑）总长度为255100米。此外，还相应建设了2座步行桥梁、修复了4座公路桥梁。联合国开发计划署同社会各阶层紧密合作，帮助进行国家建设、抵御危机、提高经济增长水平，从而改善每个人的生活质量。

2 多边环保合作

2.1 上海合作组织

2010年9月23日，第三次上合组织成员国教育部部长会议通过，上海合作组织大学项目院校增至62所，其中哈萨克斯坦13所、吉尔吉斯斯坦8所、中国15所、俄罗斯16所、塔吉克斯坦10所。上合组织在文化、教育、环保、紧急救灾等领域合作进展顺利，取得积极成果。

上合组织正式成立以来，合作范围日益扩大，2004年6月塔什干峰会宣言明确实施深化发展战略，将环境保护及合理、有效利用水资源问题提上本组织框架内的合作议程，并提议相关部门和科研机构从2004年开始共同制定本组织在该领域的工作战略。在上合组织框架下，中亚水资源问题的解决有了相关法律条文依据，建立了上合组织发展基金。随着上合组织机制的完善，技术层面将不会有难题。更重要的是上合组织提供给相关各国一个可以协商问题的平台，以化解纠纷与解决矛盾，并缓解军事冲突方面的压力。

虽然上合组织自成立以来发布的文件并没有对中亚水资源合作的基本方式做出明确表述，但在上合组织框架下展开与水资源相关的法律制度建设、科技合作将会是重点。目前，俄罗斯自然资源部与莫斯科市政府为了制定“上海合作组织成员国在现代政治经济条件下合理利用水资源的构想”，组建了一个联合工作小组。这是向保障中亚地区水资源可持续利用迈出的重要一步。

2.2 中亚跨境水资源的双边与多边合作

2012年6月，联合国中亚区域预防性外交中心（UNRCCA）在美国政府的支持下，在吉境内伊塞克湖地区组织了主题为“中亚跨境水资源的双边与多边合作：继第六届世界水资源论坛之后的研究方向”的讨论会。UN-RCCA在其发布的报告中称，在为期两天的讨论会期间，与会者回顾了中亚跨境水资源管理中的多种双边和多边合作模式。参会者使用该领域的协商案例，熟悉了跨境水资源管理国际惯例的新特点，也继续讨论了出版中亚早期预警公报的操作细节。

2.3 中亚五国政府间水利事务协调委员会例行会议

2012年中亚五国政府间水利事务协调委员会例行会议在土库曼斯坦首都阿什哈巴德举行。中亚五国主管水利事务的领导、代表和专家出席会议。与会人员对近年来中亚五国通过友好对话，在共同利用水资源上达成的共识表示满意。此次中亚五国政府间水利事务协调委员会例会决定在2011～2012年共同采取措施，加大力度解决阿姆河和锡尔河水资源利用问题，并召开关于跨界河流水资源利用的研讨会。同时，与会人员表示将扩大各国在水资源利用领域的合作，在实践中积累经验，采纳国际上的先进做法，寻找更好的共同开发和利用水资源的解决方案。

2.4 “欧盟水资源倡议：东欧、高加索和中亚进程”

2012年7月“欧盟水资源倡议：东欧、高加索和中亚进程”（EUWI EECCA）工作组第16次会议在日内瓦召开。参会国家有美国、阿塞拜疆、格鲁吉亚、哈萨克斯坦、吉尔吉斯斯坦、摩尔多瓦、俄罗斯联邦、塔吉克斯坦、土库曼斯坦和乌克兰。工作组讨论并于会后签署了2012～2013年在IWRM和WSS框架内的工作计划，内容涉及中亚四国和俄罗斯联邦。

2.5 “开展区域合作，确保中亚水质”合作计划

2012年5月中亚五国代表批准了关于水质的首次全面合作计划——《开展区域合作，确保中亚水质》，该计划在联合国欧洲经济委员会（UN-ECE）和中亚区域环境中心联合实施的“中亚水质”项目框架下开展。该计划包括三个战略方向：水质方面的信息交换和国家政策的协调；合作开展水质监测和数据交换；建立区域专家机构。项目和合作计划的相关工作建立在UNECE《跨界河道和国际湖泊保护与利用公约》、《关于水与健康的议定书》以及《欧盟水框架指令》的基本原则基础之上。该项目为水质方面的合作开创了一个新的规则框架。

2.6 “加强综合、自适应水资源管理分析”研讨会

2012年7月举办的“加强综合、自适应水资源管理分析”研讨会通过了一项中期（3～5年）路线图的原则和方向，目的是在咸海流域开展水数据管理，以及水流和水资源利用的模拟等。联合国欧洲经济委员会（UN-ECE）将在路线图有关内容的具体实施方面发挥积极作用。该会由世界银行、瑞士开发公司和 UNECE 主办，参会者包括来自阿富汗、哈萨克斯坦、吉尔吉斯斯坦、塔吉克斯坦、土库曼斯坦、乌兹别克斯坦以及一些区域组织和资助方的约 50 名政府代表和专家。会议还达成共识，决定为咸海流域开发一系列关联模型，以便进行不同层次的分析，涵盖咸海流域、个别支流、子流域和国家层面。与会者还指出应该在制定国家和区域气候变化适应性战略方面开展进一步分析和模拟。在讨论制度和法律问题时，会议强调了信息是否易于理解对于决策和公众都非常重要，同时有必要为信息管理的区域合作制定统一的法律基础。

2.7　参加的国际环境公约

吉加入了 12 个国际环境公约。吉加入的国际公约列表及批准年份为《联合国气候变化框架公约》（2000 年）及其《京都议定书》（2003 年）、《生物多样性公约》（1996 年）及其《卡塔赫纳生物安全议定书》（2005 年）、《长程越界空气污染公约》（2000 年）、《保护臭氧层维也纳公约》（2000 年）、《关于消耗臭氧层物质的蒙特利尔议定书》和《关于在国际贸易中对某些危险化学品和农药采用事先知情同意程序的鹿特丹公约》（2000 年）、《控制危险废物越境转移及其处置的巴塞尔公约》（1995 年）、《跨境环境影响评价公约》（2001 年）、《在环境事务中获取信息、公众参与决策和诉诸法律的奥尔胡斯公约》（2001 年）、《关于国际重要湿地特别是水禽栖息地的拉姆萨尔公约》（2002 年）、《关于持久性有机污染物的斯德哥尔摩公约》（2006 年）、《防治荒漠化公约》（1999 年）和《濒危野生动植物种国际贸易公约》（2006 年）。

2.8　吉对国际环境合作的立场分析

吉国内的一系列环境问题已经很大程度上阻碍了经济的可持续发展。因此，着力保护环境是吉必须面对的一个课题。吉已认识到，他们未来的经济增长前景在很大程度上依赖于区域整合。然而，吉在国际环境合作方面的立场却是复杂的。

目前，中亚各国上下游国家争论的焦点在于，下游国家希望上游国家能有规律地放水进行灌溉，并认为水不是商品，与石油和天然气不一样。乌兹别克斯坦以吉未付天然气款而拒绝供气。吉则认为，天然气是资源，水也是资源，乌可以停止供气，吉也可以停止供水。吉坚持，如果财政或能源支持无法使其度过冬季的那几个月，他们将继续在秋季和冬季放水，以发电来满足自身需要，由于没有其他能源选择，吉也就不会关注下游国家的农业问题。如果将来真的引发水气大战，两国问题就会更严重。所以，现在亟须协调各国统一用水的问题。

另外，托克托古尔水库的运行管理问题已成为对沿岸国家区域合作的一个考验。按《锡尔河水能协定》的规定，在哈萨克斯坦、乌兹别克斯坦通过吉境内的托克托古尔水库可以获得灌溉保证时，吉应获得哈萨克斯坦、乌兹别克斯坦廉价煤炭、石油和天然气的供应，并向哈萨克斯坦、乌兹别克斯坦出口水电。但是，由于哈萨克斯坦和乌兹别克斯坦不能对吉进行等量补偿，并一再要求按国际市场价格向吉出口能源，并减少吉水电出口，使吉不得不单独采取行动。吉为满足冬季供暖所需的电力供应，增加水库冬季放水以增加发电，导致乌兹别克斯坦、哈萨克斯坦夏季灌溉用水严重短缺以及冬季洪水灾害和水浪费。吉则认为作为水库的主要受益国，哈萨克斯坦、乌兹别克斯坦应向其支付水资源费并承担水利工程的运行和维护费用。

中亚国家与大国之间的关系也是影响水资源的一个因素。俄罗斯在各国的水电站项目中都占有一定的投资比例。俄也贷款给吉建设一些水电站项目。俄罗斯和欧洲分析家相信，吉政府在2010年1月决定驱逐美国位于其玛纳斯空军基地的军事力量，是受到了俄罗斯的影响——俄罗斯决定给予吉20亿美元的贷款，其中近75%的贷款将被用于完成Karambara一期水利工程。

吉水补给充足、水质好、落差大，是建立水库和水电站的理想区域，希望开发本国的水力发电潜力。该国已制定大规模开发水能资源的政策与计划。近年来，吉政府积极开展能源领域的引资活动，国际上很多投资机构及水电开发公司对此都表现出了较大的兴趣。吉开发水电的河流基本上都是跨界河流或者跨界河流的重要支流，而河川水流出山以后，进入乌兹别克斯坦、哈萨克斯坦和土库曼斯坦境内。这3个国家集中了适合农业耕种的土地，河水主要用于灌溉、工业生产及居民生活。因此，这3个国家对水资源用于灌溉的机制非常关注，但是灌溉所需水量最大值却出现在作物生长旺季——春季和夏季。正是这些基本状况使处于流域不同位置（即上、中、下游）的国家之间存在着许多矛盾和分歧，容易引起与下游国家的纠纷。

1992年起，吉获得的补偿性能源供应大大减少，导致该国火力发电站不能正常运转。同时，由于该国没有天然气和煤炭资源，公众日常生活中的用电需求急剧增加。这种矛盾集中表现在托克托古尔水利枢纽的利用上。

吉为了扭转国内电力不足的局面，开始调整托克托古尔水库的功能向发电方向倾斜。水电站发电量最大的季节变为冬季。而位于下游的乌兹别克斯坦和哈萨克斯坦认为吉对托克托古尔水库运行方式的改变，造成了不良后果。

这些问题中的任何一个都涉及中亚各国的国家利益，吉尔吉斯斯坦和塔吉克斯坦对协定的执行有一定的保留。各国独立后，中亚以前实行的分水原则仍然有效，但上游国家却得不到应有的补偿或补偿不足。据吉尔吉斯斯坦和塔吉克斯坦的意见，地区内现有的分水系统是不公正的，而且给上游国家带来了重大损失：第一，不能发展灌溉农业以满足粮食需求；第二，不能在最佳状况下利用梯级水电站发电以满足冬季用电需要。

就目前吉所参与的国际环境保护合作分析，其基本立场如下。

（一）吉参与的环境合作缺乏实质性进展

吉参与的大多数环境合作还只停留在论坛、发表宣言、双边协议和对话，以及民间交往等软制度层面，达成的协定也多缺乏实质性规定、灵活性与可操作性。乌兹别克斯坦和哈萨克斯坦的灌溉用水需求可以用向上游吉尔吉斯斯坦和塔吉克斯坦提供相等数量的能源补偿来满足。哈萨克斯坦、吉尔吉斯斯坦、乌兹别克斯坦三国于 1998 年 3 月签署了一个有关纳伦河梯级水库水与能源联合和综合利用的政府间协定。按照此协定，锡尔河和阿姆河的水与能源利用应根据这个框架每年度签订特别协定以及国家间水协调委员会每年制定的供水进度表进行。但实际上，各国在 2001 年后对年度协定的协商与谈判很艰难，几乎没有达成可执行的协定，也没有完全遵照国家间水协调委员会每年制定的供水进度。中亚水资源分配与能源补偿模式的实施困难重重，这一直是咸海流域国家努力希望解决的重大问题之一。

（二）吉在国家利益的驱动下，一定程度上减缓了国际环境合作的步伐

吉采矿和冶炼企业生产过程中遗留了有害废物，这些未经任何环保处理的有害物质，通过空气和河流四处蔓延，已对下游国家的大气、土壤、水源等造成了相当严重的污染。仅吉的有毒和放射性垃圾采矿点就对吉、哈、塔、乌 4 国边界领土大约 500 万居民的生存环境构成威胁。在锡尔河流域地区，河水因受到大量农药、生活污水及有毒工业废料的污染，已不适宜饮用和灌溉，许多沿岸国家的居民因食用有毒物质含量超标的农作物而患上胃癌等绝症。不仅如此，吉还为保证其国内的电力供应，不断增加国内水电站的蓄水量，经常中断向下游的哈、乌等国供水，从而加剧了下游国家的旱情，由此引发的火灾层出不穷。

吉国家法规规定吉作为供水国，基于市场经济原则向下游国家有偿供水是在苏联对下游供水任务的特殊条件下形成的。这些规定在吉与哈萨克斯坦、乌兹别克斯坦签署的关于综合利用纳伦河－锡尔河水能资源政府间协议中都得到了一定的体现（哈萨克斯坦、乌兹别克斯坦仅同意向吉支付维护托克托古尔水库的部分费用），但若对新的尚未建设的水利工程而提出此要求，显然不符合现代国际社会普遍认可的公平合理利用等原则和国际惯例，很难被其他沿岸国家的接受。

随着石油、天然气和煤矿价格上涨，中亚下游国家开始向其他国家出口矿物能源。上游吉、塔两国为了避免支付日益昂贵的能源进口费，开始在夏季和春季蓄水，以提高冬季发电能力，保障本国能源供应。加之吉国内局势混乱，与各国在许多问题上缺乏相互沟通和理解，在水资源问题上缺乏协调与合作，引发了一系列矛盾和问题。另外，水资源已成为吉的政治工具，它要么以保护水资源为由要求免除债务，要么凭借对水资源问题的主动权或对跨境水流的控制权对邻国施加政治、经济压力。这也加重了水资源问题的解决难度。

（三）国际环境合作仅作为国家对外交往的一种形式

吉在气候环境合作中所做出的任何决策都会因来自国内地方政府、行业协会、公众民意等各种利益群体的牵制而发生改变。例如，在吉南方与北方两大政治势力之间存在着对水资源环境问题的不同见解，这导致该国在国际环境合作中经常调整立场，使得环境合作缺乏稳定的政治基础，没有延续性。苏联时期修建的一些水利设施成为跨境水利设施，在管理、利用上也存在许多问题。每一个国家对其境内的大型水利设施及其所存蓄的水资源的所有权问题持有不同意见，其中引起其他国家不满最明显的是吉。吉通过的有关资源的法律宣告吉将按照有偿用水的原则与其他国家建立用水关系。吉在跨境水利工程（特别是输水渠道）的管理上也存在大量的问题和矛盾，主要表现为各国都只想着使用，不愿意管理和掏钱维修。

（四）吉目前不可能，也没有能力拿出更多资金解决地区环境问题

吉没有经济实力去解决地区的环境问题，只能被动应对环境问题带来的威胁。吉独立后经济出现衰退，导致多年来水利投入严重不足，水利工程建设滞后，存在水利设施老化问题。要修复这些水利设施需要巨大的资金投入，但吉经济拮据使跨境渠道的维修计划无法真正得到落实。

（五）环境威胁弱化了参与国际合作的积极性

对于吉而言，环境问题所带来的威胁是潜在的和长远的，这在一定程

度上弱化了其参与国际环境合作的积极性。

参考文献

[1] 白丽：《哈吉乌继续筹建西天山自然公园》，《中亚信息》2002 年第 4 期。

[2] 鲍超：《新疆与中亚邻国水资源开发对城市化和生态环境的影响机理研究》，博士后研究工作报告，中国科学院地理科学与资源研究所，2009。

[3] 柴方营：《国际河流概况及开发利用模式》，《水利天地》2007 年第 5 期。

[4] 陈超、陈正、金玺：《吉尔吉斯斯坦主要矿产资源及矿业投资环境分析》，《亚洲资源》2012 年第 1 期。

[5] 刁莉：《中亚水资源危机临近》，《第一财经日报》，http://money.163.com/10/0920/09/6H1076PB002534M5.html，2010 年 9 月 20 日。

[6] 谷维：《吉、中、哈就危害臭氧层物质的管理问题达成一致》，《中亚信息》2005 年第 9 期。

[7] 谷维：《吉尔吉斯斯坦的森林资源及其管理》，《中亚信息》2005 年第 3 期。

[8] 关妍、高昆：《中亚国家的灾害管理体制》，《中国减灾》2007 年第 8 期。

[9] 中国海关总署：《关于对吉尔吉斯斯坦和哈萨克斯坦投资贸易情况的考察报告》，http://www.customs.gov.cn/publish/portal0/tab637/module18164/info48948.htm，2004-12-16。

[10] 胡文俊：《咸海流域水资源利用的区域合作问题分析》，《干旱区地理》2009 年第 6 期。

[11] 新疆维吾尔自治区对外贸易经济合作厅：《吉尔吉斯共和国》，http://www.xjftec.gov.cn/Family/zhongyaxinxiTL/jierjisiST/jierjisiST-Guojiagaikuang/40289298127e5ace01127e6d4bb50090.html，2006 年 6 月 16 日。

[12] 《吉尔吉斯共和国》，中文百科在线，http://www.zwbk.org/MyLemmaShow.aspx? lid=4675，2010 年 10 月 28 日。

[13] 《吉尔吉斯共和国概况》，中国网，http://www.china.com.cn/zhuanti2005/txt/2004-09/21/content_5664715.htm，2004 年 9 月 21 日。

[14] 《吉尔吉斯斯坦》，http://www.scfao.gov.cn/info/detail.jsp? infoId=

B000000295，2008 年 6 月 5 日。

[15]《吉尔吉斯斯坦》，百度百科，http：//baike. baidu. com/view/140073. htm，2013 年 9 月 18 日。

[16]《吉尔吉斯斯坦概况》，新华网，http：//news. xinhuanet. com/ziliao/2002 – 06/18/content_445951. htm，2002 年 6 月 18 日。

[17]《吉尔吉斯斯坦概况》，新浪网，http：//news. sina. com. cn/w/2003 – 08 – 06/12311489461. shtml，2003 年 8 月 6 日。

[18]《吉尔吉斯斯坦概况》，亚洲论坛，http：//www. asiaforums. org/2004/12 – 20/16252980023. shtml，2004 年 12 月 20 日。

[19]《吉尔吉斯斯坦概况》，中华网新闻，http：//news. china. com/zh_ cn/focus/jejsdd/11028304/20050323/12188437. html，2005 年 3 月 23 日。

[20]《吉尔吉斯斯坦国家概况》，http：//www. fmprc. gov. cn/mfa_ chn/gjhdq_ 603914/gj_ 603916/yz_ 603918/1206_ 604258/，2012 年 12 月 1 日。

[21]《吉尔吉斯斯坦军事力量详表》，战略网，http：//www. chinaiiss. com/military/view/147 – 142，2010 年 9 月 21 日。

[22] 中华人民共和国国土资源部：《吉尔吉斯斯坦能源简介》，http：//www. mlr. gov. cn/zljc/201008/t20100828 _ 754253. htm，2010 年 8 月 28 日。

[23]《吉尔吉斯斯坦与各国关系》，http：//www. chinaha. net/zhuanti/，2010。

[24] 吉力力·阿布都外力、木巴热克·阿尤普：《基于生态足迹的中亚区域生态安全评价》，《地理研究》2008 年第 6 期。

[25] 李立凡、刘锦前：《中亚水资源合作开发及其前景——兼论上海合作组织的深化发展战略》，《外交学院学报》2005 年第 1 期。

[26] 李雪：《教育国际合作新模式的探索实践——浅析上海合作组织大学》，《教育教学论坛》2013 年第 33 期。

[27]《列国版图：吉尔吉斯共和国》，立地城，http：//maps. lidicity. com/index. html，2013 年 9 月 18 日。

[28] 刘庚岑、徐小云：《列国志——吉尔吉斯斯坦》，社会科学文献出版社，2005。

[29] 聂书岭：《吉尔吉斯斯坦暂停砍伐珍贵树种》，《中亚信息》2006 年第 8 期。

[30] 蒲开夫：《二十一世纪的中亚市场》，《东欧中亚市场研究》2000 年第

5 期。
[31] 蒲开夫、王雅静：《中亚地区的生态环境问题及其出路》，《新疆大学学报》（哲学人文社会科学版）2008 年第 1 期。
[32] 释冰：《浅析中亚水资源危机与合作——从新现实主义到新自由主义视角的转换》，《俄罗斯中亚东欧市场》2009 年第 1 期。
[33] 谈成龙：《罗马尼亚和吉尔吉斯斯坦的铀工业及环保问题》，《世界核地质科学》2003 年第 2 期。
[34] 王威：《俄罗斯高等教育国际化初探》，《黑河学院学报》2012 年第 5 期。
[35] 魏良磊：《吉尔吉斯斯坦将举行议会选举，议员人数增至 90 名》，新华网，http：//news. sohu. com/20071024/n252817649. shtml，2005 年 7 月 24 日。
[36] 吴淼、张小云、王丽贤等：《吉尔吉斯斯坦水资源及其利用研究》，《干旱区研究》2011 年第 3 期。
[37] 徐海燕：《上海合作组织的十年教育合作》，《重庆教育学院学报》2012 年第 5 期。
[38] 徐小云：《吉尔吉斯斯坦自然资源》，载刘庚岑、徐小云编著《列国志——吉尔吉斯斯坦》，社会科学文献出版社，2005。
[39]《吉尔吉斯斯坦的气候情况》，中国欧洲俄罗斯中亚研究网，http：//euroasia. cass. cn/news/107114. htm，2009 年 10 月 24 日。
[40] 杨恕、田宝：《中亚地区生态环境问题述评》，《东欧中亚研究》2002 年第 5 期。
[41] 姚留彬：《中亚水资源管理面临的挑战与危险》，《中亚信息》2002 年第 1 期。
[42] 伊里旦·伊斯哈科夫、A. Ю. 古塞娃：《中亚地区水利资源利用问题》《中亚信息》，2001 年第 6 期。
[43] 岳萍：《吉尔吉斯斯坦加快清理铀尾矿》，《中亚信息》2005 年第 6 期。
[44] 张宁：《吉尔吉斯斯坦能源简介》，《国土资源情报》2010 年第 8 期。
[45] 张新花、何伦志：《中亚水资源纠纷及通过水资源市场化的解决途径》，《新疆社会科学》2008 年第 1 期。
[46] 张渝：《中亚地区水资源问题》，《中亚信息》2005 年第 10 期。
[47] 商务部对外投资和经济合作司、中国驻吉尔吉斯斯坦大使馆经济商务参赞处：《对外投资合作国别指南：吉尔吉斯斯坦》，http：//fec. mof-

com. gov. cn/gbzn/upload/jierjisi. pdf，2012 年 11 月 27 日。

[48] 中华人民共和国商务部：《中亚五国政府间水利事务协调委员会召开例会》，http：//big5. mofcom. gov. cn/aarticle/i/jyjl/m/201205/20120508108599. html，2012 年 5 月 8 日。

[49]《中华人民共和国和吉尔吉斯共和国联合宣言》，《人民日报》，2012 年 6 月 7 日。

[50] 周可法、张清、陈曦、孙莉：《中亚干旱区生态环境变化的特点和趋势》，《中国科学 D 辑：地球科学》2006 年 S2 期。

[51] 周晓玲：《哈、吉、乌欲建跨界自然保护区》，《中亚信息》2004 年第 3 期。

[52] 中华人民共和国驻吉尔吉斯共和国大使馆经济商务参赞处：《2011 年吉尔吉斯社会经济概况》，http：//www. mofcom. gov. cn/aarticle/i/dxfw/jlyd/201202/2012020795 2456. html，2012 年 2 月 5 日。

[53] 朱新光、张深远、武斌：《中国与中亚国家的气候环境合作》，《新疆社会科学》2010 年第 4 期。

[54] Akimaliev D. A. , Zaurov D. E. , Eisenman S. W. , "The Geography, Climate and Vegetation of Kyrgyzstan", in *Medicinal Plants of Central Asia: Uzbekistan and Kyrgyzstan*, (New York: Springer, 2013).

[55] Chape S. , Blyth S. , Fish L. et al. "United Nations List of Protected Areas 2003 (6th ed)", http: //www. unep-wcmc. org/united-nations-list-of-protected-areas-2003_ 159. html, 2003 - 1.

[56] "Central Asian Countries Approve Joint Cooperation Plan on Water Quality UNECE", http: //www. unece. org/press/pr2012/env_ p01. html, 2012 - 5 - 7.

[57] European Union Water Initiative Eastern Europe, "Caucasus and Central Asia", http: //www. unece. org/fileadmin/DAM/env/water/meetings/NPD_ meetings/16th_ EUWI_ EECCA_ WG_ meeting_ Report_ En. pdf.

[58] Klaus Schwab, "The Global Competitiveness Report 2012 ~ 2013", 2012.

[59] UNECE, "Kyrgyzstan Makes Strides in Improving Its Water Resources Management within Framework of UNECE-supported National Policy Dialogue", http: //www. unece. org/index. php? id = 29602, 2012.

[60] Central Asian News Service, "Kyrgyzstan, Russia reach agreement concerning construction of Kambar-Ata-1 hydropower plant", http: //en. ca-

news. org/news: 514761, 2012 - 8 - 15.

[61] L. A. Alibekov, S. L. Alibekova, "The Socioeconomic Consequences of Desertification in Central Asia", *Herald of the Russian Academy of Sciences*, 2007, 77 (3).

[62] Population Division of the Department of Economic and Social Affairs of the United Nations Secretariat, "World Population Prospects: The 2012 Revision", 2013.

[63] Svitlana Pyrkalo, "EBRD Supports Water System Modernisation in the Kyrgyz Republic, European Bank for Reconstruction and Development", http: //www. ebrd. com/english/pages/news/press/2012/120803. shtml, 2012 - 12 - 8.

[64] UNECE, "UNECE Supports Improved Management of Water Information in Central Asia", http: //www. unece. org/index. php? id =30327, 2012 - 7 - 0.

[65] Камчыбеков Д. К., «СОСТОЯНИЕ ХВОСТОХРАНИЛИЩ И РАДИОАКТИВНЫХ ОТВАЛОВ И ВОПРОСЫ ОБЕСПЕЧЕНИЯ ЭКОЛОГИЧЕСКОЙ БЕЗОПАСНОСТИ», «Вестник КРСУ», 1 (2007).

[66] Маматканов Д. М., Романовский В. В., Бажанова Л. В., «Водные ресурсы Кыргызстана на современном этапе», «Бишкек: Илим», 2006.

[67] Национальное законодательство, ГОСУДАРСТВЕННОЕ АГЕНТСТВО ОХРАНЫ ОКРУЖАЮЩЕЙ СРЕДЫ И ЛЕСНОГО ХОЗЯЙСТВА ПРИ ПРАВИТЕЛЬСТВЕ КЫРГЫЗСКОЙ РЕСПУБЛИКИ, http: //nature. kg/index. php? option = com_ content&view = article&id = 35&Itemid = 17&lang = ru, 2011 - 10 - 5.

[68] НАЦИОНАЛЬНЫЙ ДОКЛАД О СОСТОЯНИИ ОКРУЖАЮЩЕЙ СРЕДЫ КЫРГЫЗСКОЙ РЕСПУБЛИКИ ЗА 2006 - 2011 ГОДЫПРООН, Государственное агентство охраны окружающей среды и лесного хозяйства при Правительстве Кыргызской Республики, http: //www. nature. kg/images/files/nd_ 2012. pdf/, 2012 - 8 - 7.

[69] ПРООН оказывает поддержку в предотвращении рисков стихийных бедсвтий, Программа развития ООН в Кыргызской Республике, http: //www. undp. kg/ru/media-room/news/article/3-news-list/1822-drmp-assistance-kyrgyzstan, 2011 - 11 - 21.

第八章
塔吉克斯坦共和国环境概况

塔吉克斯坦共和国（The Republic of Tajikistan，Республика Таджикистан，以下简称塔）是中亚位于东南部的内陆国，境内多山，自然环境较差，是中亚国土面积最小的国家。塔产业结构单一，工业基础薄弱，通信、电力、运输不便，国内物资缺乏，是独联体国家中经济基础最薄弱的国家。经济上对铝和棉花的依赖较大，二者占2012年GDP的比重为58%。能源短缺是塔经济发展和吸引外资的最大障碍，也是影响塔与乌兹别克斯坦关系最直接的原因。塔境内金属矿产资源和水电资源丰富，但开发利用程度低。

塔当前反恐和毒品问题比较严重，但总体上政局基本稳定。总统控局能力较强，人民都比较珍惜现在的和平生活，对当前国家制度表现出一定的政治认同，有利于维护稳定的政治局面。对外关系上，塔对俄罗斯依赖较大，重视同伊朗和阿富汗的关系，近年来对美国、中国等大国的依赖程度日益增加。

塔是中亚地区水资源丰富的上游国家，境内降雨丰富，水资源约占中亚地区水资源的60%以上，水利资源独居世界第8位，人均拥有量居世界第1位。塔主张建立相互合作机制，希望在向中亚其他国家提供农业灌溉用水和其他用途水源时获取经济利益和其他利益。此外，塔种植作物以高耗水植物——棉花、水稻为主，农田水利灌溉设备陈旧落后，存在大水漫灌现象，水资源浪费严重。塔水源受工业、采矿以及城市生活的污染，存在严重的水质型缺水，城乡居民卫生饮用水问题长期不能得到解决。

塔的空气污染源主要来自采矿、冶金、化工以及汽车尾气等，其中最大的工业污染源——塔吉克铝厂每年向大气排放大量包括氟化氢在内的有毒污染物，给周边地区包括邻国乌兹别克斯坦的苏尔汉河州地区带来严重的环境和人体健康危害，已引起乌兹别克斯坦的强烈反对。塔缺少垃圾处理场和垃圾填埋场，随着人口的增加，城市垃圾和工业废弃垃圾越来越影响到塔的生态安全。塔土地受农业污染和采矿废物污染较为严重，尤其是部分地区铀矿的开采对土壤污染十分严重，但由于资金和技术有限，塔多个放射性废料堆放场所的防护设施尚不完善，核辐射对周边居民的健康造成严重的威胁。

相比中亚其他几国，塔荒漠所占面积相对较少，而山地生态系统的退化是塔面临的最为严峻的生态难题。塔生态环境退化问题主要分布在靠近乌兹别克斯坦的西南部、东南部以及西北部的河谷区域。近年来，由于水资源浪费和污染、盐碱化以及过度砍伐放牧等原因，塔境内生物多样性锐减，荒漠化程度不断加剧，植被生长退化的总面积呈现持续增加的态势。

塔国家农业与自然保护部是其主要的环境机构。由国土整治与水资源部、农业部、国会土地管理委员会等国家相关部委和 5 个监察员组成的国务委员会在环境问题上有一套严密的控制体系。每一级议会和政府中都有相应的监察员。监察员向各级议会负责，可以独立地执行相关法律赋予的职责，每个领域的监察员都有权对该领域的违法现象进行监管。

塔有关环境保护政策的法律体系沿用自苏联时期，有一套相对完备的政策法律体系和执法程序，颁布于 1993 年的《自然保护法》是塔环境保护法律框架的核心。塔制订了国家环境保护教育计划（1996 ~ 2000 年、2000 ~ 2010 年）、国家环境规划（1998 ~ 2008 年）、减少贫困人口的国家战略（2002 年）、保护和可持续利用生物多样性的战略和行动计划（2003 年）、国家可持续发展战略（2007 年）等有关环境保护与管理的文件，由国家的各个机构共同负责实现和落实。

在环境保护国际合作方面，塔积极寻求区域外力量的参与。1996 年在北京签订了中塔两国政府间环保合作协定，表示要加强两国间在环境保护领域的合作，在信息交换、技术交流与联合研究、协调在全球环境领域的立场等方面开展合作。该协定签署后中塔双方又在两国发展睦邻友好合作关系的联合声明中数次提及环保合作的内容，但是两国具体的环保合作活动目前还开展得不多。

此外，塔在环境保护领域开展的国际合作包括：与其他中亚四国为保护咸海、阿姆河和锡尔河跨境水资源，签订了一系列协议和宣言；与国际组织的合作主要集中在处理水危机方面；就跨国水利用问题与俄罗斯、阿富汗等国开展合作；在环境政策制定和技术工程方面与美国进行合作；在灌溉技术方面与以色列合作；积极争取亚洲开发银行、世界银行、欧盟等国际组织在技术、财政援助、地区立法、解决水争端等方面的支持和协调。

第一节　国家概况

1　自然地理

1.1　地理位置

塔吉克斯坦共和国是位于中亚东南部的内陆国家，国土面积为14.31万平方公里，位于北纬36°40′~41°05′和东经67°31′~75°14′。东与中国接壤，南邻阿富汗，西部和北部与乌兹别克斯坦和吉尔吉斯斯坦相连，是中亚诸国之中国土面积最小的国家（见图8-1）。塔地处山区，境内山地和高原占90%，其中约一半在海拔3000米以上，有“高山国”之称。北部山脉属天山山系，中部属吉萨尔-阿尔泰山系。东南部为冰雪覆盖的帕米尔高原，最高的为共产主义峰，海拔为7495米。北部是费尔干纳盆地的西缘，西南部有瓦赫什谷地、吉萨尔谷地和喷赤谷地等。

图8-1　塔吉克斯坦略图

1.2　地形地貌

塔境内多山，约占国土面积的93%，有“高山国”之称。国土可大致分为4个部分：北部盆地、中部山地、西南部低地和东南部高原，每个区域的气候、地形、地质构造、动植物分布各具特点。北部的费尔干纳盆地是该国最大的盆地，是一个长300公里、宽170公里的椭圆盆地，海拔高度参差不齐，盆地内锡尔河河滩地海拔高度约为320米，而环绕着盆地的一些山谷的海拔高度可以达到800~1000米，为乌兹别克斯坦、吉尔吉斯斯坦和塔吉克斯坦三国所共有。

塔占据了费尔干纳西部，海拔高度 250～300 米，费尔干纳盆地是该国海拔高度最低的地区。中部山地属吉萨尔－阿赖山系，山系的山脉为东西走向，全长约 900 公里，许多山峰都高达 5000 米以上。山系北起费尔干纳盆地，南至吉萨尔谷地、苏尔霍布河谷和阿赖谷地，包括突厥斯坦山、泽拉夫尚山、吉萨尔山、卡拉捷金山和阿赖山等，属于南天山的一部分。

东南部高原是帕米尔高原，它是共和国最高的地方，平均海拔高度为 2500～4000 米，主要山脉有瓦赫什山、吉兰套山、苏尔赫库山、萨尔萨拉克山、捷列克利套山、卡拉套山、阿克套山、兰甘套山和巴巴塔格山等，其中最高峰为共产主义峰，海拔 7495 米。

西南部低地是指吉萨尔－阿赖山系以南，帕米尔高原以西，海拔太高、谷地众多的低地（也称塔吉克洼地），海拔为 300～1700 米，主要有瓦赫什山、吉兰套山、苏尔赫库山和瓦赫什谷地、吉萨尔谷地和喷赤谷地等。

塔境内土壤大体分为 4 大类，分别是灰钙土（海拔 300～900 米）、山区棕色土（海拔 900～2800 米）、高山草甸土（海拔 2600～4000 米）、雪原土（4800～4900 米）。

独立后，塔各类土地的变化特点主要有：一是森林面积减少，2000～2010 年约减少 1.2 万～1.3 万公顷，据统计，塔境内约 70% 的居民（主要是农村地区）将木材作为主要生活燃料，尤其在冬季缺乏能源时，只能砍树烧火取暖；二是工业用地面积减少，主要是工业在内战期间遭受破坏，一些企业用地已转为其他用途；三是自然保护区面积增加，共计 263 万公顷，主要是政府成立的“国家公园”（占地 260 万公顷）；四是居民区面积增长，主要是人口增长所致；五是农用地和水源地面积变化不大（见表 8－1）。

表 8－1　塔吉克斯坦的土地类型

单位：万公顷

土地类型	2004 年
国土总面积	1425.54
水浇地	72.22
农用地	764.51
国家储备用地	280.38
林地	88.84

续表

土地类型	2004 年
居民用地	6.99
工业、交通、通信、国防等用地	17.76
水利用地	3.90
自然保护区、名胜古迹、康复用地	263.15

资料来源：UNDP，2003。

1.3 气候

塔属大陆性气候，具有两大特征：一是因境内多山地，大陆性气候随海拔高度增加而加剧；二是境内南北两地因被吉萨尔山脉和帕米尔高原分割，呈现不同的气候特征，降水和温差较大。塔年均日照时间为 2100～3170 小时，山区较少，日照时间最长的地区是境内最南端、吉萨尔山脉和泽拉夫尚河谷地。

谷地和平原地区 7 月平均气温为 30℃～32℃，最高可达 48℃，1 月平均气温为 -16℃～-20℃，无霜期通常为 250～260 天。山区气温随海拔而变化，海拔 2500 米以上地区，1 月平均气温为 -17℃～-26℃，最低可达 -63℃，7 月平均气温为 14℃，无霜期通常为 111 天。

塔年均降水量为 150～250 毫米，境内大部分降水集中在冬季和春季，夏秋季节气候相对干燥。降水较少的地区主要是西南部的山区谷地、东部的帕米尔高原、北部的费尔干纳盆地和土尔克斯坦山麓等地，年降水量约 50～300 毫米，其他地区降水较多，年均降水量可达 900 毫米，吉萨尔山区个别地方还可超过 1500 毫米。帕米尔高原海拔 3500 米以上地区可终年积雪。

根据 1940～2005 年的气象观察，塔年均气温平均每 10 年升高 0.1℃～0.2℃。在这 65 年期间，大部分地区平均升温 0.5℃～0.8℃，山区升幅 0.3℃～0.5℃，升幅最高的地区是丹加拉（1.2℃）和杜尚别（1℃），升幅最低的是北部的苦盏（0.3℃），主要得益于该地区灌溉发达，而且修建了凯拉库姆水库，可有效调节气候和降水。预计 2050 年前，塔全境年均气温可能升高 1.8℃～2.9℃。

2 自然资源

塔能源资源短缺，金属矿产丰富，但开发利用程度低。目前塔燃料依赖进口，水力发电是塔的主要能源，占国内能源消费总量的 80%。《塔吉克斯坦2015年前经济发展规划》将实现能源自给列为塔发展的重要任务。

2.1 矿产资源

塔金属矿产资源丰富，目前已发现70多种矿产，查明400多个矿床。主要矿产包括铝、铅、金、银、铁、锑、汞、铝、钨、稀有金属、宝石和大理石等。目前正在开发的有60多个矿床，约占全国已勘探矿床总数的15%。由于缺乏资金和技术开展相应的矿产资源勘探和开发，塔矿产资源总体开发利用程度不高，目前主要是进行简单粗放式的原材料开采，而忽略了集约式深加工的精选、精炼环节。铝是塔换取外汇的主要矿产品。

2.2 水资源

塔水利资源位居世界第8位，人均拥有量居世界第1位，占整个中亚的一半左右，但开发量不足10%。该国水源主要来自冰川，记录在册的冰川有1085条，冰川面积为8041平方公里，约占中亚冰川总面积的60%。最大的冰川为费琴科冰川（长77公里)。该国有三大水系，分别属于阿姆河流域、泽拉夫尚河流域和锡尔河流域。塔长达500公里以上的河流有4条，长度在100~500公里的河流有15条，主要河流为阿姆-喷赤河（921公里)、泽拉夫尚河（877公里)、瓦赫什河（524公里)、锡尔河（110公里)。该国湖泊颇多，总面积为1005平方公里，约占领土面积的1%，最大的湖泊是卡伊拉库姆湖（面积380平方公里，即喀拉湖，素有“塔吉克海”之称)，最高的湖泊是恰普达拉湖（海拔4529米)，也是独联体的最高湖。

2.3 水电资源

塔吉克斯坦水电资源总储量为5270.6亿千瓦时/年，在独联体国家中居第2位（排在俄罗斯之后)，在世界范围内居第8位（排在中国、俄罗斯、美国、巴西、扎伊尔、印度和加拿大之后)，约占世界水电资源总储量的4%；若按年人均占有量计算，居世界第2位（排在冰岛之后)，约为9043千瓦时；若按国家领土单位面积计算，居世界第1位，平均每平方公里的水电储量为383.72千瓦时/年。塔在两条大河的干、支流修建了30多座大、中、小型水电站，装机容量为509万千瓦。据测算，在水电总储量中，具有经济开发价值的储量每年约有880亿千瓦，但是目前只开发利用了约170亿千瓦，其中4%的电能用于出口。塔水电资源开发仅占总储量的3%~6%。塔的主要电站见表8-2。

表 8-2 塔吉克斯坦的主要电站

电　站	发电机组结构 机组数量×机组功率（MW）	发电量 （MW/a）
杜尚别热电站（Душанбинская ТЭЦ）	2×35+1×42+1×86	198
亚万热电站（Яванская ТЭЦ）	2×60	120
努列克水电站（Нурекская ГЭС）	8×335+1×320	3000
巴依巴吉水电站（Байпазинская ГЭС）	4×150	600
凯拉库姆水电站（Кайраккумская ГЭС）	6×21	126
戈洛夫水电站（Головная ГЭС）	3×35+3×45	240
别列巴特水电站	2×10.8+1×8.35	29.95
中央水电站	2×7.55	15.1
瓦尔佐布 1 水电站	2×3.72	7.44
瓦尔佐布 2 水电站	2×7.2	14.4
瓦尔佐布 3 水电站	2×1.76	3.52
罗贡水电站（Рогунской ГЭС）	6×600	3600
桑格图金 1 水电站（Сангтудинский ГЭС-1）	4×167.5	670
桑格图金 2 水电站（Сангтудинский ГЭС-2）	2×22	220

资料来源：作者根据中国驻塔吉克斯坦大使馆经济商务参赞处网站资料整理。

2.4 油气资源

塔油气资源储量为石油 1.131 亿吨，天然气 8630 亿立方米，但都无法得到有效开发，原因是：一是资源埋藏较深，多为 7000 米以下；二是缺少战略投资商。2012 年塔原油和天然气开采量分别为 2.99 万吨和 2992 万立方米，同比分别增长 5.6% 和 11.4%。塔所需大部分石油及天然气依赖进口，2012 年进口 37.2 万吨石油和价值 3860 万美元的天然气。此外，塔煤炭资源较为丰富，现有的 17 个煤矿区和 24 个含煤矿区已发现有褐煤、岩煤、焦炭和无烟煤等，探明储量共计 46 亿吨，其中，无烟煤储量 515 万吨，仅次于越南，排名世界第 2；焦炭储量 13.217 亿吨。由于经济困难，塔无力对煤炭开采业进行大规模投入。2012 年塔原煤开采 41.18 万吨，同比增长 74%。

3 社会与经济

3.1 人口概况

截至 2013 年 1 月，塔总人口 798.48 万人。其中，塔吉克族约占 79.9%，乌兹别克族占 15.3%，俄罗斯族约占 1%。此外，还有鞑靼、吉尔吉斯、土库曼、哈萨克、乌克兰、白俄罗斯、亚美尼亚等民族。塔吉克语（属印欧语系伊朗语族）为国语，俄语为族际交流语言。居民多信奉伊斯兰教，多数属逊尼派，帕米尔一带属什叶派伊斯玛仪支派。

3.2　行政区划

塔全国共分为3个州、1个区、1个直辖市，分别是戈尔诺－巴达赫尚自治州、索格特州（原列宁纳巴德州）、哈特隆州、中央直属区和杜尚别市。杜尚别市是塔首都，位于北纬38.5°、东经68.8°，坐落在瓦尔佐布河及卡菲尔尼甘河之间的吉萨尔盆地，海拔750~930米，面积125平方公里。夏季最高气温可达40℃，冬季最低气温达－20℃。杜尚别市是塔国家政治、工业、科学及文化教育的中心。市内街道呈长方形网格状布局，大部分建筑为平房，以防地震。行政和文教科研机构在市中心，市区南部和西部为新工业区及住宅区。全市分为伏龙芝区、十月区、铁道区和中央区4个区。

3.3　政治局势

塔独立后政局动荡。1992年3月爆发内战，1997年6月27日，在联合国及俄罗斯、伊朗等国斡旋下，拉赫蒙总统和联合反对派首领努里在莫斯科签署《关于在塔实现和平和民族和解总协定》，开始民族和解进程。

1999年9月26日，塔就修宪举行全民公决，修改条款包括保持世俗国体、允许建立宗教性质政党、实行议会两院制、总统任期7年等。11月6日，拉赫蒙在独立后第二次总统大选中蝉联总统。

2000年2月27日和3月23日，塔分别举行了首次议会下院和上院选举。3月31日，塔总统签署命令，宣布从4月1日起正式停止民族和解委员会活动，民族和解进程结束。2001年6月至8月，塔政府大规模围剿拒绝与政府合作的前反对派残余武装，肃清了盘踞在杜尚别市附近的匪帮。

2002年起，塔政府加大打击宗教极端主义、贩毒及各种犯罪的力度，积极争取国际支持和援助。2003年6月22日，塔修宪再次延长总统任期。2005年2月下旬，塔举行议会下院选举，执政党人民民主党赢得下院63个议席中的47席。

2006年11月6日，塔在国际社会监督下举行总统选举，包括现任总统拉赫蒙在内的5名候选人参选，拉赫蒙以79.3%的得票率再次胜出，并于当月18日宣誓就职。2009年塔政府大力实施“保障能源独立、摆脱交通困境和确保粮食安全”三大发展战略，塔农业产量有所增长。但受全球金融经济危机影响，塔工业产量和对外贸易均有不同程度下降。目前看，塔政局总体保持稳定，政府继续坚决打击极端宗教主义、毒品走私和跨国有组织犯罪。2010 年 2 月下旬，塔举行议会下院选举，执政党人民民主党赢得了下院 63 个席位中的 43 席。

1999 年 9 月 26 日，塔以全民公决方式通过新宪法，对 1994 年 11 月的宪法做了修改。新宪法规定：在塔建立世俗、民主、法治国家；实行总统制；总统为国家元首、政府首脑和武装部队的统帅，由全民直接选举产生，每届任期 7 年。根据 2003 年 6 月 22 日全民公决通过的宪法修正案，新任总统每届任期 7 年，可连任 1 届。

塔现任总统是埃莫马利·拉赫蒙（Эмомали Рахмон），1994 年 11 月 6 日就任总统，1999 年 11 月 6 日和 2006 年 11 月 6 日两次连任，任期至 2013 年 11 月 6 日。

塔议会称“马吉利西·奥利”（Маджлиси Оли），意为最高会议，为两院制议会，是国家最高代表机关和立法机关。上院称“马吉利西·米利”（Маджлиси Милли），意为民族院，下院称“马吉利西·纳莫扬达贡”（Маджлиси Намояндагон），意为代表会议。上院 34 名议员，任期 5 年，其中由索格特州、哈特隆州、戈尔诺－巴达赫尚自治州、中央直属区和杜尚别市地方议会各选 5 人，总统直接任命 8 人，塔首任总统马赫卡莫夫为上院终身议员。上院主要职能是：确定、修改、撤销国家行政区划；根据总统提议选举和罢免宪法法院院长、副院长，最高法院院长、副院长，总检察长、副总检察长等。上院议长为杜尚别市市长马·乌拜杜洛耶夫（М. Убайдуллоев）。

下院设 63 个议席，其中 41 个按地方选区由选民选出，22 个由党派选举中得票率超过 5% 的党派推选，任期 5 年。下院主要职能是：组建选举及全民公决委员会；就法律草案提请全民公决；批准国家经济和社会发展计划；批准获取和发放国家贷款；批准总统令等。现议会上、下两院议长分别于 2010 年 3 月 25 日和 2 月 28 日选举产生。2010 年 3 月，舒·祖胡罗夫（Ш. Зухуров）当选议会下院议长。下院中，塔总统领导的人民民主党占 43 个议席，共产党、伊斯兰复兴党、农业党和经济改革党分别占有 2 席，无党派人士占 12 个席位。

3.4 经济概况

（一）经济布局

塔经济基础相对薄弱，结构较为单一，对铝和棉花的依赖较大。铝和棉花占 GDP 的比重 2011 年约 70%，2012 年约 58%，出口比重则超过 80%。据测算，塔国家铝业集团年用电量 60 亿～70 亿千瓦时，约占全国电力消耗的一半。若该铝厂冬季减少用电的话，即可完全满足居民、社会单位、公用设施等用电（每月约2亿~3亿千瓦时）。但限电会影响铝厂生产，对国家经济造成巨大损失，塔政府“两害相权取其轻”，被迫优先保障铝厂生产。

苏联解体以及多年内战使塔国民经济遭受严重破坏，经济损失总计超过70亿美元。1995年塔开始实施《深化经济改革和加快向市场关系过渡的紧急措施》和《1995~2000年经济改革纲要》，确立了以市场经济为导向的国家经济政策，并推行私有化改革。1997年塔国民经济开始步出低谷，呈现出恢复性增长。与1997年相比，塔的国内生产总值增长了2.6倍，年平均增长率达7.1%。2000年10月塔成功发行国家新币索莫尼，初步建立国家财政和金融系统，开始逐步完善税收、海关政策。2003年，塔政府制定国家工业发展政策，有效利用国家资源优势，加大生产技术革新力度，逐步提高产品加工水平和产品竞争力。2005年新一届议会选举之后，塔经济继续保持着平稳的发展态势，连续多年的通货紧缩局面得到改善，人均收入开始有所增加，各项经济指标均有所回升。2008年全球金融危机对塔经济造成一定冲击，塔政府采取系列应对措施，随后塔经济逐渐增长。但另一方面因本国经济规模相对较小，塔发展对国际社会依赖甚重，全面恢复并发展经济任重而道远。

2012年12月10日，世界贸易组织批准塔的成员资格，塔成为世贸组织的第159位成员。

（1）2012年，塔主要宏观经济指标

①GDP为362亿索莫尼（合76亿美元），按本币计算，实际同比增长7.5%，按美元计算的话，实际同比增长16.4%。人均GDP为4700索莫尼（约959美元），同比增长17.7%。

②通货膨胀率为6.4%，低于年初10.5%的预期。

③截至2013年1月1日，塔外债总额为21.69亿美元，占GDP的28.5%，其中国家债务19亿美元。

④据塔移民机构统计，截至2012年底，在俄罗斯的塔籍劳动移民约88万人，年内汇回款项总额为36亿美元，占GDP的48%。

（2）2012年的人均工资水平

2012年月平均工资为117美元。塔工资水平行业差别较大，收入最低的农业仅为185.70索莫尼，约合28.97美元，政府机构为775.4索莫尼，约合162.82美元，塔工资收入最高的行业为金融业，平均工资为2229.51索莫尼，约合468.38美元。

（3）2011年的其他经济数据

塔物价水平较高，房价约1000美元/平方米。塔国内生产能力有限，大部分商品从国外进口，全国有近1/6的人口在国外打工，2012年汇回36.1亿美元收入，占GDP约50%。2012年，塔官方公布全国就业人数为218.77万人，失业人员为5.47万人，失业率为2.57%。塔就业人口按照部门统计的占比情况为：农业47.9%，教育18.5%，卫生8.4%，工业5.9%，管理部门3.4%，交通通信2.6%，建筑2.1%。

（二）经济结构

塔的工业主要包括有色冶金、能源工业、建材工业、机械加工和制造业等。铝制品生产是塔国民经济支柱产业。2012年塔工业产值为20.57亿美元，同比增长10.4%。其中采掘、加工和水电气生产各占12.7%、69.6%、17.7%。塔基础工业部门食品和纺织业分别占20.4%和9.9%。开采业增长较快，同比增长24%。有色冶金是塔重要产业，受能源供应不足及电价上涨等因素影响较大，2010年出现萎缩，2012年出现反弹。塔2010~2012年主要工业品产值见表8-3。

表8-3 2010~2012年塔吉克斯坦主要工业品产值

单位：百万索莫尼

工业	2010年	2011年	2012年
开采业	726	975	1241
能源开采（煤、油、气）	66	75	112
非能源开采（非金属、食盐）	660	900	1129
加工业	5257	5428	6816
食品	2392	2442	3642
纺织	1216	1414	1544
皮革及皮制品	7	16	24
木材及木制品	38	32	31
造纸印刷	45	58	70
石油产品	26	24	57
化工	20	27	35
橡胶塑料制品	21	34	47
冶金及金属制成品	940	786	816
其他非金属矿产品（建材）	376	387	378
机械制造	168	198	154
其他工业品	8	11	16
电力、天然气及水生产分配	1452	1459	1741

资料来源：塔吉克斯坦统计署数据。

2012 年塔农牧业总产值比上年增长 10.4%，达 164.78 亿索莫尼，其中种植业产值 118.36 亿索莫尼，同比增长 10.6%，畜牧业产值 46.41 亿索莫尼，同比增长 9.7%。影响塔农业发展的资金和技术等问题仍未得到解决。2010～2012 年塔主要农牧产品产量见表 8－4。

表 8－4 2010～2012 年塔吉克斯坦主要农牧产品产量

单位：万吨

近三年主要农牧产品产量	2010 年	2011 年	2012 年
粮食	126.1	109.8	123.2
马铃薯	76.0	86.3	99.1
蔬菜	114.3	124.2	134.2
葡萄	12.4	15.5	16.7
其他水果	22.5	26.3	31.3

资料来源：Агентство по статистике при Президенте Республики Таджикистан，2013。

塔主要银行有国家银行、农业投资银行、东方银行、外经银行、储蓄银行、复兴和开发银行等。截至 2012 年底塔黄金外汇储备 8.78 亿美元。2010～2012 年塔财政收支情况见表 8－5。2005～2011 年塔 GDP 产业结构见表 8－6。

表 8－5 2010～2012 年财政收支情况

单位：亿索莫尼

项目	2010 年	2011 年	2012 年
收入	70.24	89.38	96.73
支出	71.10	88.26	107.61
差额	－0.86	1.12	－10.88

资料来源：Агентство по статистике при Президенте Республики Таджикистан，2013。

表 8－6 2005～2011 年塔吉克斯坦 GDP 产业结构

年份	2005	2006	2007	2008	2009	2010	2011
GDP（亿美元）	96.82	84.29	105.56	130.82	137.40	147.49	163.27
农业（%）	23.8	23.9	21.9	22.5	20.6	21.8	27.0
工业（%）	30.7	30.5	29.8	27.8	27.2	27.9	22.4
服务（%）	45.6	45.6	48.3	49.7	52.2	50.3	50.6

资料来源：Asian Development Bank，2012.

（三）对外经济关系

塔吉克斯坦主要贸易伙伴国是俄罗斯、中国、土耳其、哈萨克斯坦、伊朗和乌克兰。2012 年，塔外贸总额 51.376 亿美元，同比增长 15.1%，其中，同独联体国家贸易总额 23.109 亿美元，同比增长 14.6%（合 2.94 亿美元），贸易赤字 18.322 亿美元；同非独联体国家贸易总额 28.267 亿美元，同比增长 15.5%（合 3.803 亿美元），贸易赤字 5.866 亿美元。1993 ~ 2012 年塔进口商品结构如表 8 - 7 所示。2003 年、2007 年、2012 年塔的主要进口对象国以及塔与这些国家的贸易占比情况如表 8 - 8 所示。

表 8 - 7 1993 ~ 2012 年塔吉克斯坦进口商品结构

单位：百万美元

年份	1993	1994	1995	1996	1997	1998	1999	2000	2001	2002
总进口（到岸价）	648	693	838	668	750	711	663	675	688	721
天然气	48	84	70	38	40	40	36	35	27	22
石油产品	53	79	80	61	60	77	54	48	78	73
电力	26	19	164	133	180	128	179	119	98	82
谷物	95	113	46	54	24	43	46	45	38	36
其他	426	398	478	169	446	423	348	428	447	508
年份	2003	2004	2005	2006	2007	2008	2009	2010	2011	2012
总进口（到岸价）	881	1191	1330	1725	2547	3273	2570	2657	3206	3778
天然气	24	28	27	35	65	74	52	42	48.3	38.7
石油产品	73	107	126	191	275	413	323	438	450.1	424.5
电力	61	65	58	67	66	90	76	13	1.3	0.1
谷物	33	48	76	77	135	207	175	88	125	218
其他	690	943	1043	1355	2006	2489	1944	2076	2581.3	3097.1

资料来源：Агентство по статистике при Президенте Республики Таджикистан, 2013。

表 8 - 8 2003 年、2007 年、2012 年塔吉克斯坦的主要进口对象国

2003 年		2007 年		2012 年	
国家	比重（%）	国家	比重（%）	国家	比重（%）
俄罗斯	20.2	俄罗斯	30.9	俄罗斯	25.4
乌兹别克斯坦	15.2	哈萨克斯坦	13.0	哈萨克斯坦	16.0
哈萨克斯坦	10.9	中国	11.5	中国	12.9
阿塞拜疆	7.1	乌兹别克斯坦	8.7	美国	5.1
乌克兰	7.1	意大利	3.3	土库曼斯坦	4.1

续表

2003 年		2007 年		2012 年	
国家	比重（%）	国家	比重（%）	国家	比重（%）
罗马尼亚	4.4	土耳其	3.1	伊朗	4.0
土耳其	3.3	阿塞拜疆	3.0	立陶宛	3.8
中国	3.0	阿联酋	2.7	土耳其	2.8
巴西	3.0	立陶宛	2.5	维尔京群岛	2.4
伊朗	2.7	伊朗	2.5	乌克兰	2.4

资料来源：Министерство иностранных дел Республики Таджикистан，2013.

据塔经贸部统计，截至 2011 年底，塔政府通过《塔吉克斯坦 2012～2014 年国家投资规划》，确定了塔近 3 年的国家投资战略和具体项目。通过该规划的实施，塔将进一步实现降低贫困、促进经济发展的目标。3 年内，塔计划吸引外国投资 34.66 亿美元，其中包括外国贷款 31.7 亿美元，外国援助 2.96 亿美元。能源和交通是塔优先投资领域，能源领域拟投资 14.29 亿美元，交通领域为 19.05 亿美元。

4 军事和外交

4.1 军事

塔武装力量于 1993 年 2 月 23 日组建。国防军由陆军、机动部队和空军防空军 3 个军种组成，总人数约 15000 人。陆军编为 1 个师、4 个旅和若干独立保障分队；空军防空军编为 1 个混编直升机大队、1 个防空导弹团和 1 个防空雷达团；机动部队编为 1 个空降突击旅、多个独立作战与支持保障分队。此外，塔强力部门中的边防总局隶属国家安全委员会，总兵力约 1.7 万人。国民卫队直接隶属总统，总兵力约 5000 人。根据塔俄军事合作协议，俄罗斯在塔部署第 201 军事基地，总兵力约 7500 人。

4.2 外交

（一）外交政策

截至 2013 年初，塔共获得 147 个国家承认，并同其中的 128 个国家建立了正式外交关系。2002 年 9 月 24 日，塔通过了《对外政策构想》。2013 年 3 月，塔总统拉赫蒙命令政府结合 10 年来的新情况，重新修订该《构想》，使塔对外政策更加关注能源安全、边界安全、粮食安全、劳动力移民（海外塔公民权益保护）等对经济社会发展有重大影响的事务。

（1）塔对外政策目标和任务是：①维护国家主权和独立，处理好全球化和国家利益间的关系，在承认和尊重国际法及国际关系基本原则的基础上同所有国家友好合作，相互尊重；②打造和平友好、安全稳定的外部环境，首先是同邻国的关系和大国的关系，为确保国内政治稳定和经济发展创造良好外部条件。

（2）塔对外政策的主要原则是：①开放原则，同所有国家发展友好关系，重视区域国际合作机制，积极参与地区一体化；②和平原则，通过协商、相互尊重、互利合作等方式，避免使用武力等非和平方式，维护国家安全主要依靠合作，而不是某个军事政治集团；③实用和现实主义原则，一切从国家利益出发，没有意识形态偏见。

（二）与俄罗斯和其他独联体国家的关系

2012 年 2 月 23 日，俄罗斯联邦委员会批准俄塔两国边界问题合作协议。2 月 25 日，塔总统拉赫蒙与俄总统梅德韦杰夫通电话，就双边关系和共同关心的国际和地区问题交换意见。3 月 5 日，塔总统拉赫蒙致电普京，并与其通电话，祝贺其当选俄总统。3 月 31 日，塔总统拉赫蒙和俄总统普京通电话，请求俄方提供人道主义援助，以应对塔严峻的国内雪灾形势。4 月 3～5 日，俄罗斯紧急情况部分 3 批次向塔提供总值 1.063 亿卢布的人道主义物资。4 月 6 日，塔总统拉赫蒙和俄总统普京互致贺电，祝贺建交 20 周年。4 月23～24 日，俄罗斯外长拉夫罗夫访塔，会见塔总统拉赫蒙，并与塔外长扎里菲举行会谈。5 月 8 日，俄总统普京致电塔总统拉赫蒙，祝贺卫国战争胜利 67 周年。5 月 15 日，塔总统拉赫蒙在莫斯科出席集安组织纪念集安条约签署 20 周年和集安组织成立 10 周年的成员国领导人会议和独联体国家领导人非正式峰会，其间，会见俄总统普京。5 月 18 日，俄罗斯政府向塔提供 100 万美元援助，用以防范白喉病流行。7 月 9 日，塔总统拉赫蒙致电俄总统普京，就俄罗斯克拉斯诺达尔边疆区发生水灾造成人员伤亡表示慰问。9 月 11 日，俄罗斯副防长安东诺夫访塔。9 月 20～22 日，俄罗斯第一副总理舒瓦洛夫访塔。10 月4～5 日，俄总统普京访塔并与塔总统拉赫蒙举行会谈。会谈后双方发表联合声明，还签署了 6 份双边文件。2012 年俄塔双边贸易额为 10 亿美元。

2012 年 2 月 6 日，塔和吉尔吉斯斯坦政府间划界委员会会议在杜尚别市召开，双方讨论了划界及其他边界问题。2 月 14 日，塔总统拉赫蒙致电别尔德穆哈梅多夫，祝贺其在土库曼斯坦总统大选中获胜。2 月 20～22 日，塔和乌兹别克斯坦政府间划界委员会例会在杜尚别市召开，主要讨论两国国界线走向问题。4 月 4 日，乌兹别克斯坦总理米尔济约耶夫向塔总理阿基洛夫致公开信，就乌退出中亚统一电网、铁路运输、天然气输送等问题做了解释。5 月 29 ~ 30 日，塔总理阿基洛夫在土库曼斯坦首都阿什哈巴德出席独联体国家政府首脑理事会会议，其间会见了土总统别尔德穆哈梅多夫。8 月 22 ~ 23 日，塔总统拉赫蒙访问土库曼斯坦。9 月 1 日，塔总统拉赫蒙致电乌兹别克斯坦总统卡里莫夫，祝贺乌兹别克斯坦独立 21 周年。10 月 5 ~ 16 日，塔吉克斯坦、哈萨克斯坦和吉尔吉斯斯坦三国举行独联体框架下“纯净天空 - 2012”联合防空演习。12 月 3 ~ 5 日，塔外长扎里菲对土库曼斯坦进行工作访问，并出席独联体外交部长委员会例会。12 月 4 ~ 5 日，塔总统拉赫蒙在土库曼斯坦出席独联体成员国首脑峰会期间会见土总统别尔德穆哈梅多夫。

（三）与中国的关系

自 1992 年 1 月 4 日中塔建交以来，两国睦邻友好关系持续稳步发展，高层互访频繁。2000 年 7 月，江泽民主席曾对塔进行国事访问。塔总统拉赫蒙于 1993 年 3 月、1996 年 9 月、1999 年 8 月和 2002 年 5 月 4 次访华。2007 年 1 月，拉赫蒙总统对中国进行国事访问，两国签署了睦邻友好合作条约。2008 年 8 月，胡锦涛主席对塔进行国事访问，两国签署了进一步发展睦邻友好合作关系的联合声明。

2012 年，中塔睦邻友好合作关系稳定发展。1 月 11 ~ 12 日，胡锦涛主席特使、全国人大常委会副委员长陈至立访塔并出席中塔建交 20 周年活动。其间，陈至立与塔总统拉赫蒙举行会见，与塔议会上院议长乌拜杜洛耶夫、下院代议长米拉利耶夫举行会谈，并出席我国驻塔使馆举办的庆祝中塔建交 20 周年招待会。5 月 10 ~ 11 日，塔外长扎里菲赴华出席上合组织外长会。其间，杨洁篪外长与扎里菲举行双边会谈。6 月 1 ~ 7 日，塔总统拉赫蒙对中国进行正式访问并出席上合组织北京峰会。胡锦涛主席、温家宝总理和全国政协主席贾庆林分别同拉赫蒙举行会谈、会见。两国元首共同签署了《中华人民共和国和塔吉克斯坦共和国联合宣言》。拉赫蒙还赴福建省访问。6 月 5 ~ 8 日，中央军委委员、中国人民解放军总参谋长陈炳德上将访塔，会见塔防长海鲁洛耶夫。6 月 5 ~ 8 日，中国最高人民检察院检察长曹建明访塔并出席第十次上合组织总检察长会议。9 月 1 ~ 3 日，塔总理阿基洛夫赴新疆出席第二届亚欧博览会开幕式。其间，温家宝总理和新疆维吾尔自治区书记张春贤分别会见阿基洛夫。

其他重要双边往来有：2012 年 1 月 4 日，胡锦涛主席、杨洁篪外长分别与塔总统拉赫蒙、外长扎里菲互致贺电，庆贺两国建交 20 周年。5 月 27

日~6月2日，塔紧急状况和民防委员会主席阿布杜拉希莫夫访华。6月12~14日，中国人民解放军副总参谋长马晓天赴塔出席上合组织“和平使命-2012”联合反恐军事演习实兵演练。6月27~30日，新疆维吾尔自治区党委常委尔肯江·吐拉洪访塔。9月16~20日，新疆维吾尔自治区人民政府副主席史大刚访塔，并出席2012年塔吉克斯坦-中国新疆出口商品展洽会开幕式。9月27日，塔总统拉赫蒙、议会上院议长乌拜杜洛耶夫和总理阿基洛夫分别致电中国国家主席胡锦涛、全国人大常委会委员长吴邦国和国务院总理温家宝，祝贺我国建国63周年。10月15日，上海市人民对外友好协会代表团访塔。10月26日，中国十一届全国人大常委会第二十九次会议表决通过全国人大常委会关于批准《中华人民共和国、塔吉克斯坦共和国和阿富汗伊斯兰共和国关于确定三国国界交界点的协定》的决定。11月6日，塔人民民主党主席拉赫蒙致信中共中央总书记胡锦涛，祝贺中国共产党第十八次全国代表大会召开。11月15日，塔人民民主党主席拉赫蒙致信习近平，祝贺其当选中共中央总书记。11月25~28日，塔内务部部长拉希莫夫访华。12月19日，塔总理阿基洛夫分别向胡锦涛主席、中共中央总书记习近平、温家宝总理、新疆维吾尔自治区党委书记张春贤和自治区人民政府主席努尔·白克力发送新年贺卡。2013年5月，国家主席习近平在人民大会堂同塔吉克斯坦总统拉赫蒙举行会谈，两国元首共同签署了《中华人民共和国和塔吉克斯坦共和国关于建立战略伙伴关系的联合宣言》，并见证了双方多项合作文件的签署。2013年9月12日，国家主席习近平在比什凯克与塔总统拉赫蒙会面，两国元首出席了两国政府间关于天然气管道建设运营合作协议的签字仪式。

近几年，中塔两国的经贸关系得到长足发展。两国贸易额由2001年的1076万美元增加至2012年的18.57亿美元。其中中方出口17.48亿美元，同比下降12.47%，进口1.09亿美元，同比增长50.67%。2010年4月，中塔两国外长共同签署了《中塔勘界议定书》，标志着两国历史遗留的边界问题得到彻底解决。

（四）与其他主要国家的关系

2012年2月13日，美国运输司令部司令弗莱泽访塔。3月26日，美国助理国务卿布莱克访塔并出席第五届阿富汗区域经济合作会议。3月31日，美国中央司令部司令马蒂斯访塔。5月16~21日，塔外长扎里菲赴美国参加塔美年度磋商并出席北约芝加哥峰会。7月5~6日，美国国会代表团访塔。7月10日，塔副外长扎希多夫在东京会见美国南亚、中亚事务首席副助理国务卿皮亚特。7 月 17 日，美国国家安全委员会俄罗斯和欧亚司司长乌埃尔斯访塔。9 月 5 日，美国国会代表团访塔。12 月 12 日，美国宗教自由事务委员会委员格杰恩索恩访塔。

2012 年 1 月 1 日，法国国防部长热拉尔·隆盖访塔。1 月 12 日，爱沙尼亚外长帕伊特访塔。2 月 24 日，塔—欧洲安全和合作组织工作组例会在塔举行。2 月 27 日，塔—欧盟合作委员会第二次会议在比利时首都布鲁塞尔举行，塔外长扎里菲出席。3 月 1 ~ 2 日，英国国防大臣哈蒙德访塔。3 月 3 日，塔总统拉赫蒙和法国总统萨科齐互致贺电，庆祝两国建交 20 周年。4 月 6 日，德国能源署署长科勒访塔。5 月 2 日，欧洲议会代表团访塔并出席塔欧议会合作委员会第二次会议。5 月 7 日，塔总统拉赫蒙致电奥朗德，祝贺其当选法国新任总统。7 月 1 日，英国国际发展部部长米特切尔访塔。7 月 15 ~ 18 日，欧洲议会代表团访塔。7 月 18 日，法国国防部长伊夫·勒德里安访塔。8 月 25 日，德国经济合作和发展部部长迪尔克访塔。10 月 23 ~ 24 日，塔总统拉赫蒙对芬兰进行正式访问。12 月 7 日，塔外长扎里菲出席在爱尔兰首都都柏林举行的欧洲安全与合作组织外长会议。

（五）与伊斯兰国家的关系

2012 年 1 月 6 ~ 9 日，塔阿（阿富汗）政府间经贸合作委员会例会在阿富汗首都喀布尔举行。1 月 9 日，塔同伊朗两国庆祝建交 20 周年。1 月 11 日，塔总统拉赫蒙致电伊朗总统内贾德，祝贺两国建交 20 周年。1 月 30 日，塔总统拉赫蒙和土耳其总统居尔互致贺电，祝贺两国建交 20 周年。2 月 7 日，塔外长扎里菲和阿富汗外长拉苏尔通电话。2 月 13 日，塔总统拉赫蒙致电伊朗总统内贾德，祝贺伊朗伊斯兰革命胜利日。3 月 7 ~ 9 日，伊朗外长萨利希访塔。3 月 24 ~ 25 日，伊朗总统内贾德、巴基斯坦总统扎尔达里和阿富汗总统卡尔扎伊赴塔出席庆祝纳乌鲁斯节国际庆典，其间，塔、阿富汗、巴基斯坦和伊朗 4 国总统举行四方会议。8 月 6 日，塔总统拉赫蒙和阿富汗总统卡尔扎伊通电话，讨论塔阿边界形势问题。8 月 13 日，塔外长扎里菲出席在沙特吉达举行的伊斯兰合作组织成员国外长临时会议并发言。8 月29 ~ 30 日，塔总统拉赫蒙在出席第十届不结盟运动首脑会议期间分别会见巴基斯坦总统扎尔达里和伊朗精神领袖哈梅内伊。10 月 13 ~ 15 日，塔外长扎里菲对科威特进行工作访问并出席在科威特举行的亚洲对话合作机制外长会议。12 月 18 日，塔总统拉赫蒙对土耳其进行正式访问。

5 小结

塔是中亚地区东南部的内陆国，境内多山，自然环境较差，是中亚国土面积最小的国家。塔产业结构单一，工业基础薄弱，通信、电力、运输不便，国内物资缺乏，是独联体国家中经济基础最薄弱的国家。塔经济对铝和棉花的依赖较大，二者占 GDP 的比重 2012 年为 58%。塔居民收入水平低，粮食安全风险较大，能源危机、水资源危机、对外联系危机等问题混杂交织。能源短缺是塔经济发展和吸引外资的最大障碍，也是影响塔与乌兹别克斯坦关系最直接的原因。凭借其境内丰富的淡水资源，塔主张建立相互合作机制，希望在向中亚地区其他国家提供农业灌溉用水和其他用途水源时获取经济利益和其他利益，希望引起国际社会对其水资源问题的关注，达到吸引外资建设水电站，修复农田水利设施和居民清洁饮用水供给设施的目的。

塔当前反恐和毒品问题比较严重，但总体上政局基本稳定，总统控局能力较强，塔人民都比较珍惜现在的和平生活，对当前国家制度表现出一定的政治认同，这有利于维护稳定的政治局面。对外关系上，塔对俄罗斯依赖大，重视同伊朗和阿富汗的关系，近年来对美国、中国等大国的依赖程度日益增加。

第二节 环境问题

1 水环境

1.1 水资源概况

塔水资源包括地表水（河水和湖水）、地下水和冰川水（其中有 4 亿立方米清澈的水）。97% 的国土被山区覆盖，雪水资源丰富。塔境内大部分海拔 3500～3600 米以上的高山终年积雪。境内共有冰川 1085 条，约占国土面积的 6%，其中约 6200 平方公里集中在帕米尔地区。这些冰川所蕴藏的水资源多达 460 立方公里，约占中亚地区全部水资源的一半，其中最大的冰川是费琴科冰川（长 77 公里）。

塔约有 1300 多处湖泊，平均海拔 3500 米，主要多分布在帕米尔高原，总面积为 1005 平方公里，约占领土面积的 1%，最大的湖泊卡拉库利湖（即邻近中国新疆的喀拉湖）为盐水湖，面积 380 平方公里；海拔最高的湖泊恰普达拉湖（海拔 4529 米），也是独联体海拔最高的湖。

塔境内长度超过 10 公里的大小河流有 947 条，流程总长度超过 2.85 万公里，总水量为 64 立方公里，年径流量高达 78 立方公里。大部分河流属咸海水系，分别属于阿姆河流域、泽拉夫尚河流域及锡尔河流域，其中长达

500公里以上的河流有4条，长度在100～500公里的河流有15条。主要河流为：喷赤河（921公里）、泽拉夫尚河（877公里）、瓦赫什河（524公里）、锡尔河（110公里）。

塔每年水资源年消费量约190亿～220亿立方米，基本结构是灌溉占84%、居民饮用和农业占8.5%、工业占4.5%、渔业占3%。塔境内的灌溉系统大体分为4个级别（2001年）：第一级灌溉面积约28万公顷，具备稳定水供应体系和较完整的现代化水利设施，供水系统主要是水泥灌渠、封闭水管等；第二级灌溉体系面积约18.5万公顷，干渠没有防渗措施，饮用水也以地表水渠为主，缺乏水利设施和测量设备；第三级灌溉面积约20万公顷，大型干渠上装有提水设备，饮用水系统以地表水渠为主，缺少水利设施和水文监测站；第四级灌溉面积约5.3万公顷，水利设施不足，只是局部地区装备有灌溉设备和设施。因交通和通信基础设施落后，塔水资源利用往往难以达到合理状态，水文监测设备不足造成各灌溉区难以实现水量调节。塔约40%灌溉区建有水泵站（其中64%在索格金州），约30%的水泵站属5～7级提水设施，汲水250～300米及以上。

在农业领域的利用方面，塔的耕地面积占68%，其中灌溉面积为63万公顷，以高耗水作物棉花、水稻生产为主。由于忽视灌溉系统的技术提升，塔灌溉设备陈旧落后、效率低下，加之农民用水免费，存在大水漫灌现象，70%灌溉用水因蒸发或渗漏而损失，形成水资源的严重浪费。自20世纪60年代以来，由于滥用阿姆河和锡尔河的河水，大量使用农药与化肥，环境保护不到位，塔出现了严重的水质性缺水。

1.2 水环境问题

塔水源污染严重，截至2006年塔只有55%的人口可以得到比较清洁的水，而45%的人得不到清洁的水。由于战乱、经济危机、人才外流、设备得不到及时维修等诸多原因，1999年塔约80%的供水系统达不到卫生标准，处于危机状态。同年，塔下水道有480处遭到损害，其中460处致地方公用水面受到污染，加之垃圾未经加工处理，导致各种传染疾病的发生。塔水体污染的污染源主要是工业生产、都市生活和工业垃圾。

塔工业生产和采矿过程中大量有毒物质被排入河流或者渗入地下，而保护水源的设施又很有限，水源被工业废料污染，造成河流水质不断下降，水源严重污染。工业废物铝、镍的排放大大超标，使河流含盐量增加，土壤盐碱化。

都市生活垃圾和工业垃圾对水的污染是异常惊人的。塔每天排放到水里的细菌要比工业发达国家高 40 ~ 45 倍。同时，环境卫生也随之恶化，疾病流行。塔城乡居民供水设施失修，全国只有一半的居民通过供水管道获得生活用水，其中 30% 的管道已经严重损坏。城乡居民无法取得卫生饮用水，且供水系统故障频繁。许多居民直接从河、水渠、露天蓄水池等获得生活用水。通过管道进入住户和居民自己从河、渠等获得的用水均未经净化处理，饮用水不洁净引发的各种疾病发病率居高不下。

1.3　治理措施

针对以上水环境问题，塔主要从以下几个方面采取措施以改善水资源和水质污染状况。

（1）利用现代化的水资源管理手段提高管理水平。

塔政府已经建立了一个跨部委的水资源委员会，针对水资源的保护和合理利用问题，制定系统的水资源开发和利用战略并采取统一的行动。

（2）重修自来水厂，改造供水系统，完善用水管理。

塔已请求国际援助，解决城乡居民卫生饮用水问题，国际货币基金组织已允诺提供 1700 万美元的资金用于杜尚别市供水系统的改造。

（3）建立中亚国家相互合作的开发利用机制。

凭借其境内丰富的淡水资源，塔积极建立中亚国家相互合作的开发利用机制，以促进更好地利用和保护水资源。中亚五国的主要河流都是跨国河流，只有流域内国家共同参与，以各方的安全和利益、地区的和平稳定为前提，建立信任措施和地区多边安全机制，健全水资源利用的法律法规，保护生态环境，才能根本铲除地区内的安全隐患。

2　大气环境

2.1　大气环境状况

塔的空气污染源主要来自采矿、冶金、化工、建筑、机械加工、轻工业和农业。大型的污染源有塔吉克铝厂、伊斯法拉冶金厂、杜尚别水泥厂、亚万化工厂、氧化氮化肥厂、杜尚别热电厂、杜尚别冰箱厂、杜尚别钢筋厂以及矿山企业等。在上述的经济部门中，主要的污染物来源于放射性强的生产过程以及原材料的运输、电解、化学及热能过程。

塔最大的污染源塔吉克铝厂每年向大气排入 2.2 万 ~2.3 万吨的污染物，包括 200 吨以上严重危害环境和人体健康的氟化氢。受当地气流的影响，这些污染物大部分漂移到邻国乌兹别克斯坦境内的苏尔汗达州，影响到那里 110 万居民的身体健康，引起了乌兹别克斯坦的严重抗议。

交通运输污染也是塔主要的污染源。汽车污染占到了整个污染量的70%，排放出的污染物含将近200种化学成分和危险物质，包括一氧化碳、氮氧化合物、碳氢化合物、铅等。当前交通污染主要的问题是油料的质量，油燃烧后产生的物质严重危害了大气，同时还产生了许多烟雾。据专家推测，陈旧车辆排放出的有害气体占到了整个交通污染量的30%~40%。在城市中，交通堵塞也造成了污染物不断增加。

塔酸雨和雾的情况不是很多，但是人为因素却促成了酸雨物质的形成。在塔一些地区，氟和氯可以在登记后使用，如塔吉克铝厂、亚万化工厂等所在地区情况都如此，这是导致一系列污染问题的原因。此外，非法焚烧街道垃圾和树叶、家庭废物也造成了城市空气质量的下降，家庭废物中有橡胶、塑料以及其他有机物，当这些有机物燃烧后，会产生大量的有毒气体，造成污染。

2.2 治理措施

针对以上问题，塔主要采取了下列措施以改善大气环境状况。

（一）监督空气污染状况，建立奖惩机制，减少废气的排放

塔鼓励工厂安装气体净化系统，并为其提供适合的科技手段来减少有害物质的排放。气体净化系统和吸尘设施能有效减少有害物质排放50%~95%，静电和液体过滤器有效减少排放率甚至可达99%。塔吉克铝厂排放到大气中的污染物有铝尘、氟、二氧化硫、一氧化碳和其他气体等。

（二）建设防护绿化带

根据环境条件和污染源的状况，塔建设了50~300米宽度不等的防护绿化带，并配以杨树、杜松、洋槐、枫树等最适合减少污染的树种，这是防治大气污染的有效方法。

（三）推广使用现代化的技术以减少环境噪声

塔为减少交通污染，对车辆进行尾气排放检查，对超过排放标准的进行相应的惩罚。电气化的交通设施对于减少污染很有作用。另外，定期对道路洒水，使道路保持湿润也是减少灰尘形成的方法之一。

3 固体废物

3.1 固体废物问题

随着人口的增长，城市化和工业化进程导致了各类废物的产生。据专家估计，塔有超过2330万吨的固体废物、2000万吨的液体工业废物和2亿吨的矿山废物。

根据废物的来源可将塔废物分为工业废物、城市废物和农业废物。工业废物的数量超过400种，其中有5%～50%的废物可以循环再利用。矿产工业开采出大量的矿产，但其中只有5%～10%被作为原材料使用，余下的就变成了废物，这些废物往往对环境造成污染。城市每天产生超过150万吨的固体废物，其中主要是食品垃圾、塑料、树叶、废纸等。为了提高土壤的肥力，农民广泛使用各种矿物和有机肥料，每年使用总量为4万～10万吨，平均每公顷使用50～80千克的化肥。大量杀虫剂聚集在土壤、植物和水体里，有些土地中还残留了一些化学物质，对植物、动物和人类健康造成长期的负面影响。同时，山体滑坡、泥石流、洪水、地震、雪崩等自然灾害对矿业和放射性废料的安全造成巨大的威胁。

缺少废物管理是造成塔生态问题的主要原因之一。到目前为止塔还没有建造废物处理场和废物焚烧厂，也没有建立城市固体废物收集系统。主要问题体现在以下三个方面。

（一）城市废物

垃圾的填埋是塔最棘手的环境问题之一。由于缺少垃圾处理设施和垃圾填埋场，垃圾的收集、处理、填埋，包括有害工业垃圾的处理，都不符合环境保护的要求，形成了许多不规范的垃圾堆积区域。这些垃圾场在高温干旱的气候条件下，会引起许多传染病和生态环境污染，在雨季，则成为水体和土壤的主要污染源，造成生态环境的破坏。

（二）工业废料

由于储存和运输不当，塔工厂的铅、锌、镍等化合物的排放是水体的最大污染源。特别是铀矿资源开采所产生的矿物废物存在着严重的放射性危险。

（三）农业废物

矿物肥料的流失给地表和地下水造成生化污染。种植棉花要求频繁浇水及使用矿物和化学肥料，受到污染的水又污染了其他灌溉河流，造成水果和蔬菜中含有大量的硝酸盐和磷酸盐，导致中毒和其他健康问题。在脆弱的农业生态系统中，病虫害严重，杀虫剂的使用变得很平常，大量的农药在土壤、植物和水体中残留，对环境造成了深远的影响。

3.2 治理措施

针对以上问题，塔主要采取下列措施进行废物管理。

（一）废物管理立法

塔国家通过废物管理的法案，使得在废物管理的过程中有法律作为监督依据。塔大力推动生产和消费浪费法案的实施，并同时通过其他一些附属法案来增加这些法案的效用。

（二）工业废物的循环利用

塔工业部和经济贸易部着重研究工业废物的循环和再利用，尤其是作为附属原材料的矿物垃圾的处理，尽力对不可再循环利用的矿产废物做到合理安置。环境保护和森林保护机构、工业部和其他相关部门合作，共同建立废物循环再利用以及合理安置状况的信息系统，这个系统采用国际通用的分类化管理标准对所有的垃圾填埋地进行统一管理，并依照国际标准建设各地区的公共垃圾填埋站以代替对公众和环境造成危害的旧的垃圾填埋场。此外，紧急事务和国家防御部门、科学院、核能放射物安全机构、环境保护和森林保护等国家机构一起合作，依照国际标准对矿渣和放射性垃圾的填埋地进行统一管理和规划；整理和更新放射性垃圾和矿渣的相关资料和数据；通过替换和更新陈旧的放射物监测设备来更好地监控放射性垃圾填埋地。

（三）加大垃圾处理的资金投入，加快无害化处理设施建设

资金投入主要用于垃圾无害化处理设施建设，包括收集、运输和建设处理设施等；现有垃圾处理设施技术改造和污染防治设施完善，提高无害化处理水平；环境监测和环境管理能力建设。

（四）组织技术开发、示范和推广

针对垃圾处理存在的关键技术问题，组织技术开发、示范和推广，不断提高垃圾无害化处理水平。推广废物循环处理应用技术，进行工业废物处理循环应用的实验研究，使液体废物在进行循环应用处理之后重新返回到净化系统中。运用特殊的科技手段使矿产废物得到安全的处理。建立对有毒和放射性污染物的监控系统，进行一些紧急预案的设置和安排，找出切实可行的办法来治理放射性污染物。

4　土壤环境

4.1　土壤环境概况

塔有5000多个农场已经进行了规划，人们主要拥有耕地和灌溉土地，森林和草场归国家所有。特定区域的耕地逐年减少。1970年，人均拥有耕地0.17公顷，到2000年时，减少到了0.12公顷。

塔土地受农业和采矿废物污染较为严重。受风沙的侵袭，沃土层下降了20%～100%。耕种单一作物和施肥过量使土质逐渐恶化，这使得棉花、

黄油、牛奶、蔬菜和肉类的生产等受到不同程度的影响。开采铀矿的废物对土地的污染也十分严重，在一些区域，辐射水平超出安全标准达10倍。

4.2 治理措施

针对以上问题，塔主要采取以下几个方面的措施对土壤污染进行防治。

（一）制定牧场轮换使用规定和要求

制定牧场轮换使用的规定和要求，并对农民给予指导。对易发生水土流失的陡峭区域的土地使用和管理制定相对严格的规定，禁止非法的和不合理的土地使用。引入保持水土的灌溉方法，修复排水系统网，保护、恢复和扩大森林的面积。

（二）推动高山草场的发展，多种植灌木

这一措施的目的在于为农业人口，尤其是山区的居民提供可重复使用的能源。在保证食物安全和不影响农牧民生产和生活传统的前提下，采取调整农业结构等一些措施减缓土地退化过程。

（三）实施国家与区域行动方案

国家行动方案主要涉及预防、减轻和恢复等方面，充分发挥政府、当地社会、土地使用者和资金的作用等，实施减轻旱灾的措施。

（四）建立参与机制和伙伴机制

这一措施旨在建立各种层面上的互相依赖关系，在中央政府与地方社会协商的基础上，使国家更好地理解地方社会的期望与要求。

5 核辐射

5.1 核辐射状况

塔北部有几座中大型铀矿，在苏联时期曾被大规模开采，目前已废弃。塔现有多个放射性废料堆放场所，但由于资金和技术有限，防护设施尚不完善，核辐射对周边居民的健康造成了严重的威胁。塔首都杜尚别市以东约50公里处的法伊扎巴德地区是塔放射性废料的主要堆放地之一。

5.2 治理措施

为保障塔居民免遭核辐射影响，英国援建的放射性废料防护设施一期工程已在国际原子能机构和塔政府的协助下建成并于2011年在塔投入使用。

6 生态环境

6.1 生态环境概况

塔和吉尔吉斯斯坦是高山国家，相比中亚五国的其他几国，荒漠所占面积相对较少。塔生态环境退化问题主要分布在靠近乌兹别克斯坦的西南部、东南部以及西北部的河谷区域。近年来，塔境内东部的植被盖度有所增加，而西部有所减少。总体上，由于浪费和污染水资源、盐碱化以及过度砍伐放牧等原因，塔境内植被生长退化的总面积呈现持续增加的态势。

6.2 生态环境问题

（一）生物多样性下降

塔有很丰富的植物种群，总数为9771种，有热带、高山带、寒带以及干旱带的物种种类，包括1132个地方特有物种、大约400种药用野生植物、115种颜料植物、60种油料作物。地方特有物种在地方医药产业以及农业生产中扮演着重要的角色。种植业中的作物种类包括棉花、小麦、30多种杏、苹果、葡萄和其他水果。

塔的动物种群数为13531种，包括超过84种哺乳类动物，其中有29个啮齿类和7个偶蹄类；346种鸟类；47种爬行类动物；52种鱼类；各种两栖类动物。当前，大约有50%的哺乳动物和45%的爬行类动物物种受到威胁。据统计，由于偷猎，塔每年都有许多濒临灭绝的生物物种遭受灭绝。许多药用和独有的植物物种被非法采集，每年可以采集将近4000吨的植物作为药用，科学家指出，在过去的30～40年里，该国有大约26种植物种群遭受灭绝。

人类不合理干扰造成塔生物多样性锐减主要体现在以下几个方面：①农业污染造成生物多样性减少。农业生产中过度使用杀虫剂影响了哺乳动物、鸟类和其他的动物群生存，导致许多动物群的基因发生了紊乱，对啮齿目的动物影响最大。这些情况在塔南部和北部的农业区域尤为严重。②森林过度砍伐造成生物多样性减少。为发展农业而进行的过度砍伐森林和土地占用，使森林生态系统遭到破坏，从而加重了污染程度，加速了自然灾害的发生。河道的改道导致河流湖泊以及湿地系统被破坏，从而造成地下水水位下降，生物群落灭绝。③工业污染造成生物多样性减少。塔吉克铝厂和其他化工厂的化学品排放，尤其是氟和氯的排放，使广大区域受到污染。采矿业的发展是山地物种发生变化的主要原因。④废物污染造成生物多样性减少。资源的过度开发和废物的处理不当，使生物多样性遭到破坏。在塔的北部，当地居民饲养的牛群、种植的烟草以及谷物都离矿物垃圾很近，许多动物生存在充满垃圾的环境下。有些废物具有放射性且放射污染的风险非常高，导致许多动物患病甚至生理机能发生了变化。

（二）荒漠化加剧

由于缺少可以替换的牧场、牛群放牧无规划、草场维护缺少生物科技方法的支持，塔几乎所有的冬季牧场和80%的夏季牧场都遭到了荒漠化的威胁，草场的自然生产力下降。同时，人口的高速增长，农业生产模式向大型化发展，人口增长对土地的压力迅速增大。农业区重机械的使用、单一的播种方式、大范围地使用化学和有机化肥，以及众多的土地低产，导致了土地荒漠化日趋严重，大约有82.3%的土地和97.9%的农用地存在着不同程度的退化现象。同时，为了满足燃料和建筑材料的需要，大范围地砍伐森林也使得土地荒漠化问题加剧。

塔是世界上耕地贫乏国之一，可耕地面积很少，土地侵蚀和盐碱问题越来越严重。塔灌溉技术落后，使用高矿化度的水灌溉农用地耕地受到很大影响。如亚万河谷地区，有15%的可灌溉地变成盐碱地。土地侵蚀和盐碱化的问题进一步加速了荒漠化的进程，对大约60%的灌溉土地造成影响，预计在今后20~25年，荒漠化土地将增加1~1.5倍，可耕地面积将会减少至目前的一半。

（三）植被覆盖及变化

塔的植被覆盖以森林为主。森林在水土保持、土壤侵蚀保护、公共卫生环境等方面起到了很重要的作用，同时为许多动物和植物提供了生存之地。塔的森林面积为194.1万公顷，可以利用的森林有182万公顷。森林资源中的23%是国家的森林保护区，森林覆盖面积只占其总面积的3%~3.5%。塔林木资源总量估计为500万~520万立方米。

在突厥斯坦、泽拉夫尚和吉萨尔山的北坡3500~3700米的高山地区，主要生长着红松林，总面积约有15万公顷，每年木材产量约为10~120立方米/公顷。红松林的分布面积是各种林木中最大的，林木中还生长着一些低矮灌木丛。在海拔2300~3500米的山区河谷，生长着河谷林。主要树木品种为白柳、天山桦木、塔吉克白杨和帕米尔杨树、柽柳属植物、黑醋栗等。在海拔1200~2500米的地区，主要分布喜好气候温和、潮湿的阔叶林木品种，有胡桃木、槭树、枫树和苹果树等，阔叶林主要分布区为吉萨尔山脉和达尔瓦兹与彼得一世山区，向上可以延伸到亚赫苏河和克孜勒苏河。在海拔600~1700米的地带分布着旱生次生林，主要包括一些抗干旱的林木，如阿月浑子、杏林和矮石榴树等。塔主要的旱生次生林分布在南部，其覆盖总面积大约为8万~9万公顷。其中阿月浑子类植物占到旱生次生林的大约80%，阿月浑子林木一般比较稀疏，其间生长着各种短命的草本植物。旱生次生林，尤其是阿月浑子林具有生态维持、水土保持和防止泥石流的重要作用。

目前，在人类非理性活动的影响下，塔的森林资源正面临遭受严重破坏的威胁：①非法砍伐造成森林面积缩小。木材加工业、农业、采矿业的发展，公路网和信息网的建设，使森林的范围缩小甚至消失。森林面积缩小的区域更易发生虫害和疾病。20 世纪 30 年代开始，塔开垦荒地的活动加剧，其结果是 8 万 ~10 万公顷森林消失，其中包括已经消失的阿月浑子、杏树和阔叶林。每年有将近 1000 起有关森林破坏的事件发生，非法砍伐的树木量达到了每年 7000 公顷。据统计，森林砍伐的加剧造成森林面积的减少要比森林自身更新生长的速度快 1.5 ~3 倍之多。②过度放牧使森林遭受破坏。放牧占据了超过 70% 的森林用地，因此，国家无法对森林资源提供有效的保护，从而使森林的更新利用达不到要求。甚至在国家保护区和森林公园也存在着大量的放牧现象。③人为灾害引起森林资源损失。由于游客在森林区域游玩的不当行为，每年发生森林火灾1 ~8起，造成了森林资源的严重损失。

6.3 治理措施

（一）生物多样性保护措施

针对上述问题，塔主要从以下几个方面采取措施对生物多样性进行保护。

（1）建立了保护生物多样性管理中心。塔已在国家政策的框架下建立了保护生物多样性的管理中心。促进现存保护区的管理并建立新的保护区，建立生物多样性保护监控系统，进行数据的记录与分析，以促进对生物多样性保护的科学研究，提高生物多样性保护的效率。恢复遭受破坏的生态系统的结构和功能，对生物资源多样性（草场、森林和野生动物）给予可持续的管理。

（2）塔采用一些传统的方法和技术对生物多样性进行保护。建立生物多样性保护和管理以及经济活动的规范和基准，为国家实施生物多样性保护措施提供法律依据。

（3）加强生物多样性保护的区域与国际合作。加大信息宣传的力度以及建立人事培训系统。提高公众对生物多样性保护决策的参与性，对民众进行保护环境的教育，同时对资金的利用进行评估和预算，并对资金的使用进行详细记录。公共环境保护组织在环境保护和教育方面也起着重要的作用，各个组织和机构应相互合作，相互支持，共同致力于生物多样性保护工作的开展和完成。

（二）荒漠化治理措施

为了抑制荒漠化进程，塔试图建立荒漠化监控机制，为可持续的土地利用管理提出建议和对策，提升当地居民和社会团体防止土壤荒漠化的意识。荒漠化治理主要措施包括：根据当地实际，建立环境荒漠化早期预警系统；制定并实施自然资源可持续管理的国家政策；开展环保意识教育活动；扶持农民组织参与决策过程；加强农业基础设施建设；加强生态工程治理；等等。目的是要促使当地人民关爱土地，掌握必要的防治技术与技巧。

（三）森林资源保护措施

针对森林资源保护问题，塔主要从以下几个主要方面采取措施对森林资源进行保护。

（1）塔环境保护和森林保护国家机构完善了森林资源保护和可持续利用的法案；增加保护区面积，加强保护现有保护区，尤其是对自然保护区和特有物种保护区的管理；制定再造林规划，并着重于濒危物种的不间断培育。

（2）在国家环境保护的政策下，对破坏森林，乱砍、滥伐森林的现象着重、从严处理；在法律的整体框架下设计和构建森林保护制度，并从森林的生态属性出发，将森林资源的开发利用和森林资源的养护有机结合起来，使森林的生态效益得到充分发挥。

（3）将森林资源保护与野生动植物保护、生物多样性保护相结合。特别是将对非自然保护区的森林资源保护，与野生动植物保护、生物多样性保护相结合。既考虑保护森林资源的需要，同时也满足保护野生动植物的需要。

（4）加强对林业资源的监管。开展森林资源普查，健全森林资源档案；加强对林地开发、使用情况的监督检查；对受到病虫害的森林进行及时的处理，使其蔓延和危害程度不再扩大。

7 小结

塔是中亚地区水资源丰富的上游国家，境内降雨丰富，水资源约占中亚地区水资源的60%以上，水资源人均拥有量居世界第一位，跨界水资源利用和开发主要集中在农业领域和水电工程领域。塔水资源浪费严重，农田水利灌溉设备陈旧落后，种植以高耗水植物棉花、水稻为主，存在大水漫灌现象。因工业污染、采矿以及城市生活污染，塔水源污染严重，存在严重的水质型缺水，城乡居民卫生饮用水问题长期未得到解决。

塔的空气污染源主要来自采矿、冶金、化工以及汽车尾气污染等，其中最大的工业污染源塔吉克铝厂每年向大气排入2.2万~2.3万吨的污染物，包括200吨以上严重危害环境和人体健康的氟化氢，给邻国乌兹别克斯坦造成生态灾难，已引起乌国的强烈反对。

塔缺少垃圾处理场和垃圾填埋场，随着人口的增加，城市垃圾和工业废弃垃圾越来越影响到塔的生态安全。塔土地受农业和采矿废物污染较为严重，尤其是部分地区铀矿的开采对土壤污染十分严重。塔现有多个放射性废料堆放场所，但由于资金和技术有限、防护设施尚不完善，核辐射对周边居民的健康造成了严重的威胁。

塔是高山国家，相比中亚其他几国，荒漠所占面积相对较少，而山地生态系统的退化是塔面临的最为严峻的生态难题。塔生态环境退化主要分布在靠近乌兹别克斯坦的西南部，东南部以及西北部的河谷区域。近年来，由于水资源浪费和污染、盐碱化以及过度砍伐放牧等原因，塔境内生物多样性出现锐减，荒漠化程度不断加剧，植被生长退化的总面积呈现持续增加的态势。

第三节 环境管理

1 环境管理体制

1.1 环境保护机构和职能

考虑到自然保护的重要性，1960年，塔成立了塔吉克环境保护委员会，隶属于塔吉克斯坦科学院。这是环境保护科研工作发展的开端。但由于环境压力日益增加，还需要进一步采取特殊的政府控制机制来规范自然资源的使用与环保行为。根据这一目标，1988年，塔共和国最高执政机构决定建立国家自然保护部。2004年1月，自然保护部成立之初即被取消，取而代之的是国家环境保护委员会和林业部。2006年11月，国家环境保护委员会和林业部又被取消，由农业与自然保护部代行其职至今。

目前，塔国家农业与自然保护部是其主要的环境机构，作为国家中央行政机关，农业与自然保护部不仅负责农业政策的制定、环境的保护、资源的可持续利用、林业资源和水文气象的勘测等任务，还要履行以下职能。

- 制定战略措施，用以保证资源的可持续利用，减轻气候变化带来的影响；
- 编写和出版两年一度的国家环境报告；
- 制定相关法律草案和规范性文件，包括环境标准、利用资源的手段和方法；

- 签发和撤销使用特定资源的个别许可证；
- 为某些特定物种的狩猎和采集设定配额；
- 组织有关生态专业的科研活动；
- 确定特殊自然保护区系统，维护国家领土、森林、植物、水体和土地等的生态安全；
- 制定合适的经济手段，用以鼓励自然资源的可持续利用；
- 限制使用所有类型的天然资源；
- 在特殊自然保护区内举办生态旅游及娱乐活动；
- 管理特殊（预算外）环境基金。

基于以上任务，目前农业与自然保护部制定和实施与其他部委相统一的环境战略和政策，特别注重与卫生部、工业部门、地理测绘和土地管理局、财政部、水资源改良部、商务部、经贸部及教育部的合作，创造有利条件，促进国家社会经济和生态环境的可持续发展。

1.2　环境保护管理体制

国务委员会在环境问题上有一套严密的控制体系，该体系由国家各个相关部委和5个监察员组成。国家监察员分别是国家水资源监察员、国家空气质量监察员、国家动植物保护监察员、国家土地保护与废物处理监察员、国家森林监察员。监察员的职责包括：有权深入每个企业或机构中检查相关文件，检测污染物处理设备、生产设备、监测设备的运转情况；检查环境标准和自然资源保护计划的执行情况；强制企业尽快采取减轻排放的措施，减轻对环境的破坏；有权对企业进行行政处罚，并要求执法部门对违法人员采取行动，有权对违法人员提起公诉；有权怀疑和终止任何危害环境和人民健康的行为。

每一级议会和政府中都有相应的监察员。监察员可以独立执行相关法律赋予的职责，每个地区和城市环境保护委员会都为每个监察员设有办公室。每个领域的监察员都有权对该领域的违法现象进行监管。监察员向各级议会负责。

国土整治与水资源部主要负责灌溉设施和蓄水池等相关设施的维护和发展、土地改良、新修灌溉设施、灌溉水分配、水费收取以及农业灌溉技术推广等方面的工作。

农业部的职责主要集中于自然保护，包括控制农产品的进口、出口、生产、运输、储存；监控废料和报废设备对农产品质量的影响，总体上保证生态安全；负责动植物检验检疫；土地科学利用；控制农业产品生产过程中化学药品的使用。但农业部没有对违反环境法律的个人和法人进行处罚的权利。

国会土地管理委员会成立于2001年，负责土地利用政策的制定，并执行土地改革。在环保方面，它最重要的功能包括加强土地的有效利用和保护；对土地资源进行总量控制并建立土地数据库；对利用国家土地进行立法；规划定居点附近的土地利用；对土地税率、土地使用费率、土地违法行为罚款提出相关建议；参与污染和退化土地整治的决策活动。

地方土地管理委员会根据地方自治法和地区经济法，由地方选举产生，并对地方议会负责。地方土地管理委员会有权对当地企业进行监察，企业一切有关环境和土地的经营行为都在监察范围之内。该委员会有权提出对企业的质疑，并审核企业提出相关整改计划。

2 环境管理政策与措施

2.1 环境管理的法律法规

塔在环境保护和相关事务上，已有一套相对完备的政策法律体系和执法程序，用以解决具体的环境问题和各类自然资源问题。但是，塔有关环境保护的政策和法律体系沿用自苏联时期，虽然经过了逐步调整和补充，但还存在很多与现存问题不相适应的地方。近年来，受大量国外技术援助和国际合作，以及塔已经加入的一些联合国公约和区域条约的影响，塔的环境政策法律体系正走向统一和规范。

塔十分重视环境保护工作，1994年颁布并在1999年和2003年两次修正的塔吉克斯坦《宪法》规定，国家有责任和义务为公民提供健康的生活环境，并保证有效利用自然资源，使之惠及全国人民。《宪法》载明，包括土地、矿产、水、空气、动植物在内的一切自然资源属于国家。尽管《宪法》载明国家承认、尊重、保护公民的个人自由和权利，政府和官员应该允许公民获知与个人权力和利益有关的信息，但并未明确公民自由使用自然资源的权利。

《自然保护法》于1993年颁布，是环境保护法律框架的核心，该法于1996年修订，规定了环境保护的相关权力实体包括当时的自然保护部和各级议会。2002年的修正案增加了对特定地区实施生态保护的内容，并更为详细地规定了公众的环境权利范畴。该法规定塔的环境政策必须为基于科学证明的环境保护行动提供优先权，所有的活动包括经济活动都必须以不危害环境和保持资源可持续利用为前提。个人的健康权必须得到优先考虑。这部法律的核心精神是协调自然与社会的互动关系，并保护两方面的利益不受侵害。该法还规定了可行的法律原则、保护标的物，以及政府、国会环境和森林保护委员会、地方政府、公共组织、个人的权利和职责。该法还规定了确保公众和个人健康权利的措施。

《特殊区域保护法》于2002年颁布，赋予特定地区以优先权，即生态利益高于经济和社会利益。但它还允许在受保护的特定区域内发展经济，即如果有关专家认可，该地区可以在不危害生态环境的前提下发展自身经济。每一个受保护地区所得到的保护是各不相同的，所采取的体制也是不同的。所有这些地区应该被作为一个整体由国家统一管理，在特别保护地区名录上进行登记，交由国会保存。

2.2 环境保护的国家举措

国家环境保护教育计划（1996～2000年、2000～2010年）于1996年出台，分两个阶段，强调环境教育是资源经济、节制消费、废物可循环利用的主要基础，全国的企业都要逐步建立严密的封闭式的循环利用资源的设施。该计划要求建立起覆盖全国的环境教育体系，教育的对象主要为各个企业的管理层。

政府在1997年制定了国家环境规划（1998～2008年）。规定了国家在全面转型期间环境保护的大方向，强调可持续的健康的环境对经济增长的重要意义，以及人民生存与生态环境之间的重要联系。该规划强调国家环境保护的首要任务是动员全社会力量（政府、企业、非政府组织和一般人民）都参与到保护和提高环境质量的行动中来，广泛向社会成员宣传保护环境的最佳方法，并最终实现环境保护这一最终目标。教育人们应该认识到可持续利用自然资源的重要性并拿出实现这一目标应采取的最佳方法。该规划对各地区的环境状况进行了详细的分析，并指出了各地区存在的环境问题，对各地存在的问题提出了如何保护和恢复当地生态平衡的具体做法。规划还提出了一些应急的具体措施：阻止土地退化；广泛推广高产农作物；在特定保护区域实现退耕还林；保护优质的水体和其他不可再生资源；鼓励地方企业在开采矿物过程中对矿物的更有效利用；通过节能技术降低工业的能源消耗。

1998年，政府采取措施贯彻和落实国家环境规划。这一文件对环境保护的手段和方法做出了界定，要求政府部门担负起保护环境的监管责任。从实际效果看，有些措施已经发挥效果，但还有些因为缺少资金而无法推行。全国只有1/5的地区实施了环境保护措施。退耕还林措施在人口最为密集的希瑟尔谷地、杜尚别市、苏格德地区已经产生了一些效果。然而与此同时，水资源管理却没有得到很好的执行，措施很不得力。例如，在苦盏地区推广的污水收集和沼气生成设施只完成了计划的10%，这对于苏格德等下游地区有着重要的意义，但由于苏格德地区环境保护委员会提供的资金已经告罄而停滞。苏格德地区当局声称，虽然有中央政府的财政资助，但该计划中的一项可替代能源研究计划并没有产生预期成果。

2001年，塔政府任命了土地管理委员会的主席，政府要求议会土地管理委员会主席组织制订国家控制沙漠化行动计划，该计划于2001年12月完成并由政府颁布。行动计划强调塔正面临的沙漠化和土地退化等威胁，并分析了造成这一威胁的原因，指出沙漠化和土地退化正严重威胁经济、社会和生态环境。计划提出：建立完整的土地沙化情况监测体系和数据库；对土地沙化的各个地区实行分级管理；制定新的法律或修改现行法律，更有效地约束对自然资源的利用；鼓励民众和非政府组织参与；采取社会的、经济的手段减轻沙化程度。

塔减少贫困人口的国家战略于2002年6月通过并采用。它将土地改革和重新构建农业部门作为中心任务，希望以此扩大农民土地使用权、增加人民的财富。同时也希望在中小型企业发展的基础上，通过加强私有化和法律改革，确保经济增长并创造更多新的工作岗位。

2003年9月，塔政府出台保护和可持续利用生物多样性的战略和行动计划，建立了国家生物多样性和生物安全中心，用以监督和保证此行动计划的执行。这项战略和行动计划为生物圈（既包括野生的植物、动物、社区和生态系统，也包括栽培植物和家养动物）的可持续发展战略打下坚实的基础。

2003年6月，政府采纳了国家为减缓气候变化带来的影响而采取的行动计划。该计划的任务是进一步研究和分析气候系统、解决气候变化所带来的问题、提出应采取的措施和一些优先注意的事项，并加强这一领域的国际合作。

塔还制定了有关环境保护与管理方面的其他文件（见表8－9），国家的各个机构将共同负责实现、落实和控制上述文件内容。

表 8-9 塔吉克斯坦环境保护与管理文件

战略及方案	采纳时间
国家可持续发展战略	2007 年
国家健康和环境行动计划	2000 年
2000~2005 年国家特别保护区发展计划	—
关于“塔吉克斯坦清洁水资源”的国家方案	2001 年
塔吉克斯坦共和国可持续发展战略的国家报告	2002 年
塔吉克斯坦共和国至 2005 年对林业发展的规划	2000 年
塔吉克斯坦共和国对合理利用及保护水资源的规划	2001 年
减少贫困的国家战略	2002 年
塔吉克斯坦共和国 2015 年前经济发展规划	2004 年

3 小结

塔国家农业与自然保护部是其主要的环境机构。作为国家中央行政机关，农业与自然保护部的职责包括农业政策的制定、环境的保护、资源的可持续利用、林业资源和水文气象的勘测等。由国土整治与水资源部、农业部、国会土地管理委员会等国家相关部委和 5 个监察员组成的国务委员会在环境问题上有一套严密的控制体系。每一级议会和政府中都有相应的监察员。监察员向各级议会负责，可以独立执行相关法律赋予的职责，每个领域的监察员都有权对该领域的违法现象进行监管。

塔在环境保护和相关事务上，已有一套相对完备的政策法律体系和执法程序，用以解决具体的环境问题和各类自然资源问题，颁布于 1993 年的《自然保护法》是塔环境保护法律框架的核心。但是，塔有关环境保护政策的法律体系沿用自苏联时期，虽然经过逐步调整和补充，但还存在很多与现存问题不相适应的地方。近年来，受大量国外的技术援助和国际合作，以及已经加入的联合国公约和区域条约的影响，塔的环境政策法律体系正走向统一和规范。

塔制订了国家环境保护教育计划（1996~2000 年、2000~2010 年）、国家环境规划（1998~2008 年）、减少贫困人口的国家战略（2002 年）、保护和可持续利用生物多样性的战略和行动计划（2003 年）、国家可持续发展战略（2007 年）等有关环境保护与管理方面的文件。上述环境管理的国家举措由国家各个机构共同负责实现和落实。

第四节　环保国际合作

1　双边环保合作

1.1　与中国的环保合作

中华人民共和国政府和塔吉克斯坦共和国政府于1996年9月16日在北京签订了两国政府间环保合作协定，表示双方愿意加强在环境保护领域的合作，双方同意将在以下几方面进行合作：交换有关信息和资料；互派专家、学者和代表团；共同举办由科学家、专家、环境管理人员和其他有关人员参加的研讨会、专题讨论会及其他会议；实施合作计划，包括开展联合研究等。两国将在环境监测及环境影响评价、环境科学技术研究、自然生态和生物多样性保护、危险废物及放射性废物管理、清洁生产、协调在全球环境问题上的立场等领域开展合作。但该协定签署后中塔双方尚无具体合作活动。

2003年4月，中国驻塔使馆临时代办石泽出席我国国家气象局无偿援助塔国家气象中心气象设备交接仪式并代表中方签字。塔环保部长绍基洛夫及塔国家气象中心主任马赫马达利等出席交接仪式。中方无偿援助塔吉克斯坦国家气象中心价值100万美元的气象设备，为塔方便快捷地通过通信卫星获取大气温度、湿度、地表温度等常规地面观测数据，并开展区域国家的气象预测、环境监测、灾害评估提供了信息和技术支持。

2007年1月15日，中国国家主席胡锦涛和塔总统拉赫莫诺夫在北京签署了《中华人民共和国和塔吉克斯坦共和国睦邻友好合作条约》。条约明确指出缔约双方将在保护和改善环境、防止污染、合理利用水资源和其他资源等领域开展合作，共同努力保护边境地区稀有动、植物和自然生态系统，在缔约任何一方境内发生自然或人为紧急情况时开展预警、紧急救助及减灾合作。

在中塔两国政府于2008年8月签订的《中塔关于进一步发展睦邻友好合作关系的联合声明》和《中塔2008年至2013年合作纲要》中，双方表示高度重视地区生态环境保护工作，将在保护和改善生态环境、防止污染、合理利用水资源和其他资源等领域开展合作，共同努力保护边境地区稀有动、植物和自然生态系统。

1.2　与其他主要大国的环保合作

美国与塔的合作主要集中在地区安全、经贸和能源等领域，其中在打击极端主义和恐怖主义活动、遏制阿富汗毒品扩散等方面合作较为深入。美国与塔的环保合作主要是为塔饮用水安全方面提供援助，如提出“塔吉克斯坦饮用水安全”（Tajikistan Safe Drinking Water）项目，计划帮助10万边远地区居民改善饮用水质量和安全，执行期是2009～2012年，项目金额为500万美元。

此外，塔已签订的双边协定还有：①1995年，塔政府和土耳其共和国政府签订了环境领域合作协议；②塔与乌兹别克斯坦每年都签署主要针对卡拉库姆水库的《关于锡尔河流域合理利用水资源与能源的政府间合作协议》。

2 多边环保合作

2.1 已加入的国际环保公约

塔近几年来签署了多项国际公约，目前已加入的国际环境公约见表8－10。

表8－10 塔吉克斯坦参与的主要国际环境公约

公约名称	是否签署	是否批准
关于特别是作为水禽栖息地的国际重要湿地的公约（1971年2月2日）	是	是
生物多样性公约（1992年6月5日）	是	是
禁止为军事或任何其他敌对目的使用改变环境的技术的公约（1976年12月10日）	是	是
保护臭氧层维也纳公约（1985年3月22日）及蒙特利尔议定书（1987年9月16日）	是	是
联合国气候变化框架公约（1992年5月9日）	是	是
联合国防治沙漠化公约（1994年10月14日）	是	是
京都议定书（1997年12月10日）	是	是

资料来源：The Central Intelligence Agency，2012.

2.2 与中亚地区的环保合作

1992～2002年期间，塔与其他中亚四国为保护咸海、阿姆河和锡尔河跨境水资源，签订了一系列协议和宣言（见表8－11），成立了唯一的“国家间水利协调委员会”。此外，塔还与哈萨克斯坦、吉尔吉斯斯坦和乌兹别克斯坦三国签订了《塔什干宣言》、《对〈关于在锡尔河流域合理利用水资源与能源的合作协议〉进行修订并增加附录的协定》、《关于在水文气象领域合作的协议》和《关于中亚能源系统并联运行的协议》。

表 8-11　塔吉克斯坦签订的主要的协议和宣言

时间	协议/宣言名称
1992 年 2 月 18 日	《关于在共同管理与保护跨境水资源领域合作的协议》（即《阿拉木图协议》）
1993 年 3 月 26 日	《关于解决咸海及其周边地区危机并保障咸海地区社会经济发展的联合行动的协议》
1995 年 3 月 3 日	《中亚五国元首关于咸海流域问题跨国委员会执委会实施未来 3～5 年改善咸海流域生态状况兼顾地区社会经济发展的行动计划的决议》
1995 年 9 月 20 日	《努库斯宣言》（即《咸海宣言》）
1997 年 2 月 28 日	《阿拉木图宣言》
1999 年 4 月 9 日	《关于认可拯救咸海国际基金会及其组织的地位的协议》
1999 年 4 月 9 日	《阿什哈巴德宣言》
2002 年 10 月 6 日	《中亚国家元首关于 2003～2010 年就改善咸海流域生态和社会经济状况采取具体行动的决定》（《杜尚别宣言》）

此外，在基耶夫部长级会议期间，塔和其他四个中亚国家一道出席了“邀请帮助实现中亚国家可持续发展的合作伙伴”会议，五国一致认为保持中亚地区地貌、生物多样性和中亚地区健康的环境十分重要。

五国呼吁建立跨国的区域合作，解决环境、水、安全问题，并建议签署一个多边协议提出相关计划，邀请区域外国家、捐助者、商业界、国内组织共同参与。

2.3　与国际组织的环保合作

（一）塔吉克斯坦多边环保合作立场分析

塔积极寻求区域外力量的参与，加强与国际组织在处理水危机方面的合作，包括：就跨国水资源利用问题与俄罗斯、阿富汗等国开展合作；在环境政策制定和技术工程方面与美国进行合作；在灌溉技术方面与以色列合作；积极争取亚洲开发银行、世界银行、欧盟等国际组织在技术、财政援助、地区立法、解决水争端等方面的支持和协调。

（二）“欧洲的环境”议程

从 1991 年开始，塔参加了该议程第三、第四、第五届部长级会议。

塔参加了泛欧生物、地貌多样性战略和环境行动计划特别工作组。该工作组成立于第二届“欧洲的环境”会议。

（三）东欧、中亚高加索国家环境战略

基耶夫部长级会议出台了东欧、中亚高加索国家环境战略，塔是 12 个参与国之一。战略要求采取协调行动并寻求国内外支持，包括推动环境立法、环境政策的制定、宪法中关于环境保护的立法框架的完善；通过污染控制，降低污染对人民健康的危险；可持续地管理自然资源；在发展经济的过程中充分考虑环境保护因素；建立和加强财政、金融资源完成环保目标的分配机制；鼓励公众参与环境教育；为环境保护决策提供必要信息；解决跨界环保问题；在国际条约框架内加强环境保护合作。

（四）塔吉克斯坦2002年参加了世界可持续发展峰会

在此次峰会中，中亚国家建议在区域内建立可持续发展合作关系，即中亚21号议程，该议程随后被引入峰会的最终文件。同时中亚国家签署了一项推动环咸海地区（2003～2010年）环境、经济、社会发展的行动计划，还签署了欧洲环境计划和一些其他国际合作协议。与此同时，塔还参加了此区域关于可持续发展的跨国峰会。

（五）塔吉克斯坦2003年组办了联合国国际水论坛

2003年，联合国在塔召开了国际水论坛，中亚水资源危机引起了国际社会尤其是联合国的极大关注，并吸引了外资建设水电站、修复农田水利设施、修复居民清洁饮用水供给设施。这有助于使中亚供水国和耗水国之间的供需关系制度化，加强了中亚地区水资源利用的国际合作。

2005年以来，塔积极倡导在联合国框架内举办“生命之水”2005～2015年十年行动有关会议，并得到140多个国家支持。

2.4　与上海合作组织的环保合作

上合组织环保合作是由俄罗斯率先倡议提出的。早在2003年举行的第二届六国总理北京会晤上，各成员国已就加强在自然资源开发和环境保护领域的合作达成了基本共识。2005年9月，在高层的积极推动下，上合组织各成员国组成了政府工作小组，在俄罗斯召开第一次环保专家会议，2005～2008年，上合组织环保专家会议每年在北京上合组织秘书处召开。

水资源问题是目前中亚各国也是上合区域环境领域最核心和紧急的问题。塔作为上合组织的成员国和中亚上游国家，在水资源上属于有利方，但同时其经济规模较小，一方面，希望利用大国力量来帮助其修建水电站；另一方面，又希望某些问题在双边层面解决，处于一种比较矛盾的状态。但是有一点可以肯定，在水资源的使用权利上，塔不会简单或轻易地让步。

在水资源以外的其他环保合作领域，如在解决生态环境恶化、土壤的侵蚀和盐碱化、地表水污染防治等方面，塔迫切需要引入其他国家的影响力和资金支持以帮助其解决日益严重的环境问题。

3 小结

在环境保护国际合作方面，塔积极寻求区域外力量的参与。1996 年在北京签订了中塔两国政府间环保合作协定，表示要加强两国间在环境保护领域的合作，在交换信息、技术交流与联合研究、协调在全球环境领域的立场等方面开展合作。该协定签署后中塔双方又在两国发展睦邻友好合作关系的联合声明中数次提及环保合作的内容，但是两国具体的环保合作活动目前开展得还不多。

此外，塔参加的环保国际合作有：与其他中亚四国为保护咸海、阿姆河和锡尔河跨境水资源，签订了一系列协议和宣言；与国际组织的合作主要集中在处理水危机方面，积极倡导在联合国框架内举办“生命之水”2005～2015 年十年行动有关会议；就跨国水利用问题与俄罗斯、阿富汗等国开展合作；在环境政策制定和技术工程方面与美国进行合作；在灌溉技术方面与以色列合作；积极争取亚洲开发银行、世界银行、欧盟等国际组织在技术、财政援助、地区立法、解决水争端等方面的支持和协调。

参考文献

[1] 大卫・海里：《塔吉克斯坦的水电开发》，《水利水电快报》2003 年第 2 期。

[2] 冯怀信：《水资源与中亚地区安全》，《俄罗斯中亚东欧研究》2004 年第 4 期。

[3] UNEP，《环境指标（塔吉克斯坦）》，http：//ekh. unep. org/？q = taxonomy/term/71&from =0，2007 年 10 月 8 日。

[4]《列国版图：塔吉克斯坦共和国》，立地城，http：//maps. lidicity. com/index. html，2013 年 9 月 18 日。

[5] 刘启芸：《列国志——塔吉克斯坦》，社会科学文献出版社，2006。

[6] 刘艳：《塔吉克斯坦的环境状况及其治理措施》，《新疆社会科学》2010 年第 5 期。

[7]《世贸组织批准塔吉克斯坦加入》，新华网，http：//news. xinhuanet. com/world/2012 -12/11/c_ 124075443. html，2013 年 12 月 11 日。

[8] 中国驻塔吉克斯坦大使馆经济商务参赞处：《塔吉克斯坦的基本政治架构》，http：//tj. mofcom. gov. cn/article/ddgk/，2013 年 5 月 31 日。

[9]《塔吉克斯坦的矿产资源》，中国矿权网，http://www.mine168.com/ziliao/20121/ziliao_6701.html，2012年1月12日。

[10] 中华人民共和国外交部：《塔吉克斯坦国家概况》，http://www.fmprc.gov.cn/mfa_chn/gjhdq_603914/gj_603916/yz_603918/1206_604618/，2013年11月。

[11] 美国援助署：《塔吉克斯坦水和卫生系统》，http://www.usaid.gov/tajikistan/water-and-sanitation，2012年9月。

[12] 中国驻塔吉克斯坦大使馆经济商务参赞处：《塔吉克斯坦水利电力现状》，http://tj.mofcom.gov.cn/aarticle/ztdy/200208/20020800035099.html。

[13] 中华人民共和国外交部：《中国与塔吉克斯坦关系》，http://www.fmprc.gov.cn/mfa_chn/wjdt_611265/zwbd_611281/t436421.shtml，2006年3月5日。

[14] 中国驻塔吉克斯坦大使馆经济商务参赞处：《塔吉克斯坦的淡水资源及其利用情况》，《中亚信息》2004年第2期。

[15]《中亚国家可持续发展指标》，中亚水信息网，http://www.cawater-info.net/ecoindicators/index_e.html。

[16] 国家环境保护总局政研中心国际环境政策研究所：《中亚区域国别环境研究报告》，2009。

[17] UNDP/Regional Bureau for Europe and the CIS，"Addressing Environmental Risks in Central Asia"，2003.

[18] Asian Development Bank，"Key indicators for Asia and the Pacific 2012"，2012.

[19] Asian Development Bank，"Tajikistan: Issues and approaches to combat desertification"，2003.

[20] UNEP/Regional Resource Center for Asia and the Pacific，"Tajikistan: State of the Environment"，2005.

[21] The Central Intelligence Agency，"World Factbook: Selected International Environmental Agreements"，https://www.cia.gov/library/publications/the-world-factbook/appendix/appendix-c.html#C，2012-12-14.

[22] Внешний сектор，Агентство по статистике при Президенте Республики Таджикистан，http://www.stat.tj/ru/analytical-tables/external-sector/.

[23] Интегрированная оценка состояния окружающей среды в Таджикистане，

UNEP, http: //www. hifzitabiat. tj/files/integrirovanaya_ otsenka_ sostoyaniya_ os_ rt_ 2005. pdf.

[24] Исполнение государственного бюджета РТ (2000 - 2012), Агентство по статистике при Президенте Республики Таджикистан, http: //www. stat. tj/ru/analytical-tables/fiscal-sector/.

[25] Китай переведет Душанбинскую и Яванскую ТЭЦ на уголь, ASIA-Plus, http: //www. news. tj/ru/news/kitai-perevedet-dushanbinskuyu-i-yavanskuyu-tets-na-ugol.

[26] Статистика внешней торговли Республики Таджикистан, Министерство иностранных дел Республики Таджикистан, http: //mfa. tj/index. php? node = article&id = 888.

[27] Производство и сбор основных видов сельскохозяйственных культур (1985 - 2012), Агентство по статистике при Президенте Республики Таджикистан, http: //www. stat. tj/ru/analytical-tables/real-sector/.

图书在版编目(CIP)数据

上海合作组织成员国环境保护研究/中国-上海合作组织环境保护合作中心编著. —北京:社会科学文献出版社,2014.12
(上海合作组织环境保护研究丛书)
ISBN 978-7-5097-6723-8

Ⅰ.①上… Ⅱ.①中… Ⅲ.①上海合作组织-环境保护-国际合作-研究 Ⅳ.①X

中国版本图书馆CIP数据核字(2014)第262785号

·上海合作组织环境保护研究丛书·
上海合作组织成员国环境保护研究

编　　著 / 中国-上海合作组织环境保护合作中心

出 版 人 / 谢寿光
项目统筹 / 恽　薇　蔡莎莎
责任编辑 / 蔡莎莎　王楠楠

出　　版 / 社会科学文献出版社·经济与管理出版中心(010)59367226
地址:北京市北三环中路甲29号院华龙大厦　邮编:100029
网址:www.ssap.com.cn
发　　行 / 市场营销中心(010)59367081　59367090
读者服务中心(010)59367028
印　　装 / 三河市东方印刷有限公司

规　　格 / 开 本:787mm×1092mm　1/16
印 张:27　字 数:468千字
版　　次 / 2014年12月第1版　2014年12月第1次印刷
书　　号 / ISBN 978-7-5097-6723-8
定　　价 / 98.00元